泉州市天气知识和
气象防灾手册

张加春　饶灶鑫　编著

内容简介

书中介绍了常见的见诸于公众的气象各类符号、灾害预警信息符号；各类气象灾害信息的获取渠道；泉州市气候状况分析，着重围绕造成泉州市各种灾害性天气及其在工、农等各行各业经济生产与社会生活中的相应防范措施等方面进行综合阐述，其中整理、分析了1884—2007年一百多年的台风资料，总结了影响泉州市台风的活动规律。

本书系统地阐述了泉州的气候特征，地方性较为浓郁，对于各行各业具有较高的实用性价值。所介绍的气象科学基础知识，与泉州本地天气进行了有机的结合，其中尤对泉州市的天气气候规律、气候资源进行了较为详细的介绍。本书是一部面向泉州市各级党政部门、广大气象用户和社会公众的气象知识技术手册，旨在普及公众气象防灾知识、提升防灾水准。

本书亦可供农业、林业、牧业、渔业、水利、交通、电信、旅游业、环保、地质、防灾减灾以及城市建设等部门的技术人员在实际工作中参考使用。

图书在版编目(CIP)数据

泉州市天气知识和气象防灾手册/张加春，饶灶鑫编著.
北京：气象出版社，2012.3
ISBN 978-7-5029-5431-4

Ⅰ.①泉… Ⅱ.①张… ②饶… Ⅲ.①气象-手册
②气象灾害-灾害防治-手册 Ⅳ.①P4-62

中国版本图书馆 CIP 数据核字(2012)第 024274 号

出版发行：	气象出版社		
地　　址：	北京市海淀区中关村南大街46号	邮政编码：	100081
总 编 室：	010-68407112	发 行 部：	010-68406961
网　　址：	http://www.cmp.cma.gov.cn	E-mail：	qxcbs@cma.gov.cn
责任编辑：	刘　畅	终　审：	周诗健
封面设计：	博雅思企划	责任技编：	吴庭芳
印　　刷：	北京中新伟业印刷有限公司		
开　　本：	787 mm×1092 mm　1/16	印　张：	21.5
字　　数：	505 千字		
版　　次：	2012年8月第1版	印　次：	2012年8月第1次印刷
定　　价：	45.00元		

本书如存在文字不清、漏印以及缺页、倒页、脱页等，请与本社发行部联系调换。

普及科学气象知识

致力写口防灾宣传

陈铭福　壬辰年书

序 言

"福地福人居,福人居福地"。地处东南沿海的泉州市,山清水秀、人杰地灵,尤其是地灵的特质让泉州人民能长期安稳生息——泉州这片宝地不曾出现诸如2006年重创福鼎的"桑美"台风和2009年台湾"八八"水灾等强悍天灾。

然每年,台风、暴雨、干旱、寒潮、洪涝等灾害性天气还是我们的常客,气象的灾害更是无所不在。2000年8月23日"碧利斯"台风重创我市,全市直接经济损失12亿元,死伤多人,其中泉州市实验小学门口的两株五百年老松树被连根拔起,生命的脆弱和大自然的超凡力量形成了如此鲜明的反差!晋江上被洪水冲垮的顺济桥见证着2002年"北冕"台风的威力。

的确,气象灾害的发生不以人的意志为转移!它不仅威胁着人民生命财产的安全,也严重制约着国民经济的可持续发展。如何减少灾害损失,保护人民,保住丰收成果,这是每一个社会公民尤其是政府所应该积极面对的现实问题。

长期以来,泉州各级政府高度重视气象灾害防范工作,先后投资建设了"海洋气象防御体系"、"区域气象自动站建设体系"等重大项目,尤其是投资几千万的天气雷达行将傲立于泉州大地。如今,一张捕捉天机之"网"业已编织,我们可以从容面对这些不速之客了。

但,仅有这些预测防灾体系就能高枕无忧吗?现实并非如此。每年天灾所带来的不幸还是三不五时发生,如2002年"北冕"台风来临之前,政府虽已提前发出警报,但仍有人下海游泳而发生溺水事件。在天灾来临之前不知所措或无动于衷,显然是缺乏气象常识的恶果,因此,普及气象科学知识,提高全民防灾素质,才是防灾的最高境界,也是一项十分艰巨的任务。

由泉州市气象局气象高级工程师张加春先生精心编著的《泉州市天气知识和气象防灾手册》一书,不但对气象基础知识作了较全面、系统的介绍,而且结合我市经济社会发展的实际作了深入浅出的阐述。该书内容丰富,文笔流畅,知识内涵丰富,科学严谨,尤其是花费了大量精力整理出自1884年以来的所有西太平洋上3500个台风、200万个台风数据以及展开相关的分类与分析、归类等工作,其中的艰辛是不言而喻的,这体现了一名科技工作者的高度责任感和服务社会的坚强意志。张先生也是致公党的一员,长期默默耕耘科技,展示着"致力为公"这一致公党崇高境界的时代生命力。就是因为有这么一大批具有严谨学风又肯钻研的脚踏实地科技人才的倾情付出,我们的泉州,展示出安逸乐园的魅力。

人类需要掌握的知识犹如天上耀眼群星,每一颗星星都以自身的方式散发出夺目的光芒,但哪一颗才是自己的最爱并非凡人所能辨别,这就需要相关领域智者的指引了。可以预期,该书的出版,对于我市防御气象灾害、减少灾害造成的损失将起到积极的作用。

泉州市政协副主席、致公党泉州市委会主委

陈铭福

2012 年 7 月

前　言

　　泉州市是一个人口众多、经济高度发达的城市,也是一个自然灾害频发的地区。每年,所发生的干旱、台风、洪涝、地震、滑坡、泥石流、冰雹、雷暴、冷空气大风、低温、冻害、病虫害等多种自然灾害,不仅制约、影响着工农业生产和经济建设的发展,而且给人民群众生命财产造成了严重损失。而在这些自然灾害中,80%以上是气象灾害。

　　气象灾害无所不在。2005年6月10日,黑龙江省宁安市沙兰镇沙兰河上游山区突降暴雨,形成洪峰,引发泥石流,扑向沙兰镇中心小学,造成105名小学生死亡的严重灾害。而在泉州,一次次的气象灾害同样触目惊心,同样令人难以释怀——

　　2000年8月23日登陆我市晋江的第10号台风"碧利斯"以其连续6天的强风并夹带豪雨而重创我市,全市直接经济损失12亿元,16人死亡,失踪3人,其中泉州市实验小学门口的两株五百年老松树被连根拔起而让人刻骨铭心,至今萦绕心间。

　　2002年6月12日15时,泉州市洛江区桥南村两名渔民在洛阳江捕鱼作业时遭雷击身亡,与此同时,晋江陈埭镇仙石村姑嫂二人到海边捉蛏也不幸同遭雷击身亡,而邻近的海尾村的一位放牛老农惨遭雷击身亡。这一天,创下同遭雷击身亡最多人数纪录。

　　2006年,强雷击频繁降临,泉州一年的雷电灾情224起,6人死亡,3人受伤,多处办公与家用电子电器设备受损严重。

　　于是,萌生了编写泉州市气象防灾相关知识的念头。

　　灾难不可重演!宣传普及科学知识,提高人民群众特别是中小学生科学防灾和紧急避险的意识至关重要,于是编写《泉州市天气知识和气象防灾手册》一书便成为心中一直牵挂的事了。

　　在卫星上天、雷达密布、观测站网云集等气象科技日益发达的今天,还是不能阻遏自然灾害这一巨无霸的横行,这让我陷入了沉思,也让我深深地认识到,只有让科技走向社会,让科技与社会民众紧密结合,就是以知识武装社会大众,才是增强社会公众科学防灾、斩除灾害的一把好剑。因此,"知其然而知其所以然"、"授人以鱼不如授人以渔"这一普及科学知识最高境界的理念,就成为编写本书的强大动力源了。

　　实际上,泉州气象部门对于天气的努力已深入到社会的每一个细胞。在报纸、电台、电视、互联网等媒介上,每天都留下了气象服务活跃的身影。但不可否认的是,气象资讯民众并非都能善加利用,有的甚至置若罔闻,如一项工程、一项规划,时常出现缺乏科学依据而仅凭印象草草上马以致留下安全隐患;或受经济利益的驱使,一些原本不适合种植热带果树区也置之不顾了,以至于在寒流影响下受冻而死,1999年12月底的强寒流就是明证。所以,只有对于当地气候规律的清醒认识和足够尊重,才能在自然灾害面前不被打倒。

　　一方水土养一方人。每一个地方都有自身独特的风土人情和气候状况,一些气候规律只限在本域发生,例如,许多天气谚语只能在一地广为流传、经久不衰,而在它处就南辕北辙了。

因此，立足本地，挖掘与保留这些珍贵的瑰宝，并赋予科学上的注解，是本书的一大尝试。

长期以来，对于天气预报准确性的争论一直无休止——某些人或会因一次准确预报而大加赞赏或孤芳自赏，而某些人或会因一次失准而念念不忘。对于天气，不管什么人，均应持有客观的评价态度。

气象的飞速发展是有目共睹的：上天的卫星、盘踞山头的"千里眼"雷达和星罗棋布的气象自动站以及发达的互联网络，使普通公众都能亲眼一睹天气的魔术般变幻，而在上世纪八十年代及之前，要看到海上的台风图像，则只能过后看冲洗的照片；而今，通过气象自动观测站，我们可以足不出户看到偏远的山区是否下雨、下了多少、哪里可能发大水，这也是过去的一种梦想。

但天有不测风云，气象人员对于天气并非拥有足够的洞察力，对于一些天气状况常常也是无可奈何，如：在弱环流背景下的台风路径往往复杂难寻；秋冬、早春季的冷空气影响时间相对易报，但在中晚春的冷空气往往会在高大的武夷山面前踯躅不前，而冷空气是否越山长驱直入影响，所呈现的天气状况就大不一样了——或晴热依然，或阴冷转变；午后突然冒出来的雷雨也总是让人捉摸不定，好在有了"千里眼"雷达，现在可以一览无遗，但即使发现了，往往雷雨正在或者已经发生，另外的一个困扰是，此时又不知该如何科学有序地向处于危难之中的人群传递灾害预警，其中的负责单位是谁，涉及的庞大费用又该如何落实，这些问题也是今后亟待理清和解决的方向。

防灾减灾是个庞大的系统工程，它涉及许多环节，其中，对于气象知识的普及是这一系统的基石，也是本书的用意。

书中也介绍了常见于电视、报纸等媒体上的气象各类符号、灾害预警信息符号，书中对于这些气象符号所代表的意思给予了详细的解说，让公众明了其中之意义；

向社会公众提供及时的天气报告，正成为气象部门的服务方向和工作主流，从此，气象的发展被注入了新的活力，在不断服务社会大众的同时，也逐步与社会大众建立了极深的纽带关系，并促进了各项气象服务工作的深入开展和业务技术的不断进步。

通信技术的发展，使得各类气象灾害信息可以通过手机、互联网等通讯手段传播，这就需要我们建立起各种便捷的气象信息通信分布渠道，努力解决气象信息与社会公众之间的"最后一公里"瓶颈问题，供公众及时收悉。泉州市气象局基于这一责任的驱动，经过长期不懈的努力，现已做了以下许多卓有成效的实事：

2003年，开发了全国第一张图文并茂、及时有效的互联网台风图，满足全国公众对于台风信息的实时浏览需求，台风期间的网站日浏览量均在百万次以上。从此，全国各地水利与气象网站纷纷群起仿效，呈现网站台风服务的热潮。

2007年，开发了"泉州电信电视数字气象频道"，公众可通过遥控器自主选择收看实时气象信息，改变了公众被动收看电视气象预报的收视习惯，为国内首创项目，泉州市委组织部将该频道引为党建教育频道栏目，国家知识产权局于2010年10月13日正式授予了"实用新型专利"证书。

2009年7月，开发"台风实时信息手机接收系统"，实现了可向常年在海上作业的渔民们自动发送实时台风信息。

在"气象播报系统"（即12121气象声讯台）中，开发了包括海上在内的天气实时信息、台风实时信息自动播报，同时开发闽南语方言天气播报，满足广大闽南公众的需求。

建设了各行业气象网络服务系统,此成为海西经济建设气象服务的一大亮点,其中有:泉州电力气象数据自动接入系统、福建炼油化工有限公司一体化网络服务平台等。

开发"气象显示屏信息自动发布系统",并在2010年福州"6.18中国海峡科技项目成果交易会"上参展,2011年6月15日获得国家知识产权局"实用新型专利"证书。

俗话说"涓涓细流,可以成河"。早在2003年初,出于气象科技服务工作的需要,本人自告奋勇承办起"泉州气象网",从建网起,本人坚持编辑、撰写了网上所有发生在泉州的天气情况和灾害天气事件(如2005年"3.22"飑线天气、2002年"北冕"台风的洪涝灾害冲垮旧顺济桥),形成了几十万字的文字资料,其中有理性的分析、更有沉痛的思考与顿悟的总结,这一段艰难而温馨的路程是这样地让人难以忘怀,以至于在我局何锦舟副书记提出编写泉州市如何防范天气灾害的构想时,迅速与本人的思路产生了共鸣,而公众对于"泉州气象网"所给予的关注、厚望也一直是鞭策的力量源泉。

本书力求内容丰富,经字斟句酌,努力做到文笔流畅,并辅以翔实的案例分析和点评,让知识性和科学性融为一体,以达到普及性和可读性之目的;更有甚者,书中关于"泉州气候"章节中的大量数据材料及结论乃经过严谨分析而得,涉及全市八个县市、五十年的原始数据,其庞大艰辛难以想象,体现基础扎实,可靠性强。

书中也针对现实生活中常见的一些不曾碰到的问题进行分析。如,也许是猎奇之故,外界常常动辄以百年一遇形容天气的严重性,本文罗列出具体的数据以供日常参考比对;在建筑上常见的基本风压标准,通过求解,发现国家相关部门所发布的基本风压偏大很多,其中的原因可能是风速的取值标准混乱所致;城市建设涉及暴雨强度的计算,书中也给予详尽介绍……,总之,生活工作中碰到的一些涉及气象的问题,大多可从本书获得答案。

希望本书能对我市防御气象灾害、减少灾害造成的损失起到积极的参谋作用;同时也希望能对我市工农业经济发展有所帮助。我们更希望《泉州市天气知识和气象防灾手册》能成为我市各级党政领导及农业、水利、交通、通讯、旅游、环保、地质、防灾、减灾和城市建设等部门的领导和技术人员在实际工作中可资备用的一本工具书。

书中也摘取了一些我省气象专家关于气象经验之总结;书中还刊载了许多精美的、不可多得的气象图片,其中的大部分是本人所在单位的同事们设计制作的,如邱骄胤、饶灶鑫、刘新苗、吴春兰等同志,在此对其辛苦与支持一并表示感谢。

"热生风、风生雨",天气变化终归遵循此律,希望本书能给爱好自然的您有所启迪。

因时间仓促,书中不足和错误之处,欢迎批评指正。

目 录

序　言	(1)
前　言	(1)
第一章　绪　论	(1)
一、泉州市情简介	(1)
二、天气符号表	(3)
三、福建省气象灾害预警信号及防御指南	(4)
四、随心所欲知天气	(16)
五、关于"泉州气象网"	(18)
第二章　地球、大气与地理常识	(19)
一、天气、气候与极端天气	(19)
二、天文地理	(19)
三、大气层——空气与大气运动	(20)
四、天气要素和天气系统	(43)
五、地理常识	(51)
六、积温、二十四节气与季节划分	(53)
第三章　泉州气候	(68)
一、气温	(68)
二、降水	(89)
三、气压	(104)
四、风(大风、风灾、风压)	(106)
五、日照、云、雾	(122)
六、湿度、蒸发量	(126)
第四章　泉州防台风知识	(128)
一、台风与人类	(128)
二、创建"泉州台风网"有感	(129)
三、了解台风	(131)
四、云图在台风路径预报中的应用	(152)
五、影响泉州台风的一些结论	(153)
六、如何防范台风——防台措施	(211)
七、历史台风回顾与相关文章	(221)

第五章 福建省灾害性天气预报经验 ………………………………………… (245)
一、福建四季天气和主要影响系统 ……………………………………… (245)
二、常见灾害性天气预报技术 …………………………………………… (250)

第六章 气象灾害成因及防御避险 ………………………………………… (265)
一、气象灾害及其特点 …………………………………………………… (265)
二、暴雨洪涝灾害防范 …………………………………………………… (266)
三、雷电防范 ……………………………………………………………… (271)
四、其他灾害防范 ………………………………………………………… (275)

第七章 气象与生活 …………………………………………………………… (277)

第八章 闽南语天气谚语 …………………………………………………… (285)
一、引言 …………………………………………………………………… (285)
二、闽南语(泉州)天气谚语特征 ………………………………………… (285)
三、依时间顺序的闽南语天气方言汇编(时间与节气) ………………… (293)
四、关于"云"的民间谚语 ………………………………………………… (300)
五、关于"雾与晴雨"的民间谚语 ………………………………………… (301)
六、关于"霜与晴雨"的民间谚语 ………………………………………… (301)
七、关于"雷"的民间谚语 ………………………………………………… (302)
八、关于彩虹(霓)、华、晕等天气现象 …………………………………… (302)
九、关于风与晴雨 ………………………………………………………… (305)
十、"动物"预报"雨" ……………………………………………………… (306)
十一、"地理位置"预报"雨" ……………………………………………… (307)

第九章 泉州农业与气象 …………………………………………………… (308)
一、农业虫害与气象条件的关系 ………………………………………… (308)
二、各月气候背景 ………………………………………………………… (308)
三、主要农作物生长常识 ………………………………………………… (313)
四、水稻与气象 …………………………………………………………… (315)
五、泉州市农业生产与气象灾害的关系及防范 ………………………… (320)

主要参考文献 ………………………………………………………………… (332)

第一章 绪 论

一、泉州市情简介

泉州市是福建省三大中心城市之一,现辖晋江、石狮、南安三市,鲤城、丰泽、洛江、泉港四区,惠安、安溪、永春、德化、金门(待统一)五县和泉州经济技术开发区,土地面积11015平方千米,人口775万。市情主要有四个特点:

一是地理位置独特。地处福建中部沿海、台湾海峡西岸,北承省会福州,南接厦门特区,晋江围头距金门5.6海里,是大陆与金门距离最近的地方。

二是自然条件优越。气候温暖湿润,四季如春。海岸线长达541千米,可供建港的深水岸线45千米。

三是文化积淀深厚。是国务院首批公布的24个历史文化名城之一,古代"海上丝绸之路"起点,宋元时期被称为"东方第一大港"。拥有各级文物保护单位767处,其中国家级20处、省级48处,拥有国家级非物质文化遗产项目28个。保留着弥足珍贵的戏曲文化遗产,其中南音是中国音乐的活化石,梨园戏、高甲戏、打城戏、提线木偶是全国特有剧种。

四是港澳台侨优势突出。是全国著名侨乡和台湾汉族同胞主要祖籍地之一。分布在世界129个国家和地区的泉州籍华侨华人720万人,旅居香港同胞70万人,旅居澳门同胞6万人。台湾汉族同胞中44.8%、约900万人祖籍泉州。

泉州人民爱拼敢赢,开拓创新,闯出了一条"以市场调节为主、外向型经济为主、股份合作制为主,多种经济成分共同发展"的具有侨乡特色的经济发展路子,城乡面貌发生历史性变化。

一是综合经济实力显著增强,成为福建省发展最快、最具活力的地区之一。改革开放以前,泉州经济总量居福建省倒数第二位,1978—2007年,全市生产总值年均增长17.6%,财政总收入年均增长21.4%。全市人均生产总值分别于1996年、2004年、2006年突破1000美元、2000美元、3000美元;财政总收入分别于2000年、2003年、2007年突破50亿元、100亿元、200亿元。2007年,全市实现生产总值2283.7亿元、财政总收入225.06亿元、一般预算收入114.61亿元,分别增长15.9%、22.8%和23.2%;财政总收入占生产总值的比重5年间提高1.2个百分点;经济总量连续9年居福建省首位,晋江、惠安、石狮、南安、安溪5县(市)进入第七届全国县域经济基本竞争力百强县(市),所有县(市)均保持全省经济实力十强或经济发展十佳。拥有中国鞋都、中国瓷都、中国石雕之都、中国纺织产业基地、中国休闲服装名城、中国建材之乡、中国乌龙茶(名茶)之乡等多个国家级和区域性品牌。

二是发展优势日益突出,成为我国经济外向度较高、民营经济较为发达的地区之一。至2007年底,全市累计批准外商投资企业12063家,外商实际到资报表口径137.93亿美元,投产开业企业8191家;2007年,全市外商实际到资验资口径达10.85亿美元,外贸出口49.81

亿美元,分别增长17.9%和23.4%。民营经济在全市经济中已占"十分天下有其九"的格局,全市共有民营企业12.7万家,2007年民营工业企业总产值3916.48亿元,占全部工业总产值的92.7%;拥有产值超亿元企业636家,累计境内外上市企业34家;拥有中国驰名商标31个(国家工商总局认定)、中国名牌产品46个、中国出口名牌8个,荣获中国品牌经济城市、中国品牌之都称号。

三是基础设施建设适度超前,是全国首批投资硬环境40优城市之一。全市拥有1个国家级出口加工区、13个省级工业园区。公路密度、高等级公路比率和公路硬化率走在全省前列,全市建制村100%实现通村公路硬化;铁路客货运周转量分别达2.16亿人千米和12.62亿吨千米;泉州晋江机场旅客吞吐量达119.59万多次,跨入全国机场前40位;引进大型航运企业中远集团加盟泉州港口发展,泉州港货物吞吐量达6215.32万吨,集装箱吞吐量突破100万标箱。城市化水平达53%,中心城区建成区面积86平方千米。

四是和谐社会建设成效显著,成为福建省城乡人民生活水平较高的地区之一。在1996年基本实现小康目标后,1997年开始宽裕型小康建设,2007年全市城镇居民人均可支配收入和农民人均纯收入分别达到18097元和7244元,全市基本实现了宽裕型小康目标。

五是经济社会生态协调发展,成为东南沿海人文环境富有特色的城市之一。建成中国闽台缘博物馆,推进闽南生态文化保护区建设,"海上丝绸之路:泉州史迹"申报世界文化遗产列入国家文物局《世界文化遗产预备名单》,南音申报"人类口头及非物质遗产代表作"列为我国申报联合国非物质文化遗产备选名录。加强生态文明建设,大力推进近海水域环境污染治理,在2006、2007年分别投入整治资金12.62亿元、10.8亿元的基础上,2008年再行安排投入资金10.6亿元。我市还先后荣膺国家卫生城市、国家环保模范城市、中国优秀旅游城市、国家园林城市、中国优秀创新型城市、水环境治理优秀范例城市、亚太地区遗产保护优秀奖、联合国改善人居环境最佳范例(迪拜)奖、中国人居环境奖、中国十大和谐城市、市民最满意城市、感动世界的中国品牌城市等称号和荣誉,实现全国科技进步先进市"六连冠"、全国双拥模范城"六连冠"。2008年成功举办第六届全国农运会。

当前及今后一个时期,泉州市的总体工作思路是:落实科学发展观,大力构建和谐社会,主动融入海峡西岸经济区建设大局,牢牢把握"四谋发展"实践主题、"四个重在"实践要领、"四个关键"工作要求、"四求先行"实践方向,围绕"一个目标"(即建设海峡西岸经济区现代化工贸港口城市),实现"五个基本"(即基本实现全面建设小康社会、基本形成大城市框架、基本建成全省乃至全国重要的先进制造业基地和物流中心、基本建成亿吨大港、基本建成文化旅游强市),发挥"六大作用"(即在海西大局中着力发挥产业发展的支柱作用、民营经济的示范作用、县域经济的引领作用、对台工作的前沿作用、对外开放的先行作用、中心城市的辐射作用),争当建设"科学发展的先行区、两岸人民交流合作的先行区"排头兵。

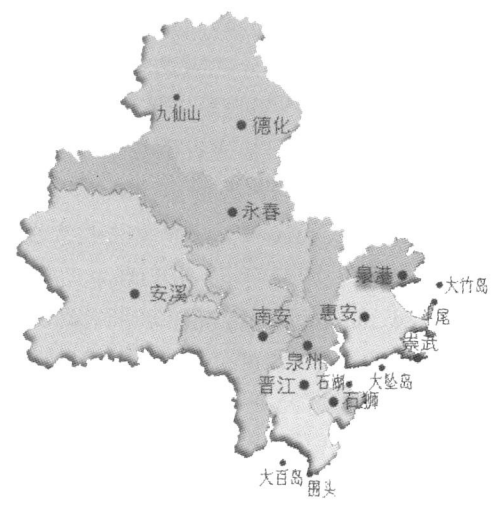

图1.1 泉州市行政区划图

二、天气符号表

表1.1 公众气象服务天气图形符号表

晴	多云	阴天	小雨	中雨	大雨	暴雨
阵雨	雷阵雨	雷电	冰雹	轻雾	雾	浓雾
霾	雨夹雪	小雪	中雪	大雪	暴雪	冻雨
霜冻	4级风	5级风	6级风	7级风	8级风	9级风
10级风	11级风	12级及以上风	台风	浮尘	扬沙	沙尘暴

表1.2 天气现象符号表

现象名称	符号	现象名称	符号	现象名称	符号	现象名称	符号
雨	·	霰	⚹	雨凇	∽	浮尘	S
阵雨	▽	米雪	△	雾凇	V	霾	∞
毛毛雨	,	冰粒	▲	吹雪	✚	雷暴	⚡
雪	✳	冰雹	△	雪暴	✚	闪电	⚡
阵雪	✽	冰针	↔	龙卷	)(	极光	♛
雨夹雪	✳	雾	≡	积雪	⊠	大风	
阵性雨夹雪	✽	轻雾	—	结冰	▭	飑	▽

三、福建省气象灾害预警信号及防御指南

为了防御和减轻气象灾害,保护国家和人民生命财产安全,依据《中华人民共和国气象法》、《福建省气象条例》、中国气象局《气象灾害预警信号发布与传播办法》、《福建省突发公共事件总体应急预案》,结合我省实际,福建省气象局于 2007 年 12 月 18 日制定本办法。

气象灾害预警信号(以下简称预警信号),是指县级以上气象主管机构所属的气象台站向社会公众发布的预警信息。县级以上气象主管机构负责本行政区域内预警信号发布、解除与传播的管理工作。

预警信号由名称、图标、标准和防御指南四部分组成,分为台风、暴雨、雪灾、降温、大风、高温、干旱、雷电、冰雹、霜冻、大雾、霾、道路结冰等十三类。

预警信号的级别依据气象灾害可能造成的危害程度、紧急程度和发展态势一般划分为四级:Ⅳ级(一般)、Ⅲ级(较重)、Ⅱ级(严重)、Ⅰ级(特别严重),依次用蓝色、黄色、橙色和红色表示,同时有中英文标识。

当同时出现或预报可能出现多种气象灾害时,可按照相对应的标准同时发布多种预警信号。

(一)台风预警信号

台风预警信号分四级,分别以蓝色、黄色、橙色和红色表示。

1. 台风蓝色预警信号

图标:

标准:24 小时内可能或者已经受热带气旋影响,沿海或者陆地平均风力达 6 级以上,或者阵风 8 级以上并可能持续。

防御指南:

(1)政府及相关部门按照职责做好防台风准备工作;

(2)停止露天集体活动和高空等户外危险作业;

(3)相关水域水上作业和过往船舶及养殖渔排采取积极的应对措施,注意最新的台风预报,做好撤离准备,采取回港避风或者绕道航行等措施;

(4)加固门窗、围板、棚架、广告牌等易被风吹动的搭建物,切断危险的室外电源。

2. 台风黄色预警信号

图标:

标准:24 小时内可能或者已经受热带气旋影响,沿海或者陆地平均风力达 8 级以上,或者阵风 10 级以上并可能持续。

防御指南:

(1)政府及相关部门按照职责做好防台风应急准备工作;

(2)停止室内外大型集会和高空等户外危险作业;

(3)相关水域水上作业和过往船舶采取积极的应对措施,加固港口设施,防止船舶走锚、搁浅和碰撞;

(4)渔排上人员应安全转移;

(5)加固或者拆除易被风吹动的搭建物,人员切勿随意外出,确保老人小孩留在家中最安全的地方,危房人员及时转移。

3. 台风橙色预警信号

图标:

标准:12小时内可能或者已经受热带气旋影响,沿海或者陆地平均风力达10级以上,或者阵风12级以上并可能持续。

防御指南:

(1)政府及相关部门按照职责做好防台风抢险应急工作;

(2)停止室内外大型集会、停课、停业(除特殊行业外);

(3)相关水域水上作业和过往船舶应当回港避风,加固港口设施,防止船舶走锚、搁浅和碰撞;

(4)加固或者拆除易被风吹动的搭建物,人员应当尽可能待在防风安全的地方,当台风中心经过时风力会减小或者静止一段时间,切记强风将会突然吹袭,应当继续留在安全处避风,危房人员及时转移;

(5)相关地区应当注意防范强降水可能引发的山洪、地质灾害。

4. 台风红色预警信号

图标:

标准:6小时内可能或者已经受热带气旋影响,沿海或者陆地平均风力达12级以上,或者阵风达14级以上并可能持续。

防御指南:

(1)政府及相关部门按照职责做好防台风应急和抢险工作;

(2)停止集会、停课、停业(除特殊行业外);

(3)回港避风的船舶要视情况采取积极措施,妥善安排人员留守或者转移到安全地带;

(4)加固或者拆除易被风吹动的搭建物,人员应当待在防风安全的地方,当台风中心经过时风力会减小或者静止一段时间,切记强风将会突然吹袭,应当继续留在安全处避风,危房人员及时转移;

(5)相关地区应当注意防范强降水可能引发的山洪、地质灾害。

(二)暴雨预警信号

暴雨预警信号分四级,分别以蓝色、黄色、橙色、红色表示。

1. 暴雨蓝色预警信号

图标:

标准:12 小时内降雨量将达 50 mm 以上,或者已达 50 mm 以上且降雨可能持续。
防御指南:
(1)政府及相关部门按照职责做好防暴雨准备工作;
(2)学校、幼儿园采取适当措施,保证学生和幼儿安全;
(3)驾驶人员应当注意道路积水和交通阻塞,确保安全;
(4)检查城市、农田、鱼塘排水系统,做好排涝准备。

2. 暴雨黄色预警信号

图标:

标准:6 小时内降雨量将达 50 mm 以上,或者已达 50 mm 以上且降雨可能持续。
防御指南:
(1)政府及相关部门按照职责做好防暴雨工作;
(2)交通管理部门应当根据路况在强降雨路段采取交通管制措施,在积水路段实行交通引导;
(3)切断低洼地带有危险的室外电源,暂停在空旷地方的户外作业,转移危险地带人员和危房居民到安全场所避雨;
(4)检查城市、农田、鱼塘排水系统,采取必要的排涝措施。

3. 暴雨橙色预警信号

图标:

标准:3 小时内降雨量将达 50 mm 以上,或者已达 50 mm 以上且降雨可能持续。
防御指南:
(1)政府及相关部门按照职责做好防暴雨应急工作;
(2)切断有危险的室外电源,暂停户外作业;
(3)处于危险地带的单位应当停课、停业,采取专门措施保护已到校学生、幼儿和其他上班人员的安全;
(4)做好城市、农田的排涝,注意防范可能引发的山洪、滑坡、泥石流等灾害。

4. 暴雨红色预警信号

图标:

标准:3 小时内降雨量将达 100 mm 以上,或者已达 100 mm 以上且降雨可能持续。
防御指南:
(1)政府及相关部门按照职责做好防暴雨应急和抢险工作;
(2)处于危险地带的单位应停课、停业,立即转移到安全的地方暂避;
(3)做好山洪、滑坡、泥石流等灾害的防御和抢险工作。

(三)雪灾预警信号

雪灾预警信号分三级,分别以黄色、橙色、红色表示。

1. 雪灾黄色预警信号

图标:

含义:12小时内可能出现对交通或农业有影响的降雪。

防御指南:

(1)政府及有关部门按照职责做好防雪灾和防冻害准备工作;

(2)交通、铁路、电力、通信等部门应当进行道路、铁路、线路巡查维护,做好道路清扫和积雪融化工作;

(3)行人注意防寒防滑,驾驶人员小心驾驶,车辆应当采取防滑措施;

(4)农、林、渔和种养殖业要储备饲料,做好防雪灾和防冻害准备;

(5)加固棚架等易被雪压的临时搭建物。

2. 雪灾橙色预警信号

图标:

含义:6小时内可能出现对交通或农业有较大影响的降雪,或者已经出现对交通或农业有较大影响的降雪并可能持续。

防御指南:

(1)政府及相关部门按照职责落实防雪灾和防冻害措施;

(2)交通、铁路、电力、通信等部门应当加强道路、铁路、线路巡查维护,做好道路清扫和积雪融化工作;

(3)行人注意防寒防滑,驾驶人员小心驾驶,车辆应当采取防滑措施;

(4)农、林、渔和种养殖业要备足饲料,做好防雪灾和防冻害准备;

(5)加固棚架等易被雪压的临时搭建物。

3. 雪灾红色预警信号

图标:

含义:2小时内可能出现对交通或农业有很大影响的降雪,或者已经出现对交通或农业有很大影响的降雪并可能持续。

防御指南:

(1)政府及相关部门按照职责做好防雪灾和防冻害的应急和抢险工作;

(2)必要时高速公路暂时封闭;

(3)做好救灾救济工作。

(四)降温预警信号

降温预警信号分四级,分别以蓝色、黄色、橙色、红色表示。

1. 降温蓝色预警信号

图标：

标准：48小时内最低气温将要下降8℃以上，最低气温小于等于5℃；或者已经下降8℃以上，最低气温小于等于5℃，降温仍在持续。

防御指南：

(1)政府及有关部门按照职责做好防寒准备工作；

(2)注意添衣保暖；

(3)对热带作物、水产品采取一定的防护措施；

(4)沿海地区做好防风准备工作。

2. 降温黄色预警信号

图标：

标准：24小时内最低气温将要下降10℃以上，最低气温小于等于5℃；或者已经下降10℃以上，最低气温小于等于5℃，降温仍在持续。

防御指南：

(1)政府及有关部门按照职责做好防寒工作；

(2)注意添衣保暖，照顾好老、弱、病人；

(3)对牲畜、家禽和热带、亚热带水果及有关水产品、农作物等采取防寒措施；

(4)沿海地区做好防风工作。

3. 降温橙色预警信号

图标：

标准：24小时内最低气温将要下降12℃以上，最低气温小于等于0℃；或者已经下降12℃以上，最低气温小于等于0℃，降温仍在持续。

防御指南：

(1)政府及有关部门按照职责做好防寒潮应急工作；

(2)注意防寒保暖；

(3)农业、水产业、畜牧业等要积极采取防霜冻、冰冻等防寒措施，尽量减少损失；

(4)沿海地区做好防风工作。

4. 降温红色预警信号

图标：

标准：24小时内最低气温将要下降16℃以上，最低气温小于等于0℃；或者已经下降16℃以上，最低气温小于等于0℃，降温仍在持续。

防御指南：

(1)政府及相关部门按照职责做好防寒潮的应急和抢险工作；
(2)注意防寒保暖；
(3)农业、水产业、畜牧业等要积极采取防霜冻、冰冻等防寒措施,尽量减少损失；
(4)沿海地区做好防风工作。

(五)大风预警信号

大风(除台风外)预警信号分三级,分别以黄色、橙色、红色表示。

1. 大风黄色预警信号

图标：

标准：12小时内可能受大风影响,平均风力可达8级以上,或者阵风9级以上；或者已经受大风影响,平均风力为8～9级,或者阵风9～10级并可能持续。

防御指南：
(1)政府及相关部门按照职责做好防大风工作；
(2)停止露天活动和高空等户外危险作业,危险地带人员和危房居民尽量转到避风场所避风；
(3)相关水域水上作业和过往船舶采取积极的应对措施,加固港口设施,防止船舶走锚、搁浅和碰撞；
(4)渔排上人员应安全转移；
(5)切断户外危险电源,妥善安置易受大风影响的室外物品,遮盖建筑物资；
(6)机场、高速公路等单位应当采取保障交通安全的措施,有关部门和单位注意森林、草原等防火。

2. 大风橙色预警信号

图标：

标准：6小时内可能受大风影响,平均风力可达10级以上,或者阵风11级以上；或者已经受大风影响,平均风力为10～11级,或者阵风11～12级并可能持续。

防御指南：
(1)政府及相关部门按照职责做好防大风应急工作；
(2)房屋抗风能力较弱的中小学校和单位应当停课、停业,人员减少外出；
(3)相关水域水上作业和过往船舶应当回港避风,加固港口设施,防止船舶走锚、搁浅和碰撞；
(4)切断危险电源,妥善安置易受大风影响的室外物品,遮盖建筑物资；
(5)机场、铁路、高速公路、水上交通等单位应当采取保障交通安全的措施,有关部门和单位注意森林、草原等防火。

3. 大风红色预警信号

图标：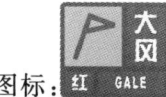

标准:6小时内可能受大风影响,平均风力可达12级以上,或者阵风13级以上;或者已经受大风影响,平均风力为12级以上,或者阵风13级以上并可能持续。

防御指南:

(1)政府及相关部门按照职责做好防大风应急和抢险工作;

(2)人员应当尽可能停留在防风安全的地方,不要随意外出;

(3)回港避风的船舶要视情况采取积极措施,妥善安排人员留守或者转移到安全地带;

(4)切断危险电源,妥善安置易受大风影响的室外物品,遮盖建筑物资;

(5)机场、铁路、高速公路、水上交通等单位应当采取保障交通安全的措施,有关部门和单位注意森林、草原等防火。

(六)高温预警信号

高温预警信号分二级,分别以橙色、红色表示。

1. 高温橙色预警信号

图标:

标准:24小时内最高气温将升至37℃以上。

防御指南:

(1)有关部门和单位按照职责落实防暑降温保障措施;

(2)尽量避免在高温时段进行户外活动,高温条件下作业的人员应当缩短连续工作时间;

(3)对老、弱、病、幼人群提供防暑降温指导,并采取必要的防护措施;

(4)有关部门和单位应当注意防范因用电量过高,以及电线、变压器等电力负载过大而引发的火灾。

2. 高温红色预警信号

图标:

标准:24小时内最高气温将升至40℃以上。

防御指南:

(1)有关部门和单位按照职责采取防暑降温应急措施;

(2)停止户外露天作业(除特殊行业外);

(3)对老、弱、病、幼人群采取保护措施;

(4)有关部门和单位要特别注意防火。

(七)干旱预警信号

干旱预警信号分二级,分别以橙色、红色表示。干旱指标等级划分,以国家标准《气象干旱等级》(GB/T 20481—2006)中的综合气象干旱指数为标准。

1. 干旱橙色预警信号

图标:

标准:预计未来一周综合气象干旱指数达到重旱(气象干旱为 25~50 年一遇),或者某一县(区)有 40% 以上的农作物受旱。

防御指南:
(1)有关部门和单位按照职责做好防御干旱的应急工作;
(2)有关部门启用应急备用水源,调度辖区内一切可用水源,优先保障城乡居民生活用水和牲畜饮水;
(3)压减城镇供水指标,优先经济作物灌溉用水,限制大量农业灌溉用水;
(4)限制非生产性高耗水及服务业用水,限制排放工业污水;
(5)气象部门适时进行人工增雨作业。

2. 干旱红色预警信号

图标:

标准:预计未来一周综合气象干旱指数达到特旱(气象干旱为 50 年以上一遇),或者某一县(区)有 60% 以上的农作物受旱。

防御指南:
(1)有关部门和单位按照职责做好防御干旱的应急和救灾工作;
(2)各级政府和有关部门启动远距离调水等应急供水方案,采取提外水、打深井、车载送水等多种手段,确保城乡居民生活和牲畜饮水;
(3)限时或者限量供应城镇居民生活用水,缩小或者阶段性停止农业灌溉供水;
(4)严禁非生产性高耗水及服务业用水,暂停排放工业污水;
(5)气象部门适时加大人工增雨作业力度。

(八)雷电预警信号

雷电预警信号分三级,分别以黄色、橙色、红色表示。

1. 雷电黄色预警信号

图标:

标准:6 小时内可能发生雷电活动,可能会造成雷电灾害事故并伴有 6~8 级雷雨大风。

防御指南:
(1)政府及相关部门按照职责做好防雷防风工作;
(2)密切关注天气,尽量避免户外活动;
(3)把门窗、围板、棚架、临时搭建物等易被风吹动的搭建物固紧,人员应当尽快离开临时搭建物,妥善安置易受雷雨大风影响的室外物品。

2. 雷电橙色预警信号

图标:

标准:2 小时内发生雷电活动并伴有 6~8 级雷雨大风的可能性很大,或者已经受雷电活动和雷雨大风影响,且可能持续,出现雷电和大风灾害事故的可能性比较大。

防御指南:

(1)政府及相关部门按照职责落实防雷防风应急措施;

(2)人员应当留在室内,并关好门窗;

(3)户外人员应当躲入有防雷设施的建筑物或者汽车内;

(4)切断危险电源,不要在树下、电杆下、塔吊下避雨;

(5)在空旷场地不要打伞,不要把农具、羽毛球拍、高尔夫球杆等扛在肩上。

3. 雷电红色预警信号

图标:

标准:2小时内发生雷电活动并伴有8~10级以上雷雨大风的可能性非常大,或者已经有强烈的雷电活动和雷雨大风发生,且可能持续,出现雷电灾害事故和雷雨大风的可能性非常大。

防御指南:

(1)政府及相关部门按照职责做好防雷防风应急抢险工作;

(2)人员应当尽量躲入有防雷设施的建筑物或者汽车内,并关好门窗;

(3)切勿接触天线、水管、铁丝网、金属门窗、建筑物外墙,远离电线等带电设备和其他类似金属装置;

(4)尽量不要使用无防雷装置或者防雷装置不完备的电视、电话等电器;

(5)密切注意雷电预警信息的发布。

(九)冰雹预警信号

冰雹预警信号分二级,分别以橙色、红色表示。

1. 冰雹橙色预警信号

图标:

标准:6小时内可能出现冰雹天气,并可能造成雹灾。

防御指南:

(1)政府及相关部门按照职责做好防冰雹的应急工作;

(2)气象部门做好人工防雹作业准备并择机进行作业;

(3)户外行人立即到安全的地方暂避;

(4)驱赶家禽、牲畜进入有顶棚的场所,妥善保护易受冰雹袭击的汽车等室外物品或者设备;

(5)注意防御冰雹天气伴随的雷电灾害。

2. 冰雹红色预警信号

图标:

标准:2小时内出现冰雹可能性极大,并可能造成重雹灾。

防御指南：

(1)政府及相关部门按照职责做好防冰雹的应急和抢险工作；

(2)气象部门适时开展人工防雹作业；

(3)户外行人立即到安全的地方暂避；

(4)驱赶家禽、牲畜进入有顶棚的场所，妥善保护易受冰雹袭击的汽车等室外物品或者设备；

(5)注意防御冰雹天气伴随的雷电灾害。

(十)霜冻预警信号

霜冻预警信号分三级，分别以蓝色、黄色、橙色表示。

1. 霜冻蓝色预警信号

图标：

标准：24小时内最低气温将要下降到4℃以下，并对农业产生影响；或者已经降到4℃以下，对农业已经产生影响，并可能持续。

防御指南：

(1)政府及农林渔业主管部门按照职责做好防霜冻准备工作；

(2)对农作物、蔬菜、花卉、瓜果、水产养殖、林业育种要采取一定的防护措施；

(3)农村基层组织和农户要关注当地霜冻预警信息，以便采取措施加强防护。

2. 霜冻黄色预警信号

图标：

标准：24小时内最低气温将要下降到0℃以下，并对农业产生严重影响；或者已经降到0℃以下，对农业已经产生严重影响，并可能持续。

防御指南：

(1)政府及农林渔业主管部门按照职责做好防霜冻应急工作；

(2)农村基层组织要广泛发动群众，防灾抗灾；

(3)对农作物、水产养殖、林业育种要积极采取田间灌溉等防霜冻、冰冻措施，尽量减少损失；

(4)对蔬菜、花卉、瓜果要采取覆盖、喷洒防冻液等措施，减轻冻害。

3. 霜冻橙色预警信号

图标：

标准：24小时内最低气温将要下降到零下3℃以下，对农业将产生严重影响；或者已经降到零下3℃以下，对农业已经产生严重影响，并将持续。

防御指南：

(1)政府及农林渔业主管部门按照职责做好防霜冻应急工作；

(2)农村基层组织要广泛发动群众,防灾抗灾;

(3)对农作物、蔬菜、花卉、瓜果、水产养殖、林业育种要采取积极的应对措施,尽量减少损失。

(十一)大雾预警信号

大雾预警信号分三级,分别以黄色、橙色、红色表示。

1. 大雾黄色预警信号

图标:

标准:12 小时内可能出现能见度小于 500 m 的雾,或者已经出现能见度小于 500 m、大于等于 200 m 的雾并将持续。

防御指南:

(1)有关部门和单位按照职责做好防雾准备工作;

(2)机场、高速公路、轮渡码头等单位加强交通管理,保障安全;

(3)驾驶人员注意雾的变化,小心驾驶;

(4)户外活动注意安全。

2. 大雾橙色预警信号

图标:

标准:6 小时内可能出现能见度小于 200 m 的雾,或者已经出现能见度小于 200 m、大于等于 50 m 的雾并将持续。

防御指南:

(1)有关部门和单位按照职责做好防雾工作;

(2)机场、高速公路、轮渡码头等单位加强调度指挥;

(3)驾驶人员必须严格控制车、船的行进速度;

(4)减少户外活动。

3. 大雾红色预警信号

图标:

标准:2 小时内可能出现能见度小于 50 m 的雾,或者已经出现能见度小于 50 m 的雾并将持续。

防御指南:

(1)有关部门和单位按照职责做好防雾应急工作;

(2)有关单位按照行业规定适时采取交通安全管制措施,如机场暂停飞机起降,高速公路暂时封闭,轮渡暂时停航等;

(3)驾驶人员根据雾天行驶规定,采取雾天预防措施,根据环境条件采取合理行驶方式,并尽快寻找安全停放区域停靠;

(4)不要进行户外活动。

(十二)霾预警信号

霾预警信号分二级,分别以黄色、橙色表示。

1. 霾黄色预警信号

图标:

标准:12 小时内可能出现能见度小于 3000 m 的霾,或者已经出现能见度小于 3000 m 的霾且可能持续。

防御指南:
(1)驾驶人员小心驾驶;
(2)因空气质量明显降低,人员需适当防护;
(3)呼吸道疾病患者尽量减少外出,外出时可戴上口罩。

2. 霾橙色预警信号

图标:

标准:6 小时内可能出现能见度小于 2000 m 的霾,或者已经出现能见度小于 2000 m 的霾且可能持续。

防御指南:
(1)机场、高速公路、轮渡码头等单位加强交通管理,保障安全;
(2)驾驶人员谨慎驾驶;
(3)空气质量差,人员需适当防护;
(4)人员减少户外活动,呼吸道疾病患者尽量避免外出,外出时可戴上口罩。

(十三)道路结冰预警信号

道路结冰预警信号分三级,分别以黄色、橙色、红色表示。

1. 道路结冰黄色预警信号

图标:

标准:当路表温度低于 0℃,出现降水,12 小时内可能出现对交通有影响的道路结冰。

防御指南:
(1)交通、公安等部门要按照职责做好道路结冰应对准备工作;
(2)驾驶人员应当注意路况,安全行驶;
(3)行人外出尽量少骑自行车,注意防滑。

2. 道路结冰橙色预警信号

图标:

标准:当路表温度低于 0℃,出现降水,6 小时内可能出现对交通有较大影响的道路结冰。

防御指南:

(1)交通、公安等部门要按照职责做好道路结冰应急工作;

(2)驾驶人员必须采取防滑措施,听从指挥,慢速行驶;

(3)行人出门注意防滑。

3. 道路结冰红色预警信号

图标:

标准:当路表温度低于 0℃,出现降水,2 小时内可能出现或者已经出现对交通有很大影响的道路结冰。

防御指南:

(1)交通、公安等部门做好道路结冰应急和抢险工作;

(2)交通、公安等部门注意指挥和疏导行驶车辆,必要时关闭结冰道路交通;

(3)人员尽量减少外出。

四、随心所欲知天气

我们平时可以从电视、广播、报纸上得到和天气相关的信息,但这些信息可能并不是我们需要的,比如电视上的天气预报只有国内主要城市,而可能没有自己想要的城市预报;有的时候我们可能会错过天气预报的播出时间……遇到这些情况,该如何去获取我们想要的天气预报信息呢?

1. 打电话

12121 是我国统一的气象服务电话,不管在什么时候,什么地点,你只要拨打这个电话,就可以得到你所需要的各个地方的最新最详细的天气预报和实况信息。

2. 接收气象短信

每天一次气象短信是获取气象信息的有效途径,现气象短信已成为市民的一种习惯,它不仅每日及时为你提供天气预报,还会在重要天气发生前为你及时提供预警。泉州市气象局目前所提供的气象短信的服务内容有:实时台风信息、每日天气预报、海洋气象、农业气象等,具体参见"泉州气象网"(www.qzqxw.com)上的介绍。

3. 浏览因特网

上网是迅捷方便地获知天气信息又一渠道,大家可以在网上查看最新的天气预报,并可从中学到很多课本上学不到的气象知识。气象网站已成为人人羡慕的"气象专家"。"泉州气象网"网址:www.qzqxw.com。

4. 如何看电视卫星云图

中央一套每天 19:30 播出的天气预报节目中,都会有卫星云图的画面,如何来看卫星云图呢?下面就简单介绍一下电视卫星云图。

卫星云图分为可见光云图、红外云图和水汽云图。电视上看到的是可见光云图。可见光波段选用的光谱通道是 0.50~0.75 μm,气象卫星在这个波段接收的辐射主要来自地面、云面对太阳辐射的反射辐射。把接收到的辐射转换成黑白图像,就形成可见光云图。辐射越大用越白的色调表示,辐射越小用越黑的色调表示,则这种黑白色调就与辐射有关,即与太阳高度角和物体反照率有关。在一定的太阳高度角下,物体的反照率越大,色调越白;而反照率越小,色调越暗。由于云与地表间的反照率差异很大,所以在可见光图像上容易将云和地表区别开。

从云的色调、形状、结构、纹理和范围大小,可以反映着一定的天气系统、云的高低、云层的厚薄、云中冰晶与水滴含量、降水的性质等。

图1.2 卫星云图

(1)云图的色调

高云:多为冰晶组成,反射强,拍摄的云图多为白色,薄面稀疏;

中云:多为水滴、冰晶混合物,云图则显浅灰色,较为密和均匀;

低云:多为水滴组成,云图呈现暗灰色,浓而厚,有时呈起伏团块。发展强的积雨云,垂直高度高,厚度厚,此时云顶温度低,出现了冰晶,因此色调白亮,且结构紧密。

(2)云图的形状

云图形状反映一定的天气影响系统。

涡旋状云:说明高空是低气压系统控制,多为不稳定性降水,如阵雨、雷雨、暴雨等;带状云:说明有冷空气将临,是冷气团前面的锋面云系,急流、锋面、赤道辐合带都表现为带状云系,有可能产生降水天气。

(3)云图的结构

结构比较均匀的云图:一般为稳定的层状云,产生的降水为稳定性降水,比较均匀;

云图若呈现凹凸不平或絮状:说明是不稳定性对流云系,如积云和积雨云,易出现阵性降水、雷雨、冰雹、阵性大风等。

(4)云的纹理

纹理很光滑和均匀:表示云顶高度和厚度相差很小,例如层云具有这种特征;

云的纹理表现为皱纹和斑点:表面多起伏,云顶高度不一,如积状云具有这种特征;

云的纹理呈纤维状:说明这种云是卷云。

(5)云的范围

云的种类不同,表现的范围也不同。例如:与锋面、气旋相连的高层云、高积云和卷云,分布范围很广,可达几千千米以上;与中小尺度天气系统相连的积云、浓积云和积雨云的范围很小。

(6)暗影

在可见光云图上,在一定的太阳高度角下,高的目标物在低的目标物上有投影,故会出现暗影。暗影可以出现在云区里面或云区边界上,表现为一些细的暗线和斑点。

五、关于"泉州气象网"

"泉州气象网"(www.qzqxw.com)于2003年4月由泉州市气象局信息服务中心创立。建网之初本意,乃拟为专业气象用户提供更及时、专业的气象服务,以及为电信等合作伙伴提供气象短信的直接链接服务,因此,泉州电信公司投入一条ADSL宽带和免费的域名和空间,本中心向泉州市科委成功申报一项科研课题,从有限的课题经费中支出万余元购买一台联想服务器,两三个热心人日夜操劳,于是,"泉州气象网"就这么粉墨登场了。

不想,"泉州气象网"很快受到了社会各阶层的极大关注,访问量节节攀升,而简陋的设备也挡不住越来越多的访问量了,由此成为了一种无形的压力和动力,但网站的工作人员并未被困难所吓倒,凭区区之力硬是在内容、时效等方面倾注了大量的心血,针对泉州的地方特色,气象人员以专业的眼光,并打造出一系列为民所乐见的精彩栏目,其中:

"气象热点分析"、"台风路径图"、"专业气象预报平台"、"天气实况"图表、"泉州特色天气"等拳头栏目,深为省内外民众所喜闻乐见,同时也为各用户单位建立了具有该单位特色的气象服务专网。

建网之初,网站拥有一支短小精干的开发队伍:一名专业气象高级工程师,一名业余软件开发员和一两名其他人员,这似乎可以应付基本的运转。办好一件事,不在人多,关键在于是否具有一颗真挚的为民服务之心。

之所以专门介绍"泉州气象网",乃是本书的大量文稿、心得诸项均来源于该网,正是早期在该网上的耕耘与积累,为本书编撰打下了坚实的基础。

第二章　地球、大气与地理常识

一、天气、气候与极端天气

我们大家都对天气感兴趣。我们想知道今天的天气是热还是冷,是潮湿还是干燥。我们要知道该穿什么衣服,碰到强劲的大风或足以夺命的台风,是否是去海滨的好日子。有些人为了谋生或生存必须了解天气,一场严重的暴风雨会使农作物或使渔船沉没。极端的恶劣天气甚至会毁灭整个城市。因此,天气对于我们一生都有很大的影响。

天气是一种复杂的综合性的大气层效应,它包括气温、云量、风和雨等要素,这些要素的不断变化形成了丰富多彩的天气状况。多年的天气平均状况称为气候,而一次超出气候范围的天气变化可理解为极端天气。

一个地方每年的天气状况相对固定不变,期间的天气变化幅度不大,由此形成当地的独特的气候,也因此,多年的天气要素的平均值可以代表当地的气候状况,如一年有几场暴雨,历年的最大日雨量是在一定的范围内。当天气变化太大,就可能形成极端天气,如一场暴雨雨量达百年一遇,超过当地的最大日雨量值,就可认为是极端天气事件。而一地正常的天气,在另一地就可能是极端天气了,如沿海地区百毫米的降水司空见惯,这在内陆干旱地区就是极端天气事件了。

虽然气象科技发展较快,但天气还是属于人们不可主宰的自然现象,我们只能理解它和预报它,但我们不能让它听我们指挥,我们只能通过理解和预报天气灾害什么时间会出现,依此来保护自己免受天气灾害的伤害。

二、天文地理

实际上,天气的一切变化均系太阳光的变化所致,因此有必要简单了解有关太阳系的一些天文知识,以帮助我们进一步理解天气的变化。

太阳系是由太阳和八大行星所组成,地球绕太阳旋转一圈花了一年,如图 2.1 所示。

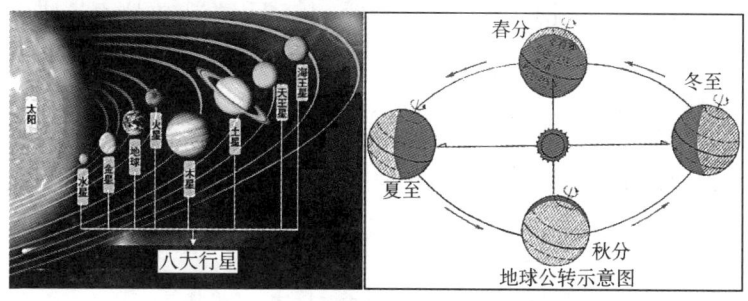

图 2.1　太阳系组成和地球公转示意图

(一) 二十四节气

太阳从黄经零度起,沿黄经每运行 15 度所经历的时日称为"一个节气"。每年运行 360 度,共经历 24 个节气,每月 2 个。其中,每月第一个节气为"节气",即:立春、惊蛰、清明、立夏、芒种、小暑、立秋、白露、寒露、立冬、大雪和小寒 12 个节气;每月的第二个节气为"中气",即:雨水、春分、谷雨、小满、夏至、大暑、处暑、秋分、霜降、小雪、冬至和大寒 12 个节气。"节气"和"中气"交替出现,各历时 15 天,现在人们已经把"节气"和"中气"统称为"节气"。

二十四节气反映了太阳的周期性运动,所以节气在现行的公历中日期基本固定,上半年在 6 日、21 日,下半年在 8 日、23 日,前后不差 1～2 天。为了便于记忆,人们编出了二十四节气歌诀:"春雨惊春清谷天,夏满芒夏暑相连,秋处露秋寒霜降,冬雪雪冬小大寒"。

(二) 阴历闰月的由来

阴历是根据月亮绕地球运行的周期制定的,又称太阴历。月亮绕地球一周就是阴历一个月,所需时间是 29 日 12 时 44 分。取 29 日或 30 日为一个月。一年共有 12 个月 354 天,这样阴历一年比地球绕太阳转的时间少 11～12 天,三年少一个多月。如不调整,过 15 年,就会出现一月是夏天,七月是冬天。所以,古人采取"三年一闰,十九年七闰"的办法来调整阴历和阳历之间的矛盾。

闰月应设置在哪一个月呢?各个朝代都有不同的规定。到清朝初,才改为现在设闰的规定,即放在 24 节气中,不含中气的月为前一月的闰月。

三、大气层——空气与大气运动

(一) 大气层

1. 大气层结构

大气层是围绕着地球的空气层,白天保护着地球免受太阳光线的暴晒,并吸收对地球有害的紫外线辐射,夜间防止热量的散失。

由于天气是大气层中的空气流动而形成的,所以有必要对大气层结构先进行一下简单介绍。

大气层按气温随高度的变化共分为对流层、平流层、中间层、热层和逸散层五层,天气及其变化主要发生在对流层中,大气层的结构如图 2.2 所示。

2. 对流层中气温的垂直分布

在对流层,气温总的状况是随高度增高而降低。一是因为吸收地面长波辐射随高度增高而减小;二是因为空气密度特别是水汽、固体杂质等随高度增高而减少,相应地,吸收地面热量的效能也随高度增高而减小。

整个对流层的气温垂直递减率平均为 0.65℃/100 m。实际上,在对流层内各高度的气温垂直变化是因时、因地而不同的。对流层的中层和上层受地表的影响较小,气温垂直递减率的变化比下层小得多。具体为:

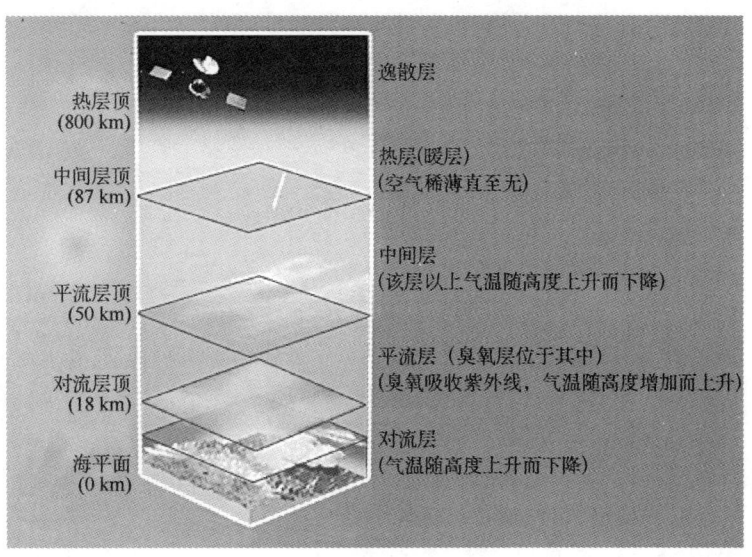

图 2.2　大气层结构图

对流层上层:平均为 0.65～0.75℃/100 m;

对流层中层:平均为 0.5～0.6℃/100 m;

对流层下层(由地面至 2 km):平均为 0.3～0.4℃/100 m。

但由于大气层受地面增热和冷却的影响很大,递减率随地面性质、季节、昼夜和天气条件的变化亦很大。例如,夏季白昼,在大陆上,当晴空无云时,地面剧烈地增热,底层(自地面至 300～500 m 高度)气温递减率可大于"干绝热"递减率(1℃/100 m)而达到 1.2～1.5℃/100 m。但在一定条件下,对流层中也会出现气温随高度增加而上升的"逆温"现象。气温随高度增加而下降才是对流层中气温正常的垂直分布,若与其相反,那就是气温逆向(反常)的垂直分布,即"逆温"。逆温现象存在的空气层,称为逆温层。

形成逆温的条件是:地面辐射冷却(辐射逆温);空气平流冷却(平流逆温);空气下沉增温(下沉逆温);空气湍流混合(湍流逆温)等。

(二)太阳辐射与电磁波

1. 太阳辐射与电磁波

太阳时时刻刻发射着太阳辐射,这些能量仅有一小部分(3%)能到达地球,但这已足够照亮地球和保持其温暖了。来自于太阳的热量驱使地球大气层发生各种运动,由此生成了地球的天气。

到达地球的太阳辐射系由所有波长的电磁波所组成(见图 2.3),也就是说,太阳能是靠电磁波来实现能量传递的。

电磁波(又称电磁辐射)为横波,是能量的一种,可用于探测、定位、通信等。电磁波是电磁场的一种运动形态,电磁的变动就如同微风轻拂水面产生水波一般,因此被称为电磁波,也常称为电波。变化的电场会产生磁场(即电流会产生磁场),变化的磁场则会产生电场。

电磁波谱按波长从长到短的排列是:无线电波、微波、红外线、可见光、紫外线、X 射线、伽玛射线。电磁波的应用主要表现在:

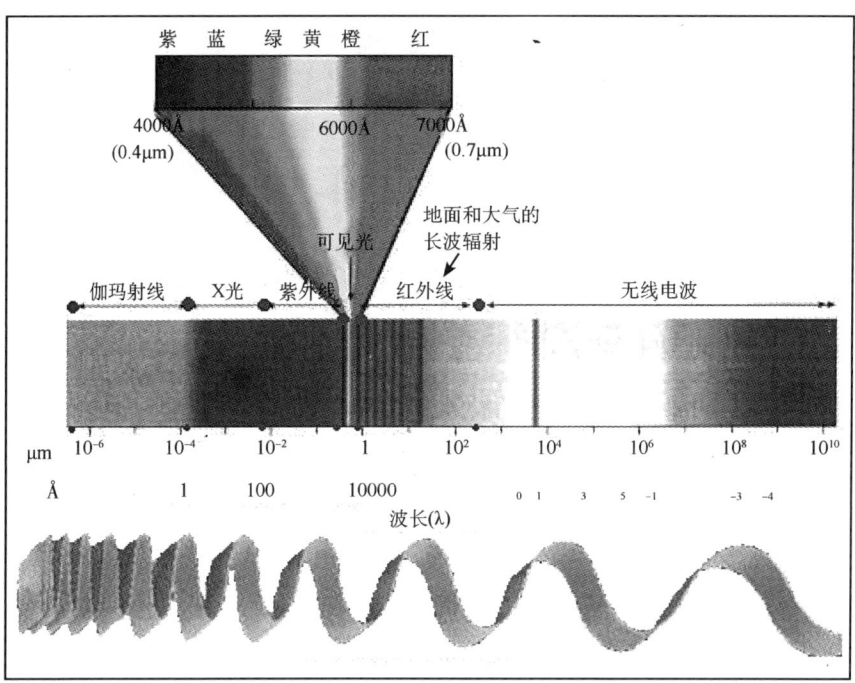

图 2.3 太阳光电磁波图谱

◆ 无线电波:在电磁波谱中波长最长,用于通信等,又分(超)长波、长波、中波、短波和微波(含米波、厘米波、毫米波和亚毫米波)等波段,微波用于微波炉;

◆ 可见光:是所有生物用来观察事物的基础;

◆ 紫外线:用于医用消毒,验证假钞,测量距离,工程上的探伤等;

◆ X 射线:用于 CT 照相;

◆ 伽玛射线:用于治疗,使原子发生跃迁从而产生新的射线等;

◆ 红外线:用于遥控、热成像仪、红外制导导弹等。

红外辐射:是地球表面一直向外辐射的一种电磁波,波长约在 0.75～1000 μm 之间,红外波段又可划分为近红外(0.75～3 μm)、中红外(3～40 μm)、远红外(40～1000 μm)三个波段,各波段能量见表 2.1。

表 2.1 太阳辐射各波段的百分比

波长/μ	波段名称	能量比例/%
小于 10^{-3}	X、γ 射线	0.02
10^{-3}～0.2	远紫外	
0.2～0.31	中紫外	1.95
0.31～0.38	近紫外	5.32
0.38～0.76	可见光	43.50
0.76～1.5	近红外	36.80
1.5～5.6	中红外	12.00
5.6～1000	远红外	0.41
大于 1000	微波	

在气象卫星云图上,红外波段分为近红外(0.75～3 μm)、中红外(3.5～4 μm)、热红外(10.3～11.3 μm)。

红外长波辐射:是由地球表面一直向外辐射的红外长波辐射,这些红外长波辐射被大气层中的"温室气体"所吸收,由此增暖了大气,从而使得地球表面的气温比没有空气的月球高约 30℃。

地球的天气是由于地球大气层受来自于太阳的热量驱使而产生,而每年太阳辐射的能量总是在变化,由此也产生了地球上天气的变化。通常,在太阳活动的 11 年周期内,其能量有 0.2% 的变化,每 85 年能量有 0.3% 的变化。

2. 地球的能量得失——地面的能量守恒

总体而言,地球所获得的能量和散失的能量相当,于是保持着能量的守恒,使得地球不至于获得太多的能量而持续加温或失去更多的能量而持续降温。

(1)地球获得的太阳能量

太阳光照射到地球的过程中,其能量发生的变化情况如图 2.4 所示:

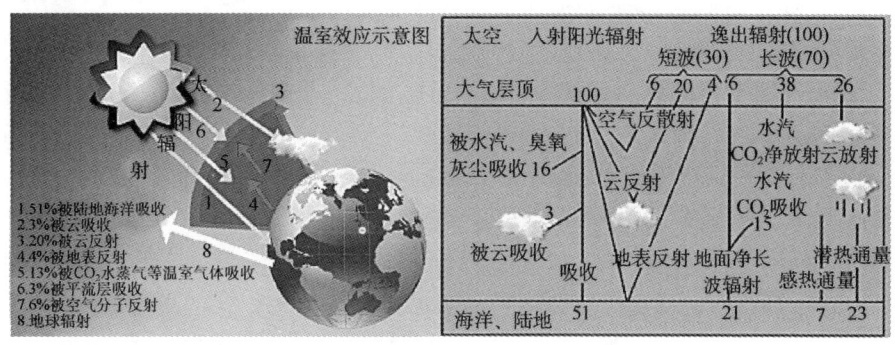

图 2.4 太阳辐射和地球能量收支示意图

a. 3% 的能量(主要是紫外线)先被平流层的臭氧(O_3)所吸收;

b. 6% 被空气分子反射回去;

c. 3% 被云吸收;

d. 20% 被云反射;

e. 13% 被二氧化碳和水蒸气等温室气体所吸收;

f. 4% 被地表(包括海洋和陆地)反射,冰雪具有 85% 以上的反射能力(反照率),其吸收的能量更少(见表 2.2,反射能力强,则吸收就少了);

表 2.2 各种表面在太阳辐射光谱范围内的反射率(%)

裸地	10～25	雪(干、洁)	75～95
沙地、沙漠	25～40	雪(湿或脏)	25～75
草地	15～25	海面(太阳高度角>25°)	<10
森林	10～20	海面(低太阳高度角)	10～70

g. 剩下的 51% 以短波的方式直接照热地球,即被地球所吸收。

(2)地球失热——地球辐射(地球=地面+大气)

地面能吸收太阳短波辐射,同时按自身的温度不断向外放射长波辐射。

大气对于太阳辐射的吸收很少,但对于地面的长波辐射却能强烈吸收;同时,大气也按其自身的温度向外放出长波辐射。

地面和大气之间、大气与大气之间相互交换热量,并将热量向宇宙空间散发(见图2.5)。

地球辐射又称长波辐射和热红外辐射,包括地面和大气放射的电磁辐射。

地面长波辐射大部分被云体和大气层吸收,一小部分透过大气层直射返回太空。大气(含云)同时也向太空放出长波辐射。地面和大气放射的电磁辐射之和组成了由地气系统进入宇宙空间的热辐射,统称为"地球辐射",它表示地气系统由于放出热辐射而冷却。在地球辐射中,由地面向上发射的长波辐射称为地面辐射或地面射出辐射,大气发射的长波辐射称为大气辐射,大气向下发射的长波辐射称为大气逆辐射。

地面发射长波辐射和地面所吸收的大气逆辐射之差,称为地面有效辐射(净红外辐射)。

图 2.5 地面有效辐射图

大气逆辐射使地面因放射辐射而损耗的能量得到一定的补充,可见大气对地面有保暖作用。据计算,如没有大气,则地面的平均温度应是 -23℃,但实际是 15℃,即大气逆辐射使地面温度提高了 38℃,这种效应称为"大气花房效应",其与"温室效应"不同。"大气花房效应"是指大气的逆辐射,而"温室效应"是温室气体吸收热量。

地球辐射的辐射源是地球,其波长范围约为 $4\sim120$ μm,为长波辐射。辐射能量的 99% 集中在 3 μm 以上的波长范围内。地球辐射的最强波长约为 9.7 μm。

不同物体因其自身温度的不同,所放出的红外辐射强度不同(见图2.6),不同温度物体所放出的能量峰值与波长的关系是:$\lambda_m = 2898/T$,随着温度的增加,其能量峰值有朝着波长减小的方向移动。

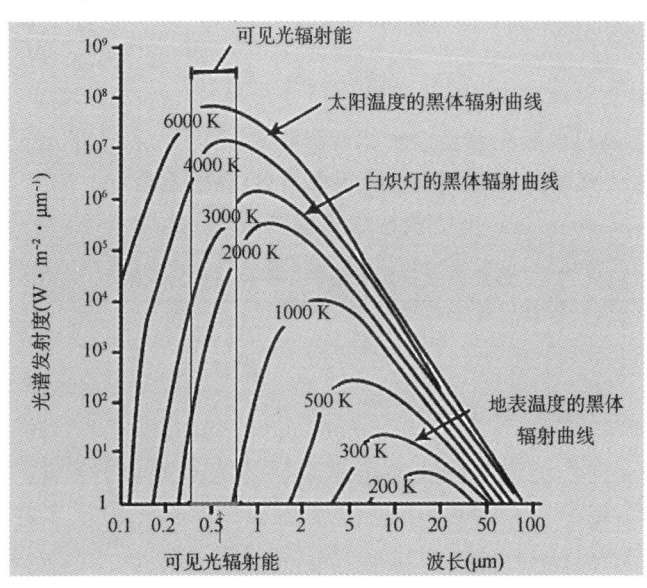

图 2.6 各种温度下黑体辐射的光谱能量分布

地面的平均温度在 300 K,对流层大气的平均温度为 250 K,在这样的温度下,95% 以上的能量集中在 3～120 μm 的波长范围内,这是肉眼所看不见的红外、远红外辐射,其最大辐射所对应的波长为 10～15 μm。

(3)地球表面的能量平衡

将入射大气上界的太阳辐射作为 100 个单位,则:

就地面而言:收入 50＝支出 20＋6＋24

就大气而言:收入 16＋4＋6＋24＋14＝支出 38＋26

就地气系统而言:收入 100＝支出 6＋20＋4＋6＋38＋26

就全球长时间平均而言,地面向上输送的净能通量为 0,即:

$F = E_n + F_h + F_m = 0$

全球的能量守恒公式为: $E_S + E_L\downarrow$ (收入) $= E_L\uparrow + F_h\uparrow + F_m\uparrow$ (支出)

E_S:地球表面实际吸收的太阳辐射(入射减去反射);

E_n:地球表面的净辐射照度,即地面的纯收入,或称地面辐射差额, $E_n = E_L\uparrow - (E_S + E_L\downarrow)$;

$E_L\downarrow$:大气向下发射的红外辐射(逆辐射);

$E_L\uparrow$:地球表面发射的红外辐射;

F_m:潜热通量;

F_h:感热通量。

地球辐射示意图的几个概念:

a. 大气对太阳辐射的吸收主要是臭氧和水汽、二氧化碳等温室气体对太阳辐射中的红外辐射的吸收以及臭氧对紫外线的吸收;

大气对地面长波辐射的吸收是水汽、二氧化碳;

大气对地面辐射的吸收(15＋7＋23＝45 个单元)明显大于对太阳辐射的吸收(16 个单元);

b. 大气发射红外辐射是人造卫星遥感大气温度结构的基础:一部分回太空(38 个单元),一部分为大气逆辐射回地面;

c. 回外层空间的地球辐射

地面放射的长波辐射(6 个单元):仅在 10 μm 附近的两个窄窗(又称大气窗口)可以透过大气直接到外层空间,这样,可以利用此窗口遥感地表温度;

对流层中上层大气所发射的长波辐射:38 个单元＝16＋7＋15(大气吸收的 16 个太阳辐射、7 个地面感热通量和 15 个地面长波辐射);

云放射:26 个单元＝3＋23(云吸收 3 个太阳辐射和 23 个地面潜热通量)。

d. 地球吸收了 51 个单位的能量,其发射的分配方式为:通过发射红外辐射以及与大气进行感热、潜热的交换。如果没有感热(7 个单元)和潜热(23 个单元)的能量释放,则地球表面将升温。感热和潜热是通过分子传导和水汽对流来实现的。

植被区以潜热通量为主,沙漠和城市以感热为主,海洋上的潜热通量比感热通量大一个量级。潜热通常是指蒸发和蒸腾所损失(传输)的热量。感热是通过分子的乱流所输送的热量。感热和水汽是依靠以下的微尺度"涡旋"向上传输的。

表 2.3 对潜热和感热垂直传输作用的运动尺度

层	垂直范围	运动类型
分子边界层	紧贴地表,厚度在 1 mm	分子传导和扩散
近地面层	贴地几十米	微尺度湍流
混合层(摩擦层)	1 km	热力泡、滚轴流
对流层	中纬度:10 km,热带:17 km	深厚对流和大尺度热力环流

e. 地面放射的有效辐射(21):地面放射的长波辐射－大气逆辐射＝被大气吸收(15)＋回太空(6)

(4)辐射差额与物体温度变化的关系

地面和大气因辐射而时刻进行热量的交换,其能量的收支状况,是由短波辐射和长波辐射的收支总和来决定的。

在没有其他方式进行热交换时,辐射差额决定了物体的温度变化:

辐射差额 $E_n>0$,物体升温;

辐射差额 $E_n<0$,物体降温;

辐射差额 $E_n=0$,物体温度保持不变。

(5)大气窗口

电磁波通过大气层较少被反射、吸收和散射的那些透射率高的波段称为大气窗口。通俗可认为是天体辐射中能穿透大气的一些波段,主要指的是太阳辐射和地面辐射。由于地球大气中的各种粒子对辐射的吸收和反射,只有某些波段范围内的天体辐射才能到达地面。按波长所属范围不同分为光学窗口、红外窗口和射电窗口。

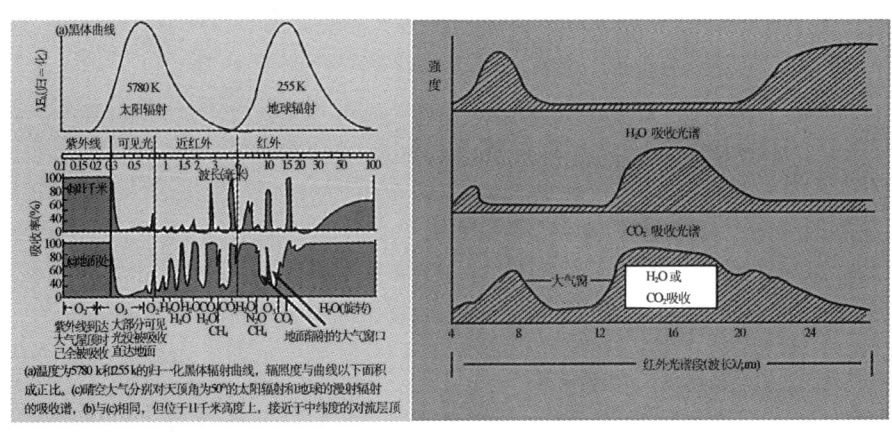

图 2.7.1 大气窗口   图 2.7.2 水和二氧化碳对红外辐射的吸收
（阴影为吸收带）

a. 光学窗口

可见光波长约 3000～7000 Å(1 cm＝10^4 μm,1 μm＝10^4 Å,埃)。波长短于 3000 Å 的天体紫外辐射,在地面上几乎观测不到,因为 2000～3000 Å 的紫外辐射被大气中的臭氧层吸收,只能穿透到约 50 km 高度处;1000～2000 Å 的远紫外辐射被氧分子吸收,只能到达约 100 km 的高度;而大气中的氧原子、氧分子、氮原子、氮分子则吸收了波长短于 1000 Å 的辐射。

3000~7000 Å 的辐射受到的选择吸收很小,主要因大气散射而减弱,图上可见,大部分可见光直接到达地面。

b. 红外窗口

水汽分子的吸收带:是红外辐射的主要吸收体。较强的水汽吸收带位于太阳光的近红外波段的 0.71~0.735 μm, 0.81~0.84 μm, 0.89~0.99 μm, 1.07~1.20 μm, 1.3~1.5 μm, 1.7~2.0 μm, 2.4~3.3 μm 以及地面长波辐射的 4.8~8.0 μm。

二氧化碳的吸收带:在 13.5~17 μm 处出现二氧化碳的吸收带。这些吸收带间的空隙形成一些红外窗口,即地面发射的辐射在 10 μm 附近出现两个窄窗(又称大气窗口)。地面辐射的最宽红外窗口在 8~13 μm 处(9.5 μm 附近有臭氧的吸收带)。

c. 射电窗口

能透过地球大气到达地球的天体无线电辐射的波长范围,这个波段的上界变化于 15~200 m 之间,视电离层的密度、观测点的地理位置和太阳活动的情况而定。该无线电辐射来自于天体。

地球周围被一层大气包围着,这层大气约有 3000 km 厚。它就像是一个屏障,把来自天体的许多发射都拒之门外。既然如此,我们怎么还能看见光芒四射的太阳、美丽的月亮和闪烁的星星呢?这是因为地球大气存在一个"光学窗口",也就是说对于光波它是透明的。

那么,地球大气除"光学窗口"之外还有第二个窗口吗?有,那就是"射电窗口"。波长从毫米到若干米的电磁波,可以穿透地球大气到达地面,这就是最近几十年人们才认识到的地球大气第二窗口。这个"射电窗口"的发现完全出于偶然。1932 年,一个名叫卡尔·杨斯基的人,用贝尔电话实验室的非常原始的射电天线,接收到来自地球外的射电噪声。后来证明这种噪声是我们银河系中心的射电发射。由于这个偶然的发现,最近几十年来射电天文得以飞速发展,并且可以和光学天文相匹敌。随后发现了木星射电,从而揭示了行星的强磁场。通过对太阳射电爆发的检测,丰富了我们关于太阳耀斑的知识,绘制了银河系 21 厘米氢原子图。

从某种意义上可认为红外窗口也是"射电窗口"中的一种。

d. 常用的大气窗口

由于大气对电磁波散射和吸收等因素的影响,使一部分波段的太阳辐射在大气层中的透过率很小或根本无法通过。电磁波辐射在大气传输中透过率较高的波段称为大气窗口(不被吸收波段)。为了利用地面目标反射或辐射的电磁波信息成像,遥感中对地物特性进行探测的电磁波"通道"应选择在大气窗口内。目前在遥感中使用的一些大气窗口为:

- 0.3~1.155 μm:包括部分紫外光、全部可见光和部分近红外,即紫外、可见光、近红外波段。这一波段是摄影成像的最佳波段,也是许多卫星遥感器扫描成像的常用波段。比如,Landsat 卫星的 TM 的 1~4 波段;SPOT 卫星的 HRV 波段等。其中 0.3~0.4 μm,透过率约为 70%;0.4~0.7 μm,透过率大于 95%;0.7~1.1 μm,透过率约为 80%。

- 1.4~1.9 μm:近红外窗口,透过率为 60%~95%,其中 1.55~1.75 μm 透过率较高。该波段在白天日照条件好的时候扫描成像常用这些波段。比如,TM 的 5、7b 波段等用以探测植物含水量以及云、雪或用于地质制图等。

- 2.0~2.5 μm:近红外窗口,透过率约 80%。

- 3.5~5.0 μm:中红外窗口,透过率为 60%~70%。该波段物体的热辐射较强。这一区间除了地面物体反射太阳辐射外,地面物体自身也有长波辐射。比如,NOVV 卫星的

AVHRR遥感器用3.55～3.93 μm探测海面温度,获得昼夜云图。
- 8.0～14.0 μm:热红外窗口,透过率约80%。主要来自物体热辐射的能量,适于夜间成像,测量探测目标的地物温度。
- 1.0～1.8 mm,微波窗口,透过率约35%～40%。
- 2.0～5.0 mm,微波窗口,透过率约50%～70%。
- 8.0～1000.0 mm,微波窗口,透过率约100%。由于微波具有穿云透雾的特性,因此具有全天候、全天时的工作特点。而且由前面的被动遥感波段过渡到微波的主动遥感波段。

3. 地面热量收支的时间变化

(1)地面辐射差额

地面由于吸收太阳辐射和大气逆辐射而获得热量,同时又向外放射长波辐射而损失热量。在单位时间内,单位面积地面所吸收的辐射与放出的辐射之差,称为地面辐射差额(B),也称地面净辐射。

地面辐射能收入有三项:太阳直接辐射 S'、达到地面的散射辐射 D、地面吸收的大气逆辐射 δE_a。

r 为地面短波发射率,E_0 为地面有效辐射。

地面辐射能的支出项有两项:地面对于太阳直接辐射和达到地面的散射辐射 D 的直接反射,所反射的辐射 $R=r(S'+D)$;和地面自身的长波辐射 E_e。

由此得出地面辐射差额的方程式为:

$$B = (S'+D+\delta E_a) - [r(S'+D)+E_e]$$
$$= (S'+D)(1-r) - (E_e - \delta E_a)$$
$$= (S'+D)(1-r) - E_0 \qquad(2.1)$$

上式中,$S'+D$ 称为地面总辐射。

(地面支出)地面有效辐射 $E_0 = E_e - \delta E_a$(地面长波辐射－地面吸收大气红外逆辐射)。

$\delta E_a = \delta\sigma T_E^4$,$\delta$ 为地面红外辐射吸收率。

地面吸收的太阳短波辐射＝到达地面的太阳短波辐射－地面反射的太阳短波辐射;

地面吸收的辐射＝吸收太阳短波辐射和大气散射或逆辐射;

地面有效辐射＝地面长波辐射－地面吸收的大气散射辐射或称逆辐射;

地面辐射差额 E_n＝地面吸收的太阳辐射－地面有效辐射,或＝地面吸收的辐射－地面放射的长波辐射;

地面辐射差额 E_n＝[(太阳直接辐射＋散射辐射或逆辐射)－地面反射的太阳辐射]－地面长波辐射。

(2)地面辐射差额的日变化

在图2.8中,是无云情况下各分量的日变化情况(无云时,就少了云对太阳辐射的吸收6个、反射20个;云自身放射26个长波辐射,这样,除了大气吸收和自身放射外,大部分太阳辐射为地面吸收或反射),其中地面辐射和有效辐射曲线对正午来说是不对称的,其绝对最大值发生在12时以后,这是由于地表最高温度出现在13时左右造成的,因而也导致辐射差额曲线对正午的不对称;到达地面的太阳总辐射,即太阳直接辐射和散射辐射之和。

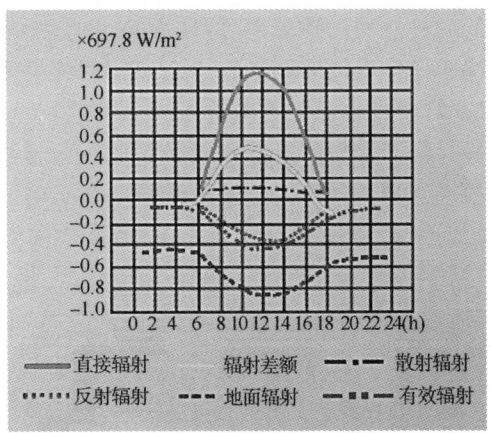

图 2.8　地面辐射差额各分量的日变化

地面辐射差额在日出后 1 小时（图 2.9 中的 A 点）由负转正，在日落前 1.5 小时（B 点）由正转为负。（不考虑太阳辐射被大气、云等吸收、反射等状况，为一种理想状态）。

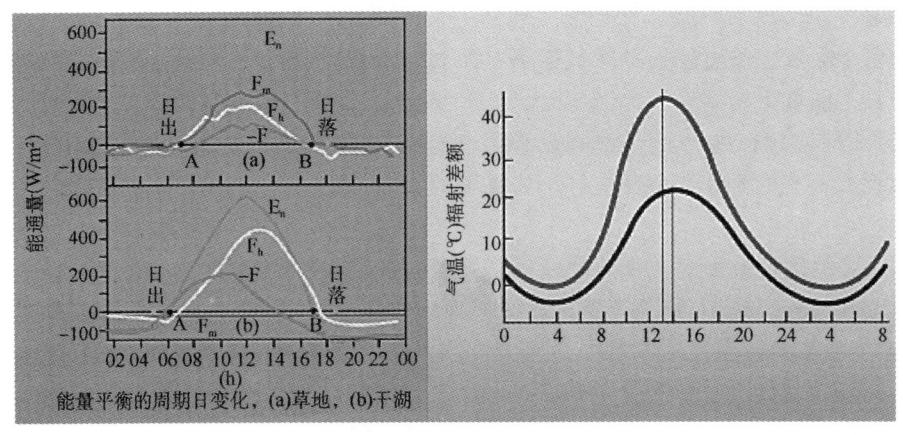

图 2.9　气温与地面辐射差额的日变化

如图 2.9 所示，虚线是太阳辐射日变化曲线，实线是一般情况下地面辐射日变化曲线，容易看出，A 时间和 B 时间是地面热量收支平衡点，A 之前 B 之后地面热量亏损，AB 之间时间热量盈余。

地面辐射对于地面来说是热量损失。夜间的地面辐射一般情况下当然比白天弱，且随时间由 B 点开始一直呈递减趋势，至 A 点止。

一天中，正午太阳辐射最强，但极端最高气温却出现在午后两点多钟左右。这是为什么呢？

这是因为大气的热量主要来源于地面的长波辐射，而地面的热量传递给大气需要经历一个过程，即有一定的滞后时间，并且地温最高值也不出现在正午，一般在出现 13 时左右（图 2.9 上 F_h 曲线）。

地面一方面吸收太阳辐射而得热，另一方面又放出长波辐射而失热，若净得热量，地温则升高，若净失热量，地温则降低。也就是说，地温的高低并不直接决定于当地当时吸收太阳辐射的多少，而决定于地面储存热量的多少。

中午12时，当地面太阳辐射强度达到最大时，地面获得的热量大于地面长波辐射损失的热量，地温升高。午后一段时间内，虽然地面得到的太阳辐射强度不断减少，但地面得到的热量仍比地面长波损失的热量多，所以地温仍不断升高。一般正午后1小时左右，地面得到的热量与地面损失的热量达到基本相等，此时，地温达到最高值。当地温达到最高值时，大气得到的热量大于大气长波辐射损失的热量，大气升温。在午后2小时左右，大气得失热量达到相等，此时气温最高，之后大气失热大于得热，气温不断下降，所以气温的日极端最高温出现在午后2小时左右。

同样，夜间没有太阳辐射，大气逆辐射也减弱，地面不断失热而降温，直到日出时，地面得失热量才相等，稍后约1个小时，大气得失热量也相等，为气温最低时刻，之后气温才上升，所以最低气温不是在午夜时刻。日出后的1小时左右，地面辐射差额由负转正，这时的地温最低，之后地温升高，同样的，要加热大气也需一定的时间，通常也是一个小时。例如，若是早上5：30日出，则最低地温在6：30，最低气温在7：30。

地面辐射差额夜间为负，白天为正。由负值转为正值的时刻一般在日出后的1小时，由正值转为负值的时刻在日落前的1~1.5小时。地面辐射差额为正值，表示地面向外辐射比接收的太阳辐射少。

地面由于吸收太阳总辐射和大气逆辐射而获得能量，同时又以其本身的温度不断向外放出辐射而失去能量。

白天，大气通过辐射、分子运动、湍流及对流运动和潜热输送等方式进行热量交换，使得大气温度升高；夜间则因地表放射长波辐射而冷却，使得大气温度下降，由此引起气温的日变化。

一个概念的理清或理解："夜晚地面辐射强烈"，那么放出的热量多，应该使大气增温才对，即夜间的大气气温应升高，这是个误区。应该理解的是，地表和近地层大气都在放射长波辐射而降温，大气吸收的地面长波辐射少，同时夜间无太阳短波辐射，所以夜间大气一直在降温，特别是在凌晨，降温最厉害，易形成逆温。

白天，总辐射起主要作用；夜间，地面长波有效辐射起主要作用。

公式2.1表明，地面辐射差额B等于地面吸收的太阳总辐射与地面有效辐射的差值。一天中，白天地面吸收的太阳总辐射值经常超过地面有效辐射值，即$(S'+D)(1-r)>E_0$，故$B>0$，地面辐射差额为正值，由于白天是太阳短波辐射起主导作用，所以B的变化与太阳直接辐射的变化趋势是一致的，即靠近正午时达到最大值；夜间地面没有太阳辐射，即$S'+D=0$，故$B=-E_0$，这时地面有效辐射起决定性的作用，由于地面辐射经常是超过它所吸收的大气逆辐射，即$E_0>0$，所以$B<0$，地面辐射差额为负值，因而夜间地面温度和邻近地面的大气温度都是降低的。

（3）辐射差额年变化

地面辐射差额的年变化随纬度而异，纬度越低，辐射差额保持正值的月份越多，纬度越高，辐射差额保持正值的月份越少（见图2.10）。如果没有其他能量的变迁，则低纬地区的温度将无限上升，而高纬度地区的温度将无限下降。但因为有大气、海洋的流动，使得地球各地每年的热量得以保持相对稳定。

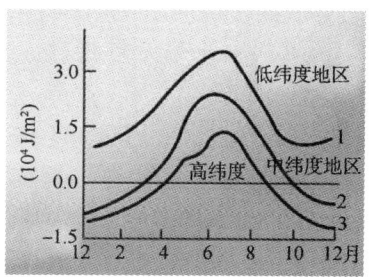

图2.10 不同纬度的地面辐射差额年变化图

由于海洋和陆地的热力性质不同,在地表能量平衡的条件下,温度的变化不同:陆地的热容小,所以陆地上的气温变化大;海洋的热容大,所以海洋在白天或夏天将太阳能储存起来,到了夜间或冬天再将储存的热量释放出来,所以海洋上的气温变化小。

海陆差异引起白天陆地上的气温比邻近海洋高,夜间则相反;夏季陆地上气温比邻近海洋高,冬季则相反。这种因海陆分布引起的对流层水平温度梯度的季节性转换,是引起大规模的季风环流的主要原因之一。

4. 温室效应

48%的太阳能量以短波辐射的形式直接穿过大气层而被地球直接吸收,而加热的地球也一直向外辐射红外长波辐射,这些红外长波辐射被大气层中的"温室气体"所吸收,由此增暖了大气,从而使得地球表面的气温比没有空气的月球高出约38℃。

温室气体包括水汽、CO_2、CH_4、N_2O、CFC_8、灰尘等。

如果近地面大气中的水汽和CO_2的量增加,它们会吸收地面长波辐射在近地面与大气层之间形成绝热层,使得近地面的热量得以保持,并导致全球气温的升高,这就是温室效应。

(三)空气的运动——三圈环流与行星风系

地球上的气候是由气流从热带流向两级再返回的一系列过程演变而成的。这种流动气流的方向受科氏力的影响发生偏转,这种偏转又由于大陆的变热和变冷比和海洋快而引起改变。由此导致不同地区独特的气候状况。来自太阳光热量的变化导致了气候的变化。地球不同区域受热不均导致天气系统的产生。地球的主要气候带如图2.11所示:

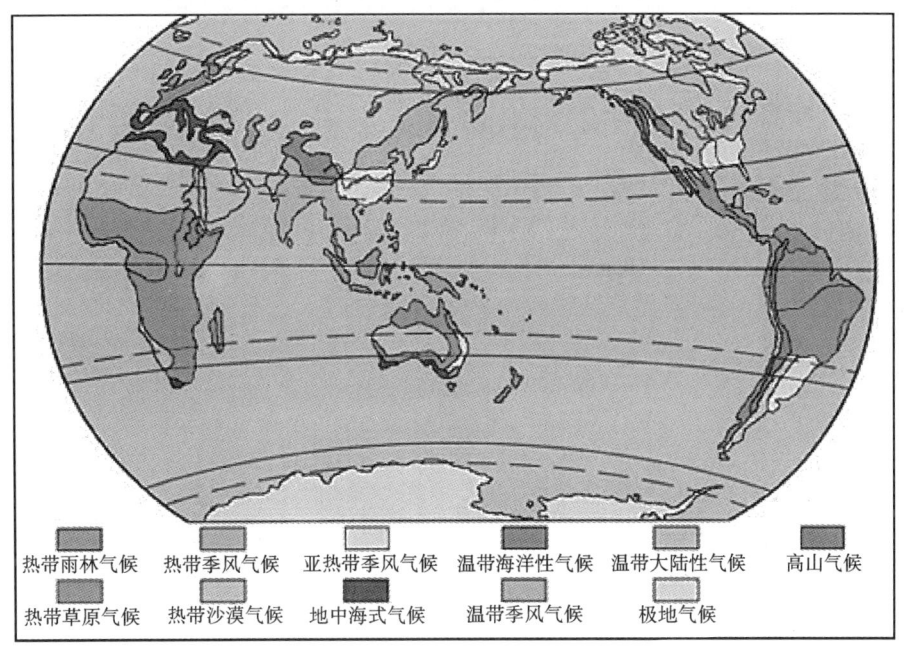

图2.11 世界气候类型分布图

在热带,太阳光线直射地表,能量集中而强;而在极地,太阳光线斜射到地表,能量较弱。气团流动的主要原因是因为在不同纬度上太阳加热有差异,从而导致大气的运动,即产生了天气系统。以下针对大气的两大主要运动进行讲解。

1. 三圈环流和三个主要风带

为了简化研究,地理学中假设大气均匀地在地表运动,将大气运动分为三圈环流和三个主要风带(低纬的信风带、中纬度的西风带、极地的东风带)。

(1)信风环流圈(Ⅰ,哈得来圈):由于赤道地区气温高,气流膨胀上升,使高空的气压升高,受水平气压梯度力的影响,气流向南北两极方向流动,又受地转偏向力(科氏力)和自身重力的影响,气流运动到北(南)纬30度的沙漠区的上空时便堆积下沉,使该地区地表的气压升高,该地区位于副热带,故形成副热带高压。赤道地区地表气压较低,于是形成赤道低气压带。在地表,气流从高压流向低压,形成信风环流。在气流向赤道流动的过程中,因受地球自转科氏力的作用(其作用方向是气流运动的右侧),故在北半球成为东北信风,而在南半球成为东南信风(图2.12)。

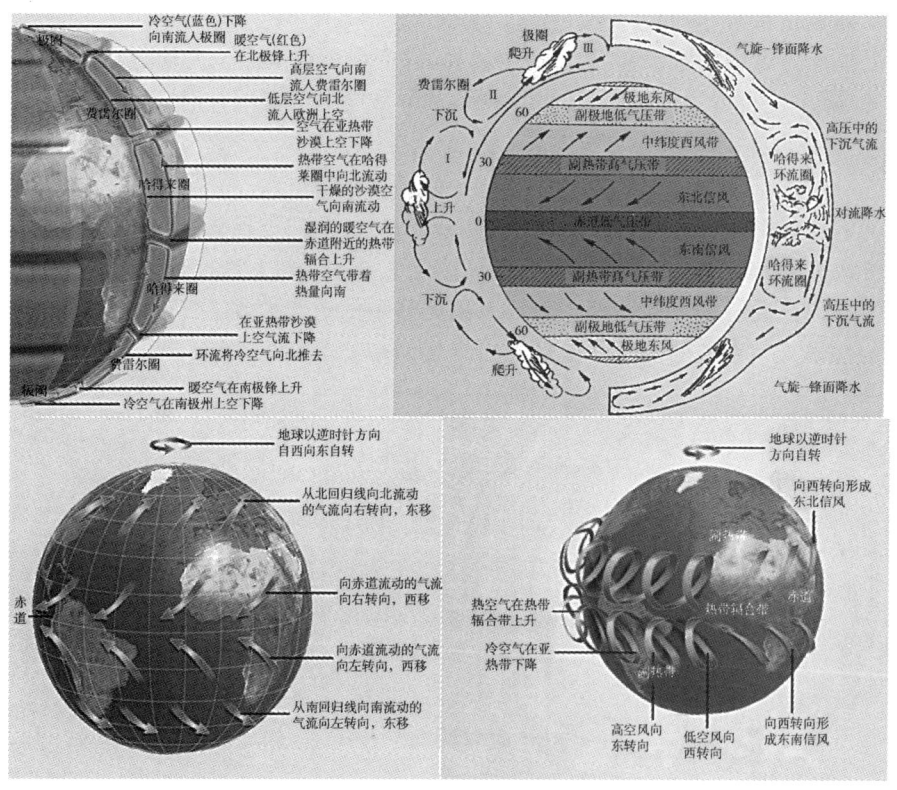

图 2.12 三圈环流

(2)中纬度环流圈(Ⅱ,又称费雷尔圈)和极地环流圈(Ⅲ,又称极圈):在地表,副热带高压地区的气压较高,气流除了一部分流向赤道,另一部分分别向两个极地方向流动。而在极地地区,由于气温低,气流收缩下沉,气压高,气流向赤道方向流动。来自极地的气流和来自副热带的气流在60度附近相遇,形成了锋面,称作极锋。此地区气流被迫抬升,因此形成副极地低气压带。气流抬升后,在高空分流,分别向副热带以及极地流动,由此形成中纬度环流和极地环流。

(3)行星风系:在不计海陆分布和地形起伏的影响下,大气低层盛行风带的总称。行星风系表现为在南北半球两个副热带高压带之间的低纬度盛行信风,在北半球为东北信风,在南半球为东南信风,两信风带之间是赤道低压带;在副热带高压和副极地低压带之间的中纬度为**盛行西风带**;在副极地低压带和极地高压带之间的高纬度盛行极地偏东风,北半球为东北风带,南半球为东南风带。

2. 盛行风与急流

许多地方,风一般总是从一个方向吹来,这就是盛行风,它不随季节而变化。

全球盛行风主要有:热带地区的东南和东北信风带;中纬度西风带;极地东风带。

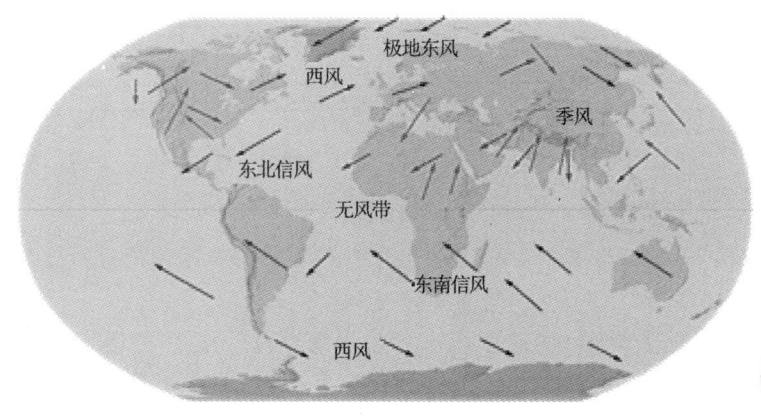

图 2.13 全球风带

(四)东西向的沃克环流和"厄尔尼诺现象与拉尼娜现象"

大气运动除了有三圈环流外,还存在着东西向的大气环流运动,即热带地区准纬向的沃克环流。

1. 沃克环流——正常大气环流

沃克环流是平均状况下的大气运动,它是由于下垫面的热力分布不均所引起的,所以属于一种热力直接环流。

正常情况下,西太平洋的海温高于东太平洋。沃克环流是太平洋近赤道上的一股大气环流。在太平洋地区,其上升区和下沉区分别在 120°E 和 90°W(新几内亚和厄瓜多尔)。这股环流吹走南美洲的秘鲁及厄瓜多尔即东太平洋表面的海水(辐散),从而造成海底较冷的海水上升。这股上升流带来丰富的养分,令渔获增加。沃克环流是由英国气象学家沃克(Sir Gilbert Walker)所发现,故名。这是正常大气的环流运动。

2. 沃克环流的成因

近赤道的太平洋上海水温度分布并不平均,西太平洋较东太平洋为暖。新几内亚及澳大利亚附近之温暖洋面的气压较低,空气于低空辐合并向上抬升,于对流层的高空向东及西辐散,西太平洋上升气流的东支在秘鲁及厄瓜多尔附近较冷洋面上的高空冷却并下沉,形成高压区(塔希提高压),下沉空气辐散后成为东南信风,于低层向西流返回西太平洋,同时把水汽及热能由东向西输送。这个横跨东西太平洋的大气循环就是沃克环流。

3. 沃克环流与厄尔尼诺现象、拉尼娜现象的关系

沃克环流发生异常,是导致著名的厄尔尼诺现象及拉尼娜现象的原因;另外,厄尔尼诺现象及拉尼娜现象即东至中太平洋海温异常也将导致沃克环流发生异常。

另外科学家还发现东西太平洋存在气压的反相关现象即南方涛动现象,两种现象存在一定的关联性,因此合称为"厄尔尼诺—南方涛动(El Niño-Southern Oscillation,ENSO,恩索)现象",此种现象出现周期性循环,周期大约为4年。

南方涛动指的是东西太平洋气压具有反相关关系,即塔希提岛(代表东南太平洋)的气压与达尔文港(代表印度洋与西太平洋)的气压相反。

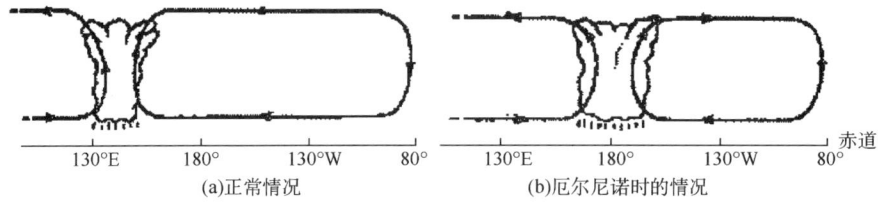

(a)正常情况　　　　　　　　　　(b)厄尔尼诺时的情况

图2.14　厄尔尼诺对沃克环流影响示意图

南方涛动指数(SOI)指将塔希提和达尔文两地的海平面气压差值进行处理后得到的一个衡量南方涛动强弱的指数。SOI=P(塔希提)-P(达尔文)。

南方涛动指数可反映ENSO的趋势,正值为拉尼娜,负值为厄尔尼诺。当SOI为正值时,表明塔希提比达尔文气压偏高的程度超过了正常情况,也就是东西太平洋气压差增大,或者说西太平洋气压下降,沃克环流加强,西太平洋气压的对流活跃;当SOI为负值时,则表明塔希提比达尔文气压偏高的程度不及正常情况,即东西太平洋气压差减小;当负值极其低时,两地的气压则可能已发生了逆转,也就是达尔文站实际气压超过了塔希提站,或者说,西太平洋气压上升明显。

由于沃克环流是大尺度加热场沿东西方向存在差异所形成,故其强度和范围受下垫面加热状况所约束。例如赤道东太平洋海面温度异常偏高时,太平洋区沃克环流西侧的上升支将由120°E东移到170°W附近(中太平洋)并加强。这样,该经度附近的哈得来环流也随之加强,向中纬度输送的质量和角动量增加,导致中纬西风和副热带高压也趋于加强,这是中纬度环流相互作用的一种表现。中太平洋副热带高压的加强将导致阿留申低压的加强,这是大气环流异常的表现之一,从而导致北美强寒流等异常天气的发生。

同样的,当沃克环流减弱甚至反向,也会令赤道东至中太平洋海底较冷的海水停止或减少上升,造成该处洋面异常温暖,水汽由西太平洋输向东面,这就是厄尔尼诺现象(El Niño)。厄尔尼诺现象发生时,沃克环流将减弱。当厄尔尼诺现象发生时,南美洲地区会出现暴雨,而东南亚、澳大利亚则出现干旱,热带辐合带减弱,西太平洋生成的台风将减少。

相反地,当沃克环流异常强劲,导致东太平洋上升流增强,洋面异常低温,水汽由东向西大量输送,就会出现拉尼娜现象(La Niña)。拉尼娜现象发生时,南美洲会出现旱情,而西太平洋因洋面温暖而导致热带气旋数量增多。

沃克环流事实上默默地影响着太平洋两岸的农业及经济,所引发的水灾、旱灾及风灾严重威胁居民生命财产安全。例如1997年因严重的厄尔尼诺现象造成印尼干旱,使山林大火一发不可收拾。

拉尼娜发生时,沃克环流中的东南信风把东太平洋温暖的海水带向西太平洋,赤道西太平洋就会出现温暖潮湿的低压区,造成热带气旋及雷暴等天气现象。西太平洋的水位也因东风而比东太平洋高60 cm。另外,来自上空的干燥空气及美洲西部较冷的海水会回流到东太平洋。当沃克环流逆转,厄尔尼诺就会发生。

4. 厄尔尼诺现象的影响

厄尔尼诺年是暖事件的标志,指的是中、东西太平洋海温较常年偏高的现象,但西太平洋(印尼、澳大利亚)海温较常年反而偏低。

当厄尔尼诺现象发生时,南美洲地区会出现暴雨。位于太平洋东部赤道地区的厄瓜多尔、秘鲁和智利北部这些热带地区常年干旱,有一条沙漠干旱地带。但在厄尔尼诺现象发生年份,这一地区降水十分丰富,原来寸草不生的沙漠一下子变成了绿洲。由于这一现象发生在圣诞节前后,于是人们把它叫做"厄尔尼诺",西班牙语圣婴的意思,就是说,上帝之子降临人间,给人们带来了好运和吉祥。后来,人们发现厄尔尼诺是个顽劣的男孩子,也做坏事情,比如说,厄尔尼诺出现后,太平洋东部赤道地区盛产的沙丁鱼奇怪地大量死亡,给厄瓜多尔、秘鲁等国的渔业造成灾难性的损失。

厄尔尼诺的发生有一定的规律性,它的出现对全球气候都有一定的影响。气象投入了不少的精力对它进行研究。一般说来,厄尔尼诺年我国南方多雨、北方少雨的可能性很大,我国东部容易出现冬暖夏凉的气候,登陆我国的台风比以往要少些。此方面的理解是:当厄尔尼诺发生时,西太平洋澳大利亚和热带地区的气压上升,这样,原本在赤道上升的气流减弱(总体上在赤道区附近还是上升气流区),西太平洋的辐合对流减弱,这样南北向的信风环流圈(哈得来环流Ⅰ)将减弱,导致北半球流向赤道的东北信风减弱,相应的北半球夏季风即暖湿气流增强,导致我国南方多雨,同时在冬季因暖湿气流即西南季风的增强和东北季风(信风)的减弱,使得冬季的气温不会太低,即我国东部容易出现冬暖夏凉的气候;同时(哈得来环流Ⅰ)在地表30°N向北分支的西风带气流也减弱,输向我国北方的水汽将减少,从而导致北方少雨。

在夏季,影响我国东部的气流为由南半球越赤道的夏季风西南气流、哈得来径向环流在30°N下沉后回流赤道的东北信风以及高纬度可能南侵的冷空气(该部分暂不考虑)。当发生厄尔尼诺现象时,西太平洋澳大利亚和热带地区的气压上升,这样,原本在赤道上升的气流减弱(总体上在赤道区附近还是上升气流区),西太平洋的辐合对流减弱,导致北半球流向赤道的东北信风减弱;北半球的夏季,正是南半球的冬季,南半球澳大利亚气压的上升意味着冷高压的加强,即冷空气增强,这样越赤道气流增强,我国东部的夏季风得以加强。上述两方面都将导致我国东部夏季风的增强,从而导致导致我国南方多雨,冬暖夏凉。而热带地区气压的上升则不利于台风的生成。

5. 厄尔尼诺现象的影响机制

厄尔尼诺现象是赤道太平洋海温持续异常偏暖的现象,它是通过大气环流的作用,把热带地区的大气、海洋发生的异常信号传给热带的其他地区和中、高纬度地区。它所带来的影响是全球性的。当赤道东太平洋海平面温度异常偏暖时,中西太平洋副热带高压将加强,使位于阿留申地区(60°N)的低压(副极地低压)加深,北美西北部的脊加强,美国东部处于低槽控制,从而造成美国严寒天气。具体的理解是:

当赤道东太平洋海平面温度异常偏暖时,在南半球的南太平洋,原本低层由东向西的东南信风将减弱甚至反向,导致在西太平洋的澳大利亚气压升高(东太平洋的塔希提到高压减弱),对流减弱,即气压升高,越赤道气流也加强,中国南方降水增多;同样在北半球,西太平洋的东北信风减弱,相应的导致副热带高压北方偏弱,南方偏强(可理解为副热带高压位置偏南),令西南地区气温偏高,降水异常偏少(如中国 2009 年)。而由于大气环流发生异常变化,副热带高压北方偏弱,所以,东亚冬季风明显偏强,十分有利于北极极地冷空气频繁向南进发,造成亚洲、北美、欧洲多个国家遭受寒潮天气影响。

厄尔尼诺现象的结果：赤道东太平洋洋流反向；印尼—澳大利亚的降水区东移到中太平洋造成西太平洋干旱。

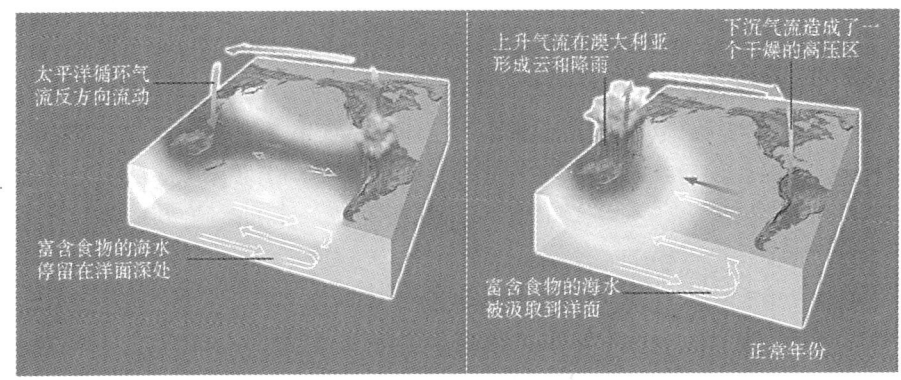

图 2.15　厄尔尼诺事件与正常年份的环流比较

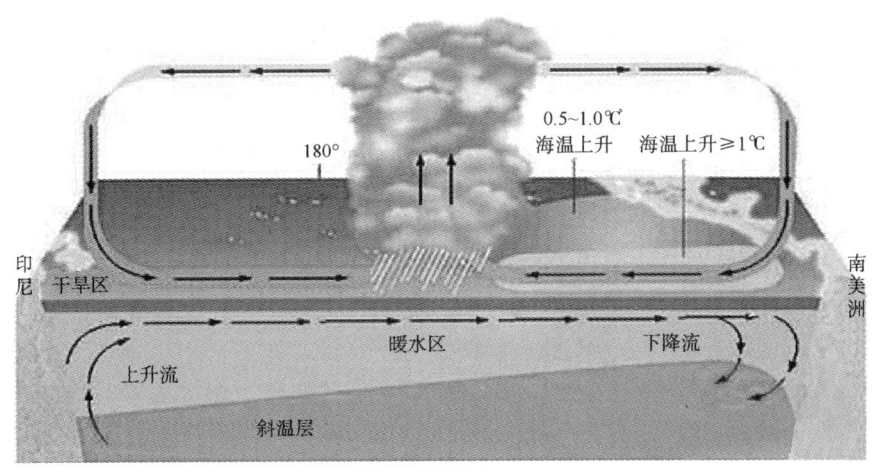

图 2.16　厄尔尼诺发生期间中太平洋赤道附近海温距平与风向图

6. 厄尔尼诺与拉尼娜现象的发生指标

最初人们把厄瓜多尔、秘鲁沿海水温异常增高的现象叫做厄尔尼诺，后来发现这个高温区可以波及整个赤道太平洋中部和东部地区。因此，专家定义：赤道太平洋中部和东部海洋表面温度持续异常增暖（连续 6 个月高于常年 0.5℃）现象称为厄尔尼诺现象，持续异常变冷（连续 6 个月低于常年 0.5℃）称为拉尼娜现象。拉尼娜的定义正好与厄尔尼诺相反，故也被称为"反厄尔尼诺"。拉尼娜常与厄尔尼诺交替出现，但其发生频率要低于厄尔尼诺。

厄尔尼诺出现伴随着的"海—气"异常，只是在近 30 年来才逐渐清楚的，最早的厄尔尼诺仅仅是与东太平洋冷水区的消失相联系。在一般年份东太平洋赤道以南海域有一大片冷水区，这些冷水是从海洋深处翻涌上来的。这些上翻的冷水带有大量的营养物，引来大量的鱼虾觅食和产卵，无疑，这对当地渔民而言是丰年。冷水区一旦消失，鱼虾不来了，即使来了因水温偏高，造成鱼虾的大量死亡，这对当地的渔民来讲，无疑是灾年。

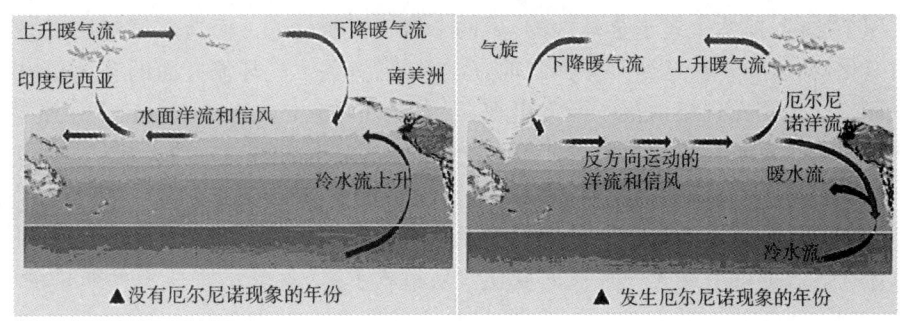

图 2.17 厄尔尼诺与洋流

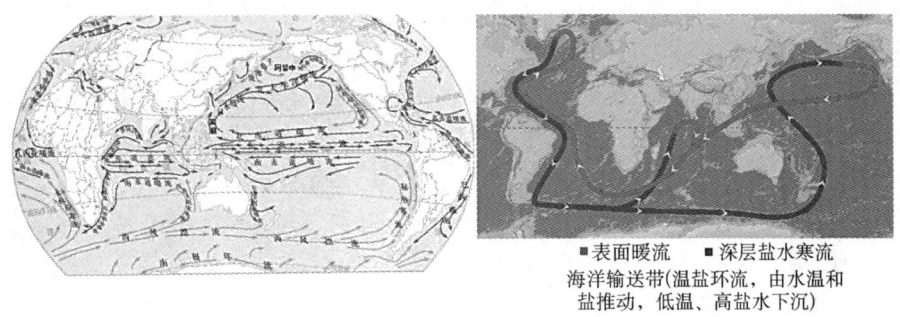

图 2.18 北半球冬季世界洋流的分布图(暖流➡寒流➡上升流主要分布海域■)

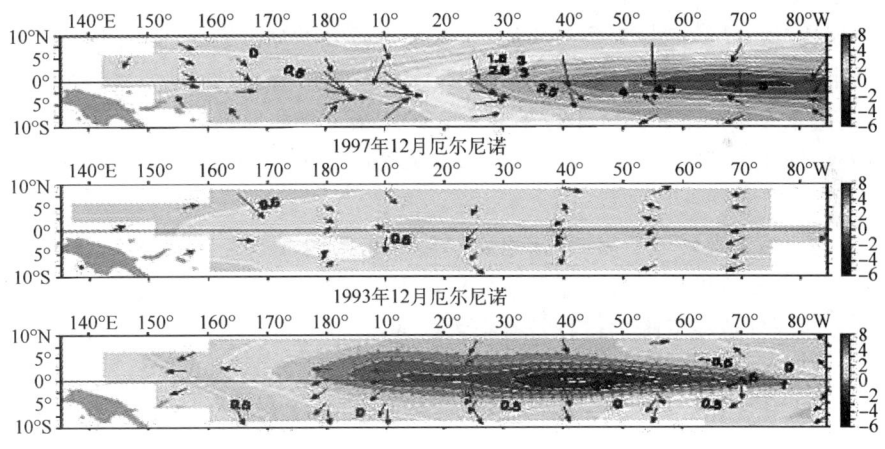

图 2.19 1998 年 12 月拉尼娜(风速比例尺➡ 10 m/s)

现在人们关注的已远不是厄尔尼诺出现导致的某些现象,而是它对气候、生态可能造成的影响,更多的人在研究厄尔尼诺的起因问题。

7. 厄尔尼诺的起因及形成过程

厄尔尼诺形成的四个主要原因:

(1)全球气温的上升;

(2)春季西风带的加强;

(3)沃克环流回归点的东移;

(4)南美安第斯山对回归的沃克环流的阻挡。

以上四个原因，前两个属于全球性的，后两个属于区域性的。而造成厄尔尼诺的关键是沃克环流的变化，所以在解释这四个原因之前，应当知道有关大气环流方面的有关知识。

大气环流这个词在气象预报中经常出现，因为大气环流是支配大气活动的主要动力之一，而大气环流的变化也是气候变化的主要原因之一，厄尔尼诺的出现与消失就是一个名为"沃克环流"变化的结果。大气环流主要在10 km高度以下的对流层内活动，大气环流有许许多多，方向也各异，可以说，世界没有一个地方的气候不是受某一个特定的大气环流的变化所影响。那么又是什么原因能够引起大气环流的变化？从根本上讲，这就是全球大气能量的收支变化所决定的。

大气能量包括大气热能和大气动能的总和。大气能量的99%以上来自太阳辐射，近一百多年来的太阳常数测量结果表明，太阳辐射量的变化引起大气平均温度变化不超过0.01℃，但实际上大气年际之间的温度变化可达0.2℃左右，可见引起大气能量变化的主要原因来自大气内部。大气把吸收到的太阳辐射能的50%左右转化为动能与热能，这就是大气能量的收入部分。另外的50%左右反射进入宇宙空间，这就是大气能量的支出部分。大气能量的收入与支出并不是固定不变的，年际间的变化幅度在±0.05℃以内。引起这种变化的因素很复杂，有物理因素，有化学因素，也有动力学等因素，目前对这方面了解还不很清楚，但有一点是明确的，这就是对大气、海洋和陆地的污染是导致大气能量收支变化的主要因素之一。由于大气能量收支的不稳定，也是造成大气环流变化的根本原因，同时也是气候变化的根本原因。

8. 正常大气环流下的"沃克环流"

沃克环流属"海—气"能量交换的环流，它发源于西太平洋赤道地区，陆地部分主要属印度尼西亚和马来西亚等国。这是一股上升的热气流，从这里升程到达6～7 km高度后向东偏南方向运动，到达东太平洋南回归线附近下降。它在这里下降的原因有：

(1)受安第斯山的阻挡。安第斯山海拔6000 m，对沃克环流的东进，无疑是一巨大的阻力；

(2)受南美大陆上升气流的阻挡，这里属于热带和亚热带地区，有较强的上升气流。沃克环流在下降的过程受科里奥利力的作用使气流向西偏移，气流的中心位置降落在东太平洋的复活节岛附近。因气流在下降的过程带有很大的冲击力，把东太平洋赤道以南大片表面洋水吹向西去。同时又把这里深部的冷水上翻，于是在这里出现一片冷水区。沃克环流下降后要回到它的发源地，这就在太平洋赤道地区形成一股东南风，人们称之为"东南信风"。这股东南信风又把太平洋赤道上的表面洋水吹向西去；

(3)而西太平洋赤道地区是由成千上万个岛屿和半岛组成的弧形构造，西部基本上是封闭的，从东部吹来的洋水在这里堆积，在一般年份这里的海平面比东太平洋冷水区高60 cm左右，堆积的水可达1万亿立方米。又因这里的水不能流动，有较强的蓄热作用，所以这里成为太平洋最热的水域。在一般年份这里比中太平洋高2℃左右，比东太平样冷水区高6℃左右。这就是非厄尔尼诺时期即正常的沃克环流下，太平洋出现的三种现象：

(a)东太平洋赤道附近的冷水区；

(b)太平洋赤道上的东南信风；

(c)西太平洋赤道地区堆积的热水。

厄尔尼诺的成因及过程：当上述三种现象的消失就将导致厄尔尼诺的出现，厄尔尼诺是怎样形成的？现在大家都公认的现象是，厄尔尼诺年一定是气温偏高年。气温上升，大气必然向外膨胀，这是热力学基本法则，大气向外膨胀，所有的大气环流的高度也将上升。大气平均温度升高 0.1℃可使大气平均向外膨胀 20～30 m。对于赤道附近的大气向外膨胀值要比平均值高数倍。沃克环流的高度升高后将超过安第斯山，已具备跨越安第斯山继续东进的条件，但在南美大陆上升气流的阻挡下，又难以东进。全球大气每年冬春季节西风带强盛，在强盛的西风带的推动下，使得已具备跨越安第斯山的沃克环流得以东进。但已是强弩之末，很快地在南美大陆上空下降，下降后再返回它的发源地时，立即受到安第斯山的阻挡，这时的沃克环流全部降落在南美大陆。因沃克环流带有大量的水汽，使得这里经常出现暴雨成灾狂风大作的反常天气。这是"上帝之子"下凡后给人间带来的第一个灾害；与此同时，在安第斯山西侧的东太平洋海域的冷水区消失，太平洋赤道地区的东南信风也消失，堆积在西太平洋赤道的热水向东部回流，这就是厄尔尼诺的出现，上面已经讲过，这种现象一定开始于春季。经过四个月左右，这股热水流到东太平洋，于是整个太平洋赤道地区都热了起来，厄尔尼诺达到高峰期，这时的季节必然是夏季，此时，东西太平洋的海平面也趋于一致，即都是高温海水。

当厄尔尼诺达到高峰时，堆积在西太平洋赤道地区的多余的热水也所剩无几，沃克环流的原动力也大为减弱，进入南美大陆上空的沃克环流开始西退，厄尔尼诺开始减弱。如果沃克环流退回的路程与原东进的路程相等，于是在东太平洋赤道海域又恢复了原来同海域的冷水区，但由于沃克环流源头的热量比原来减少很多，所以沃克环流退回的路程往往是比原东进的路程还远，这样，冷水区将向西扩大，这就是拉尼娜现象。一次厄尔尼诺消失后必然出现拉尼娜，可以说，拉尼娜是厄尔尼诺的"副产物"。拉尼娜一般发生在夏秋之交，因为这时全球大气东风加强、西风带减弱。这也为沃克环流的西退提供了一些动力。

在厄尔尼娜形成的四个条件中，安第斯山起着一种独特的作用。在气温不高的年份，它挡住了沃克环流的东进。在气温偏高的年份，它挡住了沃克环流的回归，这是地理因素对气候影响的典型事例之一。安第斯山北起北纬 10°附近，南至南纬 50°附近，全长约 9000 km、一般高度在 3000 m 上下，最高处在 6000 m 左右，主要位于南回归线附近，这里正是沃克环流经过之处。可以说，厄尔尼诺现象的形成也是大自然多种因素的巧合。

1997 年的厄尔尼诺是有记录以来最强的一次，持续的时间长，受害的区域广，危害的区域广，危害的程度大，其原因除全球性气温持续偏高外，地方性因素起的作用也不能忽视。东南亚地区自 20 世纪 80 年代以后，工业高速发展，海、陆、空也遭受全面的空前的污染，使该地区的温室效应不断增强，海温不断升高，这也为沃克环流（东西向）提供了更多动力，热水东流，使它长时间东进不归，持续一年之久，从 1997 年春直到 1998 年夏。1998 年 7、8 月份出现拉尼娜，也是预料之中的，因为持续一年之久的厄尔尼诺使得沃克环流的源头（东南亚赤道附近）失去太多热量，东南信风更弱。1998 年尽管是一个高温年，但仍然出现了拉尼娜。可见拉尼娜的出现与全球性气温关系不大，更多地取决于沃克环流源头的热能的提供情况，如果在印度尼西亚发生较强的火山活动，将使该地获得的太阳热量减少，一定会出现拉尼娜。拉尼娜的出现原因，给我们提供一个有益的启示，如果能人为地降低西太平洋的温度，也有可能避免厄尔尼诺的出现。

拉尼娜年，西太平洋赤道区的辐合增强，上升运动增强，在 30°N 下沉而造成的副高增强，我国容易出现"冷冬热夏"。另外，在西太平洋和南海地区生成及登陆我国的台风个数，拉尼娜年比常年多。

9. 厄尔尼诺对热带太平洋地区气候以及对东亚季风的影响机制

厄尔尼诺事件的发生，会给全球特别是热带地区带来气候异常，如西太平洋地区干旱、秘鲁及中东太平洋多雨、巴西东北部干旱等。厄尔尼诺对全球气候的影响在程度上是随地域变化的。在热带地区，尤其是热带太平洋地区，厄尔尼诺对气候的影响最为直接和强烈。在热带以外的地区，它对气候的影响是间接和复杂的，它只是影响气候的因子之一。

那么，厄尔尼诺是如何影响全球气候的呢？以下我们从厄尔尼诺对热带太平洋地区气候以及对东亚季风的影响等几个方面来认识一下厄尔尼诺对全球气候影响的基本过程。

(1) 对热带太平洋地区气候的影响机制

厄尔尼诺别热带太平洋地区气候的影响是直接的，它通过海表温度的改变直接加热或冷却大气，加强或抑制大气的对流活动，从而使降水异常偏多或减少。

通常(图2.14a所示)，在赤道太平洋西部，温暖而潮湿的海面源源不断地向其上空的大气输送着热量和水汽，使大气温度增高，上升运动加强，从而成云致雨，所以这一地区雨水丰沛，气候湿润，年降水量一般在2000 mm以上；而中、东太平洋冷水域则使得其上空大气变冷，密度增大，下沉气流难以把水汽抬升到能够形成云和雨滴的高度。因此，这一带洋面通常云量很少，降水量只有500 mm左右，常常形成干旱。

海水温度的微小变化，就会对大气产生巨大的影响。据估计，100 m厚的暖水层降低0.1℃所释放出来的热量，足以使其上方的大气温度平均升高6℃，厄尔尼诺这样一个持续半年到一年甚至更长时间的大范围海水异常增温现象，无疑对大气会产生不可估量的作用。

图2.14b显示，厄尔尼诺的发生，改变了整个热带太平洋冷暖水域的正常位置，使原来维持沃克环流的太平洋海温冷暖配置的分布削弱，进而造成沃克环流较常年减弱并东移，同时对流活跃区自热带西太平洋东移至中太平洋，并造成降水区东移，从而直接导致了环太平洋热带地区的气候异常，即使得中、东太平洋及南美太平洋沿岸国家异常多雨，甚至引起洪涝等灾害；也使得热带西太平洋降水减少，印度尼西亚、澳大利亚发生严重干旱。

拉尼娜发生时，整个热带太平洋冷暖水域的正常结构得到加强，使得沃克环流进一步增强，赤道信风增强，西太平洋的对流异常活跃，从而直接导致了环太平洋热带地区的气候异常，使得西太平洋地区本来就多雨的印度尼西亚、菲律宾、澳大利亚东部等地的风暴和降水增多，容易引发洪涝灾害；而在中、东太平洋及南美太平洋沿岸国家本来就少雨的地区的降水更少，容易出现干旱。

(2) 对东亚季风的影响

恩索现象(ENSO)是年际气候变化的重要信号，不仅给全球不少地方造成严重气候异常和灾害，同样对东亚季风的活动也有明显的影响。以下将从东亚夏季风和东亚冬季风两个方面分别进行探讨。

虽然在厄尔尼诺年和拉尼娜年东亚地区都仍为夏季风控制，但厄尔尼诺(拉尼娜)将对东亚夏季风有减弱(增强)作用，而拉尼娜的增强作用主要表现在长江以南地区。

由于中国位于东亚季风区的主要区域内，东亚夏季风和冬季风的异常直接造成了中国气候的异常，ENSO正是通过大气环流以"遥相关"的形式影响到东亚季风系统的每个成员(如西南季风、东亚季风及西太平洋副热带高压等)，并由此间接地影响中国的气候。

a. ENSO对东亚夏季风的影响

研究表明，厄尔尼诺对中国气候的影响主要表现在夏季。ENSO循环的不同阶段，即赤道东太平洋海温的增强位相和减弱位相,中国夏季降水的分布趋势是不同的。

①ENSO对中国夏季降水的影响——夏季风增强

夏季与前冬季赤道东太平洋海温距平差与中国夏季降水具有相关性。黄河与长江之间的大部地区为正相关,华北到黄河中游一带及华南等地为反相关。这表明:从冬季到夏季,当赤道东太平洋海温呈上升趋势,即厄尔尼诺发展阶段或拉尼娜减弱阶段时,有利于江淮到黄淮一带多雨,华北、黄河中游和华南一带少雨,呈"南北少、中间多"的降水分布型;反之,从冬季到夏季,当赤道东太平洋海温呈下降趋势,即厄尔尼诺减弱阶段或拉尼娜发展阶段时,有利于江淮到黄淮一带少雨,华北、黄河中游和华南一带多雨,呈"南北多、中间少"的降水分布型。中国东北地区是我国的主要粮食产地之一,该地区纬度较高,作物生产期较短,因此夏季低温是一种重要的气候灾害。而资料分析表明东北地区的夏季低温同ENSO有密切关系。如图2.20是1911—1984年期间对厄尔尼诺年和拉尼娜年分别平均的沈阳气温距平的年变化情况。可以清楚地看出,在厄尔尼诺年的夏季,气温持续负距平;而在拉尼娜年的夏季,为持续的正距平。因此,可以认为,在厄尔尼诺年的夏季,中国东北气温往往偏低;而在拉尼娜年的夏季,中国东北气温偏高。

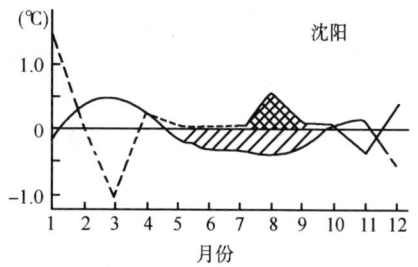

图2.20 厄尔尼诺年(实线)和拉尼娜(虚线)平均的气温距平的年变化

②ENSO对台风的影响——热带地区辐合减弱,夏季风强

台风是影响中国的主要灾害性天气系统之一,尤其是在夏半年,对中国天气气候的影响很大。资料分析结果显示,西太平洋(包括中国南海)台风活动同ENSO有极明显的关系。平均而言,在厄尔尼诺年,西太平洋海温较常年偏低,使得这一海域上空的对流活动较常年减弱,从而使台风活动较常年偏少;而拉尼娜年则正好相反,这时候西太平洋海温较常年偏高,使得这一海域上空的对流活动较常年加强,从而使西太平洋台风活动较常年明显偏强;并且在厄尔尼诺(拉尼娜)年,登陆中国内地的台风数量偏少(多)。从表中可以清楚地看出,西太平洋和南海台风的数目,以及登陆中国内地的台风数,都是在厄尔尼诺年偏少而在拉尼娜年偏多。

东亚夏季风的活动及其异常受到多种因素的影响,包括海温异常(SSTA),尤其是ENSO,还有青藏高原积雪和中高纬度大气环流等。因此,我们一方面要认识和研究ENSO对东亚夏季风的影响,同时又绝不能将东亚夏季风及与之相伴的降水异常都简单归之于ENSO的作用。

表2.4 西太平洋(包括中国南海)台风活动与ENSO的关系

项目	多年平均	厄尔尼诺年平均	拉尼娜年平均	时间
西太平洋(含南海)台风总数	24.3	21.4	26.2	1900—1979年
进入南海的西太平洋台风数	6.9	4.9	8.7	1950—1979年
在南海生成的台风数	3.4	2	4.1	
登陆中国内地的台风数	6.2	5.2	7.4	

b. ENSO对东亚冬季风的影响

东亚冬季风与ENSO之间存在相互影响关系。东亚冬季风对ENSO的影响是,持续强(弱)东亚冬季风对厄尔尼诺(拉尼娜)有重要的激发作用;反过来,厄尔尼诺(拉尼娜)也会影响到东亚冬季风,具体表现为厄尔尼诺当年东亚冬季风削弱,而拉尼娜当年东亚冬季风增强。

厄尔尼诺(拉尼娜)对东亚冬季风影响的主要物理过程是大气环流的遥相关。一方面(在东太平洋),厄尔尼诺(拉尼娜)年冬季,由于赤道东太平洋正(负)海表温度异常的强迫影响,不仅使北半球平均哈得来环流加强(减弱),而且也使中纬度的费雷尔环流加强(减弱),在35°—65°N(即中纬度西风区)将出现明显南(北)风异常以及向北(南)的异常热带输送,北半球中纬度地区纬向西风增强(减弱)和对流层低层的异常南(北)风都会不利于(有利)冷空气向南爆发;另一方面(在西太平洋),与赤道东太平洋的正(负)海表温度异常相对应,往往在赤道西太平洋有负(正)海表温度异常出现,从而在赤道西太平洋地区会出现反气旋性(气旋性)异常环流,在西太平洋近大陆海区产生异常偏南(北)气流(澳大利亚的越赤道气流),也对冬季风有削弱(加强)作用。也就是说,通过大气环流对赤道太平洋SSTA的遥响应,在厄尔尼诺冬季,东亚地区产生了不利于寒潮持续爆发的大气环流形势,东亚冬季风偏弱,中国易出现暖冬;在拉尼娜冬季,东亚地区产生了有利于寒潮持续爆发的大气环流形势,东亚冬季风偏强,中国容易出现冷冬。

10. 三大涛动(即厄尔尼诺的间接影响表现)

20世纪初,Walker和Bliss通过对海平面气压场的研究,发现了大气中三个著名的遥相关:

北大西洋涛动:是指北大西洋地区副热带和副极地地区海平面气压场上南北方向的持续反相振动。主要与两个大气活动中心(亚速尔高压和冰岛低压)的年际变化相联系;

北太平洋涛动:是指北太平洋地区海平面气压场上南北方向的持续反相振动。主要与两个大气活动中心(北太平洋副热带高压和阿留申低压)的年际变化相联系;

南方涛动:指发生在东南太平洋与印度洋及印度尼西亚地区之间的反相气压振动,与厄尔尼诺存在密切联系。

11. 大气环流的几种典型遥相关

20世纪80年代,Wallace和Gutzler利用海平面气压与冬季500 hPa高度场系统地计算了点相关,Gambo和Kudo则对冬季700 hPa高度场做了研究,他们发现大气环流的变化存在着几种遥相关型,其中涉及东亚的有:

太平洋北美(PNA)型:北半球冬季经常出现的一种大气环流遥相关型。当热带和副热带太平洋高压加强,则位于阿留申地区的低压加深,北美西北部的脊加强,美国东部处于低槽控制,将造成美国严寒天气。这种流型的异常在赤道东太平洋海平面温度异常升高时即发生厄尔尼娜时表现尤其清楚。它们看上去像一群波列,而流型所在的地理位置相对固定。

西太平洋(WP)型:是指在西太平洋上空的南、北方向的一对偶极子结构。

遥相关指数定义为:

$$WP = [Z(60°N, 155°E) - Z(30°N, 155°E)]/2$$

Z是某格点的高度值。当WP指数为正(负)时,阿留申低压弱(强),日本上空急流也弱(强)。

沃克环流和哈得来环流是大气中两支重要的输送纽带。正是由于它们以及其他一些输送纽带对水汽、能量和角动量等物理量的输送作用,才使得不同纬度之间以及相同纬度的不同地区之间存在相互作用。

(五)天气预报如何制作

天气变化与人们的生活息息相关,人们每时每刻都可以通过电视、电台、报纸、手机短信、电话拨打"12121"等方式接受天气预报信息。这给人们的生活安排、出行带来了许多方便。那么天气象预报究竟是怎样做出来的呢？

虽然大气层流动的方式较为复杂，但是它绝对是遵循着我们能够理解的方式在运动，这就使我们预报天气成为可能，但是大气层的确切运动实际上仍然是难以预测的。例如预报员预报将要下雨，但他们很难说准在何时何地会降多少雨。

由于新技术的运用和人们对天气变化方式理解的加深，天气预报一直都在改善着。卫星和自动气象站所收集的信息被输入到电脑，就可以逐日提供全世界各地的天气图片。电脑对这些材料数据加以处理，就可预报出未来几天将会有什么样的天气形势。卫星甚至可为人们提供在太空中所观察到的天气景象。

天气预报是怎么做出来的呢？

首先，是各种气象资料的收集。每日同一时间，世界各地气象站的地面常规观测提供了温、压、湿、风等气象信息，高空探测网也将对流层与平流层的变化信息传递回来，再加上气象卫星和天气雷达收集到的资料，它们通过卫星或专网被传送到国家气象中心，作为天气预报员制作预报的"原材料"。

其次，是制作天气图。人们按照专门规定的数字和符号把收到的同一时间各地的气象观测记录取填在一张图上，这种图就叫天气图。

第三，是分析天气图。天气预报员通过运用一些气象学理论和预报实践中总结出的经验，再结合我国天气、气候特征对天气形势进行分析。

第四，是用计算机进行数值天气预报。根据大气的实际情况，通过计算求解描写天气演变的方程组，预报未来天气，这种方法被称为数值天气预报。

第五，是进行天气会商。天气预报的方法很多，可谓"八仙过海，各显神通"。用这么多方法做出来的预报不可能完全一致。这就需要根据最新资料进行"会诊"。天气会诊就是让各种意见充分发表互相启发，达成一致，做出最后的天气预报结论。

表 2.5 天气预报的分类

项目	预报时效	预报内容
临近预报	0~2 小时	灾害性天气警报，明确灾害性天气的种类、强度、影响区域和时间等。
短时预报	0~6 小时	灾害性天气及与气象相关灾害预报，明确灾害性天气的种类、强度、影响区域和时间等。
短期预报	0~72 小时	灾害性天气落区及与气象相关灾害预报（画落区线），明确灾害性天气种类、强度、落区和影响时间等。
中期预报	3~15 天	主要针对降水、气温和灾害性天气、转折性天气的变化。一般有 35 天的预报、周报、旬报等。
短期气候预测	10~15 天以上	有旱涝、冷暖、雨量、气温等天气趋势展望，形式上有月、季、汛期和年度预报等多种。

四、天气要素和天气系统

1. 气温

气象学上把表示空气冷热程度的物理量叫做空气温度，简称气温，国际上标准的气温度量单位是摄氏度（℃）。公众天气预报中所说的气温，是在植有草坪的观测场中离地面 1.5 m 高的百叶箱中的温度表测得的。由于温度表保持了良好的通风性并避免了阳光直接照射，因而具有较好的代表性。在夏日炎炎的午后，在交通繁忙的水泥路面，在空无遮挡的阳台上等小环境的气温要比百叶箱气温高得多，这也是为什么部分人感觉到实际气温与气象台播报的气温不相符的原因。

2. 空气湿度

空气湿度是表示空气中水汽含量的多少或大气潮湿程度的标志。它的大小可用水汽压(hPa)、绝对湿度、相对湿度和露点温度(℃)来表示。公众天气预报中最常用的是相对湿度。相对湿度是空气中实际水汽压与同温度下的饱和水汽压的百分比值,这只是一个相对数字,表明空气湿度距离饱和的程度。通常条件下,相对湿度高说明大气中水汽含量多,反之亦然。

人们所感觉到的舒适状态与相对湿度和温度配合关系很大。一般相对湿度冬天在30%~80%,夏天在30%~60%时,人体感觉较舒适。

3. 气压

我们被厚厚的空气所包围,空气常常被忽略,好像是不存在的东西,其实空气是无孔不入,也是有重量的,气压就是气象上对空气重量的定量。气压是指大气施于单位面积上的力,也就是大气的压强。气象上常用百帕(hPa)作为气压的度量单位。气压是变化的,气压的高低与空气的密度、温度、湿度都有关,空气的密度越大,温度和湿度越低,气压就越大,反之亦然。这些不同地区的气压分布的情况就是制作天气预报的重要依据。

4. 高压和低压

高压就是大气中有一片气压区域较周围的气压高,又叫反气旋区。高压区内的空气从高空向低空下沉,下沉过程中温度升高,水分蒸发,到达地面附近时就变得比较干燥了,这就是为什么高压区内多晴好天气的原因。

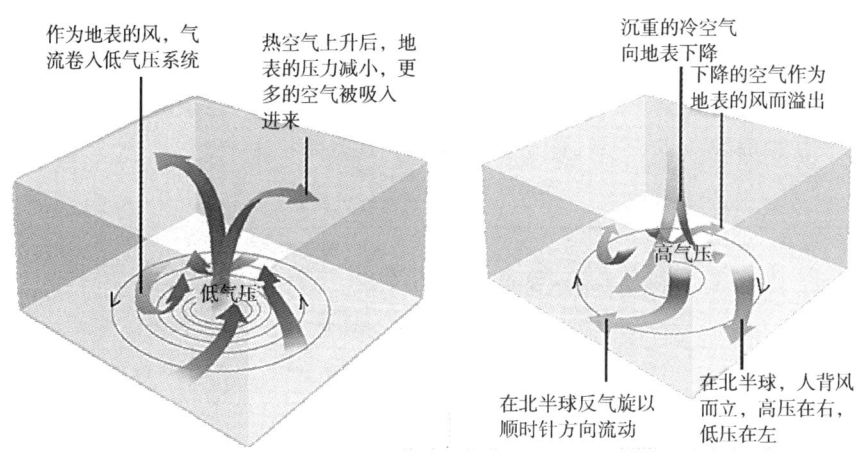

图 2.21 低压与高压示意图

低压则正好相反,是大气中气压较周围低的区域,又叫气旋区,周围的空气不断向低压中心汇合,汇合的结果是低压区内的空气从低空向高空上升,上升时温度下降,水汽凝结,形成云雨,这就是低压区多阴雨天气的原因。气流在向东亚中心流动的过程中,在北半球受到向右的地转科氏力的作用,从而使得低气压区内的气流流动呈现反时针旋转。

5. 副热带高压

副热带高压是介于热带与温带之间的高气压。这种高压是控制热带、副热带地区的持久的大型天气系统,其位置和强度随季节而有所变化。在高气压中心控制地区,因气流下沉,一般云雨少见,在其边缘则多降水天气系统活动。副热带高压因受海陆分布的影响而分裂成若干单体,其中西太平洋副热带高压的强弱和位置变化,对我国天气和气候影响较大。历史上罕见的"98"长江特大洪水就与副热带高压异常活动有密切关系。

6. 气团和锋面

(1)气团

气团是占有广大空间而在水平方向上气压、温度和湿度等分布比较均匀的一大团空气,其水平范围可达几百千米到几千千米,垂直范围为几千米到十几千米。气团可分为冷气团和暖气团两大类,不同气团移动、变性和冲突,常形成大范围内天气的显著变化。

(2)锋

锋也叫锋面,是冷、暖气团的交界面。锋两侧的温度、湿度、气压等有明显的差别,在锋面附近常伴有雨、雪、大风等天气现象。暖气团势力强,向冷气团方向推进而在两者之间形成的交界面称为暖锋;反之称为冷锋。

大气中的上升运动,如果沿着一定的坡度,大规模缓缓滑升时,就会形成一片均匀的云幕,大都满布全天,这些云都属于层状云,包括卷层云、高层云及雨层云。这种云的水平范围很广,覆盖天空达数百至一千千米。

锋面活动常造成大规模的斜升运动,当暖湿空气从冷空气的背面滑上去时,绝热冷却使它很快达到过饱和而凝结。因为凝结而释出潜热,于是加深它内在的上升能力,整层空气徐徐上升,形成云体非常厚实,底部和倾斜锋面大致相合,顶部则近似水平,因此在离地面锋面距离不同的位置,云的厚度有很大差异。

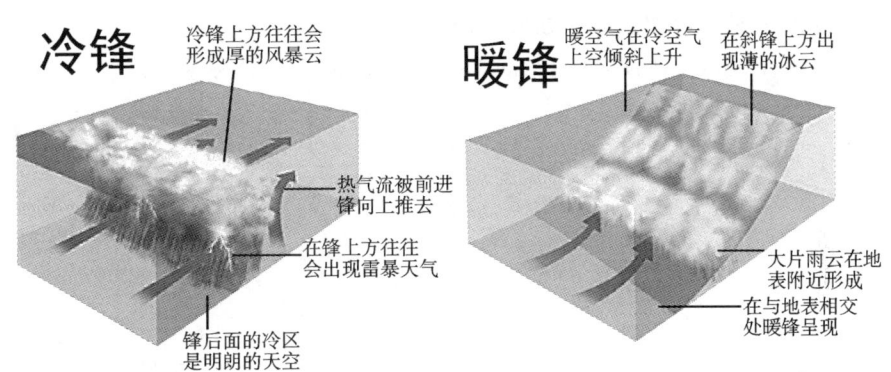

图 2.22　冷锋与暖锋示意图

7. 风向、风速和风力

风是空气流动的现象,气象学中常指空气相对于地面的水平运动,既有大小又有方向,通常用风向、风速、风力来表示。

风向就是指风的来向,如北风、南风、西南风等。风向是时刻变化的,气象观测中常以10分钟内平均风向作为实测风向。

风速是指单位时间内空气在水平方向移动的距离,常用单位米/秒(m/s)来表示。

风力是指风的强度,通常用风级来表示。国际通用的蒲福风级是由英国人蒲福1805年所拟定的,它最初是根据风对炊烟、沙土、地物、渔船、海浪等的影响大小,分为0~12级。后来,又在原分级的基础上,增加相应的风速界限,如与5级风对应的风速范围为8.0~10.7 m/s。

8. 风是怎样产生的——气压梯度力

在大气层中,高度愈高,空气愈稀薄,气压也就愈低。然而,由于受太阳照射的强度不同,空气的温度和密度不相同,即使在同一高度上各处的大气压力也不相同。这种气压高低的不同,促使空气产生水平运动,就形成了风(见图2.23)。

风的大小,同样受到气压的影响,水平方向的气压差别愈大,空气的水平运动就愈迅速,风就愈大;反之,如果一定范围内水平方向的气压没有差别,空气便不会产生水平运动,也就不会有风了。

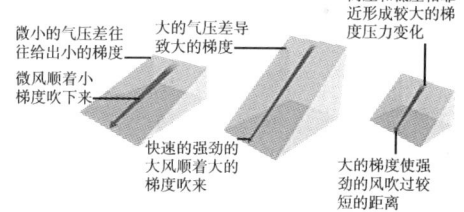

图2.23 气压梯度与空气流动的关系

9. 云的形成和种类

(1)云的形成

冬天倒一杯开水,会看到一股白气升起,这是因为水蒸气遇冷后凝结成小水滴,又因为水滴极小,我们所能看见的是它们聚积在一起的群体——白色小水滴聚集体。

假定地球就是水杯,太阳给这个大水杯加热,水变成水蒸气慢慢抬升,在高空遇冷后凝结成极小的水滴或冰晶,再慢慢地聚集在一起,就形成了悬浮在空中的云彩。

天空中千姿百态的云,主要是由于空气上升冷却,使水汽达到饱和凝结而成。由于空气温度和上升运动等的不同,云就有了多种多样的组成和外形,如大范围空气辐合抬升形成层状云,这就是你在飞机或高山上看到的茫茫云海;局地空气对流形成垂直发展的对流云,这种云就是在地面看到的像大菜花状的云团;大气中波状运动和细小对流形成波状云,就是地面上看到的平滑的馒头状云和如丝绸般飘浮在天空的云彩。

云是飘浮在空中的微小水滴,如果云底部接触到了地面,就被称为雾。

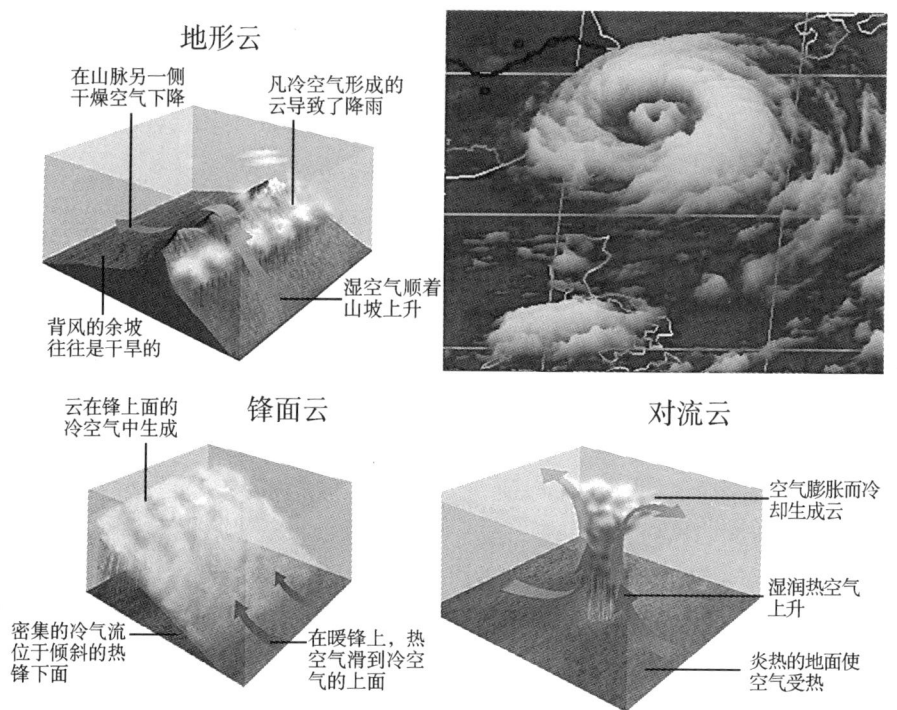

图2.24 四类动力学特征云

(2)云的种类——"三族、十属、29 种"

云在空中并不都在同一个高度,形状也各不相同。

在气象观测中,根据云底高度和云的基本外形特征进行云的分类。

根据云底高度,将云分成高云、中云和低云三族。云又分为十属,其中低云有积云(Cu)、积雨云(Cb)、层积云(Sc)、层云(St)和雨层云(Ns);中云有高积云(Ac)和高层云(As);高云则有卷云(Ci)、卷层云(Cs)、卷积云(Cc)。

一般来说,高云都在 4.5 km 以上,中云云底在 2.5~4.5 km,低云云底为 0.1~2.5 km。需要指出的是,有些云属经常会伸展至其他层,如属于中云族的高层云可能伸展至高云族所在的层次,积云和积雨云能伸展至中云族和高云族所在的层次。

根据云的外形特色、排列情况、透光程度、附从云及是否从其他云演变而来等,进一步分为 29 种。

云是天空美丽的衣裳,同时云的变化,很大程度上预示着天气的变化。云中的水滴和冰晶在一定条件下,会演变成雨、雪、冰雹等降落到地面。目前,通过卫星云图分析各种云团的变化,是制作未来天气预报的一个重要手段。

此外,在云物理学上还有其他分类方法,如根据云的微结构分类(水云、冰云和冰水混合云);根据云体温度分类(暖云和冷云);根据云的动力学特征分类(地形云、对流云、锋面云和台风云)等。

10. 气象、天气、气候的区别

我们经常提到气象、天气和气候,它们三者之间有什么关系和区别呢?

气象是对大气中的冷、热、干、湿、风、云、雨、雪等物理现象和物理过程的统称。

天气则是指一个地区短时间内的气温、气压、湿度等天气要素综合反映出的大气现象,这些现象可能表现为晴空万里、风和日丽,也可能表现为浓云密布、风狂雨骤,天气给人的印象是瞬息万变的。

气候是大气辐射、大气环流、海陆分布、地形特点等自然因素相互作用的结果,形成一个长期的平均天气状态,一个地区的气候有明显的稳定性和规律性(见图 2.25)。如四川盆地由于特殊的地理位置和地形地貌,就形成了"春天多夜雨、天气多变化;夏季湿热、暴雨频繁;秋季云低阴雨绵绵;冬暖少晴雾弥漫"这种别具特色的亚热带湿润气候。

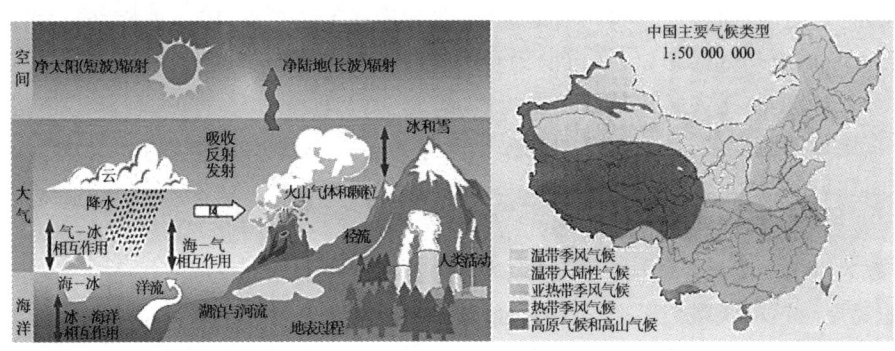

图 2.25 气候系统

11. 汛

江河中由于流域内季节性降水而发生的定期涨水现象。因发生时期和发生原因不同,可分为春汛、伏汛、秋汛、凌汛等。

在我市,汛期主要分为前汛期和后汛期,前汛期发生在5—6月,7—9月的台风季为后汛期(又称主汛期)。前后汛期的总雨量占我市全年雨量的3/4,由此被称为汛期。汛期雨量的多寡直接影响到全年的雨水丰歉情况。

在我市,称3—4月为春雨期,5—6月为梅雨期,因其连雨潮湿易引起衣物等发霉,亦称"霉雨"期(又称前汛期)。

春雨是入侵华南而变性的冷空气与尾随其后的新鲜冷空气相交于我省上空,形成的降水,或者说是西南暖湿气流沿冷空气垫上滑凝结而成濛濛春雨(又称"濛雨"或"克拉香"天气),降水一般不强,但易造成阴雨连绵。有的年份会出现阴雨和春寒相伴出现,对春播春插会造成不利。但也有些年份为久晴不雨的春旱年景。

三月份主要气象灾害:低温连阴雨、倒春寒、冰雹、飑线、西南大风、江淮气旋影响下的天气、寒潮。

四月份主要气象灾害:低温连阴雨、倒春寒、冰雹、飑线、西南大风、江淮气旋影响下的天气、寒潮。

总体上3—4月的春雨期,发生暴雨的机会较少。

5—6月为梅雨,又称雨季或前汛期,是冷暖气流对峙而形成旷日持久的降水,在此期间经常有突发性暴雨或连续性暴雨。

实际上,3、4月或更早的降水也可表现出5、6月雨季的降水特征,即冷、暖气流势力皆强且形成对峙,在强烈交汇的过程中形成时间长、范围广的强降水。如:2005年2月17日、3月28—30日,从而形成春汛。而一旦其中的一方减弱撤退快,则只可形成短时间的降水或雷暴、飑线等强对流天气,不易形成长时间的强降水,如2005年3月22日给我市造成重灾的飑线天气只维系几分钟,降水在10 mm左右。

伏汛:夏秋伏天发生的江河涨水现象,中国多数江河的大洪水在此季节发生。其与汛期相关,夏秋伏天,我国由南往北依次进入汛期。

秋汛主要由晚台风造成。

凌汛是指河道冰凌阻塞、解冻或冰雪融化而引起的江河涨水现象。

12. 城市的"雨岛效应"

在雨量分布图上,城市是个封闭的多雨区,犹如海洋上的孤岛,因而被称之为"雨岛效应"。气象观测表明,城市与郊区相比,城市的雨量一般要比郊区多5%～10%,暴雨次数一般要多20%～30%,城区的洪涝灾害比郊区要多得多。

为什么城市的雨量多,暴雨出现的次数也多呢?

众所周知,充沛的水汽、强烈的上升运动和丰富的凝结核是产生降水的基本条件。由于城市的"热岛效应",市区的热空气要比郊区相对冷一些的空气轻,因此,会产生浮力向高空上升,而郊区较冷的空气会下沉,并在低层流向市区,补充市区已经上升的空气,从而形成对流。同时,城市的高层建筑群又阻挡了空气的流动,源源不断流来的空气,除在高楼与高楼之间的空隙流入城市中心外,大部分被阻挡在城外,这些受阻的空气只能沿着建筑物向上升,结果也产生了上升运动。城区空气在上升过程中,温度不断降低,空气中的水汽便遇冷凝结,形成大雨滴,降落到地面。

另一方面,城市每天都要排放大量微粒状废气污染物,其中,有许多是能起凝结核心作用的凝结核。因此,只要有云团移至城市上空,强烈的对流和丰富的凝结核,就会使云团加剧发展,产生较大范围的降水,甚至形成暴雨。而在城区内,即使天气晴好,如果空气中水汽含量较为丰富,午后或傍晚也会形成范围不大但强度较大的地方性热雷雨天气。

13. 福建省灾害性天气标准及预报用语标准

(1)福建雨季基本标准

a. 暴雨过程标准

全省出现3站以上(含3站)日雨量≥50 mm的天气过程,称为福建暴雨日或暴雨过程(连续暴雨日为同一暴雨过程)。

b. 雨季开始日

4月21—30日出现的暴雨过程,且过程后5天内全省有大于10站的中雨过程(日雨量≥10毫米);或5月1日后出现的首场暴雨过程,则将该场暴雨过程的首日定义为雨季开始日。

c. 雨季结束日

7月15日前,副高脊线达25°N或588线控制我省上空,由西风带系统引起的最后一场暴雨结束日(最后暴雨日后一天)定义为雨季结束日。

d. 雨季高潮期

雨季中连续出现≥2天暴雨日,且2~3天内全省暴雨总站次≥25站次,称为雨季高潮期。

(2)登陆影响福建台风标准

a. 登陆台风:中心风力达8级或以上的热带气旋,中心自海上登陆福建。

b. 影响台风:当台风进入48小时警报区(即15°N、115°E;20°N、125°E;25°N、130°E三点连线的15°N以北和130°E以西区域),凡出现下列情况之一者,定为影响台风。

1)受台风影响,沿海有一站极大风≥8级。

2)受台风影响有一站日雨量≥50 mm。

(3)沿海大风标准

沿海有一站极大风≥7级(≥13.9 m/s)。

(4)强冷空气(寒潮)标准

a. 较强冷空气

同时满足以下两条的冷空气过程:日最低气温≤8.0℃;日最低气温的48小时降温≥6.0℃,或过程降温≥8.0℃。

b. 强冷空气

同时满足以下两条的冷空气过程:日最低气温≤8.0℃;日最低气温的48小时降温≥8.0℃,或过程降温≥10.0℃。

c. 寒潮

同时满足以下两条的冷空气过程:日最低气温内陆地区≤5.0℃,沿海地区≤6.0℃;日最低气温的24小时降温≥8.0℃,或48小时降温≥10.0℃,或过程降温≥12.0℃。

注:1. 过程降温指72~120小时时段内的最低气温的最大降温幅度。

2. 沿海地区的县市为:福鼎、霞浦、宁德、长乐、福清、平潭、闽侯、罗源、连江、福州、莆田、仙游、安溪、南安、惠安、晋江、厦门、同安、长泰、南靖、平和、漳州、龙海、漳浦、云霄、诏安、东山;其余为内陆县市。

(5)高温标准

全省范围内出现≥5站日最高气温≥37.0℃的天气过程,称为福建高温日或高温过程(连续高温日为同一高温过程)。

(6)"三寒"标准

a. 低温阴雨(倒春寒)

①低温阴雨:

北部地区在3月1日—4月10日,南部地区在2月21日—4月10日期间出现≥5站连续≥3天日平均气温≤12.0℃的天气过程。

②倒春寒:

北部地区3月21—31日出现≥5站连续≥5天,4月1—10日出现≥5站连续≥4天,或3月21日—4月10日出现≥5站为期3天且间隔不超过2天的日平均气温≤12.0℃的天气过程。

南部地区3月11—31日出现≥5站连续≥4天,4月1—10日出现≥5站连续≥3天日平均气温≤12.0℃的天气过程。

注:1. 低温出现在4月上旬末则可延续至过程结束日。

2. 南部地区为:仙游、武平、龙岩、上杭、永定、永春、漳平、安溪、南安、晋江、惠安、长泰、龙海、厦门、同安、漳州、华安、平和、诏安、云霄、东山、漳浦、南靖,其余为北部地区。

3. 屏南、寿宁、柘荣、周宁不进行低温阴雨和倒春寒评定。

b. 五月寒

早稻抽穗期间(5月21日—6月20日),出现≥5站连续≥3天日平均气温≤20.0℃的天气过程。

c. 秋寒(寒露风)

①秋寒的标准:

双季晚稻抽穗扬花期间(9月1日—10月20日),出现≥5站连续≥3天日平均气温≤20.0℃(≤23.0℃)的天气过程为"20型"秋寒("23型"秋寒),第一天为标志日。

②秋寒全省分4个区分别评定:

特区:屏南、寿宁、柘荣、周宁;

一区:浦城、武夷山、松溪、政和、福鼎、福安、光泽、建阳、邵武、建宁、泰宁、宁化、清流、长汀、连城、明溪;

二区:宁德、霞浦、罗源、闽清、永泰、闽侯、福州、长乐、连江、大田、沙县、建瓯、古田、尤溪、将乐、顺昌、三明、永安、德化、武平;

三区:福清、平潭、莆田、仙游、龙岩、上杭、永定、永春、漳平、安溪、南安、晋江、惠安、长泰、龙海、厦门、同安、诏安、云霄、东山、平和、漳州、漳浦、南靖、华安。

③秋寒的年型评定

1)偏早年:各区出现秋寒平均日期比常年偏早的天数≥4天;

2)正常年:各区出现秋寒平均日期的距平介于±3天之间;

3)偏晚年:各区出现秋寒平均日期比常年偏晚的天数≥4天。

(7)福建省各灾害标准气候统计参考值

a. 历年平均雨季开始日:4月30日,雨季结束日:6月25—26日。

雨季高潮过程:50/45=1.11 次/年

b. 年平均登陆影响台风 6.62 个,其中登陆台风 1.7 个。影响台风 4.9 个。

c. 极端最高气温≥5 站≥37.0℃的高温日的年平均日数 22.02 天。

d. 各区出现秋寒的平均日期:

表 2.6　各区出现秋寒的平均日期

秋寒类型	特区	1 区	2 区	3 区
23 型秋寒	8 月 13 日	9 月 17 日	9 月 23 日	10 月 8 日
20 型秋寒	9 月 17 日	10 月 3 日	10 月 14 日	10 月 26 日

(8)各季干旱及其解除标准

表 2.7　各季旱情及解除标准(单位:mm)

时段	项目	小旱	中旱	大旱	特旱
春(11/2—梅雨止)	≤2 mm 连旱日数	16～30	31～45	46～60	≥61
	旱情解除 3 或 6 天雨量总量	≥50			
夏(梅雨止—10/10)	≤2 mm 连旱日数	16～25	26～35	36～45	≥46
	旱情解除 3 天雨量总量	>20	>30		
冬(11/10—10/2)	≤2 mm 连旱日数	31～50	51～70	71～90	≥91
	旱情解除雨量 6 天总量	≥10	≥15		

五、地理常识

1. 全国各区的划分和地形图

全国可划分为北方地区、南方地区、西北地区、青藏地区四个地区。其中南方地区细分为江南地区和华南地区,北方地区细分为华北地区和东北地区,北方地区和南方地区的分界线在淮河—秦岭一线。

西北地区与青藏地区的分界线:昆仑山。

西北地区与北方地区的分界线:大兴安岭、阴山、贺兰山。

青藏地区:本区位于横断山以西、喜马拉雅山以北、昆仑山和阿尔金山以南。青藏高原是"世界屋脊"。

西北地区:大体上位于大兴安岭以西、长城和昆仑山—阿尔金山以北,此区以气候干燥,沙漠广布。

江南地区:气象上所说的江南,范围是淮河以南,南岭以北,大约东经 110 度以东的大陆地区,以及台湾省的最北端。这一地域的主要气候特点是:春雨、梅雨、伏旱,以及冬季的阴沉细雨和阴冷。所以那被绵绵梅雨所覆盖的地区,都应该是江南。简单地说,江南就是梅雨区。

华南地区:南岭以南广大地区,是南亚热带与中亚热带的分界线。福建省和台湾省处于华东地区和华南地区的交叉重叠区。虽然在很多时候,福建省、台湾省被列入华东地区,但闽台两省在经济布局和人员移动方面,多倾向于华南地区。这里植物生长茂盛,种类繁多,有热带雨林、季雨林和南亚热带季风常绿阔叶林等地带性植被,是一个高温多雨、四季常绿的热带—南亚热带区域。

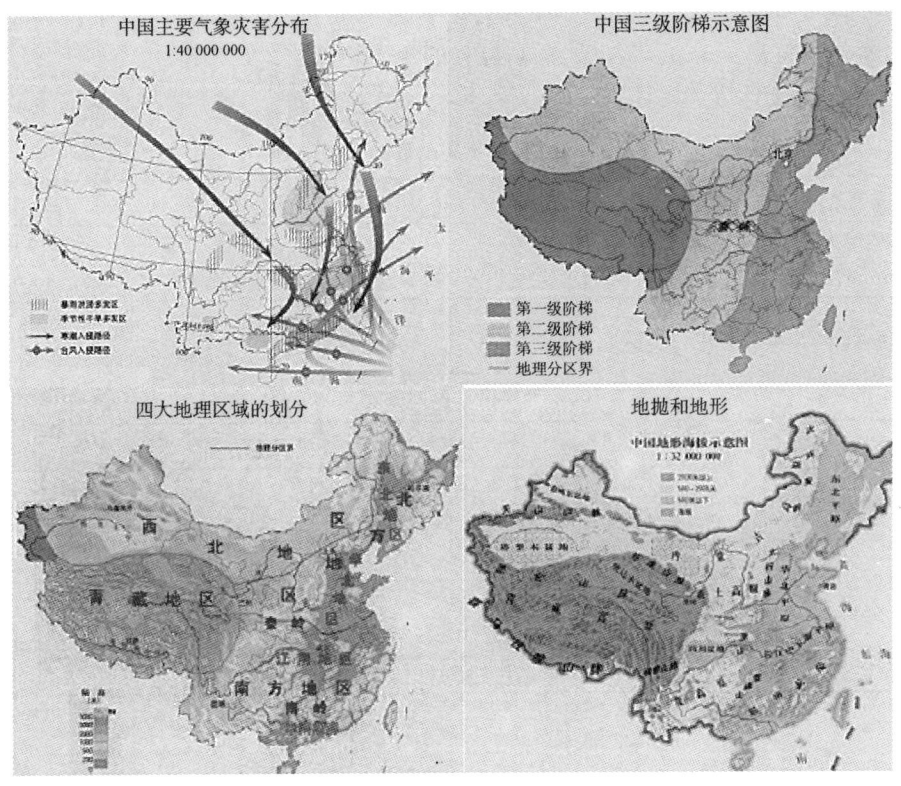

图 2.26

2. 福建省和泉州市地形图

(1)福建省地形特点:山脉呈北北东—南南西走向,鹫峰山—戴云山—博平岭与武夷山之间为闽中谷地,其东侧为沿海丘陵。主要山脉有:武夷山、戴云山、太姥山、鹫峰山、玳瑁山、博平岭。最大山脉为武夷山脉。

(2)泉州市地形特点:地势由东南向西北逐渐升高。西北部为戴云山脉,东南部为平原。

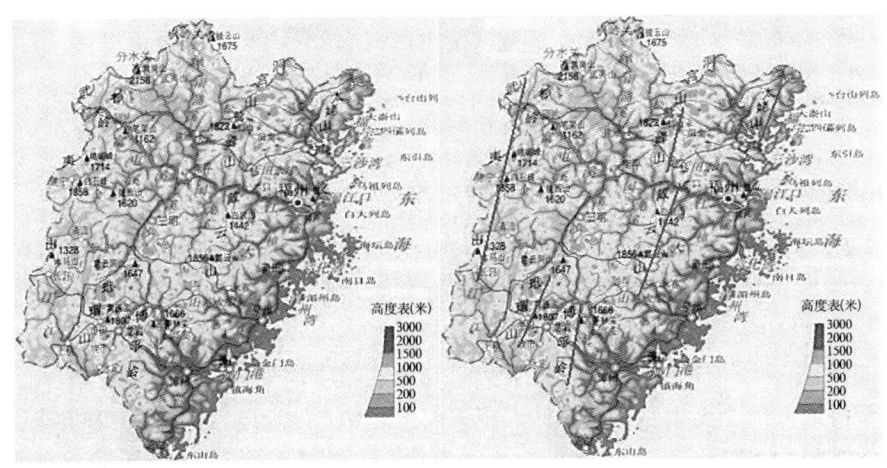

图 2.27 福建省地形图

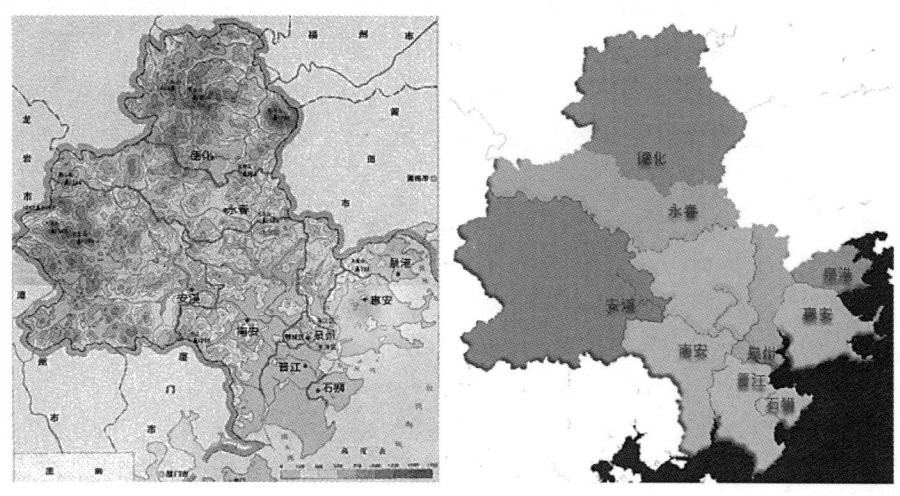

图 2.28　泉州市地形图

六、积温、二十四节气与季节划分

(一)我市积温状况

积温是反映一地热量资源的重要指标,同时因其涉及日平均气温稳定通过某一值的统计,因此先期进行介绍。

计算稳定通过 10℃、12℃、22℃、23℃ 及其有效积温乃农作物生长的重要参数指标,其中 10℃、22℃ 也为划分季节之依据指标。

活动积温指起止日期之间各日的日平均气温的总和。

有效温度指对作物生长有作用的只是日平均气温高于生物学最低温度的那一部分气温。

有效积温指有效温度的总和即为有效积温。

泉州市热量资源(积温)相当丰富,晋江流域西溪的丘陵河谷地带最多,沿海地区次之,西北部山区最少(参见表 2.8—2.19)。

1. 稳定通过 10℃ 及其有效积温

泉州市 10℃ 的终日 80% 稳定通过率时间是 12 月 31 日,初日 80% 稳定通过率时间是 2 月下旬—3 月上旬,依次,则我市的冬季时间在 1—2 月,3 月起进入春季。2000 年 1 月 29 日—2003 年 1 月 4 日,泉州市区连续三年日平均气温稳定通过 10℃,历时的时间最长,也表明连续多年无冬的气候特征。

泉州各地 10℃ 的活动积温在 5652 ℃·d(德化)～7224 ℃·d(南安)之间,鲤城 2002 年活动积温 8114 ℃·d,有效积温 4464 ℃·d 为历年最大值,1976 年活动积温 6332 ℃·d,有效积温 3481 ℃·d 为历年最小;永春 1998 年活动积温 7565 ℃·d,有效积温 4071 ℃·d 为历年最大值,1976 年活动积温 6141 ℃·d,有效积温 3341 ℃·d 为历年最小。

表2.8 各地稳定通过10℃的平均初终日及其积温表(单位:℃·d,1960—2007年)

项目	鲤城	崇武	南安	晋江	安溪	永春	德化
平均初日	2月6日	2月13日	2月3日	2月10日	2月2日	2月10日	3月7日
初日最早时间	2007.1.1	2007.1.1	2007.1.1	2007.1.1	2007.1.1	2001.1.1	1973.1.29
初日最晚时间	1976.3.21	1976.3.22	1976.3.20	1976.3.21	1976.3.21	1976.3.21	1987.4.13
初日80%通过率	3月1日	3月6日	2月27日	3月3日	2月25日	2月28日	3月19日
平均终日	12月24日	12月23日	12月26日	12月26日	12月26日	12月23日	12月13日
终日最早时间	1967.12.8	1975.12.8	1967.12.7	1967.12.8	1987.11.28	1987.11.28	1976.11.12
终日最晚时间	2007.12.31	2007.12.31	2007.12.31	2007.12.31	2007.12.31	2006.12.31	2000.12.31
终日80%通过率	12月31日	12月31日	12月31日	12月31日	12月31日	12月31日	12月11日
持续期(d)	324	313	326	319	327	326	281
平均活动积温	7182.6	6764.1	7220.4	6962.1	7212.9	6897.2	5641.6
平均有效积温	3967.9	3617.5	3985.3	3805.6	3973.3	3768.4	2969.1
最大活动积温	8113.8	7727.3	8057.6	7919.3	8017.7	7564.9	6601.3
年份	2002	2002	2007	2007	2002	1966	1998
最大有效积温	4463.8	4077.3	4407.6	4269.3	4367.7	4071.3	3331.3
年份	2002	2002	2007	2007	2002	1998	1998
最小活动积温	6317.4	5996.2	6269.8	6156.5	6262.2	6125.2	4854.9
年份	1976	1976	1976	1985	1976	1976	1976
最小有效积温	4463.8	4077.3	4407.6	4269.3	4367.7	4071.3	3331.3
年份	1965	1976	1976	1976	1976	1976	1976

表2.9 泉州市各地≥10℃平均活动积温年变化表(单位:℃·d,1960—2007年)

月份	鲤城	崇武	南安	晋江	安溪	永春	德化
1月	98.9	76.2	106.1	77.2	109	49.7	0.2
2月	198.5	139.5	227.1	167.1	243.5	193.1	33.4
3月	438.6	376.3	464.1	421.1	474.4	459.3	282.8
4月	584.2	532.6	597.5	571.3	604.7	594.9	528.9
5月	727.8	683.2	734.2	712.4	736.8	723.3	664.0
6月	795.9	760.7	797.8	780.8	795.1	779.2	722.6
7月	896.5	847.7	896.8	879	894.8	874	807.4
8月	886.7	853.8	883.1	870.2	876.8	858.9	788.2
9月	808.3	793.3	803	795.6	795.2	775.6	700.3
10月	727.9	713.2	720.6	711.8	713	690.9	605.1
11月	584.6	569.3	576.5	570.6	568.3	547.3	421.1
12月	434.7	418.2	413.6	404.9	401.4	351.1	87.5
年合计	7182.6	6764.0	7220.4	6962.0	7213.0	6897.3	5641.6

表 2.10　泉州市各地≥10℃平均有效积温年变化表（单位：℃·d，1960—2007 年）

月份	鲤城	崇武	南安	晋江	安溪	永春	德化
1 月	27	18.5	29.4	20.5	30.7	13.5	0.0
2 月	57.7	35.1	67.1	47.3	74.9	58.6	9.3
3 月	156.3	111.3	171.6	144.9	180.7	172.6	93.0
4 月	284.8	233	298.2	272.2	305.3	295.7	238.3
5 月	417.8	373.2	424.2	402.4	426.8	413.3	354.0
6 月	495.9	460.7	497.8	480.8	495.1	479.2	422.6
7 月	586.5	537.7	586.8	569	584.8	564	497.4
8 月	576.7	543.8	573.1	560.2	566.8	548.9	478.2
9 月	508.5	493.3	503	495.6	495.2	475.6	400.3
10 月	417.9	403.2	410.6	401.8	403	380.9	295.1
11 月	284.8	269.5	277	271.4	269.2	248.6	156.7
12 月	154.2	138.2	146.5	139.5	140.8	117.5	24.1
年合计	3967.9	3617.5	3985.3	3805.6	3973.3	3768.4	2969.1

2. 稳定通过 12℃ 及其有效积温

12℃是我市春播期早稻发育与生长的关键敏感气温指标，因此特予分析。

"倒春寒"标准：指在 3 月 11 日—4 月 10 日期间的低温天气，这一时间是我市早稻春播时期。具体标准为：(1) 3 月中下旬日平均气温≤12.0℃，≥4 天；(2) 4 月上旬日平均气温≤12.0℃，≥3 天。

日平均气温通过 12℃ 的平均初日在 3 月 1 日（安溪）—3 月 22 日（德化），平均终日在 12 月 1 日（德化）—12 月 23 日（崇武），其间积温为 5338 ℃·d（德化）～6744 ℃·d（南安）。2001 年安溪 7859 ℃·d 和 1976 年德化 4821 ℃·d 分别是极多值和极少值。

日平均气温稳定通过 12℃ 的时间：沿海在 3 月下旬，内陆半山区在 3 月中旬。即我市中下旬的气温还不能稳定通过 12℃，在春播期间发生"倒春寒"的机会仍较大，而 4 月后机会不会再出现"倒春寒"天气。所以，春播时间可以做适当的调整。

表 2.11　各地稳定通过 12℃ 的平均初、终日及其积温表（单位：℃·d，1960—2007 年）

项目	鲤城	崇武	南安	晋江	安溪	永春	德化
平均初日	3 月 6 日	3 月 12 日	3 月 2 日	3 月 8 日	3 月 1 日	3 月 4 日	3 月 22 日
初日最早时间	2001.1.1	2002.2.2	2001.1.27	2001.1.28	2001.1.27	1973.1.28	2002.2.13
初日最晚时间	1987.4.13	1987.4.13	1996.4.2	1987.4.13	1996.4.2	1996.4.3	1987.4.14
初日 80% 通过率时间	3 月 22 日	3 月 23 日	3 月 14 日	3 月 23 日	3 月 14 日	3 月 16 日	4 月 2 日
平均终日	12 月 21 日	12 月 22 日	12 月 22 日	12 月 19 日	12 月 22 日	12 月 6 日	11 月 30 日
终日最早时间	1987.11.27	1987.11.27	1987.11.27	1987.11.27	1987.11.27	1976.11.22	1981.11.5
终日最晚时间	2006.12.31	2006.12.31	2006.12.31	2006.12.31	2006.12.31	2000.12.31	1997.11.29
终日 80% 通过率时间	12.31	12.31	12.31	12.31	12.31	12.30	11.25
持续期（d）	290	285	295	286	296	277	252
平均活动积温	6715.9	6325.1	6735.4	6505.8	6708.7	6448.9	5324.4

(续表)

项目	鲤城	崇武	南安	晋江	安溪	永春	德化
平均有效积温	3270	2953.9	3278.8	3120.3	3258	3085.4	2396.6
最大活动积温	7845.3	7185.9	7585	7158	7577.6	7283.9	5885.3
出现年份	2001	2002	1998	2001	1998	1998	2002
最大有效积温	4343	3935.9	4305	4029.1	4297.6	4013.9	3204.6
出现年份	1998	2002	1998	2002	1998	1998	1998
最小活动积温	5614.4	5330.9	6039.6	5491.7	6060.7	5605.2	4805.1
出现年份	1987	1987	1962	1987	1985	1976	1976
最小有效积温	4343	3935.9	4305	4029.1	4297.6	4013.9	3204.6
年份	1987	1987	1976	1987	1976	1976	1979

表 2.12 泉州市各地≥12℃平均活动积温年变化表(单位:℃·d,1960—2007 年)

项目	鲤城	崇武	南安	晋江	安溪	永春	德化
1 月	14	0	0.8	0.6	1.3	0.3	0.0
2 月	57.7	27.4	67.9	39.7	76.6	50.1	3.8
3 月	309.1	232.7	361.1	289.1	374.2	354.5	132.3
4 月	572.3	520.5	594	562	601.1	589.9	514.0
5 月	727.8	683.2	734.2	712.4	736.8	723.3	663.8
6 月	795.9	760.7	797.8	780.8	795.1	779.2	722.6
7 月	896.5	847.7	896.8	879	894.8	874	807.4
8 月	886.7	853.8	883.1	870.2	876.8	858.9	788.2
9 月	808.3	793.3	803	795.6	795.2	775.6	700.3
10 月	727.9	713.2	720.6	711.8	713	690.9	603.9
11 月	582.4	567.4	572.4	568.1	563.4	537	362.6
12 月	337.2	325.2	303.7	296.4	280.5	215.3	25.4
年合计	6715.8	6325.1	6735.4	6505.7	6708.8	6449	5324.4

表 2.13 泉州市各地≥12℃平均有效积温年变化表(单位:℃·d,1960—2007 年)

项目	鲤城	崇武	南安	晋江	安溪	永春	德化
1 月	3.5	0	0.1	0.1	0.1	0	0.0
2 月	12.9	4.4	15.9	7.7	18.3	11.8	0.7
3 月	82.4	47.7	100.4	72.9	107.9	100.5	31.7
4 月	224	173	238.5	211.8	245.6	236.1	179.5
5 月	355.8	311.2	362.2	340.4	364.8	351.3	292.0
6 月	435.9	400.7	437.8	420.8	435.1	419.2	362.6
7 月	524.5	475.7	524.8	507	522.8	502	435.4
8 月	514.7	481.8	511.1	498.2	504.8	486.9	416.2
9 月	448.3	433.3	443	435.6	435.2	415.6	340.3
10 月	355.9	341.2	348.6	339.8	341	318.9	233.2
11 月	224.9	209.7	217.2	211.6	209.4	189	99.3
12 月	87.2	75.2	79.2	74.4	73	54.1	5.5
年合计	3270	2953.9	3278.8	3120.3	3258	3085.4	2396.6

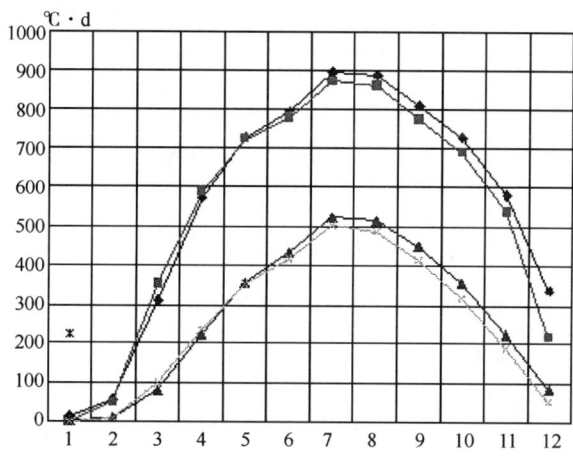

图 2.29　泉州市沿海(鲤城)、内陆(永春)≥12℃活动积温、有效积温
——◆——　——▲——鲤城活动积温、有效积温　——■——　——※——永春活动积温、有效积温

3. 稳定通过 20 ℃·d 及其积温情况

在我市,20℃这一"五月寒"气温指标也是早稻抽穗期间的敏感值。我市早稻抽穗高峰期在 6 月上旬。

"五月寒"的标准:5 月 21 日—6 月 10 日,连续 3 天或以上出现日平均气温≤20℃的过程。

由下表可以看出,除了高海拔的内陆山区德化之外,我市各地可以稳定通过 20℃(通过率 80%)的时间是 5 月上旬。有些年份由于冷空气的强盛和频繁出现,"五月寒"的出现较迟,但最晚的"五月寒"出现时间也仅在 5 月底,6 月初已不会出现"五月寒",所以,"五月寒"对我市早稻的抽穗几无影响。

表 2.14　各地稳定通过 20℃的平均初终日及其积温表(单位:℃·d,1960—2007 年)

项目	鲤城	崇武	南安	晋江	安溪	永春	德化
平均初日	4 月 25 日	5 月 4 日	4 月 24 日	4 月 29 日	4 月 24 日	4 月 27 日	5 月 20 日
初日最早时间	1998.3.25	1998.4.4	1998.3.25	1998.4.3	1998.3.24	1998.3.24	1967.4.25
初日最晚时间	1975.5.22	1981.6.2	2006.5.29	1975.5.22	2006.5.29	2006.5.29	1989.6.20
初日 80%通过率时间	5 月 7 日	5 月 16 日	5 月 7 日	5 月 12 日	5 月 7 日	5 月 10 日	6 月 7 日
平均终日	11 月 9 日	10 月 20 日	11 月 4 日	10 月 27 日	10 月 25 日	10 月 22 日	10 月 14 日
终日最早时间	1992.10.14	1992.10.13	1992.10.13	1992.10.13	1992.10.13	1979.10.3	1966.9.13
终日最晚时间	2006.11.25	2006.11.25	2006.11.26	2006.11.25	2006.11.25	1972.11.15	2006.10.26
终日 80%通过率时间	11 月 12 日	11 月 10 日	11 月 12 日	11 月 9 日	10 月 25 日	11 月 8 日	10 月 14 日
持续期(d)	198	169	194	181	174	178	147
平均积温	4904.7	4531.9	4904.2	4676.4	4800.6	4501.5	3261.2
平均有效积温	1191.7	985.4	1184.9	1068.1	1156.4	1037.3	622.4
最大活动积温	6083.6	5317.6	5834.6	5495	5834	5473.4	4150.2
年份	1998	1998	1998	1998	1998	1998	1998
最大有效积温	3713.6	3147.6	3574.6	3347.2	3564	3223.4	2420.2
年份	1998	1998	1998	2005	1998	1998	1998

(续表)

项目	鲤城	崇武	南安	晋江	安溪	永春	德化
最小活动积温	4053.4	3616.4	4105	3811.1	3811.5	3713.3	2325.7
年份	1960	1981	1960	1992	1992	1992	1997
最小有效积温	3713.6	3147.6	3574.6	3347.2	3564	3223.4	2420.2
年份	1960	1981	1960	1992	1992	1992	1997

表 2.15 泉州市各地≥20℃平均活动积温年变化表（单位：℃·d，1960—2007 年）

	鲤城	崇武	南安	晋江	安溪	永春	德化
1 月	0	0	0	0	0	0	0
2 月	0	0	0	0	0	0	0
3 月	2.3	0	2.3	0	2.4	2.8	0
4 月	119.7	40.8	160.7	75.3	168.4	122.7	6.1
5 月	628.7	508.3	628.1	571.1	621.9	590.6	253.2
6 月	793.9	756.3	795	759.5	791.5	773.9	644.4
7 月	896.5	847.7	896.8	861	894.8	874	807.0
8 月	886.7	853.8	883.1	855.4	876.8	858.9	788.2
9 月	807.2	792.9	801	777.3	793.2	772.9	635.7
10 月	654.9	640.7	635	601.7	591.8	489.2	126.5
11 月	114.9	91.4	102.2	77.6	59.9	16.4	0
12 月	0	0	0	0	0	0	0
年合计	4904.8	4531.9	4904.2	4578.9	4800.7	4501.4	3261.2

表 2.16 泉州市各地≥20℃平均有效积温年变化表（单位：℃·d，1960—2007 年）

	鲤城	崇武	南安	晋江	安溪	永春	德化
1 月	0	0	0	0	0	0	0
2 月	0	0	0	0	0	0	0
3 月	0.2	0	0.2	0	0.3	0.3	0
4 月	15.5	2.5	21.1	8.7	23	16.1	0.6
5 月	107	64.6	110.2	89.4	111.5	98.5	31.9
6 月	196	160.9	197.9	177	195.2	179.3	117.2
7 月	276.5	227.7	276.8	253.9	274.8	254	187.4
8 月	266.7	233.8	263.1	248.3	256.8	238.9	168.2
9 月	208.4	193.4	203	191.5	195.3	175.8	101.7
10 月	108.2	94	101.2	90.9	93.4	72.6	15.4
11 月	13.2	8.5	11.4	8.4	6.1	1.8	0
12 月	0	0	0	0	0	0	0
年合计	1191.7	985.4	1184.9	1068.1	1156.4	1037.3	622.4

4. 通过 22℃的积温情况（参见表 2.17）

"22℃"是进入夏季的气温指标。

日平均气温通过 22℃的平均初日沿海（市区）在 5 月 15 日，内陆（永春）5 月 19 日；

平均终日沿海(市区)在 10 月 15 日,内陆(永春)10 月 5 日。

其间平均活动积温 2678 ℃·d(德化)～4144 ℃·d(鲤城)。活动积温的极多值 5011 ℃·d(鲤城,2001 年),极少值 2237 ℃·d(德化,1997 年)。

在季节的划分上,采用的是 80%通过率(稳定通过),这样我市夏季的开始时间在 6 月 1 日,结束时间在 10 月下旬(各季各县的时间见表 2.17),长达近五个月时间。

表 2.17 各地稳定通过 22℃的平均初、终日及其积温表(单位:℃·d,1960—2007 年)

项目	鲤城	崇武	南安	晋江	安溪	永春	德化
平均初日	5月15日	5月22日	5月14日	5月19日	5月14日	5月19日	6月5日
初日最早时间	2001.4.26	2002.4.28	1994.4.16	2002.4.27	1994.4.16	1963.4.26	1971.5.21
初日最晚时间	1979.6.13	2000.6.13	1922.6.13	2000.6.14	1979.6.12	1989.6.20	1991.6.25
初日80%通过率时间	5月31日	6月6日	5月31日	6月5日	5月31日	6月7日	6月13日
平均终日	10月14日	10月19日	10月7日	10月9日	10月23日	10月4日	9月28日
终日最早时间	1987.9.18	1987.9.25	1987.9.19	1987.9.19	1987.9.18	1987.9.18	2004.9.7
终日最晚时间	1996.11.10	2006.11.4	1996.11.10	1996.11.9	2006.11.1	2006.10.29	1998.10.15
终日80%通过率时间	10月28日	10月23日	10月26日	10月23日	10月23日	10月16日	9月30日
持续期(d)	152	150	146	143	162	138	115
平均积温	4124.2	3750.4	4064.9	3847.3	3961.5	3649.3	2261.9
平均有效积温	793.9	623.6	782.4	692.5	759.1	655.1	300.7
最大活动积温	5011	4474.2	4801	4607.5	4775.4	4494.8	3324.5
年份	2001	2002	2001	1996	1998	1998	2005
最大有效积温	3101	2734.2	2990.4	2852.9	2985.4	2764.8	1994.5
年份	2001	2002	1998	2007	1998	1998	2005
最小活动积温	3034	3024.2	3092.1	2826.8	2837.6	2570.1	2237.4
年份	1987	1979	1979	1966	1966	1997	1997
最小有效积温	3101	2734.2	2990.4	2852.9	2985.4	2764.8	1994.5
年份	1987	1969	1976	1966	1966	1997	1997

表 2.18 泉州市各地≥22℃平均活动积温年变化表(单位:℃·d,1960—2007 年)

	鲤城	崇武	南安	晋江	安溪	永春	德化
1月	0	0	0	0	0	0	0
2月	0	0	0	0	0	0	0
3月	0	0	0	0	0	0	0
4月	10.1	0.5	15.2	4.5	13.4	6	0
5月	349	207.9	363.3	259.8	354.4	285.8	27.0
6月	747.5	692	741.4	701.4	744.7	697.4	452.9
7月	896.5	847.7	896.8	861	894.3	873.6	686.7
8月	886.7	853.8	883.1	855.4	876.8	858.9	669.5
9月	796.4	781.6	784.4	760.6	767.9	734.3	404.8
10月	430	366	374.7	318.6	310.1	193.3	21.1
11月	8	0.9	6	5.9	0	0	0
12月	0	0	0	0	0	0	0
合计	4124.2	3750.4	4064.9	3767.2	3961.6	3649.3	2261.9

表 2.19　泉州市各地≥22℃平均有效积温年变化表(单位:℃·d,1960—2007 年)

	鲤城	崇武	南安	晋江	安溪	永春	德化
1月	0	0	0	0	0	0	0
2月	0	0	0	0	0	0	0
3月	0	0	0	0	0	0	0
4月	0.9	0	1.5	0.3	1.4	0.5	0
5月	41.9	16.3	43.9	27.4	44.5	32.8	1.7
6月	135.1	99.4	135.5	116.5	134.2	114.9	55.5
7月	214.5	165.7	214.8	193.2	212.8	192.1	108.6
8月	204.7	171.8	201.1	187.6	194.8	176.9	91.4
9月	148.3	133.5	142.7	132.7	135	116	41.5
10月	47.8	36.9	42.4	34.4	36.4	21.9	1.9
11月	0.7	0	0.5	0.4	0	0	0
12月	0	0	0	0	0	0	0
合计	793.9	623.6	782.4	692.5	759.1	655.1	300.7

(二)二十四节气及分类介绍

1. 二十四节气介绍

在我国历法中,有独特的二十四节气,这是其他民族的历法中所没有的。早在春秋战国时期,我国人民中就有了日南至、日北至的概念。随后人们根据月初、月中的日月运行位置和天气及动植物生长等自然现象之间的关系,把一年平分为二十四等份,并且给每等份取了个专有名称,这就是二十四节气。

二十四节气中,代表春季的六个节气是立春、雨水、惊蛰、春分、清明、谷雨;代表夏季的是立夏、小满、芒种、夏至、小暑、大暑;秋天里则有立秋、处暑、白露、秋分、寒露、霜降;冬天的节气为立冬、小雪、大雪、冬至、小寒、大寒;这二十四个节气,每一个都有其不同的意义。

(1)立春(2月3—5日):一年之中的头一个节气,象征着春季的开始,气温回升,大地回春,万物充满生机。

(2)雨水(2月18—20日):意味着气温回暖,从这以后,我国广大的地区将停止降雪,开始下雨,并且雨量开始逐渐增加。

(3)惊蛰(3月5—7日):开始雷鸣,气温、地温逐渐升高,土地已解冻,春耕开始,蛰伏地下的冬眠动物开始苏醒并出土活动。

(4)春分(3月20—22日):分是平分的意思。春分、秋分,古时统称日夜分,即是昼夜相等的季节,这是春秋两季的中间。这天,太阳光直射在赤道上,各地的白昼和黑夜一样长。

(5)清明(4月4—6日):气候温暖,春光明媚,草木萌发,天气明朗,万物欣欣向荣。

(6)谷雨(4月19—21日):雨量渐增,适应各物生长,有"雨后百谷"的意思。

(7)立夏(5月5—7日):是夏季伊始,气温显著升高。

(8)小满(5月20—22日):麦类夏收作物,籽粒逐渐饱满,开始结实成熟。

(9)芒种(6月5—7日):芒是代表一些有芒的作物,芒种表明小麦、大麦等有芒作物成熟(种是种子的意思),或表明晚谷、黍、稷等作物播种最忙的季节。

(10)夏至(6月21—22日):炎热的夏天来临。这天,太阳光直射北回归线上,是北半球白昼长、黑夜最短的一天。古称日长至,日影最短。

(11)小暑(7月6—8日):暑是表示炎热的意思。小暑时暑气上升,但还没有达到最热的时候。

(12)大暑(7月22—24日):是一年中最热的节气。

(13)立秋(8月7—9日):秋季的开始。秋高气爽,月明风清的秋天开始了。

(14)处暑(8月22—24日):"处"是"止"的意思,处暑表示暑天到此终止。我国大部分地区气温逐渐下降。

(15)白露(9月7—9日):白露节前后,气温逐渐降低,天气逐渐转凉,昼暖夜寒,更易达到形成露水的条件,因而露较多、较重,呈现白色,所以叫白露。

(16)秋分(9月22—24日):每年9月23日前后,太阳位置到达黄经180度时为秋分节气。"秋分"的意思是秋分这天,阳光直射赤道,昼夜几乎等长,白天和黑夜各12小时。

"白露秋分夜,一夜冷一夜",秋分以后,太阳光直射位置越过赤道,移至南半球,北半球得到的太阳辐射越来越少,气温逐渐降低,我国长江流域及其以北的广大地区日平均气温都降到22℃以下,先后进入凉爽的秋季,北方冷气团势力不断增强,活动开始频繁,原先占据在大陆上的暖空气迅速南退,被北方的冷空气填补,因此,人们就有"一夜冷一夜"的感觉。

但处在南方的我市,秋季迟至霜降(10月底)才来临,比北方晚了一个半月。

秋分时节,秋雨期已基本结束,我国大部分地区雨量明显减少,长江中下游地区旬平均降水量约20多毫米,比中旬减少二分之一甚至三分之二。上海9月下旬常年平均降雨量为18.3 mm,比中旬的68.2 mm减少49.9 mm,开始出现"秋燥"的气候,所以,此时需要预防秋季干燥。

秋分以后,秋高气爽,蟹肥菊黄,是美好宜人的时节;秋分棉花吐絮,晚稻开始成熟,也是农业生产的重要季节。

(17)寒露(10月8—9日):表示气温已经很低,露华渐浓,草木枯萎,这时露水已寒,将要结冰了,是气候逐渐转冷的季节。

(18)霜降(10月23—24日):霜是地面的水汽遇到寒冷天气凝结而成的,所以,霜降并不是降霜,而是表示天气寒冷,大地将产生初霜现象。

(19)立冬(11月7—8日):是指冬季的开始。

(20)小雪(11月22—23日):气温下降,开始降雪,表示已经到了下雪的季节,但雪量还不多、不大。

(21)大雪(12月6—8日):气温继续下降,降雪量开始大起来,地面出现积雪。

(22)冬至(12月21—23):表示寒冷冬天到来和意思。这天,太阳光直射南回归线上,北半球各地白昼最短,黑夜最长。古时称日短至,日影最长。我国习惯以冬至日作为数九寒天的开始,以后每隔9天为一阶段,为一九,共9个九,81天。

(23)小寒(1月5—7日):表示寒冷的冬天已经来临,冷气积久而为寒,进入寒冬,但还未达到最冷的时候。

(24)大寒(1月20—21日):大寒是天气冷到极点的意思,是一年中最冷的季节。大寒正在数九寒天的三九,因而有"冷在三九"的说法。

2. 节气的分类

(1)反映季节

二分(春分、秋分)、二至(夏至、冬至)和四立(立春、立夏、立秋、立冬)。

二分、二至是太阳高度变化和季节的转折点。四立分别表示四季的开始。

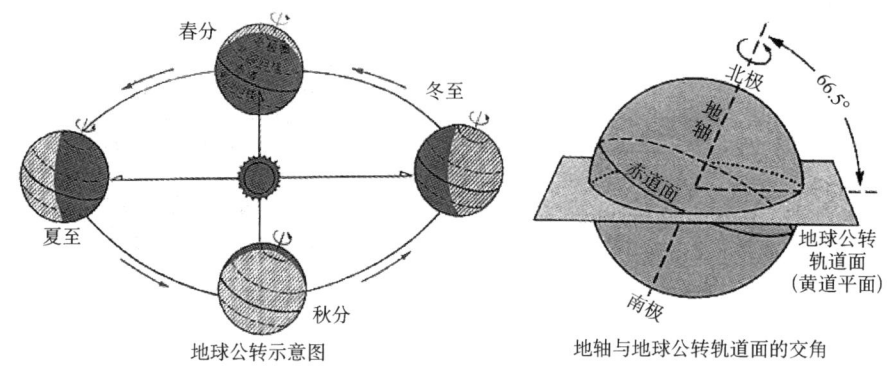

图 2.30 地球公转示意图

(2)反映气候特征

小暑、大暑、处暑、小寒、大寒五个节气,反映一年中最热、最冷时期来临以及寒暑变化。

雨水、谷雨、小雪、大雪四个节气,表明降水、降雪的时间和强度。

此外,白露、寒露、霜降三个节气表示低层大气中水汽凝结、凝华现象,也反映出温度逐渐下降的过程和每个节气温度下降的程度。先是温度开始降低,水汽凝露较多;以后温度下降更甚,不仅露更多,而且凉起来,但还未结冰;最后温度降至摄氏零度以下,水汽凝华为霜。从农业生产上看,这三个节气的热量意义大于它们的水分意义,具体而生动。

(3)反映物候现象

小满、芒种反映有关作物的成熟和收成情况。

惊蛰、清明反映自然物候现象,尤其是惊蛰,它用天上的初雷和地下蛰虫的复苏,向天地万物通报春回大地的信息。

(三)四季的划分

1. 四季的划分方法

以大气环流的季节转换为依据,结合农事活动特点,根据气象要素和天气现象相似性划分四季:3—6月为春季,7—9月为夏季,10—11月为秋季,12月—次年2月为冬季。

春季暖和湿润多雨,夏季炎热,多热带气旋(以下通称为台风)影响,秋冬季干旱少雨,沿海风大。

四季的划分有不同的标准。下面介绍四种常见的划分方法:

(1)天文学的划分法

以春分(3月21日前后)、夏至(6月22日前后)、秋分(9月23日)、冬至(12月21日前后)分别作为四季的开始。

(2)中国古籍上的划分法

多用立春(2月4日前后)、立夏(6月5日前后)、立秋(8月8日前后)与立冬(11月8日前后)作为四季的开始。

(3)气候统计的方法

因一般以1月份为最冷月,7月份为最热月,故以阳历3月、4月、5月份为春季,6月、7月、8月份为夏季,9月、10月、11月份为秋季,12月、1月、2月份为冬季。这种四季的分法,较适宜于四季分明的温带地区,我市属亚热带海洋季风气候区,此分法适用性差。比如,9月份,日均气温往往在25℃以上,定为秋季显然不妥。

(4)候温法

1934年,中国学者张宝堃结合物候现象与农业生产,提出了另一种分季方法。他以候(每5天为一候)平均气温稳定降低到10℃以下作为冬季开始,稳定上升到22℃以上作为夏季开始。候平均气温从10℃以下稳定上升到10℃以上时,作为春季开始。从22℃以上稳定下降到22℃以下时,作为秋季开始。即:候平均气温≤10℃冬季;10~22℃春季;≥22℃夏季;22~10℃秋季,这种分季方法,可以结合各地的具体气候和农业,故运用得较多。

候平均气温达到10℃,与桃花初开、杨柳抽青的日期大致相符;

候平均气温达到22℃,蝉鸣悦耳,是入夏的标志;

候平均气温降至22℃以下,作为夏去秋来的日期,是与燕子南归、秋天景象相吻合。

依"10℃"、"22℃"气温标准分析出泉州各地四季大致轮廓:

表2.20　泉州各地四季的大致轮廓(依"10℃"、"22℃"80%通过率)

项目	鲤城	崇武	南安	晋江	安溪	永春	德化
春	3.2—5.30	3.7—6.5	2.28—5.30	3.4—6.4	2.26—5.30	3.1—6.6	3.20—6.12
夏	5.31—10.28	6.6—10.23	5.31—10.26	6.5—10.23	5.31—10.23	6.7—10.16	6.13—9.30
秋	10.29—12.31	10.24—12.31	10.27—12.31	10.24—12.31	10.24—12.31	10.17—12.31	10.1—12.11
冬	1.1—3.1	1.1—3.6	1.1—2.27	1.1—3.3	1.1—2.25	1.1—2.28	12.12—3.19

表2.21　泉州各季出现的大致对应时间(依"10℃"、"22℃"80%通过率)

季节	节气		大约时间	历时长度
春季	惊蛰—小满	7个节气	3月1日—5月31日	历时3个多月
夏季	芒种—寒露	9个节气	6月1日—10月22日	历时近5个月
秋季	霜降—冬至	4个节气	10月23日—12月31日	历时2个多月
冬季	小寒—雨水	3个节气	1月1日—3月5日	历时2个多月

表2.22　泉州各地四季的大致轮廓(依"10℃"、"22℃"平均时间,仅作参考)

项目	崇武	晋江	鲤城	南安	安溪	永春	德化
春	2.13—5.22	2.10—5.19	2.6—5.15	2.3—5.14	2.2—5.14	2.10—5.19	3.7—6.5
夏	5.23—10.20	5.20—10.10	5.16—10.15	5.15—10.8	5.15—10.24	5.20—10.5	6.6—9.29
秋	10.21—12.24	10.11—12.27	10.16—12.25	10.9—12.27	10.25—12.27	10.6—12.24	9.30—12.14
冬	12.25—2.12	12.28—2.9	12.26—2.5	12.28—2.2	12.28—2.1	12.25—2.9	12.15—3.6

表 2.23　泉州各季出现的大致时间(依"10℃"、"22℃"平均时间,仅作参考)

春季	立春—立夏	8个节气	约在2月5日—5月20日	历时3个多月
夏季	小满—寒露	9个节气	约在5月20日—10月15日	历时近5个月
秋季	霜降—大雪	4个节气	约在10月15日—12月20日	历时2个多月
冬季	冬至—大寒	3个节气	约在12月20日—翌年的2月5日	历时1个半月

泉州市属典型的亚热带海洋季风气候区,季风气候特征明显,虽然四季的长短不一,但盛行的东北季风和西南夏季风使我市的四季还是较为分明。由上各表可以看到,我市春夏长、秋冬短,特别是冬季较短,只维持一个半月,而夏季则长达近半年。可见,候温法可以反映我市亚热带海洋季风气候特点较,也反映了我市有较充分的热力条件。

但,似乎以气温标准所划分的季节,与实际情况也常不相符。如9月中下旬起,我市开始受到冷空气的侵袭,可以明显感到暑气不再而夜晨凉意,日均气温虽在22℃以上,但风吹凉爽,秋意已现。凡事不可教条。既然与实际有悖,就需要进行一些切合实际的探索,比如,以气团的进退影响变化或对气温指标进行适当调整。

(5)非稳定日均气温法

日均气温第一次≤10℃为冬季的开始,最后一次＞10℃为冬季结束;日均气温第一次＞22℃为夏季的始日,最后一次≤22℃为夏季的终日,其余为春、秋季。其中仍采用张宝坤先生22℃、22℃的特征气温值。

依上述方法,找出每年各季时间,最后以历年平均时间作为四季时间。

"非稳定日均气温法"的天气学意义比较清楚。日均气温≤10℃或≥22℃,一般分别是在强冷空气背景下的冬季风或稳定加强的西南气流背景下的夏季风所形成。显然,冬季的出现必须有强冷空气影响这一条件,而同样的,稳定加强的西南气流则是进入夏季所必需的天气条件。

但是,同样还是存在着气温指标值的问题。

(6)"气团—气温法"综合划分法

我市的季风气候特点突出,盛夏为暖气团(西太平洋副热带高压)控制,冷空气难以入侵,所以最高气温维持在33℃以上、日最低在26℃以上、日均在28℃以上,一旦有冷空气或晚台风侵袭,则日最高、最低、平均气温将分别降为31、26、28℃以下,但该气温指标值还是属于夏季标准,所以应该理解的是,在夏季里,也是可以有冷空气的影响,即秋风已起,但还没进入秋季,或者说,秋风起时还不能稳定地处于秋季的稳定状态。9—10月的第一股锋面冷空气还是值得关注,毕竟秋风起后,离秋季也就不远了。可以具体查询每年的第一股锋面冷空气,并建立与秋季开始日的相关关系。

民间俗称的"九月九降风",系指秋风,或秋季大风,因此,一旦出现秋风即"九降风",也即可认为秋季已来临了。"降"在闽南语中的音是"港",一阵一阵之意。

2. 泉州的四季

候温法中的"10℃、22℃"在中纬度温带地区有较好的适用性,但在低纬地区的代表性并不高。如,对于我市而言,依此法计算后将得出我市多数年份甚至"无冬"的结果,这显然有悖于我市的气候状况。

之所以掩盖掉我市冬季存在的客观规律,乃在我市的候温难达到10℃以下,且≤10℃的候平均气温具有跳跃式,即≤10℃的候温难有稳定性,在10℃上下摆动,使对"冬季"的确定混乱,如,虽然某些天天气寒冷,日均气温在10℃以下,但若紧随升温,则候温可能就可突破10℃。所以,依候温且要求其具有稳定性,若不稳定,则往往掩盖掉"冬季"存在的事实。其他各季的划分也有类似现象,从而形成"四季"无章可循或乱章乱循的尴尬局面。

长期以来,我市的耕作制度依季节转换有序运行,农作物依季节变换适时生产,如果因候温法而确定我市无冬即掩盖冬季存在事实,则对于农作物的生产安排将失去应有的指导意义,也将不能很好地指导农业生产。

另外,依上述各种方法来确定我市四季的时间界限较为模糊,因此有必要因地制宜地针对我市实际情况对四季的划分进行改进,并进行科学的求证。

(1)适合我市四季划分方法的分析

根据气温的变化情况和气团的变化事实,即:冬季我市完全受冷空气的控制,夏季受副热带高压控制,而春、秋两季则是冷暖气流交汇时段,在夏季高温状况下,一旦有冷空气的侵袭,一定会带来气温的下降。同样的,在冬季低温状况下,一旦副热带高压加强而受暖气团影响,气温也会明显上升,气温指标可以很好地反映冷暖气流的变化情况。因此,需要结合冷暖气团变化来针对各季气温指标值进行调整。

根据我市农业生产、人体感受等实际情况,并结合季风(冷暖气团演变)变化状况,对于候温法所规定的气温指标进行调整和综合分析,找出适合我市的四季划分。

在我市,12℃和23℃在农业生产方面具有特殊的指导意义,12℃为早稻秧苗期的敏感气温指标值,日均气温≤12℃为(倒)春寒天气,而倒春寒天气将导致早稻烂种烂秧,且这种气温状况下人体的感觉很冷,因此,12℃作为我市的冬季气温指标应是比较合理的;

同样的,≤23℃是晚稻"秋寒"气温指标。导致秋寒的出现,当然与冷空气的活动有关,冷空气的活动逼退了夏季高温天气,不是很强的频繁冷空气活动演绎着秋天"干燥、冷暖适宜"的天气特色。这样的划分方法既考虑到本地的农业生产等实际情况,又很好地结合了季风(冷暖气团演变)变化。

结合"天文学方法"和计算我市各地稳定通过各温度段的平均初终日(表2.17),从中可以发现,"天文学方法"所划分的四季时间,即:以春分(3月21日前后)、夏至(6月22日前后)、秋分(9月23日)、冬至(12月21日前后)分别作为四季的开始,其与"12℃"、"23℃"的平均初终日时间较为吻合:

春季:3月下旬(春分)—6月中旬(夏至前);

夏季:6月中旬(夏至前)—10月上旬(秋分后);

秋季:10月上旬(秋分后)—12月中旬(冬至前);

冬季:12月中旬(冬至前)—3月下旬(春分)。

由该气温指标所定的四季时间只是气候概况,但气温常有波动,如1972年夏季出现多次低温,当年7月14日的日均气温仅22℃,这是冷空气和7204号台风共同影响的结果。

表 2.24　各地稳定通过各温度段的平均初终日表(单位:℃,1960—2007 年)

温度	初终	鲤城	崇武	南安	晋江	安溪	永春	德化
12	初	3月23日	3月27日	3月21日	3月24日	3月20日	3月22日	4月4日
	终	12月14日	12月13日	12月11日	12月11日	12月10日	12月5日	11月18日
13	初	3月28日	3月31日	3月26日	3月29日	3月25日	3月29日	4月9日
	终	12月8日	12月7日	12月6日	12月6日	12月4日	11月28日	11月11日
14	初	4月2日	4月7日	3月31日	4月4日	3月31日	4月2日	4月17日
	终	12月4日	12月2日	12月1日	12月1日	11月29日	11月23日	11月5日
15	初	4月7日	4月13日	4月5日	4月9日	4月5日	4月8日	4月22日
	终	11月28日	11月27日	11月25日	11月26日	11月24日	11月19日	10月30日
16	初	4月14日	4月18日	4月11日	4月17日	4月12日	4月16日	5月2日
	终	11月22日	11月22日	11月20日	11月19日	11月18日	11月13日	10月25日
17	初	4月21日	4月25日	4月20日	4月23日	4月19日	4月22日	5月8日
	终	11月18日	11月16日	11月16日	11月15日	11月13日	11月8日	10月16日
18	初	4月29日	5月5日	4月27日	5月4日	4月27日	4月30日	5月21日
	终	11月12日	11月11日	11月9日	11月5日	11月6日	10月29日	10月10日
19	初	5月7日	5月11日	5月7日	5月10日	5月6日	5月8日	5月30日
	终	11月4日	11月3日	11月1日	10月29日	10月29日	10月22日	10月4日
20	初	5月14日	5月21日	5月14日	5月19日	5月15日	5月21日	6月7日
	终	10月26日	10月25日	10月22日	10月21日	10月21日	10月15日	9月27日
21	初	5月26日	5月29日	5月25日	5月29日	5月28日	5月29日	6月12日
	终	10月19日	10月19日	10月17日	10月15日	10月14日	10月9日	9月23日
22	初	6月4日	6月4日	6月3日	6月6日	6月5日	6月8日	6月17日
	终	10月13日	10月11日	10月11日	10月8日	10月5日	10月1日	9月14日
23	初	6月11日	6月13日	6月10日	6月13日	6月11日	6月14日	6月27日
	终	10月2日	10月3日	9月30日	9月28日	9月28日	9月24日	8月27日
24	初	6月16日	6月18日	6月17日	6月18日	6月18日	6月22日	7月5日
	终	9月26日	9月25日	9月23日	9月23日	9月22日	9月13日	8月5日
25	初	6月24日	6月25日	6月23日	6月28日	6月30日	7月2日	7月10日
	终	9月17日	9月16日	9月14日	9月10日	9月7日	8月25日	7月29日
26	初	7月5日	7月13日	7月3日	7月6日	7月5日	7月13日	
	终	8月28日	8月28日	8月20日	8月25日	8月15日	8月12日	
27	初	7月11日	7月25日	7月6日	7月13日	7月7日		
	终	8月10日	8月14日	8月5日	8月11日	8月2日		
28	初	7月14日		7月11日	7月16日	7月15日		
	终	8月5日		8月1日	8月4日	8月2日		
29	初	7月17日		7月14日	7月25日	7月17日		
	终	7月31日		7月28日	8月4日	7月29日		
30	初				7月18日			
	终				7月25日			

(四)三个农业气候区

泉州市平原、丘陵、低山地、中山地等四种主要地形约各占四分之一,海拔高度自东南向西北递增,平原与内陆中山地相差 1000 m 以上,形成气候的垂直差异大于水平差异。以热量为一级指标,水分为二级指标,结合地形和海拔高度,全市分为三个农业气候区(如图 2.31 所示)。

南亚热带农业气候区:主要是沿海地区,包括惠安县、鲤城区、晋江县、石狮市和南安县的大部、安溪县的东部和永春县的马跳以东部分。该区具有气温高,热量足,日照多,降水充沛但分布不均匀、相对易旱等特点,作物可一年三熟,是全市社会经济最发达的地区。

中亚热带农业气候区:主要是内陆半山区,包括德化县的浔中、三班、南埕一带、永春县的马跳以西部分、安溪县的西部、南安县的蓬莱、眉山、向阳等、鲤城区的罗溪、虹山等。该区具有降水充沛,不易受旱,但有效热水平不如南亚热带农业气候区等特点,作物一年两熟。

图 2.31　泉州市三个农业气候区

中亚热带山地农业气候区:主要是内陆高海拔山区,包括德化县北部戴云山周围的几个乡。该区具有降水充沛,热量水平低等特点,作物一年一熟或不宜农耕,植被以森林为主。

(五)海洋知识——涨落潮的简单估算方法

潮涨完开始要退之时(水最多)=阴历日期(下半月减 15)×0.8

潮退完开始要涨之时(水最少)=潮涨完开始要退之时-6 小时

以阴历初七为例:潮涨完开始要退之时=7×0.8=5.6(即 05 时 36 分)。

第三章　泉州气候

泉州市东临台湾海峡,属亚热带海洋性季风气候。气候资源丰富,优越的气候条件为人民生活和经济发展提供了良好的环境。但同时,泉州市也是一个自然灾害频繁发生的地区,其中主要的气象灾害类型有干旱、台风、冰雹、雷暴、冷空气大风、低温冻害等。泉州市气候有以下三个基本特征:

1. 气温高、光热丰富

年太阳辐射总量为 120～140 kK/cm², 大部分地区年平均气温为 19.5～21.0℃,仅西北部的山区低于 18℃(参见表 3.2),最热月平均气温达 26～29℃,最冷月也有 9～13℃。全年无霜期长,沿海地区基本无霜。≥10℃ 的有效积温为 5610～7250 ℃·d。年日照时数为 1800～2200 h。

2. 降水充沛,但时空分布不均匀

全市年平均降水量为 1000～1800 mm,自东南部向西北部递增。干、湿季甚为分明:3—9月为湿季,降水量占全年的 80%;10 月—翌年的 2 月为干季,降水量仅占全年的 20%。降水量年际间变化大,少雨年份降水量不及多雨年份的一半。

3. 季风气候显著

冬半年主要受蒙古冷高压楔控制,盛行偏北风,气温低,干燥少雨;夏半年主要受副热带高压影响,盛行偏南风,气温高,湿润多雨。冬、夏半年的气候特征截然不同。由于季风活动的不稳定性,造成各种气候要素年际间变化大,也是自然灾害频繁发生的根本原因。

表 3.1　泉州市各气象观测站点的地理分布情况

		崇武	晋江	鲤城	南安	安溪	永春	德化
经度(°)		118.55	118.36	118.35	118.22	118.09	118.15	118.14
纬度(°)		24.54	24.49	24.54	24.58	25.04	25.2	25.29
海拔(m)	现在	21.8	56	29	45.4	68	170.3	521.4
	以前	21.8	21.2	29	51.8	92	149.3	569.1

一、气温

(一)平均气温时空分布

1. 空间分布情况

泉州市年平均气温的高值区在安溪县东部、南安县西部的低丘陵地带。由该区向东南部沿海缓降,与滨海地区相差约 1℃;向西北部地区递降,幅度较大,与德化县城关相差约 3℃。

低值区在德化县西北部的高海拔山区。

表 3.2 1960—2007 年泉州各县市逐月平均气温表(单位:℃)

	1月	2月	3月	4月	5月	6月	7月	8月	9月	10月	11月	12月	年均
崇武	11.9	11.6	13.6	17.8	22.1	25.4	27.3	27.5	26.4	23.0	19.0	14.4	20.0
鲤城	12.6	12.7	15.0	19.5	23.5	26.5	28.9	28.6	26.9	23.5	19.5	15.0	21.0
晋江	12.3	12.4	14.7	19.1	23.0	26.0	28.3	28.1	26.5	23.0	19.0	14.6	20.6
南安	12.6	13.1	15.5	20.0	23.7	26.6	28.9	28.5	26.7	23.2	19.2	14.8	21.1
安溪	12.7	13.3	15.8	20.2	23.8	26.5	28.9	28.3	26.5	23.0	19.0	14.7	21.1
永春	12.2	13.0	15.6	19.9	23.4	26.0	28.2	27.7	25.8	22.3	18.3	14.0	20.5
德化	9.4	10.6	13.5	18.0	21.4	24.1	26.0	25.4	23.3	19.5	15.2	10.9	18.1

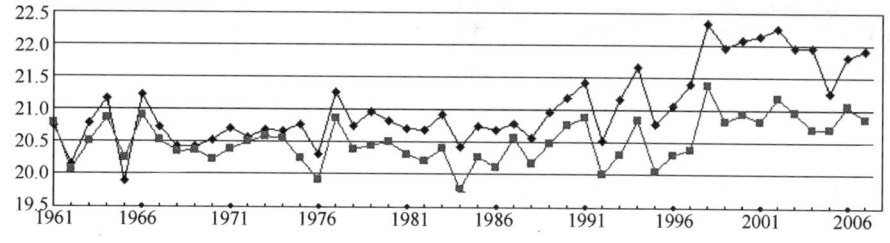

图 3.1 ◆—沿海(鲤城)逐年气温趋势 ■—内陆山区(永春)逐年气温趋势图(单位:℃)

2. 时间分布情况

(1)季节分布

泉州市大部分地区最热月为 7 月(参见表 3.3),最冷月为 1 月,滨海地区受海洋调节,气温变化滞后,最热月为 8 月,最冷月为 2 月。由冷变热的过程中,3、4 月上升幅度最大,两个月累计升温 7℃。由热变冷的过程中,由秋入冬的 11、12 月降幅最大,两个月累计下降 8.5℃。2 月和 8 月升降幅度最小(在 0.5℃以内)。由冷变暖和由暖变冷的过程都是从内陆首先开始,沿海滞后。

春季:气温变化基本趋势是升温,但升中有降,过程性频繁,幅度也大,有时一天升降可达 10℃以上,有的年份 3 月下旬后仍会出现连续 3 天以上日平均气温低于 12℃的"倒春寒"天气。

夏季:炎热,但真正的酷暑天气不多,高海拔地区和滨海地区温度相对较低,台风和雷阵雨则是缓解高温的两种主要天气过程。

秋季:气温迅速下降,连续 3 天以上平均气温低于 20℃的"秋寒"一般出现在 10 月中旬(半山区)至 11 月上旬(沿海),但秋季仍常出现"十月小阳春"天气,日较差也增大。

冬季:大部分地区仍较暖和,比较寒冷的是高海拔山区。

春温低于秋温,是泉州市气温季节差异的一个重要特征(参见表 3.3)。以 3、4、5 三个月的平均气温代表春温,10、11 两个月平均气温代表秋温,则春、秋温差分别为:崇武-3.2℃,晋江-2.1℃、鲤城-2.1℃、南安-1.5℃、安溪-1.1℃、永春-0.7℃,德化则是春温略高于秋温(春、秋温差+0.2℃)。

表 3.3　泉州市各地春、秋温比较表(单位:℃)

项目	崇武	鲤城	晋江	南安	安溪	永春	德化
春温	17.8	19.4	18.9	19.7	19.9	19.6	17.6
秋温	21.0	21.5	21.0	21.2	21.0	20.3	17.4
春温－秋温	－3.2	－2.2	－2.1	－1.5	－1.0	－0.7	0.3

(2)年平均气温的年际分布

1960—2007 年,泉州市各地年平均气温变化平缓,最高值与最低值变化幅度在 2.4℃以内(参见表 3.4)。主要高值年是 1964 年、1966 年、1977 年和 1990、1991、1994、1998—2004 年,主要低值年是 1962 年、1968、1976 年和 1984、1988、1992 年。

表 3.4　泉州市各地年平均气温变化区间比较表(单位:℃)

项目	崇武	鲤城	晋江	南安	安溪	永春	德化
年平均气温	20.0	21.0	20.6	21.1	21.1	20.5	18.1
最高年均气温	21.2	22.3	21.7	22.2	22.2	21.4	19.3
出现年份	2002	2002	2006	1998	1998	1998	1998
最低年均气温	19.3	19.9	19.7	20.2	20.2	19.8	17.3
出现年份	1984	1965	1984	1976	1984	1984	1984
变化幅度	1.9	2.4	1.9	2.0	2.0	1.6	2.0

(3)月平均气温的年际变化

月平均气温的年际变化幅度大,且内陆地区略大沿海地区,冬半年略大于夏半年。2003 年 7 月安溪县 30.9℃和 1963 年 1 月德化 5.2℃,分别是泉州市月平均气温的最高值和最低值。

(二)最高气温

1. 最高气温时空分布

泉州市月平均最高气温分布(参见表 3.5)基本与月平均气温一致,中部低丘陵地带高,滨海地区与西北部高海拔地区较低。"热都"在安溪城厢一带,月、旬平均气温,日极端最高气温的"冠军"均出现于该地。滨海崇武各月平均气温高于德化,而 1—8 月平均最高气温均比德化低,反映出该地日较差较小的海洋性气候特征。

表 3.5　泉州市各地逐年逐月平均最高气温(单位:℃)

	1	2	3	4	5	6	7	8	9	10	11	12	平均
崇武	15.0	14.6	16.7	20.9	24.7	27.6	29.9	30.3	29.3	25.9	21.9	17.5	22.9
鲤城	17.1	17.0	19.4	23.8	27.4	30.2	33.2	32.8	31.0	27.6	23.7	19.4	25.2
晋江	16.4	16.4	18.8	23.2	26.7	29.3	32.3	32.1	30.4	27.0	23.1	18.8	24.6
南安	17.6	17.8	20.2	24.7	28.1	30.7	33.7	33.3	31.4	28.1	24.2	20.0	25.8
安溪	17.9	18.1	20.7	25.1	28.5	31.1	34.2	33.6	31.5	28.2	24.4	20.2	26.1
永春	18.0	18.0	20.7	24.9	28.1	30.6	33.6	33.1	31.1	28.0	24.2	20.0	25.8
德化	15.4	15.9	18.7	22.9	26.0	28.4	31.2	30.6	28.4	25.0	21.0	17.3	23.4

2. 最高气温天数(见表3.6)

6月下旬梅雨季结束后,受强盛的副热带高压控制,泉州市进入晴热少雨的盛夏期,并先后达到全年的最热期。日极端最高气温≥35℃的酷暑日子,除安溪外,其余地区不足20天,但活动期长,5—9月均有机会,体现泉州市炎热时段虽长,但酷暑不多的气候特点。

表3.6　泉州市各地年平均≥35℃的高温天数(统计时间1960—2007年)

项目	崇武	鲤城	晋江	南安	安溪	永春	德化
≥35℃天数	0.1	11.1	3.6	20.2	30.2	19.9	1.1

3. 高温天气背景

泉州市极端最高气温的高值主要出现于两种天气背景下,一是强大的副热带高压控制,福建省或江西东部较为常见;二是缓慢北上的台风位于闽北浙南沿海时,强大下沉气流造成增温(焚风效应),虽较为少见,但不少测站的多年极值出现于此背景下。2003年7月26日,安溪最高气温40.4℃(参见表3.14)。

(三)最低气温

泉州市月平均最低气温的分布亦同月平均气温分布基本一致(参见表3.7)。崇武12月和1月的平均气温高于其他地区,也是该地海洋性气候的特征之一。

表3.7　泉州市各地各月平均最低气温表

	1	2	3	4	5	6	7	8	9	10	11	12	总平均
晋江	9.4	9.7	11.9	16.2	20.3	23.5	25.5	25.2	23.6	19.9	16	11.6	17.7
鲤城	9.6	10.2	12	16.4	20.5	23.9	25.8	25.6	24	20.4	16.3	11.8	18
崇武	9.5	9.6	11.4	15.5	20	23.5	25.3	25.4	24.1	20.7	16.7	12.2	17.8
南安	11.2	12.1	14.3	16.2	21.4	24.8	27	25.8	24.4	20.9	15.3	13.8	18.9
安溪	11.2	12.1	14.2	16.2	21	24.4	26.4	25.1	23.6	20.4	14.4	13	18.5
永春	8.3	9.4	12.1	16.3	20	22.8	24.3	24.1	22.2	18.2	14	9.9	16.8
德化	5.3	6.8	9.8	14.3	17.9	20.9	22.2	21.8	19.6	15.2	10.8	6.4	14.2

极端最低气温的低值出现在两种天气背景下:一是寒潮,降温突然,幅度大;一是强冷空气连续南下影响,持续降温。泉州市寒潮出现机会不多,最早的月份是11月,最迟是2月。极端最低气温的极值出现在德化县,海拔1548 m的九仙山曾经有－12.6℃的最低纪录。

(四)霜

泉州市冬季低温时间不长,霜少见,霜期很短(参见表3.8),但在内陆高海拔地区则常见。如,海拔500 m以上的地区(如德化县城关)平均霜期约100天,平均初日是11月19日(最早10月29日),平均终日是2月26日(最迟4月10日)。海拔300 m的地区(如安溪芦田)霜期约90天,海拔最低的丘陵地区仅为30天,泉州平原和滨海地区则基本无霜。

应注意的是,霜期与霜日次数不同,霜期是霜出现的平均时间范围,而霜日则是实际出现的霜的日数。

值得关注的是,内陆山区安溪县测站的年霜日只有2天,远少于南安的5天,而安溪的低温天数和强度均甚于南安,有违常理,此值得进一步研究。霜与防霜的相关技术参见后续章节(第九章 泉州农业与气象之五、我市农业生产与气象灾害的关系及防范)。

表 3.8 泉州市各地逐月霜日数表(单位:d)

站点	1	2	3	4	5	6	7	8	9	10	11	12	年总和
崇武	0.04	0	0.04	0	0	0	0	0	0	0	0	0.02	0.1
晋江	0.55	0.21	0.04	0	0	0	0	0	0	0	0	0.19	0.99
鲤城	0.55	0.15	0.02	0	0	0	0	0	0	0	0	0.13	0.85
南安	2.49	0.91	0.32	0	0	0	0	0	0	0	0.02	1.32	5.06
安溪	0.87	0.38	0.09	0	0	0	0	0	0	0	0	0.57	1.91
永春	3.32	1.41	0.32	0	0	0	0	0	0	0	0.26	2.94	8.25
德化	7.02	3.14	0.96	0.04	0	0	0	0	0	0.06	1.81	8.04	21.07

(五)关于气温的相关知识介绍

1. 焚风效应和下沉增温

焚风发生在气流过山时,在向风坡空气爬升、冷却,同时空气中水汽凝结形成降水,由于空气中水汽凝结而释放出热量的补充,使空气上升时冷却的速率减慢,大约 0.5~0.6℃/100 m,过山后,在背风坡已成为缺少水汽的干空气,它沿坡下沉升温的速率是 1℃/100 m,气流成了又干又热的"干热风",通常称为焚风。这种在向风坡成云致雨,在背风坡形成干热风的整个过程称为"焚风效应"。

在出现焚风时,也往往易发生午后热雷雨。

产生焚风的地区,气温迅速升高,空气湿度降低,容易引起火灾,庄稼倒伏减产,在高山还可以使大量积雪融化,造成洪水泛滥。

高层干燥西北气流在下沉过程中的升温速率也是 1℃/100 m,该气流也是一种"干热风"。

"焚风效应"通常有两种情况:一是暖湿气流越山下沉;二是高空西北气流直接下沉,此情形常见的是当台风在东海时,我市处于台风的西南侧,台风外围的气流往往造成焚风效应而异常增温。

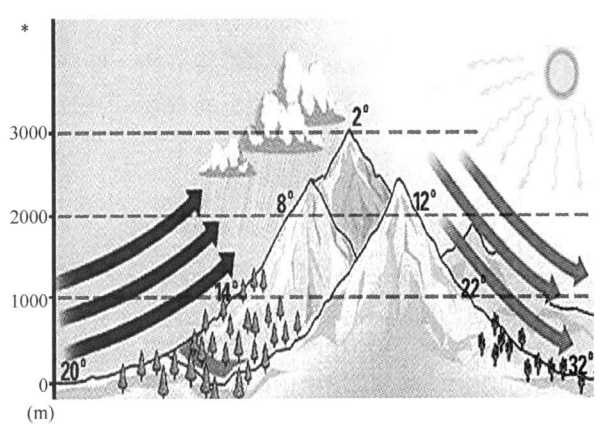

图 3.2 焚风效应示意图

2. 何为"三伏"——高温热害的气候成因

(1)"热在三伏"成因

众所周知,地球的热量主要来源于太阳辐射,我国处于北半球,春分过后,太阳直射点开始慢慢移到北半球,我国各地可照时数逐日增加,即日出越来越早,而日落越来越晚。到了夏至这一天,太阳直射北回归线,我国大部分地区白昼最长,即可照时间最多,按理说,夏至应是一年中最热的时候。

然而,"三伏天"(最热的时段)却是从夏至(6月21日左右)以后第三个庚日算起,这与地球的热量收支有关。地球白天吸收太阳短波辐射来的热量,同时,又以长波形式向天空放出热量。进入春季,特别是进入夏季,地球白天吸收的热量越来越超过夜间散失的热量,这样,地面上积累的热量逐渐增多。而夏至这一天,从理论上虽说地球吸收的热量最多,但却不是地面积蓄热量最多的一天。夏至以后,地面每天仍在继续储蓄热量,到了三伏天,正是一年中地面积蓄热量最多的时候,这就是"热在三伏"的道理。显然这与一天的最高气温不是出现在正午而是在14时左右的道理是一样的。

7、8月份是一年中气温最高、最潮湿闷热的日子。百姓常说,热在三伏,冷在三九。三伏天一般是一年中天气最热的时期,三伏天常出现在夏至后的小暑(7月6日左右)与大暑(7月22日左右)之间,立秋(8月8日)后还有一段"秋老虎"天气(其对应的一般是末伏)。但群众通常是将秋分(9月23日前后)后出现的日最高气温≥32℃的炎热天气,称为"秋老虎"(以此为准)。

(2)三伏的日期算法

三伏分为初伏、中伏和末伏。初伏、末伏各10天,中伏10天或20天,因此三伏天时段长短不完全一样,有30天,也有40天。初伏、中伏和末伏的日期是怎样确定的?为什么有些年份伏天长?有些年份伏天短?其实,它是有规律可循的。

农历7月前立秋者,则中伏为10天;农历7月后立秋者,则中伏为20天。

初伏:夏至后第三个庚日①起到第四个庚日前一天的一段时间叫初伏,也叫头伏。

中伏:夏至后第四个庚日起到立秋后第一个庚日前的一段时间叫中伏,也叫二伏。

末伏:立秋后第一个庚日起到第二个庚日前一天的一段时间叫末伏,也叫终伏。

三伏的具体日期:是由节气的日期和干支纪日的日期相配合来决定的。我国传统的推算方法规定,夏至以后的第三个庚日、第四个庚日分别为初伏和中伏的开始日期,立秋以后的第一个庚日为末伏的第一天。

因第三个庚日、第四个庚日即为初伏和中伏的第一天,而每个庚日之间相隔10天,所以,初伏的时间为10天,末伏规定也是10天。中伏时间有长有短,可能10天,也可能20天。每年夏至节气后的第三个庚日(初伏)出现的迟早不同,故中伏的天数也不相同,于是就有了有些年份伏天30天,有些年份40天的差别。

在7月前"立秋",则中伏为10天;在7月后"立秋",则中伏为20天。

可见,三伏一般出现在7月中旬到8月中旬之间,这正是一年中最热的时候。

如2003年是7月16日入伏,中伏有20天,加上末伏10天,三伏天将长达40天之久。入伏前,天气就已酷热难当,预示炎热酷暑天气维持的时间将相当长。

---

① 庚日:庚日是干支纪日中带有"庚"字的日子,如庚子、庚丑等,每年的《农村年书》中都登载着这样的日期。

又如,2011年夏至为6月22日的戊申,其后的第三个庚日为7月14日的庚午,"立秋"为8月8日,农历为七月初九,则中伏为20天,依此可得:

初伏:7月14—23日;

中伏:7月24日—8月12日(夏至后第四个庚日(7月24日)起到立秋后第一个庚日(8月13日)前的一段时间);

末伏:8月13—22日。

根据我国2500多个气象台站的气象资料,我国大陆上大部分地区确实是"热在三伏",只不过南方的酷热通常出现在"中伏"(7月下旬—8月中旬初,即8月前后),而北方因初秋降温快而热在"头伏"(7月中下旬),但沿海岛屿和滨海地区,由于海洋热容比陆地大,因而升到全年最高气温的时间也比大陆的晚,最热时间一般在"末伏"(8月中下旬,如崇武的8月气温最高)。此外,我国也有一些地方,最热时间却不在三伏之内,如拉萨最热天气在6月上旬,西沙群岛在5月下旬。

在盛夏三伏天,我市常受副热带高压控制和影响,其水平范围可达数千千米,属于大尺度天气系统,并形成下沉升温,天空晴朗少云,风平浪静,若受它长期控制则会导致酷热。7、8月,副热带高压脊线北跳到长江流域一带时,在其西南(或南)边缘的东风气流下,常有热带气旋或东风波等热带天气系统活动,常出现热带气旋暴雨天气,从而送来了及时雨并起到消热解暑作用。

(3)天干地支

十天干:在中国古代的历法中,甲、乙、丙、丁、戊、己、庚、辛、壬、癸被称为"十天干";

十二地支:子、丑、寅、卯、辰、巳、午、未、申、酉、戌、亥叫做"十二地支";

四柱:古人用天干地支来表示年、月、日、时,年月日时就像四个柱子一样撑起"时间"的大厦,所以称为"四柱"。

六十甲子:十天干和十二地支进行循环组合,甲子、乙丑、丙寅……一直到癸亥,共得到60个组合,称为"六十甲子"。

表3.9 十天干、十二地支和六十甲子

1	2	3	4	5	6	7	8	9	10
甲子	乙丑	丙寅	丁卯	戊辰	己巳	庚午	辛未	壬申	癸酉
甲戌	乙亥	丙子	丁丑	戊寅	己卯	庚辰	辛巳	壬午	癸未
甲申	乙酉	丙戌	丁亥	戊子	己丑	庚寅	辛卯	壬辰	癸巳
甲午	乙未	丙申	丁酉	戊戌	己亥	庚子	辛丑	壬寅	癸卯
甲辰	乙巳	丙午	丁未	戊申	己酉	庚戌	辛亥	壬子	癸丑
甲寅	乙卯	丙辰	丁巳	戊午	己未	庚申	辛酉	壬戌	癸亥

表3.10 三伏与庚日的推算举例(2011年)

1	2	3	4	5	6	7	8	9	10
甲子	乙丑	丙寅	丁卯	戊辰	己巳	庚午	辛未	壬申	癸酉
7.8	7.9	7.10	7.11	7.12	7.13	7.14	7.15	7.16	7.17
甲戌	乙亥	丙子	丁丑	戊寅	己卯	庚辰	辛巳	壬午	癸未
7.18	7.19	7.20	7.21	7.22	大暑	7.24	7.25	7.26	7.27

(续表)

1	2	3	4	5	6	7	8	9	10
甲申	乙酉	丙戌	丁亥	戊子	己丑	庚寅	辛卯	壬辰	癸巳
7.28	7.29	7.30	7.31	8.1	8.2	8.3	8.4	8.5	8.6
甲午	乙未	丙申	丁酉	戊戌	己亥	庚子	辛丑	壬寅	癸卯
8.7	立秋	8.9	8.10	8.11	8.12	8.13	8.14	8.15	8.16
甲辰	乙巳	丙午	丁未	戊申	己酉	庚戌	辛亥	壬子	癸丑
8.17	8.18	8.19	8.20	夏至	6.23	6.24	6.25	6.26	6.27
甲寅	乙卯	丙辰	丁巳	戊午	己未	庚申	辛酉	壬戌	癸亥
6.28	6.29	6.30	7.1	7.2	7.3	7.4	7.5	7.6	小暑

年、月、日、时都是60一个循环。每天12个时辰(时辰也就是大时,2个小时为1个大时,所以1个时辰为2个小时),以5天作为一个时辰的大循环,所谓"五日一候",共60个时辰。下面列出关于纪时的一些基本概念:

纪:记载之意;

纪元:纪年的开始,如公历以传说中的耶稣出生那一年为公元元年。

公元元年:公元元年是6世纪时订立的。据说当时东罗马为了修订历法,以替代非常混乱的罗马历法,就请当时精通天文的僧侣建议一个更合理的纪年标准。由于自"君士坦丁"大帝以后,罗马帝国举国改信基督教,僧侣就决定改以耶稣出世的年份为新纪元一年。当时的僧侣就基于圣经上"耶稣被处决时约三十多岁",就将耶稣处决那一年的年份减去三十,作为新纪元的元年。

纪年和纪月,都是根据节气划分的。而节气的交节时间,则是精确观测天象后才能确定的,它反映了太阳系和地球在宇宙中的运行位置。

纪年:用六十甲子依次纪年,六十年一个轮回。通常将当年发生的事情冠以干支纪年,比如1911年是辛亥年,爆发的革命称为"辛亥革命"。

干支纪年的年际划分:新的一年是立春交节之后开始的,比如2006年立春在2月4日上午07时27分,那么07时26分还属于乙酉年,07时27分开始就是丙戌年。

纪月:同样的道理,用六十甲子依次纪月。

干支纪月的月际划分:一个新的干支月也是从一个节气开始的。比如2006年3月6日01时29分是惊蛰,那么在此之前是庚寅月,在此之后就是辛卯月。

纪日:日子以一个起点日开始,60天一个循环,一个昼夜为一天。用六十甲子来依次纪日。比如今天是甲子日,明天就是乙丑,60天一个循环。新的一天是从夜里子时开始的。

纪时:每天划分为12个等份,是12个时辰,1个时辰为2个小时,5天共60个时辰,用六十甲子表示。比如当前时辰为丙寅,下一个时辰就是丁卯。时辰的确立,需要用真太阳时计算。

纪日和纪时,记录了地球绕太阳运动和自转的情况。

四柱:年、月、日、时的天干地支数值,分别称为年柱、月柱、日柱、时柱。

八字:我们常说一个人的八字,就是他出生时的时间四柱记录。它记录了一个人出生时的地球、太阳、宇宙相对位置的一些信息。所以从八字本身的意思来说,它是一个时间记录,至于怎么去解读八字,那就是仁者见仁、智者见智了。如果过分地依赖它,就是迷信。因为它毕竟只是记录了一个人很少的一部分信息,宇宙这么浩瀚、人生如此复杂,人的一生主要还是靠自己努力和奋斗。

3. 干热风

初夏季节,我国一些地区(夏季北方常见)经常会出现一种高热、低湿的风,这就是干热风,也叫热风、火风、干旱风等。它是一种持续时间较短(一般3天左右)的、特殊的天气现象。

由于各地自然特点不同,干热风成因也不同。每年初夏,我国内陆地区气候炎热,雨水稀少,增温强烈,气压迅速降低,形成一个势力很强的大陆热低压。在这个热低压周围,气压梯度随着气团温度的增加而加大,于是干热的气流就围着热低压旋转起来,形成一股又干又热的风,这就是干热风。强烈的干热风,对当地小麦、棉花、瓜果可造成危害。

干热风危害的气象指标冬麦、春麦不同,地区之间也不一致。以下是北方冬麦区小麦干热风日气象指标:

重干热风日:日最高气温≥35℃,14时相对湿度≤25%,14时风速≥3 m/s。

中等干热风日:日最高气温≥32℃,14时相对湿度≤30%,14时风速≥2 m/s。

轻干热风日:日最高气温≥30℃,14时相对湿度≤30%,14时风速≥2 m/s。

干热风在我市(南方滨海地区)比较少见。

4. 关于"立秋"

(1)立秋并非秋天的开始

秋的原意指草木开始结果孕子,而古人认为立秋节气表示秋天开始。按照现代气候学划分季节标准,下半年日平均气温稳定降至22℃以下为秋季的开始,因此标准,除常年皆冬和春秋相连无夏区外(如青藏高原),我国很少有在"立秋"就进入秋季的地区。秋来最早的黑龙江和新疆北部地区也要到8月中旬入秋,一般年份里,北京9月初才开始秋风送爽,而在泉州,一般要到9月下旬(依第五章所讨论的泉州秋季始于10月上旬,秋季气温指标采用23℃)。

(2)立秋后的天气状况存在着不确定性

7、8月间台风和热带风暴非常活跃,高温天气还会重现,所以立秋(8月8日)后的天气状况存在着较多不确定因素。像2004年8月下旬到9月上旬华南一场持续一周的相对高温天气,在多项气象指标上都创下了历史纪录。所以,立秋时节后还是要抗旱防洪、防御台风等各种灾害性天气。

(3)立秋是农事的"晴雨表"

秋季包括立秋、处暑、白露、秋分、寒露、霜降6个节气。

立秋日对农民朋友显得尤为重要。因为,立秋以后,我国中部地区处于早稻收割、晚稻移栽的关键时期,也是大秋作物(高粱、玉米等作物,9、10月份收割)进入重要生长发育时期。而泉州早稻通常在7月中下旬收割,这段时间最好无台风。

可以理解的是,通常立秋后的正常天气应该是冷空气一次次的活动,暖湿气流慢慢减弱退出,意味着强降水少,更重要的是台风的活动也少,此有利于早稻收割。若立秋日有雷,表示暖湿气流仍强盛,此后的强降水和台风还会频繁发生,不利早稻收割,另外,秋冬季的降水太多,也易出现"秋淋"和"烂冬"。

有些农谚说明了"立秋"的重要性,但农谚间也会出现相互矛盾。比如:

"雷打秋,冬半收"、"立秋晴一日,农夫不用力",这是说立秋日如果听到雷声,之后秋冬季节的雨水多,则冬季时农作物就会歉收;如果立秋日天气晴朗,必定可以风调雨顺,农事不会有旱涝之忧,可以坐等丰收,不用出力。

"立秋雨淋淋,遍地是黄金"、"立秋三场雨,秕稻变成米",强调立秋雨水的重要性,立秋以后,气温仍然比较高,正是各种农作物生长旺盛之时(如玉米抽雄吐丝,中稻结穗,棉花结铃,大豆结荚,甘薯膨大),对水分需求迫切。

以上是说"立秋"有雨、无雨对于农作物的不同矛盾影响。这种矛盾可能是因地域的不同所致,如一地是这样,但在另一地却又是另外的情形。

"七月秋样样收,六月秋样样丢",意思是如果阴历七月立秋,农作物有望丰收,如果阴历六月立秋,农作物就会歉收,这是因为6月立秋,则此后的冷空气势力逐渐增强,热量和降水趋于减少,不能满足农作物生长需求。

"秋后一伏热死人",指秋后一伏即"三伏"的末伏出现在立秋后,立秋前后我国大部分地区气温仍然较高,各种农作物生长旺盛,中稻开花结实,对水分要求都很迫切,此期高温干旱会给农作物最终收成造成难以补救的损失。立秋时节也是多种作物病虫集中危害的时期,要加强预测预报和防治。

"六月立秋紧溜溜,七月立秋秋后油",立秋通常是在8月7日,对应的农历有时是六月,有时是七月。当立秋在六月,则七月气温就回落了,因六月立秋,则西太平洋副热带高压偏弱,冷空气出现较早,并将不断南下影响;立秋在七月,气温要等到八月才回落。在七月立秋,预示西太平洋副热带高压偏强,且持续影响,高温天气使人挥汗如油。从农历的角度看,就形成本谚语所表达的感受了。

5. 何为"秋老虎"

(1)"秋老虎"

民间指立秋(8月8日左右)以后的回热天气,或者说"立秋"之后的高温天气笼统称为"秋老虎"。

我市的"秋老虎"在气象上主要是指秋分(9月23日左右)后的最高气温≥32℃的高温天气。

表 3.11a　泉州市各地"秋老虎"发生情况(标准为9月以后最高温度≥35℃,1960—2008年)

项目	崇武	晋江	鲤城	南安	安溪	永春	德化
10月总日数	2	22	58	125	152	131	7
11月总日数	0	1	2	6	8	7	1
发生年数	2	15	27	41	41	37	7
发生频数	24年1次	3年1次	2年1次	1年1次	1年1次	1年1次	7年1次

表 3.11b　泉州市各地"秋老虎"发生情况(标准为9月以后最高温度≥32℃,1960—2008年)

项目	崇武	晋江	鲤城	南安	安溪	永春	德化
9月总日数	2	15	36	88	111	70	0
10月总日数	0	0	0	2	4	4	0
发生年数	2	11	16	26	34	27	0
发生频数	24年1次	4年1次	3年1次	2年1次	1年1次	2年1次	无发生

1983年和2000年的"秋老虎"较为厉害,而1976年和1986年则未出现"秋老虎"。

(2) 形成我市"秋老虎"的原因

9月初,控制我国的西太平洋副热带高压脊从位于30°N附近地区重新南落到25°N区域(见图3.3),这样泉州市又再度在强盛的西太平洋副热带高压中心控制之中。在该高压控制下,天气晴朗少云,日照强烈,气温回升。这种回热天气欧洲称之为"老妇夏"天气,北美人称之为"印第安夏"天气,在我国,就是老百姓所称的"秋老虎"天气。

控制我市的副热带高压分为"干热的大陆高压"和"西伸的湿热西太平洋副高"两种,特例是台风外围的西北下沉气流易造成的焚风效应高温天气。湿热

图3.3 副热带高压活动

的西太平洋副高使得低空逐渐转为偏南气流,空气湿度有所增大,让人们能明显感受到空气更加潮湿、更加闷热,我市再度在强盛的西太平洋副热带高压中心控制之中。

(3) 高温天气带来了哪些影响

高温的主要影响,在于进一步促进了土壤的蒸发,导致水分流失和土壤失墒加剧,促进了气象干旱条件的发展,造成旱区旱情的进一步加剧,给电力、供水造成了一定的压力,但不会给人们的日常生活带来太大影响,只是,对于人体的身心健康影响较大。

(4) "秋老虎"在我国不同地区的表现

由于我国地域辽阔,"秋老虎"的表现略有不同。如华南的"秋老虎"要比长江流域的来得迟,一般推迟2~4个节令,即在副热带高压南落控制阶段的9月才称得上"秋老虎"。在我市,秋分(9月23日)后的高温天气才算是"秋老虎"。另外,每年"秋老虎"的控制时间有长有短,为半个月至二个月不等,有时"秋老虎"来了去,去了又回。

6. 何为"十月小阳春"

通常情况下,在10月中旬(半山区)至11月上旬(沿海,对应农历的十月),日均气温20℃左右,且也常出现连续3天以上平均气温低于20℃俗称的"秋寒"天气。

但,在秋季即将过去、严冬来临之前的这段时间内也会出现回暖天气。这时期天气温暖如春,可导致桃李两度开花。《初学记》提到:"十月(约在阳历的11月)天时暖似春",故曰小春,农历十月为阳月,故称"小阳春"。通常此段时间内的最高气温可接近30℃。

(农历)十月"小阳春"的几个判断要求:

(1) 时间上指的是"立冬"(11月初)前后的回暖天气;

(2) 最高气温≥30℃;

(3) 地面通常为东南风,取代本应盛行的东北风;

(4) 成因主要为海上副热带高压北侧强盛西南气流控制。

7. "三九"寒冬与冷在"三九"

人们常说,"数九寒天,冷在三九"。"三九"一般出现在冬至到惊蛰(3月6日左右)。

我国习惯以冬至日作为"数九寒天"的开始,以后每隔九天为一阶段,称为一九,共九个九,八十一天。冬至是数九的开始(一九)。

冬至:数九开始。12月22日前后,太阳移至黄经270度时为"冬至",此时太阳几乎直射南回归线,北半球则形成了日南至、日短至、日影长至,成为一年中白昼最短的一天。冬至以后

北半球白昼渐长,气温持续下降,并进入年气温最低的"三九"。

"冷在三九":大寒正值三九,是天气寒冷到了极点的意思,一年中最冷的季节。

有人问,"冬至是一年中白天最短的一天,阳光斜射地面受热量少,应最冷,为什么说冷在三九呢?"

这是因为,北半球的冬至是一年中白天最短和夜晚最长的一天,这时,白天太阳的照射时间最短,地面吸收太阳的热量最少,且夜间散发出去的热量最多,但它还不是最冷的时候,因为地面在冬至以前较长时期积蓄的热量还在不断散发,地面积累的热量还未损失到最小,因此近地面的空气温度这时还不会降至最低点,所以冬至不是最冷的时候。

冬至过后,太阳位置开始由南回归线北上,白天渐长,夜晚渐短,可是就一天来说,仍然是昼短夜长,地面从太阳吸收的热量仍少于它散失的热量,地面继续冷下去,近地面空气也跟着一天天冷下去。到了"三九"前后,地面积蓄的热量达到最少,天气也达到最冷了。再往后,地面吸收的太阳热量逐渐增多,近地面的气温也随着回升。这就是一年中最冷的时候出现在"三九"前后的缘故。

小寒:寒将至(1月5日前后)。小寒是天气开始寒冷,但还没有到最冷的时候。从各地历年气象资料来看,一年中最冷时段出现在小寒节气的中期。

大寒:寒冷已极(1月20—21日)。大寒是天气冷到极点的意思,是一年中最冷的时候。大寒正处于数九寒天的"三九",因而与"冷在三九"的说法并不矛盾。

表3.12 地球(地面和大气)的热量收支(%)

	热量收入项		热量支出项	
地面	吸收太阳短波辐射	47	地面长波辐射	120
	吸收大气逆辐射	106	地面水分蒸发潜热	23
			地面湍流输送给大气热量	10
	合计	153	合计	153
大气	吸收太阳短波辐射	19	射向宇宙的大气长波辐射	60
	吸收地面长波辐射	114	大气逆辐射给地面	106
	地面水分蒸发潜热	23		
	地面湍流输送给大气热量	10		
	合计	166	合计	166
地球(地面和大气)	太阳短波辐射	100	大气和地面反射太阳辐射	34
			射向宇宙的地面长波辐射	6
			射向宇宙的大气长波辐射	60
	合计	100	合计	100

注:地面辐射和大气辐射之所以都会大于100是因为它们之间的热量输送大部分是相互的,这种情况下整个地气系统真正损失的热量并不多。

8."三寒"(倒春寒、五月寒、秋寒)

"三寒"是影响泉州市农业生产特别是早、晚稻生长的重要因素,以下作一一介绍:

(1)倒春寒

• 春寒:春季冷空气活动仍较活跃,当天气回暖后气温又急剧下降,导致日平均气温降至12℃以下,且连续3天以上伴有低温阴雨天气时,则不利于早稻播种,易引起烂秧。

- 春播期：

福建省的北部地区指 3 月 1 日—4 月 10 日；南部地区指 2 月 21 日—4 月 10 日。

北部地区和南部地区的划分：以仙游、永春、漳平、武平为界，以北为北部地区，以南为南部地区（上述几站属南部）。

泉州市的春播时间：2 月 21 日—4 月 10 日。由于气温的关系，春播通常由南向北或由沿海向内陆先后开始。

- "倒春寒"标准

①福建省的北部地区：指 3 月 21 日—4 月 10 日（低温出现在 4 月上旬末则可延续至过程结束日），3 月下旬日平均气温≤12℃，≥5 天；4 月上旬日平均气温≤12℃，≥4 天；3 月下旬至 4 月上旬期间有 2 次日平均气温≤12℃，分别为期 3 天，且间隔不超过 2 天。

②福建省的南部地区：指 3 月 11 日—4 月 10 日。3 月中下旬日平均气温≤12℃，≥4 天；4 月上旬日平均气温≤12℃，≥3 天。泉州市日均气温稳定 12℃ 的平均时间大致在 3 月上旬，但 3 月下旬及之后也会出现低于 12℃ 的"倒春寒"天气。

- "倒春寒"（或低温连阴雨）的危害

早春的连续低温阴雨是早稻烂秧死苗的重要气象原因。"倒春寒"过程多以稳定的环流形势为背景，如果配上乌拉尔山阻塞高压型下易出现，欧阻型和中阻型次之。

- 我市出现"倒春寒"年份：

1963 年 3 月 12—15 日、1968 年 3 月 23—27 日、1970 年 3 月 11—26 日、1971 年 3 月 11—15 日、1974 年 3 月 11—15 日、1975 年 3 月 12—16 日、1976 年 3 月 19—24 日、1979 年 4 月 3—5 日、1985 年 3 月 11—16 日和 3 月 30—4 月 1 日、1987 年 4 月 12—14 日、1991 年 3 月 31 日—4 月 2 日、1995 年 4 月 1—3 日，在 45 年中共有 12 年出现"倒春寒"，平均每 4 年出现一次，1995 年至今，已连续 10 年未出现"倒春寒"天气，这也许是全球气候变暖的一种结果。"倒春寒"最为严重的年份有 1970 年、1976 年、1985 年、1991 年。

也有些年份情况相反，阴雨少见，久晴盛行，春旱比较突出。这往往是南海高压甚强或东亚大槽深而偏南的结果，前者带来暖晴，后者造成冷晴，如 2003 年。

- 春季低温连阴雨转晴之预报技术：

如高原出现大范围 24 小时气压差≥7 hPa，则未来 36～48 小时将有久雨转晴的可能。

(2) 五月寒

- "五月寒"的标准：5 月 21 日—6 月 10 日，出现连续 3 天以上日平均气温≤20℃ 的过程。
- "五月寒"的危害：5 月下旬至 6 月中旬是福建早稻进入孕穗、抽穗开花的阶段。这时正是南北两股不同性质的气流交锋最激烈阶段，也是雨季高峰期。每当有强冷空气影响时，会出现日平均气温连续 3 天以上≤20℃ 的降温过程（五月寒），影响稻穗的正常发育和扬花授粉，使空秕粒明显增多，造成减产。

除了内陆（德化县）高海拔山区外，我市大部分地区"五月寒"只在 1975 年 5 月 20—23 日出现一次，其余不曾出现，说明"五月寒"对我市抽穗开花期的早稻几乎没有影响。而全省较为典型的"五月寒"年份有：1973 年 6 月上旬，1975 年 5 月下旬，1976 年 6 月上旬末到中旬初，1981 年 5 月下旬到 6 月上旬初。

(3) 秋寒

我市的晚稻品种主要以杂交稻为主，22℃ 是其主要敏感气温。

- 秋寒的标准:9月中旬至10月中旬,凡出现连续3天以上日平均气温≤20℃(≤23℃)的天气过程,即称为"20型"秋寒("23型"秋寒),第一天为标志日。
- 寒露风的危害:9月中旬至10月中旬,福建省晚稻抽穗杨花期间,受北方南下冷空气影响,日平均气温下降到≤20℃(23℃),连续日数≥3天的过程称为"寒露风或秋寒过程"。秋寒均指首次秋寒,标志日期以第一天为准。寒露风来得早的年份晚稻的产量将受到严重的影响。
- 我市秋寒状况(参见表3.13a和3.13b):严重的秋寒年份有1959年、1966年、1972年、1979年、1980年、1986年,最严重的是1966年。

表3.13a 泉州市"23"型秋寒时间

	德化	永春	安溪	南安	崇武	鲤城	晋江
平均日期	9月16日	9月30日	10月6日	10月9日	10月8日	10月8日	10月7日
80%保证率日期	9月8日	9月20日	9月28日	9月30日	10月2日	10月1日	9月28日
最早日期	9月1日	9月12日	9月13日	9月20日	9月24日	9月25日	9月20日

表3.13b 泉州市"20"型秋寒时间

	德化	永春	安溪	南安	崇武	鲤城	晋江
平均日期	10月5日	10月25日	10月31日	11月1日	11月4日	11月3日	11月4日
80%保证率日期	9月28日	10月18日	10月23日	10月26日	10月27日	10月27日	10月28日
最早日期	9月15日	9月27日	10月17日	10月17日	10月17日	10月18日	10月18日

注:80%保证率的秋寒始期:抽穗开花期出现在秋寒始期日前,则不受秋寒影响的保证率在80%以上。

- 寒露风的分类与防范

寒露风分为湿冷和干冷两种。湿冷型寒露风主要是低温阴雨和阳光不足,影响晚稻抽穗、开花、灌浆,尤以低温危害最大;干冷型寒露风天气特点是日平均气温比较低,白天日照多,太阳辐射强,气温高,而夜间气温低,使晚稻不能正常抽穗、开花、空秕率增加,结实率降低。

寒露风的防范:寒露风到来之前,稻田应灌水深10 cm左右,这样穗部日平均气温比不灌水的提高0.3~0.5℃,泥面温度提高0.6~10℃,从而保持水稻根系活动;遇干冷型寒露风时,喷水提高田间湿度,有利于开花授粉,提高结实率,每天两次,早晚进行。山区深泥田,在水稻幼穗分化期可开始排水晒田,以轻晒为主,可提高水温、泥温。

9. 冷空气分析

(1)冷空气强度——五个等级

冷空气是位于低温区的空气。冷空气过境会使温度陡然下降、带来大风天气。每次冷空气入侵的强度不一样,有强有弱,降温幅度有多有少。冷空气像潮水一样涌动,其影响范围广,可达到2000 km以上。由于移动的路径不同,受影响的区域也不同。

在日常预报服务中,常常会涉及对冷空气强度上的判断,如强度常描述为强、中等或弱,对于强度上的区分标准,依多年经验,根据强弱程度,我国将冷空气分为五个等级:弱冷空气、中等强度冷空气、较强冷空气、强冷空气和寒潮。

在冷空气影响过后,天气通常是在冷高压的控制之下,即地面是冷高压,而高空则是在西北气流控制之下,最低气温持续下降,而白天气温则回升明显;一旦(之后)高空转为西南气流,则升温较快,直到下一波冷空气的来临。

(2)寒潮

寒潮是冷空气中最强强度级别,民间也常把冷空气称为"寒流"。冷空气起源于北极和西伯利亚,在那里太阳照射较少,终年冰天雪地,气温常常在零下 20~40℃以下,当冷空气聚积到一定的强度时,由于南北之间的气压、温度相差悬殊,产生梯度力的作用,就爆发向南倾泻。在冷空气的影响下,如果一天 24 小时或一次过程,气温下降 10℃以上,最低气温在 5℃以下,便称为"寒潮"。

由于我国地域辽阔,各地在天气预报中使用的寒潮标准略有差异。福建的寒潮标准需符合三个条件:

a. 日平均气温 48 小时下降幅度内陆≥8℃,沿海≥7℃或过程降温内陆≥9℃,沿海≥8℃;

b. 最低日平均气温较常年同期偏低 5℃以上;

c. 日极端最低气温内陆≤5℃,沿海≤6℃。如果温度达不到这些指标,只能叫"冷空气"。

冷空气一年四季都可以频繁产生,但是,由于北方寒潮在南下过程中,受高山峻岭的阻挡和南方暖气流的缓冲,速度减慢,强度减弱,甚至气团发生变性,已经达不到寒潮标准了。因此,冷空气一般在秋末冬初以后逐渐加强,所以造成天气日趋寒冷。因此,寒潮和强冷空气出现的时间,最早开始于 9 月下旬,结束最晚是次年 5 月。春季的 3 月和秋天 10—11 月是寒潮和强冷空气活动最频繁的季节,也是寒潮和强冷空气对生产活动可能造成危害最重的时期。

(3)冷空气源地

在天气预报中,常常提起"一股从西西伯利亚来的冷空气前锋今天上午到达新疆北部……"、"来自蒙古国的一股冷空气进入我国内蒙古东部至河套西部一带,冷空气将东移南下……"这类言语。入侵我国冷空气的产地在西西伯利亚还是在蒙古国?它的"老家"在哪里?

其实,遥远的北冰洋、严寒的西伯利亚是冷空气的发源地。冷空气最初都来自北冰洋地区,然后经过西伯利亚地区得到加强。因为这些地区的纬度高,冬季黑夜漫长,白昼很短,日照时间非常少。在极地,甚至会出现极夜。因此,大地从太阳那里得到的热量十分微弱;而夜间,地面却向太空辐射损失许多热量,近地层大气随着地面不断冷却,气温越来越低,冷空气堆积在一起将变得越来越多。这一团温度极低的冷空气堆在西北气流的引导下,将自北向南推进,影响蒙古国、我国的北方、我国东部或我国大部地区。

(4)影响我国的冷空气的三个源地

a. 源地一——西北路径(中路,次数最多,降温强度最强):在新地岛以西的洋面上,冷空气经巴伦支海、俄罗斯欧洲地区进入我国。它出现的次数最多,达到寒潮强度的也最多。

b. 源地二——超极地路径(北路,次数最少,降温强度次强):在新地岛以东的洋面上,冷空气大多数经喀拉海、太梅尔半岛、俄罗斯地区进入我国。它的出现次数少,但是气温低,可达到寒潮强度。

c. 源地三——西方路径(西路,次数较多,降温强度稍弱):在冰岛以南的洋面上,冷空气在 50°N 以南经乌拉尔山南端或地中海、黑海、里海自西向东进入我国新疆、蒙古国影响我国东部。它出现的次数较多,但是温度不很低,一般达不到寒潮强度,但如果与其他源地的冷空气汇合后也可达到寒潮强度。

(5)寒潮关键区

上述三个的冷空气的源地是中央气象台对 1970—1973 年 1—4 月和 10—12 月资料的统计结果。从中可以看出,其中 95% 的冷空气都要经过西西伯利亚中部(70°—90°E,43°—65°N,

包括我国的北疆地区)并在那里积累加强。这个地区就称为寒潮关键区(见图3.4阴影部分)。冷空气之所以在此区域聚集,乃因为此区域为地势较低的广阔平原,且周围都是高山。

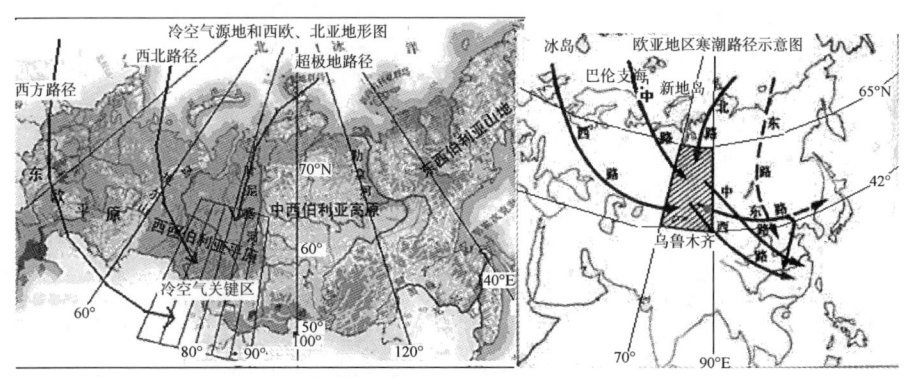

图3.4 冷空气源地和寒潮路径示意图

(6)冷空气从关键区入侵我国的四条路径

日常预报服务过程中,常常需要面临如何判断冷空气具体路径的问题。依长期经验观察,各路冷空气路径可由地面冷高压中心位置直观判断,其与天气形势有着以下的关系。

①西北路(中路)冷空气

冷空气在关键区内会造成我国北疆寒潮天气。累积到一定程度的冷空气从关键区向东南方向移动,经蒙古国到达我国黄河河套附近南下,直达长江中下游及江南地区。循这条路径下来的冷空气,在长江以北地区所产生的寒潮天气以偏北大风和降温为主,到江南以后,则因南支锋区波动活跃可能发展伴有雨雪天气。

该路径来的冷空气对我市的影响:造成的寒潮强度最多,并带来长时间的低温连阴雨天气。因南支锋区波动活跃,在低层形成静止锋面,由此产生长时间、大范围的低温连阴雨天气;由于冷空气从低层不断补充南下,海上一直维持大风天气,即大风持续时间长。如2010年12月14日上午10时冷空气过境影响,14日夜及15、16日小雨、14—16日大风持续3天(见图3.5),17日雨止出现极端低温;24日的冷空气同时出现连阴雨,最低气温在27日(市区5℃)。

当印度、孟加拉湾转为西北气流后,则预示着南支槽配合东移,槽后冷空气从高原东部和南亚地区东移与东亚槽合并,天气才转好。

当低空地面的气温低于0℃时,而700 hPa气温在0℃附近,则易形成"上暖下冷"的层结条件,这样,从暖层下降的雨滴将保持为0℃的过冷却雨滴,其碰到地面的物体则可冻结而形成雨凇天气。

中路路径冷空气在天气形势的表现特征是:500 hPa以上的环流保持西南风不变,即高空槽无过境我市,高空的冷暖气流在长江流域、低层在华南一带交汇滞留,冷空气主要体现在850 hPa以下过境(如图3.5的2010年12月15日08时850 hPa图像所示)。中高层通常不过境,低层过境时天气有雨,随后低层西南加强而回暖天气转好。这是中路冷空气的特点。

中路冷空气在500 hPa上的表现(形势):乌山脊在乌山(60°E)以东至贝湖以西之间。乌拉尔高压或高压脊稳定存在,在蒙古国西北部(贝加尔湖与乌鲁木齐之间)为低涡或是"L"型环流的交点,地面对应的是冷高压中心(通常在1050 hPa以上),该中心稳定盘踞,强度不断增强,其第一次以排山倒海之势横扫整个东亚,并带来强降温、大风、低温阴雨等天气,之后每隔

3天左右,还会分裂出一个个小高压,并引导一股股冷空气南下影响,使低温阴雨天气继续维持,但通常不会再引起大风天气。如,2010年1月21日20时冷空气活动就是这样(见图3.6),现对该个例加以说明:

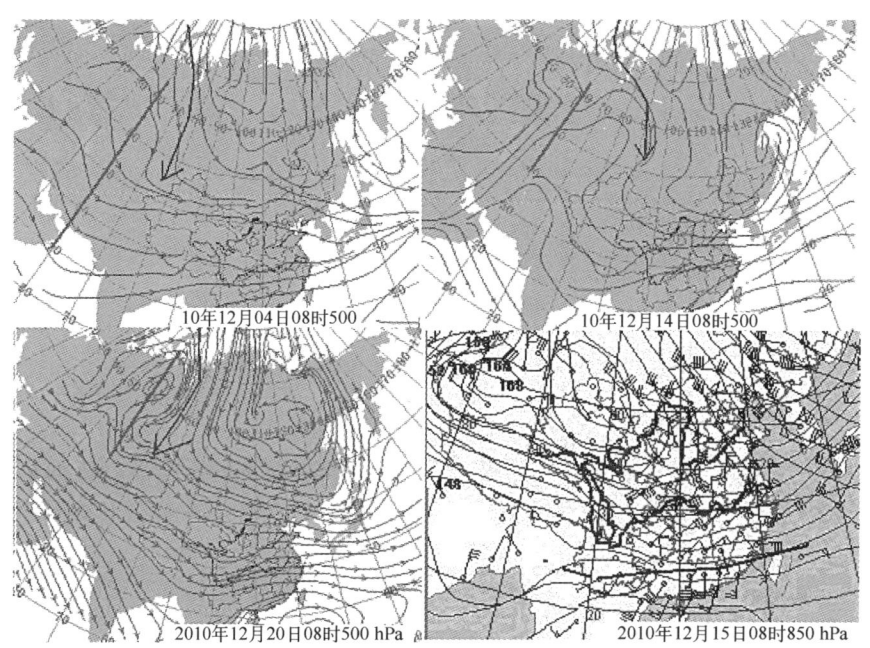

图3.5　中路冷空气影响的形势图(箭头为冷空气来源路径)

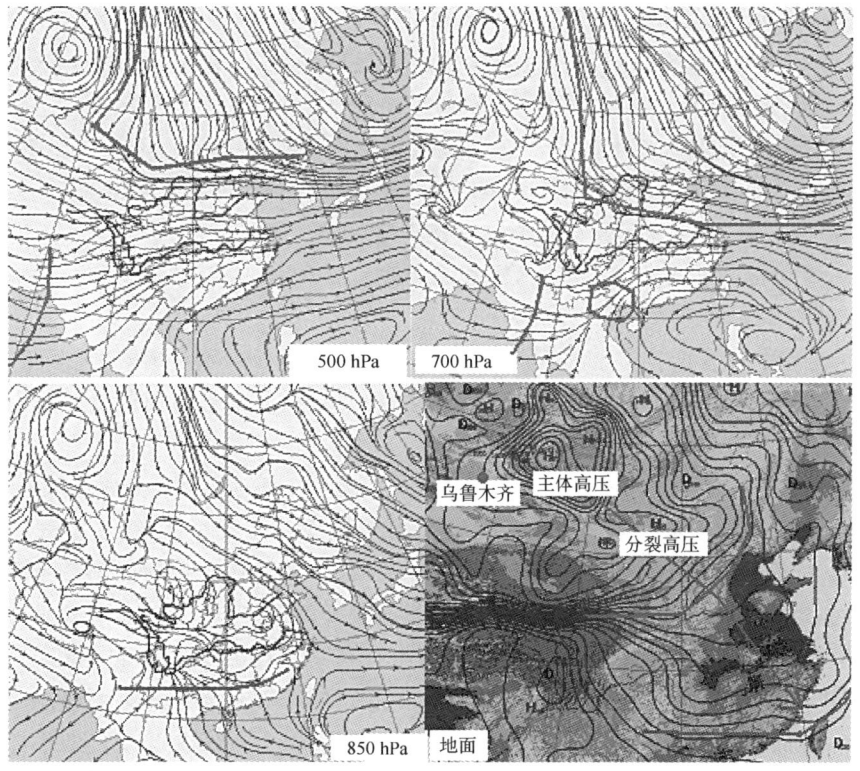

图3.6　中路冷空气的"L"形势(2010年1月21日20时)

该股冷空气从 21 日中午开始影响我市后一直维持到 29 日,500 hPa 在中高纬度一直维持"L"型环流,"L"型环流交点稳定在蒙古国西北部(贝加尔湖与乌鲁木齐之间),700 hPa 维持南支槽,南支槽前的西南气流与南海东南气流于两广地区交汇,在不断有冷空气补充南下的配合之下,低层切变辐合及地面锋面得以维持,由此形成长时间的低温阴雨。降水的中心在两广(见图 3.7)。

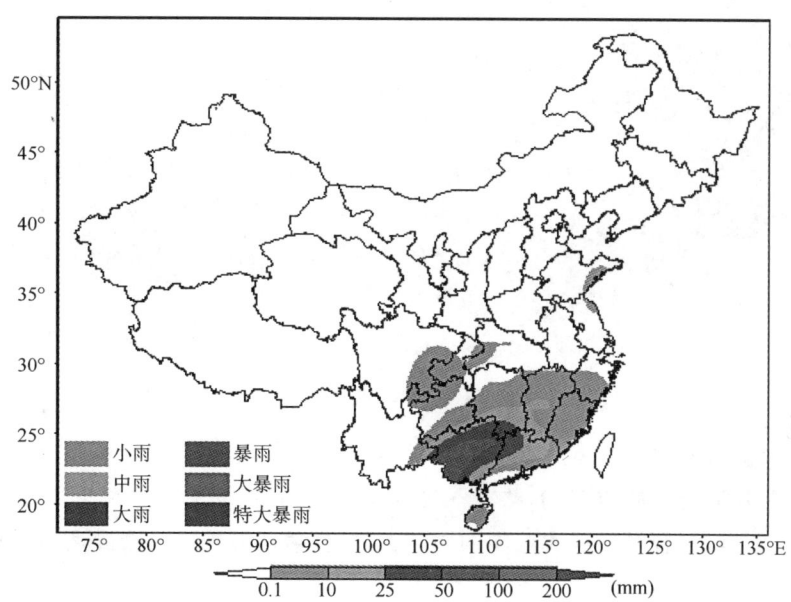

图 3.7 2010 年 1 月 21 日全国降水实况图(00 时至 20 时)

②东路冷空气

冷空气从关键区经蒙古国到我国华北北部,在冷空气主力继续东移的同时,低空的冷空气折向西南,经渤海侵入华北,再从黄河下游向南可达两湖盆地。循这条路径下来的冷空气,常使渤海、黄海、黄河下游及长江下游出现东北大风,华北、华东出现回流,气温较低,并有连阴雨雪天气。

此路径冷空气在天气形势的表现特征为 500 hPa 以上的环流保持西南风不变,即高空槽无过境我市,而 700 hPa 以下冷空气过境(与中路相似)。

对我市的影响主要以大风和降温为主,降水较少,风力为三路径中最强。

③西路冷空气

以"东亚大槽"为特征,"晴冷、极端低温、持续时间长、果树冻害重、常在 12 月—次年 1 月出现"。地面冷高压中心在新疆以西,即冷空气从新疆西部进入我国内陆。关键区内的西路冷空气,通常有两条走向,一是经河西走廊、山西、河北东去,该路径主要影响北方地区;另一路径是经新疆、青海、西藏高原东南侧南下,对我国西北、西南及江南各地区影响较大,也会对南疆造成影响,这是与中路冷空气的不同之处,即西路冷空气影响新疆全境,而中路仅影响北疆。

该路径冷空气对我市的影响主要是造成晴冷天气(可能出现低温霜冻),在 500 hPa 上主要表现为"东亚大槽"槽后西北气流控制。但若配合有高空槽过境(南支锋区波动与北支锋区波动同位相加)时,则可有短暂降水,而风力不强,大风的时间不长,同时亦可造成明显降温。例如,1970 年 11 月 12—14 日,从新疆经青海到西藏的一次西路冷空气,有两支波动同位相叠加时,就使昆明最低气温达-3℃,超过历史同期最低气温。

西路冷空气在 500 hPa 上的表现(形势):乌山的高压脊区偏南(50°N)偏西(65°E)以西,西北气流即冷空气源源不断从高原南部的西亚东移影响补充南下,从而造成晴冷天气。例如:2010 年 12 月 6 日的冷空气(图 3.8),连晴三天,最低气温出现在 9 日,10 日开始下雨。

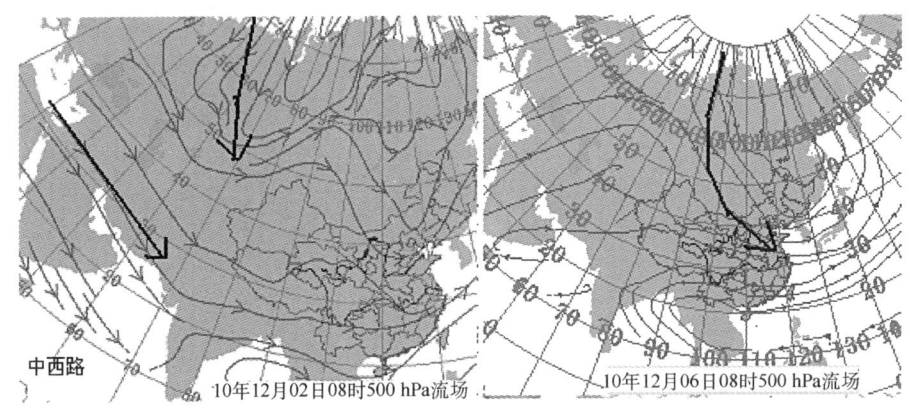

图 3.8　西路冷空气环流形势演变(2010 年 12 月 6 日)

④东路加西路冷空气

东路冷空气从河套下游南下,西路冷空气从青海东南下,两股冷空气常在黄土高原东侧,黄河、长江之间汇合,汇合时造成大范围的雨雪天气,接着两股冷空气合并南下,出现大风和明显降温。

(7)冷空气干或湿的判断

是否是干冷空气,主要看在冷空气位于北方时即影响前,850 hPa 是否有一致的西南气流,若有,则将是湿冷天气,否则为干冷;另一判据是,冷空气是否还从西亚即高原南部参与一起影响,若有,则为干冷。如 2010 年 12 月 6 日的干冷空气。但干冷空气在过境后的第三天,往往会出现降水,这一天往往也是气温最低日。

"春报头,冬报尾"的经验解说,在春季,暖湿气流占主导地位,一旦有冷空气影响即可产生降水;而在冬季,受干燥的大陆高压控制,干冷的冷空气因无南方暖湿气流的配合而不易产生降水,在冷空气影响之后,冷空气入海变性为暖湿气流,随后北上而遇陆地冷垫而成雾或致雨。

(8)冷空气入侵的主要影响

冷空气入侵的主要影响是带来降温和大风,有时也会出现大范围的雨雪天气,这是冷、暖空气交汇作用的结果。当暖湿空气的条件不好、环流条件不利时,冷空气入侵也不一定会带来降水天气,因此,并不是冷空气愈强,所产生的雨雪天气也愈强。

(9)冷空气南下形式——关于"冷空气(或冷高压)扩散南下、补充南下、分裂南下"的区别

冷空气扩散南下是指高纬地区冷空气(或冷高压)向南侵袭的过程。完整的冷高压有规律地向东南移动到我国南部。但有些情况下,在冬半年,冷高压并不总是整个地向东南移到我国南部,然后东移入海。因此,冷高压活动主要有三种形式:

①扩散冷空气(冷高压):为地面完整的冷高压向东移动过程,通常配合大槽大脊。此类冷空气通常称为"扩散冷空气"。其影响强度最强。地面完整的冷高压在向东移动过程中,很少

可以到达长江以南,除非是西路冷空气。

②分裂南下冷空气(冷高压):高压母体中心停留在蒙古国和我国内蒙古一带,而分裂出一个高压中心南下,东移入海,这就是分裂南下。分裂南下的冷空气过后不再有后续的补充或扩散的冷空气,在天气图上表现为没有再分裂出一个高压中心南下。因此,南边的暖湿气流将再度控制影响,气温又将回升。其影响程度最弱,这也是分裂南下的冷空气与补充或扩散南下的冷空气的区别所在。通常不易找出该分裂的小中心,所以笼统称为"扩散冷空气";

③补充南下冷空气(冷高压):高压母体中心停留在蒙古国和我国内蒙古一带,如果已经分裂了一个高压中心,很快后面又有一个中心南下,同时有明显的副冷锋,此称为补充南下。随着补充的冷空气南下,还要有明显的天气变化。

常用的表述是将第一次南下的冷空气称为扩散南下冷空气。通常出现的情况是冷空气扩散南下,随后又有冷空气补充南下,从而造成长时间的低温天气。

(10)冷空气影响依冷空气厚度分类

①低空浅薄型

冷空气层从低层影响,而高空维持西南气流,如 2011 年 3 月 14 日 20 时的冷空气(见图 3.9),这是春季比较常见的情形,"中路冷空气"大多属这类型。影响前,由下到上为暖湿气流,冷空气层从低层影响,降温幅度很大,风力强且大风持续时间长,冷空气影响时通常无雨或小雨,往往会空报,只有在 500 hPa 西风槽或低压移动日本海时,我市才开始会出现降水。一旦出现"高层西南、低层有密集气温锋面"时,则将维持长时间的低温阴雨天气,这是对春播影响最严重的不利天气。此种情形也可致寒潮天气的发生。日平均气温较低,但最低气温不会很低(通常可在 5℃以上),最高气温因是阴雨天气而不高,总体上日变温小。

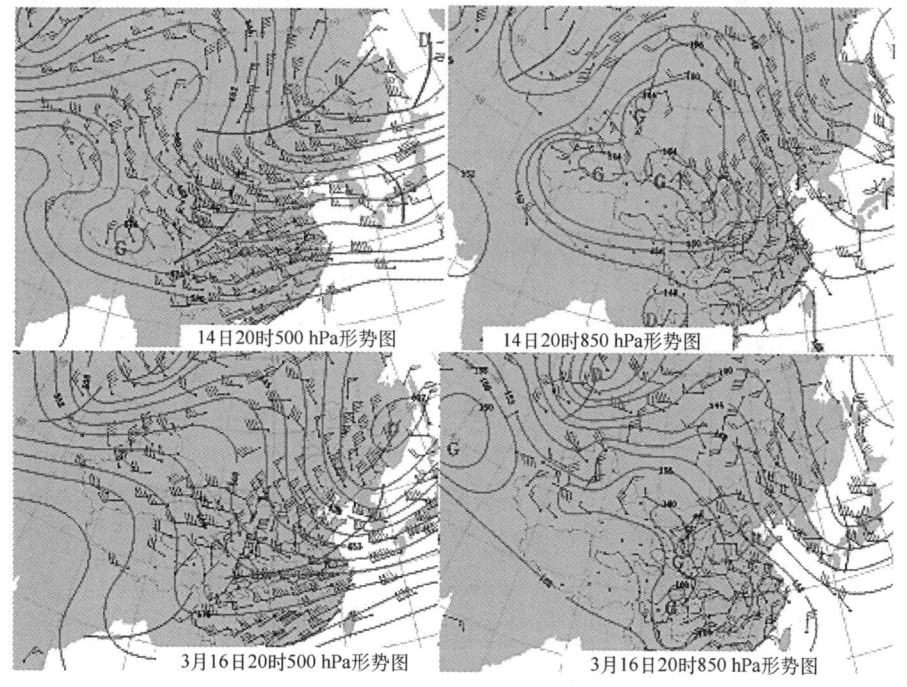

图 3.9　2011 年 3 月 14 日 20 时冷空气影响时形势及后续演变

②深厚型(即大槽大脊型)

在天气形势上表现为东亚大槽,冷空气是整体影响,表现在由下到上均转为西北气流,天气表现为"晴冷"(锋面过境时也可有降水,视具体而定),往往会出现极端低温,即最低气温很低,且低温的持续时间长(而白天因有太阳光而气温上升),这种天气往往会出现霜冻或结冰,对果树等经济作物危害大,如1999年12月下旬的长时间低温天气。

(11)寒潮暴发的流场

①小槽发展型——脊前不稳定小槽发展东移发展型:小槽发展型的寒潮暴发时的流场,多数是在乌拉尔山有反气旋高压或脊发展(但位置不变),脊前有一不稳定小槽发展东移,最后变为东亚大槽,槽后西北气流引导引发寒潮;

②横槽转竖型:乌拉尔山附近的高压崩溃或不连续后退过程中,横槽转竖引发寒潮;

③低槽东移型:东移低槽与南支槽同位相叠加引起径向环流加强,从而引导冷空气深入南下影响(有西路冷空气加盟)。

知识卡 寒潮的功与过

寒潮,即大规模的冷空气强烈南下,其势如潮水,造成沿途的剧烈降温和大风。

寒潮的"过",给人们的印象最深,似乎一谈起它就会与灾害性天气联系在一起。它带来的寒冷,带来了雨凇、雾凇,影响供电、通信、交通和工农业生产等;它还带来了大风,可能造成人民财产的损失。

可是寒潮对人类的益处,则很少人提起,冬季寒潮带来的雪对农业有利,所谓"瑞雪兆丰年";霜冻可冻死地中的虫,人们称"十月无霜,白里无糠"(白,jiu,舂米的器具,像盆,把稻谷脱皮);另外寒潮大风可用于风力发电,同时还是地球上热量交换的一种庞大"机器",正因为有了它,自然界的生态才能平衡。

表 3.14 泉州气象之最

	市区	晋江	惠安	南安	安溪	永春	德化
日最高气温(℃)	38.9	38.7	37.0	39.6	40.4	39.6	37.7
出现时间	2003年7月26日 2002年7月4日 1979年8月15日	1966年8月16日	1966年8月16日	2003年7月26日	2003年7月26日	2003年7月15日	2003年7月15日
月最高气温(℃)	30.8	29.6	28.6	30.6	30.9	29.9	29.7
出现时间	2003年7月	2003年7月	2001年8月	2003年7月	2003年7月	2003年7月	2003年7月
年最高气温(℃)	22.3	21.6	21.3	22.2	22.2	21.4	19.3
出现时间	2002年	2002年	2002年	1998年	1998年	1998年	1998年
日最低气温(℃)	0.9	0.1	−0.3	−1.8	−0.9	−3.3	−6.6
出现时间	1991年12月29日	1963年1月27日	1977年1月31日	1967年1月17日	1967年1月17日	1999年12月23日	1999年12月23日
月最低气温(℃)	8.3	8.3	7.5	8.8	9.0	8.5	5.2
出现时间	1968年2月	1968年2月	1968年2月	1968年2月	1968年2月	1963年1月	1963年1月
年最低气温(℃)	18	19.8	19.3	20.2	20.3	19.8	17.3

（续表）

	市区	晋江	惠安	南安	安溪	永春	德化
出现时间	1968年	1976、1984年	1976、1984年	1976年	1976年	1984年	1976、1984年
日最大降水量（mm）	296.1	338.8	311.5	392.4	318.4	206.8	208.8
出现时间	1973年4月23日	2003年8月5日	1999年10月9日	2003年8月5日	2003年8月5日	2002年8月6日	1961年5月20日
月最大降水量（mm）	549.5	521.0	523.1	745.2	703.0	614.0	609.1
出现时间	2000年8月	2003年8月	1999年10月	2000年6月	1961年9月	2002年8月	2002年8月
年最大降水量（mm）	1905.3	2088.5	1856.9	2371.9	2461.2	2515.2	2478.3
出现时间	2000年	1983年	1983年	2000年	1990年	1990年	1961年
年最小降水量（mm）	744.6	815.0	627.1	965.5	1193.2	1224.2	1301.5
出现时间	1967年	1978年	1967年	1967年	1962年	1967年	1991年
瞬时最大风速（m/s）		32	35			27	
风向		ESE	NNE				
出现时间		1973年7月3日	1969年9月27日			2003年9月2日	

注：1959年8月23日，1982年7月29日受台风影响，崇武、市区的瞬间风速超过40 m/s。崇武1970年以后的十分钟最大平均风速为1980年8月28日的30.0 m/s(38.6 m/s)。193506台风于1935年7月30日登陆福建漳浦、厦门（农历7月初二）出现50年一遇特大洪水（流量1万 m³/s），泉州顺济桥水位8.72 m，超警戒3.5 m，水淹至钟楼下，为有记录的最高水位。百年一遇的水位是9.89 m。

二、降水

产生降水通常需具备三个条件：充足的水汽条件、不稳定的大气热力层结条件和动力抬升条件。泉州市的降水类型（或成因）主要有四种，分别是：对流雨、地形雨、锋面雨和台风雨（如图3.10所示），锋面雨主要出现在春季，夏季则主要是午后热力对流雨和台风雨。

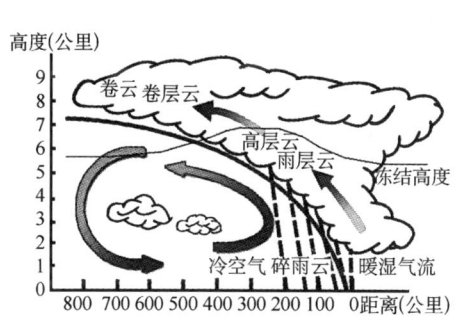
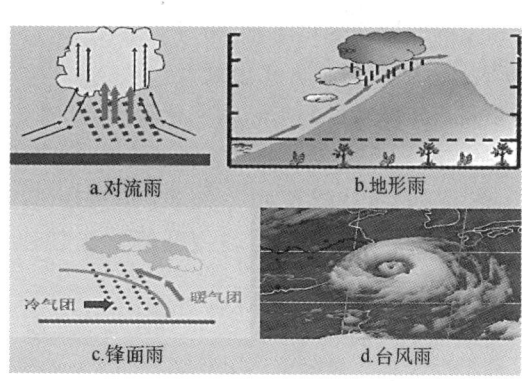

图3.10 四种降水机制

(一)年降水量的时空分布

泉州绝大部分地区年均降水量在1000~1800 mm。滨海地区是年降水量最小区,降水量从滨海向内陆递增,等雨量线与海岸线基本平行。两个年降水量超过2000 mm的多雨中心分别在安溪、南安与同安县交界的山区和德化中部山区,并都在山脉的迎南风坡。

降水量的月变化:泉州市山区与沿海之间降水量的差异主要集中在4—9月(参见表3.15)。以永春和崇武比较,10月—次年3月两地相差88 mm,占年差异量的13%;4—9月相差427 mm,占年差异量的87%。

表3.15 泉州市各地逐月降水情况表(单位:mm,统计时间1961—2007年)

	1	2	3	4	5	6	7	8	9	10	11	12	合计
鲤城	38.2	73.5	103.5	138.4	161.1	224.0	127.4	182.3	120.0	33.5	34.0	28.8	1264.6
晋江	38.1	72.9	103.1	129.3	165.7	207.1	127.8	176.3	114.3	36.3	32.9	28.3	1232.0
崇武	35.4	67.2	98.1	125.2	152.4	192.5	93.7	123.1	93.5	34.4	28.1	25.4	1069.0
南安	44.4	77.3	118.9	136.8	201.6	274.6	178.6	245.3	154.1	56.2	36.1	32.7	1556.6
安溪	44.5	80.6	124.6	147.3	209.7	258.6	197.3	272.2	183.6	61.2	37.8	34.6	1652.9
永春	45.4	77.4	131.1	158.6	238.5	282.1	207.0	287.1	185.4	55.2	34.4	32.1	1734.4
德化	51.3	84.7	139.4	170.1	258.8	288.9	215.5	279.5	180.1	60.5	38.4	34.6	1801.7

表3.16 泉州市各地年降水量极值表(单位:mm)

	泉州	晋江	惠安	南安	安溪	永春	德化
日最大降水量	296.1	338.8	311.5	392.4	318.4	206.8	208.8
出现时间	1973年4月23日	2003年8月5日	1999年10月9日	2003年8月5日	2002年8月6日	1961年5月20日	
月最大降水量	549.5	521	523.1	745.2	703	614	609.1
出现时间	2000年8月	2003年8月	1999年10月	1961年9月	2002年8月	2002年8月	
年最大降水量	1905.3	2088.5	1856.9	2371.9	2630	2515.2	2478.3
出现时间	2000年	1983年	1983年	2000年	1961年	1990年	1961年
年最小降水量	744.6	815	627.1	965.5	1193.2	1224.2	1301.5
出现时间	1967年	1978年	1968年	1967年	1962年	1967年	1991年

月降水量的年际间变化:泉州市降水量受季风活动影响很大,由于季风活动的不稳定性,月降水量的年际间变化明显,相对变率在26%~95%之间,4—6月和8月较小,10月—次年1月和7月较大,沿海地区比山区大。

泉州市年降水量的年际间变化很大(见图3.11):自1957年以来,山区片(以永春为代表)主要高值年是1957年、1958年、1959年、1961年、1975年、1990年和2006年,主要低值年是1967年、1971年、1982年和2004年;沿海片(以鲤城为代表)主要高值年是1959年、1961年、1983年、1990年和2000年,主要低值年是1957年、1967年、1976年、1991年。

(二)四季降水主要特点

泉州市季风气候降水的基本特征是:3—4月春雨(多雨)→5—6月前汛期(即雨季)多雨→7月伏旱→8—9月台风降水集中→秋冬少雨。年内月降水量分布呈"双峰型",降水量从1月开始增加,3月份各地(除崇武外)月雨量已增至100 mm以上,湿季开始;6月份达最高值,是主高峰;7月有明显减少,8月再现另一个高峰(次高峰);9月起逐渐减少,10月份减少量最大(约60～100 mm),干季开始,12月达全年最低值。升降趋势的特点是从干到湿为缓升,从湿到干为急降(见图3.12)。

泉州市降水量受季风活动影响很大,由于季风活动的不稳定性,月降水量年际间变化明显,相对变率在26%～95%,4—6月和8月较小,10月—次年1月和7月较大,沿海地区比山区大。

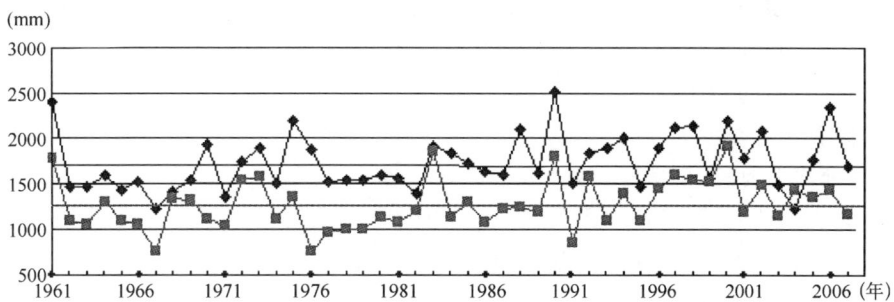

图3.11 ─■─泉州市沿海(鲤城)逐年降水量,─◆─内陆(永春)逐年降水量

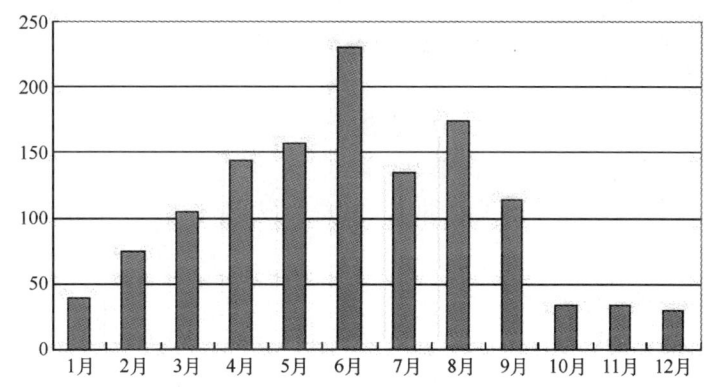

图3.12 泉州市区逐月降水趋势图

1. 春季降水

(1)春季降水的两种类型

依全年的气候特点,3—6月为我市的春季。

春季是我市阴湿多雨的季节,就降水的性质与强度区分,包括两个气候阶段:3—4月称"春雨期",5—6月称"梅雨期"。3—4月的降水称为"春雨",5—6月因雨日多称"雨季"(或梅雨季节),又因暴雨可集中出现造成洪涝而称"前汛期"。

春雨是入侵华南而变性的冷空气与尾随其后的新鲜冷空气相交于我市上空形成的降水,所以,降水一般不强,但易造成阴雨连绵。有的年份阴雨和春寒相伴出现,对春播春插不利。但也有些年份为久晴不雨的春旱年景。3—4月份还是我市降雹高峰期。

春雨一般从2月后期始发(雨水节气),3月中旬起密度和强度均相应增加。降水以过程性为主,当降水过程首尾相接时,即出现长时间的连续阴雨,俗称"四十九日乌"。有的年份则因暖空气或冷空气特别强盛,因单一气团控制而持续无雨,形成"春头旱"或"春旱"。4月中旬以后,降水明显增多,很少出现干旱。

梅雨是华南雨季的组成部分,它是由于西南季风暴发,使东亚季风雨带北跳滞留于华南而发生的,所以雨势猛烈,易造成洪涝灾害。5—6月是泉州市一年最多雨时期,全市各地总雨量在 350~550 mm,占全年雨量的 1/3。

雨季一般从 5 月上旬中后期开始(山区略早于沿海),6 月下旬中期结束,历时约 50 天,雨量约占全年的 31%。5—6 月各地≥0.1 mm 的雨日全年最多达 28 天(崇武)~40(德化)天,大雨和暴雨集中出现的雨季高峰期,大都出现在 5 月下旬至 6 月中旬。该季已有早台风影响的可能,大都是南海台风登陆广东后,向东北方向移经福建省而影响泉州市,过程雨量常可达 100 mm 以上。1990 年 6 月下旬,泉州连续受两个早台风影响,出现洪涝。

(2)泉州市春雨的一些特征

我市民间关于春季的天气谚语:

"春寒雨那溅"、"黑寒雨落三二月":

由于冷暖气流的对峙,形成阴雨天气,一方面阻止了太阳光的照射影响了升温,另一方面又有冷空气的滞留影响,从而形成低温。两者相辅相成。

"未惊蛰先打雷,四十九天乌":

打雷是暖湿气流活跃的一种征兆,暖湿气流的活动是形成春雨、春雷的条件之一,只要暖湿气流强度和位置适中,就可以与冷空气形成对峙而引起长时间的阴雨天气。"惊蛰"(3 月 6 日)通常是初雷发生时间。"惊蛰"打雷,意味着暖湿气流将趋于活跃。

(3)泉州的"梅雨"与防霉

每年五、六月的梅雨季节,我市雨水多,湿度大,温度高,器物易霉烂,故又称"霉雨"。

发霉主要原因是真菌作怪。真菌成熟后,大量孢子在空气中四处散布,附着在食物或其他物品上,一旦条件适宜就会萌发出菌丝,使器物发霉、腐烂。为此,要采取措施做好防霉工作:

a. 经常打开门窗,使室内通风干燥;

b. 遇到晴天将器物拿出来曝晒;

c. 仓库放置测湿仪器,当相对湿度达 80%~95% 时,开机通风;

d. 将生石灰、氯化钙等放于器物附近吸湿;

e. 在仓库等需防潮的地方,装置吸湿器。

雨季开始时间的迟早、持续时间的长短与当年季风的势力强弱有关。一般结论是:

a. 夏季风势力强盛的年份雨季开始就早,但由于冬季风毫无抵抗能力,这样的年份雨季就不明显,甚至出现"空梅";

b. 雨季持续时间长短受冷暖气流势力和地形的影响。冷暖气流势力相当的年份雨季持续时间就长。冬季风在北退过程中,碰到有利地形时,它总要居险顽守,如横贯闽浙赣交界的武夷山脉,就是冬季风居守的有利地形,两种季风经常在此开展持久战、拉锯战。所以闽北的雨季总要比闽南持续的时间长。

(4)"雨季"天气分析

• 福建雨季基本标准

a. 暴雨过程标准:

全省出现日雨量≥50 mm 连片 3 站以上或不连片 4 站以上的天气过程,称为暴雨过程。

b. 雨季开始日：

4月20日—5月10日出现第一场暴雨过程，且其后5天以内全省要有大于10站的中雨过程，或5月10日后出现的首场暴雨，则将该场暴雨日定义为雨季的开始日。

c. 雨季的结束日：

7月15日前，副高脊线过25°N或588线控制我省上空，由西风带系统引起的最后一场暴雨日定义为雨季结束日。我市通常在6月下旬雨季结束。

d. 雨季高潮期：

雨季中连续出现2～3天以上暴雨，且2～3天内全省暴雨总站次≥25个，则称为雨季高潮期。

• "雨季"雨强度强之因

春夏之交的"雨季"降水，其间通常夹杂着暴雨、强雷暴等强对流天气的出现。

"雨季雨"的降水强度之所以强，是由于西南季风爆发，使东亚季风雨带北跳驻留于华南的结果。在5—6月期间，包括我市在内的整个华南地区上空主要由稳定的西南季风控制，暖湿气流水汽充足，一旦有冷空气的侵袭，就可形成强降水，若两者形成对峙，就有形成连续性暴雨的条件。由于雨势猛烈，易造成洪涝灾害。

• 泉州雨季状况

泉州雨季的平均开始时间5月5日，结束在6月28日。

5—6月的雨季是我市一年最多雨时期，特别是6月的降水量为全年最多（见图3.12），全省各地总雨量在350～550 mm，占全年雨量近三分之一。通常5月初雨季开始，6月下旬梅雨结束，雨季结束后，常出现一段高温天气。有的年份，6月份甚至于5月份已有台风影响。

• "雨季"雨之源地

"雨季"雨的来源归结起来为来自低纬地区的南海和孟加拉湾云系，当有西风槽南压影响时，形成锋面降水，其影响有范围广、持续时间长的特点，通常易引起连续性暴雨。

• "雨季"主要影响系统（见图3.13）

a. 低空急流（水汽来源）

前汛期期间，西南低空急流经常在我省南北间摆动。这支强风轴向北输送大量水汽，并由于轴上风速分布的不均匀而造成水汽、能量的堆积，为暴雨、冰雹形成提供了必要的水汽条件。

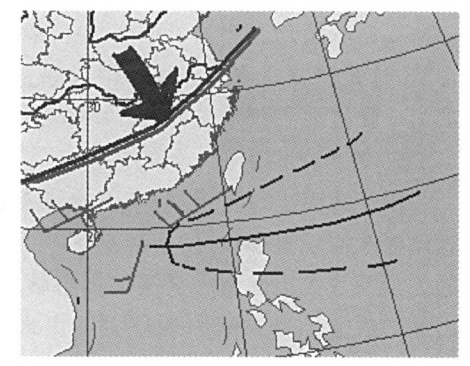

图3.13 雨季之西南急流与副高、切变合成图

b. 南支槽（动力作用）

在春季，华南地区南支槽的活动最频繁，其波长2000～3000 km，波速每天10～15个经度（时速50 km/h，相当于西南风14 m/s）。在稳定的环流形势下，频繁的南支槽活动常造成我省早春的低温连阴雨天气。另外，南支槽东移，有利于西南气流加强和波动的发展，也是造成我省暴雨和强对流天气的一个重要系统。

c. 切变静止锋（动力作用）

江南850 hPa切变线和华南地面静止锋是影响福建前汛期暴雨的主要天气尺度系统，它为中小尺度系统提供了形成暴雨的水汽条件、位势不稳定条件和辐合上升运动条件。

切变根据其两侧风场的不同配置可分为三种(见图 3.14):

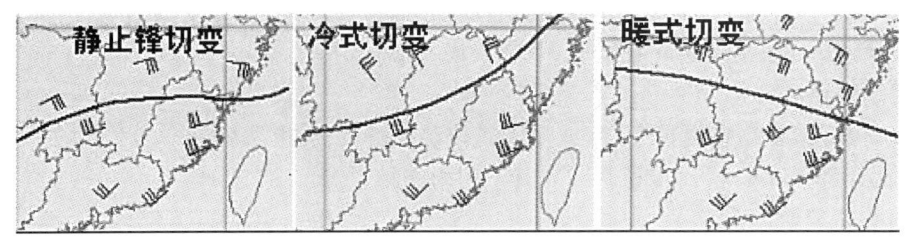

图 3.14 低层切变的三种形式

①静止锋切变:由东—东北风与西南风构成。静止锋切变是华南地区降水常见的一种天气类型。

②冷式切变:由西北风与西南风构成。

③暖式切变:由东南风与西南风构成。暖式切变是粤东和闽南沿海强降水的一种主要天气类型。

d. 低涡切变静止锋(动力作用)

西南低涡一年四季都会出现,以春季和初夏最活跃,常沿切变东移,影响我省。低涡切变适中型是福建前汛期暴雨出现概率较高的一种天气形势。

e. 江淮气旋(动力作用)

春季多江淮气旋活动,对福建影响,除了气旋入海之前有强西南大风外;气旋暖区里(低空有急流)以及气旋后部的冷锋过境前后,有时会出现暴雨或冰雹等强对流天气;气旋后部的冷锋过我省后,常伴有强烈的降温,有时会出现春季强的寒潮过程。

f. 低槽冷锋(动力作用)

高空三层均有明显低槽发展东移,地面冷锋过境形势,这是造成福建全省性暴雨或冰雹等强对流天气的另一种重要天气系统(见图 3.15)。

g. 武夷山锢囚锋(动力作用)

由于武夷山的阻挡,使南下冷锋常在这一地区产生停滞弯曲现象;同时由于冷空气一方面从沿海向内陆入侵及武夷山北侧冷空气越过山脉,从而易在福建山地形成锢囚锋。锢囚现象主要出现在 3—5 月份。从弯曲到锢囚最快 6 小时,最慢 30 小时,一般在 9～24 小时。

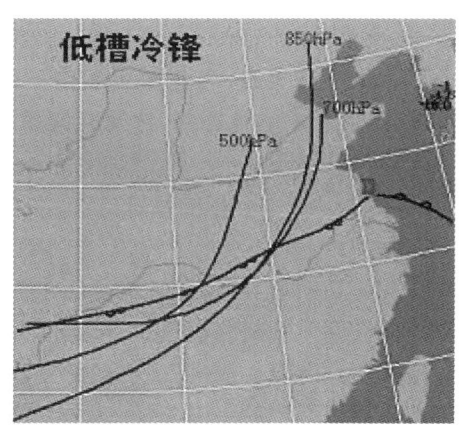

图 3.15 低槽冷锋

锢囚锋天气:冷锋从弯曲到锢囚期间,福建大部地区都会降水,闽西北及泉州和福州西北部还会出现雷雨、冰雹、暴雨等剧烈天气。

形成武夷锢囚锋的形势(见图 3.16):

①从冷锋开始弯曲到产生地形锢囚,福建均处于暖区,下午到上半夜,常由于高温,在福建中西部形成地面热低压环流。

②分析表明弯曲冷锋中形成地形锢囚的,大部分锋面气旋中心已经在 130°E 以东或是刚刚形成锋面气旋,其中心气压为 1008～1012 hPa。这说明在缺少引导冷锋快速南下的力量

下,使冷锋停滞于山脉北侧,有利于未来形成地形锢囚。

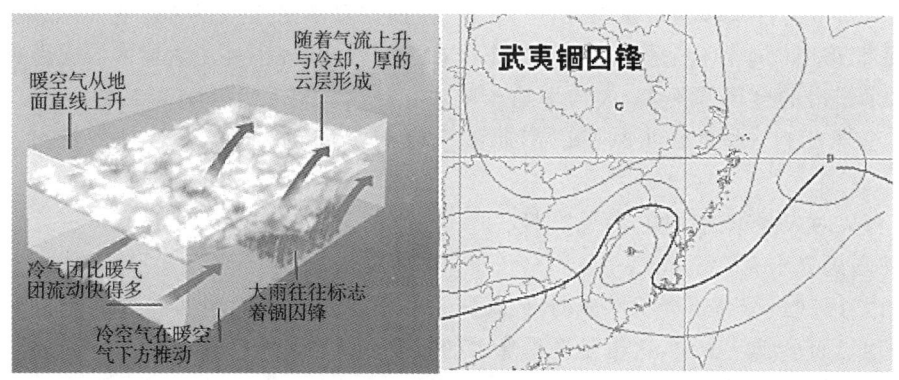

图3.16　锢囚锋结构图

2. 夏季降水

夏季降水量受台风影响很大,故夏季又称台风季。台风季降水量约占全年的35%,且一次台风的降水往往时间短而集中,是泉州市的主汛期,其降水量多寡对全年降水总量和随后的秋冬季生产、生活用水都有举足轻重的作用。该季降水主要来自台风,其次为热雷雨,雨日不多,但平均强度大,暴雨常见。该季山区与沿海的降水量差异为全年最大,德化县雷峰镇的荐解村、南埕镇的枣坑村和南安东田镇的凤巢村等地的夏季雨量可达700 mm以上,滨海地区则不足400 mm。该季降水量变化很大,旱涝均容易出现。

(1)台风降水

台风降水是夏季最重要的降水系统,它带来狂风暴雨和风暴潮常造成重大的直接经济损失,但大量降水既缓解夏旱、又调节酷暑。泉州市是东南沿海最容易受台风影响和袭击的地区之一,平均每年有4.3个台风影响,最多的年份有11个(1961年),最少为2个(1983年),台风影响集中在7、8、9三个月,最早5月19日(1961年),最迟是11月15日(1967年)。沿海地区受台风影响,大风或强降水均有机会出现,崇武有大风影响的台风次数,占影响台风总数的88%,内陆地区则主要是强降水。

从1884年至2005年的122年里,在西北太平洋与南海共生成3063个热带气旋,平均每年25.1个,其中有41个热带气旋登陆泉州,即每3年有一个登陆我市的热带气旋;1971—2000年的30年中生成884个热带气旋,平均每年29.5个,其中有12个登陆我市热带气旋,即每两年半有一个登陆热带气旋。

表3.18　1884—2005年(122年)泉州市各月月影响台风次数表(系指进入进区线)

月份	1	2	3	4	5	6	7	8	9	10	11	12	年
次数	3	6	1	4	24	66	187	222	153	53	17	2	733
平均	0.02	0.05	0.01	0.03	0.20	0.54	1.53	1.82	1.25	0.43	0.14	0.02	6.01

在所有登陆泉州的热带气旋中,有71%的热带气旋是从台湾过来的(即在登陆台湾后再二次登陆泉州的)。122年中,共有159个登陆台湾的热带气旋,即台湾平均每年有1.3个登陆热带气旋,在这159个登台热带气旋中,又有29个二次登陆泉州的热带气旋,即登陆台湾的热带气旋中,有18%的热带气旋会再次登陆泉州,或者说,登陆台湾的热带气旋,再次登陆泉

州的概率达18%，即每5个登台热带气旋中有一个将再次登陆泉州。

影响泉州市的台风移动路径主要有三类：一是西北登陆泉州市或邻近地区；二是登陆广东后，转向东北移经福建省；三是西行登陆广东或在近海转向，外围环流对境内构成影响。

登陆泉州市的台风并不多，大约平均3年才有一次。对泉州市有影响的台风，其登陆地段南起广东珠江口，北至温州。在广东汕头至福州登陆的台风，85%对泉州市有较大的影响。

关于台风对泉州市的影响，参见第四章。

(2)热雷雨降水

三成因：因副热带高压周期性减弱，或高压中心西进过境后的弱西北气流情况下，或地面因受热不均匀而形成热雷雨，这也是夏季降水的重要形式。

热雷雨一般生成于山区，然后移向沿海，具有明显的地域差异和时间差异；山区多、沿海少；8—9月多、7月少；午后多、午前少；可连续在2~3天内出现。

减弱的副热带高压(图3.17)，通常表现在副高呈现块状分布，中心在日本以南，东南沿海为东南气流，午夜至凌晨常出现雷雨或阵雨天气，如2011年的7月11—15日，此又似"秋西北(雷阵雨)，半暝沃"。

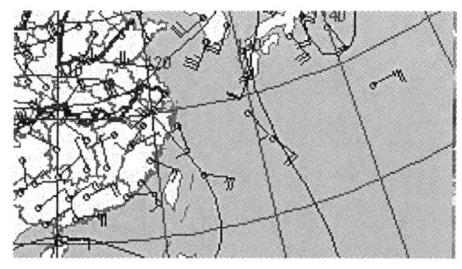

图3.17　2011年7月11日20时500 hPa环流图

3. 秋季降水

泉州市秋季开始转受冬季风控制，雨日和雨强均锐减，季降水量仅占全年的5%。

夏末初秋的第一股冷空气往往是由夏入秋的一个强信号，它预示着季节转变的开始。伴随着冷空气的影响，往往出现雷阵雨天气，且具有秋雨的特征。夏末初秋的第一股冷空气出现时间大致在8月下旬—9月上旬，即处暑与白露之间。

降水常伴降温出现，此乃所谓的"一场秋雨一阵凉"。

10月份雷阵雨仍可见，多集中在夜间，谚称"秋西北(雷阵雨)，半暝沃"，与夏季雷阵雨多出现在午后有明显不同。

山区与沿海的降水差异已经变小，全季仅相差40~50 mm。

季降水量的年际变化也大，少雨的年份多，容易干旱；多雨的年份少。

多雨现象出现在10—11月的称"秋淋"，出现在12月的称"烂冬"。

秋季仍可能受台风影响，暴雨也偶尔出现，1975年10月10日全市普降暴雨，1987年甚至出现全市性大暴雨，鲤城日雨量达139.3 mm；

秋冬季时节，若暖湿气流活跃，则降水几率较大，由此出现"秋淋"或"烂冬"。

4. 冬季降水与降雪

冬季降水量约占全年的11%。12月—次年1月除几乎不可能受台风影响外，其余特点与秋季基本相同，2月则带有冬春交替的过渡特征。冬季多雨的年份并不多，主要有1959年、1969年、1983年、1990年和1998年。

泉州西北部地区冬季有的年份可以出现降雪，德化城关平均每年有0.5个雪日，1967年、1970年和1975年的冬季多达20个。

沿海地区极少出现降雪,近40多年市区仅1980年3月1日飘过零星雪花,近郊的清源山(海拔498 m)上,则有几次明显的降雪。西北部高海拔山地偶有积雪,积雪区的东南端在鲤城的罗溪,南安的诗山至安溪城厢一线的山地。

(三)降水量级

1. 降水日情况

泉州市全年≥0.1 mm的降水天数(又称雨日)平均为108.3~164.8天(参见表3.19),春季多(4个月降水天数占全年的48%),秋冬季少(5个月降水天数占全年的28%);山区多、沿海少(德化比崇武多55%);年际间变化大(如德化最多年与最少年相差69天)。1975年德化雨日200天和1971年崇武75天,分别是历年全市极大值和极小值。

表3.19　泉州市各地逐月雨日(≥0.1 mm)数表(单位:d,1961—2007年)

	1	2	3	4	5	6	7	8	9	10	11	12	合计
晋江	7.7	10.8	14.0	14.3	15.4	15.1	8.9	11.2	8.6	4.1	4.8	5.3	120.3
鲤城	7.4	10.3	13.7	13.9	14.9	14.5	8.8	10.8	8.1	4.0	4.9	5.1	116.5
崇武	6.9	10.3	14.0	14.3	14.2	13.0	7.1	8.5	7.0	3.6	4.4	5.0	108.3
南安	8.5	11.9	15.1	14.9	16.3	17.0	10.7	13.7	10.2	5.6	5.1	5.5	135.1
安溪	8.4	11.4	14.8	14.9	17.5	17.2	12.2	15.5	11.4	6.4	5.4	5.9	141.1
永春	9.5	12.9	16.7	16.7	18.7	18.9	13.8	17.1	13.1	7.6	6.4	7.4	158.8
德化	9.9	13.9	17.6	17.7	19.7	19.1	14.6	18.3	13.1	7.4	6.3	7.0	164.8

表3.20　降水量级划分

降水量级	12小时降水量(mm)	24小时降水量(mm)
小雨	0.1~4.9	0.1~9.9
小—中雨	3.0~9.9	5.0~16.9
中雨	5.0~14.9	10.0~24.9
中—大雨	10.0~22.9	17.0~37.9
大雨	15.0~29.9	25.0~49.9
大—暴雨	23.0~49.9	38.0~74.9
暴雨	30.0~69.9	50.0~99.9
暴雨—大暴雨	50.0~104.9	75.0~174.9
大暴雨	70.0~140.0	100.0~250.0
大暴雨—特大暴雨	105.0~170.0	175.0~300.0
特大暴雨	≥140.0	≥250

泉州市各地日雨量≥25.0 mm的大雨日数,平均每年为12.0~20.2天。大雨全年均有机会出现,主要集中在4—9月,沿海地区明显少于内陆地区。

2. 泉州暴雨

泉州市的暴雨(日雨量≥50.0 mm)平均每年在3.5~6.5天,南安最多,永春次之,崇武最少。南安、安溪与同安交界的山区,永春雪山和德化戴云山的迎南风坡是泉州市暴雨最多的地方(参见表3.21)。

表 3.21 1960—2004 年泉州各地逐月暴雨总天数表（单位:d）

	泉州		晋江		崇武		南安		安溪		永春		德化	
	总天数	月均数	总天数	月均数	总天数	月均数	总天数	月均数	总天数	月均数	总天数	月均数	总天数	月均数
1月	1	0.03	1	0.02	1	0.02	1	0.02	1	0.02	0	0	0	0
2月	4	0.1	5	0.11	5	0.11	2	0.04	2	0.04	1	0.02	2	0.04
3月	6	0.15	8	0.18	4	0.09	12	0.27	15	0.33	13	0.29	7	0.16
4月	16	0.41	13	0.29	10	0.22	12	0.27	12	0.27	9	0.2	12	0.27
5月	22	0.56	23	0.51	28	0.62	33	0.73	22	0.49	38	0.84	38	0.84
6月	49	1.26	36	0.8	43	0.96	66	1.47	51	1.13	56	1.24	47	1.04
7月	23	0.59	29	0.64	16	0.36	42	0.93	35	0.78	49	1.09	38	0.84
8月	48	1.23	43	0.96	30	0.67	56	1.24	62	1.38	61	1.36	51	1.13
9月	25	0.64	27	0.6	19	0.42	45	1	43	0.96	41	0.91	37	0.82
10月	4	0.1	7	0.16	6	0.13	12	0.27	9	0.2	10	0.22	8	0.18
11月	4	0.1	4	0.09	4	0.09	5	0.11	3	0.07	3	0.07	4	0.09
12月	1	0.03	2	0.04	0	0	1	0.02	3	0.07	0	0	2	0.04
合计	203	5.2	198	4.4	166	3.7	287	6.4	258	5.7	281	6.2	246	5.5
年均	5.2	5.2	4.4	4.4	3.7	3.7	6.4	6.4	5.7	5.7	6.2	6.2	5.5	5.5

常见的暴雨有两类：一类是台风暴雨，一类是伴有雷暴的锋面暴雨（主要在春季）。沿海主要是前者，山区则两者兼有之。由于台风暴雨强度明显大于锋面暴雨，因此沿海暴雨机会虽少，但平均强度大于山区。其他类的暴雨有夏季的午后热雷雨和辐合带云团（参见图 3.18）。

泉州市各地全年均有机会出现暴雨，集中期是雨季和台风季（5—9月）。最早出现暴雨的是 1 月 2 日（崇武，1987 年），最迟出现暴雨的是 12 月 25 日（市区、晋江、南安、安溪、德化，1994 年）。泉州市

图 3.18 2011 年 7 月 16 日 12 时红外卫星云图

暴雨以局部性或区域性多见，全市性暴雨较为少见，同一地点出现连续性暴雨的机会也很小，仅南安、安溪等地偶有出现，且以台风影响时为主。1990 年 7 月 30 日至 8 月 3 日，南安、安溪、永春等地连续 5 天出现暴雨，为历年之最。

日雨量大于 100 mm 的大暴雨和大于 200 mm 的特大暴雨，近 40 年出现很少。1973 年 4 月 23 日，鲤城降水量 296.1 mm，为气象台站记录到的历年最大日雨量。1956 年 9 月 18 日，南安凤巢雨量 593 mm，是水文测站记录到的历年最大日雨量。泉州市连续 3 天最大雨量为 871 mm（南安凤巢，1956 年 9 月 17—19 日）。

暴雨日数年际间变化很大，多的年份可达 17 天（安溪，1990 年），少的年份仅 1～2 天（1993 年），1978 年晋江市甚至全年没有暴雨。40 多年来，沿海主要多暴雨年是 1960 年、1961 年、1969 年、1972 年、1973 年、1983 年、1985 年、1990 年、1996 年、1998 年、1999 年、2000 年和 2004 年，山区主要多暴雨年是 1958 年、1959 年、1961 年、1970 年、1980 年、1988 年、1990 年、1994 年、1996 年、1998 年、2000 年、2001 年和 2002 年。

表 3.22　泉州市各县(区)有记载以来最大暴雨量统计表(单位:mm)

县区	一天			三天					七天				
	雨量	观测点	出现时间	雨量	观测站	出现时间			雨量	观测站	出现时间		
						年	月	日			年	月	日
鲤城	318	东海	1980年8月28日	444	马甲	1956	9	17	522	马甲	1956	9	17
惠安	555	黄田	1963年7月1日	644	黄田	1963	6	30	653	黄田	1963	6	30
晋江	462	石狮	1973年7月3日	495	石狮	1973	7	3	539	安海	1971	6	4
南安	593	凤巢	1956年9月18日	871	凤巢	1956	9	17	919	凤巢	1956	9	17
安溪	336	西坪	1956年9月18日	609	西坪	1958	7	15	626	西坪	1958	7	15
永春	306	回西寺	1958年7月17日	475	苏坑	1958	7	15	432	苏坑	1958	7	11
德化	306	荇解	1960年6月9日	384	荇解	1960	6	7	420	荇解	1960	6	7

知识卡——遇到暴雨天气怎么办？

1. 行车

暴雨天气,如需紧急出车,可以采取必要的防护措施:先将空气滤清器拆下,或将进气软管抬高,或将排气管用橡胶软管接高。使汽车的进、排气口尽量远离水面,减少发动机进水的可能性。不了解积水深度不要轻易地让汽车涉水。行车时,应尽量躲避对方来车行驶时所激起的水浪,必要时可停车让对方汽车先行通过。当水淹没高度达到车轮半径时,应尽量避免让汽车涉水。采用挂低挡、少加油、慢而匀速行驶的方法通过,尽量避免让水进入排气管。

2. 居家

(1)地势低洼的居民住宅区,可因地制宜采取"小包围"措施,如砌围墙、大门口放置挡水板、配置小型抽水泵等。

(2)不要将垃圾、杂物等丢入下水道,以防堵塞,造成暴雨时积水成灾。

(3)底层居民家中的电器插座、开关等应移装在离地1m以上的安全地方。一旦室外积水漫进屋内,应及时切断电源,防止触电伤人。

(4)在积水中行走要注意观察,防止跌入窨井或坑、洞中。

(5)河道是城市中重要的排水通道,不要随意倾倒垃圾及废弃物,以防淤塞。

3. 地质灾害

持续的暴雨天气可能引发地质灾害。遇到地质灾害时,应注意以下几点:

(1)遇到滑坡时,不要顺坡跑,而应向两侧逃离。当遇到高速滑坡无法逃离时,不要慌乱,如果滑坡呈整体滑动,可原地不动或抱住大树等固定物。

(2)遇到泥石流时,要向泥石流前进方向的两侧山坡跑,切不可顺着泥石流沟向上游或向下游跑,更不要停留在凹坡处。同时,要注意避开河道弯曲的凹岸或地方狭小高度又低的凹岸,不要躲在陡峻山体下,防止坡面泥石流或崩塌的发生。

(3)遇到崩塌时,要选择正确的撤离路线,不要进入危险区,可躲避在结实的障碍物下,或者蹲在地坎、地沟里,还要注意保护好头部,不要顺着滚石方向往山下跑。

(四)雷暴

1. 概况

泉州市年平均雷暴日在 27～69 天之间,内陆地区明显多于沿海地区;全年各月均有雷暴出现,但主要集中在 3—9 月。多数雷暴伴有降水,仅少数属"空雷"。

泉州市雷暴主要有两类,一类是锋面活动造成,集中于 3—6 月和 9 月,一类是地面受热不均匀造成的午后热雷雨,集中于 7—8 月。个别情况下,隆冬和台风影响时也会发生雷暴。

极端初、终日没有明显的地域差别,最早初雷日是 1 月 13 日(晋江),最迟终日是 12 月 30 日(德化)。雷暴天数年际间变化大,德化最多年 96 天(1975 年),最少年 50 天(1965 年)、崇武最多年为 45 天(1959 年),最少年 13 天(1957 年)。

表 3.23　泉州市各地逐月雷暴日数表(单位:d,1960—2006 年)

站点	1	2	3	4	5	6	7	8	9	10	11	12	年总和
崇武	0.2	0.5	3.0	4.4	3.6	4.1	2.8	4.1	3.2	0.5	0.2	0.2	26.7
晋江	0.2	0.5	2.9	4.3	4.3	5.3	3.9	5.6	3.7	0.6	0.2	0.1	31.7
鲤城	0.3	0.5	3.0	4.2	4.3	5.5	4.5	6.5	3.9	0.6	0.2	0.2	33.7
南安	0.2	0.6	3.5	5.2	6.5	8.8	8.9	11.4	6.1	1.2	0.4	0.2	52.8
安溪	0.1	0.6	3.6	5.6	6.8	9.0	10.8	12.9	7.2	1.4	0.3	0.2	58.3
永春	0.1	0.7	4.1	5.9	3.9	9.3	12.3	14.4	8.1	1.6	0.3	0.3	64.1
德化	0.1	0.7	3.9	6.2	7.0	9.0	13.0	14.8	8.1	1.7	0.4	0.2	65.4

2. 午后热雷雨发生的机制

热"极"生雨,一旦热到极限,大自然必有相应的缓解反制措施来调控。

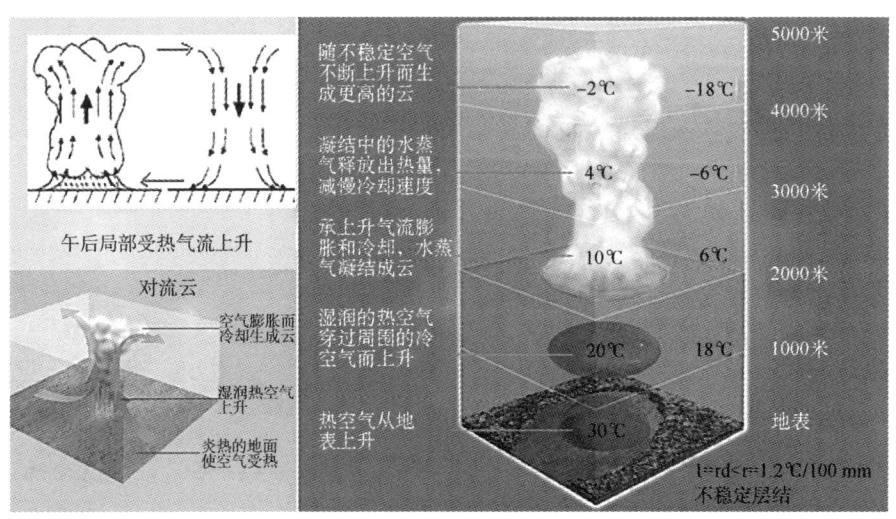

图 3.19　锋面降水和热对流模式图

午后热雷雨通常与焚风效应或极高温度条件相伴相生,当 500 hPa 在日本海—东海间出现高空槽,而在福建上空为弱的西北气流时,最易出现此类午后热雷雨。只要条件存在,一年四季均可发生,只是在夏季出现的概率较大。

3. 午后热雷雨出现的四种情况

(1)台风外围下沉气流:当台风在东海时,我市处于台风西南象限的西北气流中,在西北气流的下沉异常增温作用下,天气通常会异常闷热,大气中能量的积蓄将达到极点,从而使午后大气向上对流活动大为加强,导致热雷雨发生,高温天气也得以稍稍缓解。

(2)弱冷空气:与大规模冷暖气流交汇的锋面雷雨有所类似但也有规模上的区别,通常弱冷空气并没能得到重视,在高温状态下,若东海有高空槽活动,则常引导弱冷空气从海上侵袭,引发雷雨,如 2010 年 9 月 16 日山区的雷雨和 17 日晨沿海的雷雨。

上述两种通常难以区分,但总的共性是有偏北气流渗透而引发。

(3)局地午后热对流:通常出现在山区,范围小,消亡快。

(4)暖式切变:即东南气流与西南气流的辐合所引起的午夜雷雨,如 2011 年 7 月 11—14 日夜间的雷雨,造成少有的凉夏(参见图 3.17)。此类雷雨往往造成漏报,值得研究警惕。

4. 大气层结稳定状况的判断

(1)$r = -\Delta t / \Delta z$,当 r 增大,即随高度上升降温少,高层环境因冷空气影响降温或低层空气加热,这样气块温度就比周围高而将上升,表示层结不稳定。

(2)气块是以 r_d 或 r_m 的固定温减率来升降,环境直减率 r 为变化的,如高空因冷空气影响,5 km 处的环境气温降低,或地面加热升温,r 增大,层结趋不稳定作为被参照,当环境直减率 r 小于绝热直率 r_d 时,大气就趋于稳定;假如环境直减率大于绝热直减率时,大气就变得不稳定。但在"云的形成"中,我们发现饱和气块和未饱和气块的绝热直减率都不同,假如环境直减率小于湿绝热直减率时,大气必定属于稳定;环境直减率大于干绝热直减率时,大气必定属于不稳定。假如环境直减率介乎湿绝热直减率及干绝热直减率时,这种情况称为条件性不稳定。在此情况下,未饱和空气会变得稳定,但饱和空气则仍然不稳定。

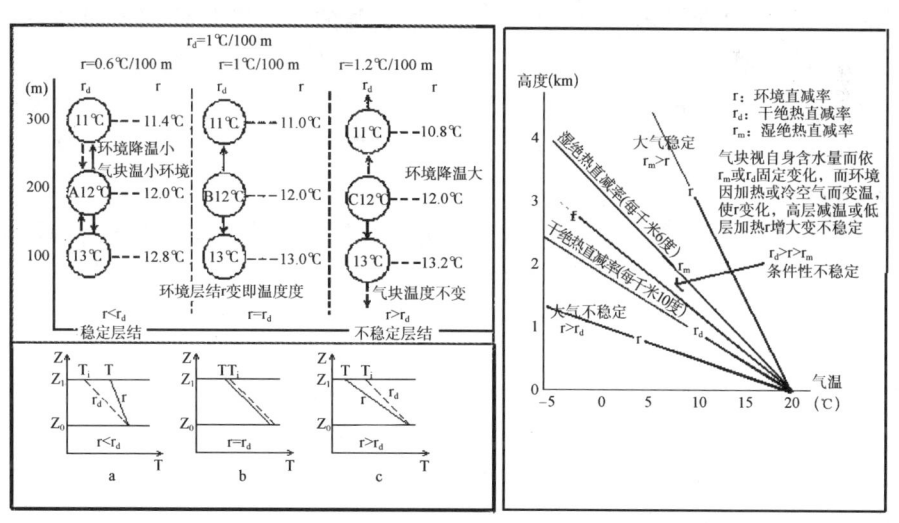

图 3.20 三种不同的大气稳定度　　图 3.21 环境直减率与大气稳定度的关系

5. 飑、飑线、雷暴、冷锋、冰雹的区别

(1)飑

指风向突变、风力猛增的一种强烈阵风,属风的范畴,与雨、雪、冰雹、龙卷、霜等一样,是一种天气现象,一种突发的 8 级以上强阵风,此种阵风具有突发性,风力由静风瞬间增强到 8 级以上(8级以上的阵风也是飑线的一个条件),同时其他气象要素的变化也较大,如气压涌升,气温骤降,湿度大幅度上升,另外,通常还可伴有强雷暴或龙卷。龙卷的风力更强,具有高度旋转性,威力通常比"飑"还厉害。

(2)飑线

又称不稳定线或气压涌升线,是气压和风的极度不连续线,由多个雷暴单体或雷暴群所组成的狭窄的强对流天气带,是一种中尺度天气系统,不是一种天气现象,其范围达几百千米,生命史几个小时。呈南北或北东北—南西南走向狭长状,因此,通常影响一地的时间一般只有几分钟,但影响的范围广,这是与单个雷暴的区别之一。

飑线从生成到消亡可分为三个阶段:

a. 初生阶段,一般经历3~5小时,有6级左右大风,并伴有雷雨。

b. 全盛阶段,历时1~2小时,风向突然改变,风速骤增,常由8级猛增至12级以上,气压急剧上升,温度剧降,短时间会降低10℃以上。这阶段发生的狂风暴雨,破坏力很大。

c. 消散阶段,历时2小时左右,风力减小,雷雨强度降低,气压渐降,气温渐升,天气渐好。

与冷锋、台风一样,飑线包含了大风、降水等天气现象,只不过冷锋、台风属大尺度系统,范围几千千米,生命史可达几天。所以,飑线不是一种大尺度天气现象,而是一种中尺度的天气系统。"3.22飑灾"是飑线中的"飑"所造成,而不是雷或暴雨。

所以,正确的表述应该是:受"飑线"过境影响,我市出现"飑"(正如:受台风影响,我市出现9级东北大风),树木折断,风灾严重。

飑线过境影响时的天气主要表现为:风向突变,风速急增,气压涌升,气温骤降,并可伴有雷暴、阵雨或冰雹、龙卷等剧烈天气,即经常同强雷阵雨、狂风及降雹等相联系,此三项为主要的防范对象。

每年春季,如当前期回暖非常显著时,若北方有较强的冷空气南下,常在冷空气前缘附近出现飑线;或在高空槽东移时产生。高空槽波动快速东移所造成的飑线通常由广东快速东移入境我省、进入我市,整个生命史只持续几个小时,由于移动速度通常在70~100 km/h,又呈南北狭窄状,因此影响一地的时间一般只有几分钟,但因伴有的天气剧烈,足以在短时间内造成风灾、涝灾和雹灾,而一旦飑线中的某个单体在某处逗留,则灾害将更严重。

飑线过境,通常是高空槽波动快速东移所造成,时间极短;飑线过境后,若没有冷空气的紧随影响,则还是维持暖湿天气状态,如2002年4月6日(9级),而2005年3月22日"飑线"过后则紧随冷空气影响,也许有冷空气的配合,飑线所造成的强风更厉害。

泉州市近几年几次飑线过境:

2005年3月22日飑线过境,我市山区风速大,其中永春超过40 m/s。

2002年4月6日的飑线过境,我市全境风速20多m/s(9级),风灾大。

1984年4月5日,厦门因飑线过境,最大风速达45.6 m/s。

2000年8月23日10号台风"碧莉斯"登陆我市,瞬间最大风速37 m/s,相当于13级风,泉州实验小学门口两株几百年松树被连根拔起。

(3)雷暴

以雷雨大风为主,有时也将雷雨大风称作飑,因此也可说雷暴中常出现飑,即雷雨大风。多个雷暴组成飑线,即雷暴是飑线的组成部分,当然,龙卷也可以是飑线的组成部分。

飑线、龙卷风和雷雨大风最突出的气象要素之一是强风,三者的区别在于风力的大小,另外与配合的天气系统也不一样。作为一种中尺度天气系统的飑线,常常是在有高空槽或在台风中出现,如2008年8号台风"凤凰"于7月28日22时在福清登陆,登陆前的17时前后,由三明、闽中地区向西南方向延伸的一条狭长的飑线,它呈逆时针旋转最后影响沿海地区。

飑线的水平尺度小(为一种中尺度天气系统),但在其影响的范围内都将发生强大的风、雨灾害。

龙卷风的风向旋转时,中心风速可达100~200 m/s,具有极大的破坏力。

雷雨大风的风力一般小于飑线和龙卷风,但它的发生不仅有大风,而且伴随有电闪雷鸣和暴雨等现象,有时也将雷雨大风称作"飑"。

(4)冷锋

是一种大型天气系统,范围几千千米,影响范围广,在其前后是冷暖两种不同性质的气流,其影响之后,气温也迅速下降,但不易在短时间内迅速回升。"飑线"若无冷空气的紧随影响,则气温可在短时间内回升。

(5)冰雹

冰雹和雨、雪一样都是从云里掉下来的。不过下冰雹的云是一种发展十分强盛的积雨云,而且只有发展特别旺盛的积雨云才可能降冰雹。

积雨云和各种云一样都是由地面附近空气上升凝结形成的。空气从地面上升,在上升过程中气压降低,体积膨胀,如果上升空气与周围没有热量交换,由于膨胀消耗能量,空气温度就要降低,这种温度变化称为绝热冷却。根据计算,在大气中空气每上升100 m,因绝热变化会使温度降低1℃左右。我们知道在一定温度下,空气中容纳水汽有一个限度,达到这个限度就称为"饱和",温度降低后,空气中可能容纳的水汽量就要降低。因此,原来没有饱和的空气在上升运动中由于绝热冷却可能达到饱和,空气达到饱和之后过剩的水汽便附着在飘浮于空中的凝结核上,形成水滴。当温度低于0℃时,过剩的水汽部分还会凝华成细小的冰晶。这些水滴和冰晶聚集在一起,飘浮于空中便成了云。

大气中有各种不同形式的空气运动,形成了不同形态的云。因对流运动而形成的云有淡积云、浓积云和积雨云等。人们把它们统称为积状云。它们都是一块块孤立向上发展的云块,因为在对流运动中有上升运动和下沉运动,往往在上升气流区形成了云块,而在下沉气流区就成了云的间隙,有时可见蓝天。

积状云:积状云因对流强弱不同而形成各种不同的云状,它们的云体大小悬殊。如果云内对流运动很弱,上升气流达不到凝结高度,就不会形成云,只有干对流;如果对流较强,可以发展形成浓积云,浓积云的顶部像花椰菜状,由许多轮廓清晰的凸起云泡构成,云厚可以达4~5 km;如果对流运动很猛烈,就可以形成积雨云,云底黑沉沉,云顶发展很高,可达10 km左右,云顶边缘变得模糊起来,云顶还常扩展开来,形成砧状。

冰雹云:一般的积雨云可能产生雷阵雨,而只有发展特别强盛的积雨云,云体十分高大,云中有强烈的上升气体,云内有充沛的水分,才会产生冰雹,这种云通常也称为冰雹云。

冰雹云是由水滴、冰晶和雪花组成。一般分为三层:最下面一层温度在0℃以上(夏季一般在5000 m以下),由水滴组成;中间温度为0℃至-20℃(5000~7000 m),由过冷却水滴、冰晶和雪花组成;最上面一层温度在-20℃以下,基本上由冰晶和雪花组成。

在冰雹云中气流是很强盛的,通常在云的前进方向,有一股十分强大的上升气流从云底进入又从云的上部流出。还有一股下沉气流从云后方中层流入,从云底流出。这里也就是通常出现冰雹的降水区。这两股有组织上升与下沉气流与环境气流连通,所以一般强雹云中气流结构比较持续。强烈的上升气流不仅给雹云输送了充分的水汽,并且支撑冰雹粒子停留在云中,使它长到相当大才降落下来。

在冰雹云中,冰雹又是怎样长成的呢?在冰雹云中强烈的上升气流携带着许多大大小小的水滴和冰晶运动着,其中有一些水滴和冰晶并合冻结成较大的冰粒,这些粒子和过冷水滴被上升气流输送到含水量累积区,就可以成为冰雹核心,这些冰雹初始生长的核心在含水量累积区有着良好生长条件。雹核 A(图 3.22)在上升气流携带下进入生长区后,在水量多、温度不太低的区域与过冷水滴碰并,长成一层透明的冰层;再向上进入水量较少的低温区,这里主要由冰晶、雪花和少量过冷水滴组成,雹核与它们黏并冻结就形成一个不透明的冰层;这时冰雹已长大,而那里的上升气流较弱,当它支托不住增长大了的冰雹时,冰雹便在上升气流里下落,在下落中不断地并合冰晶、雪花和水滴而继续生长,当它落到较高温度区时,碰并上去的过冷水滴便形成一个透明的冰层;这时如果落到另一股更强的上升气流区,那么冰雹又将再次上升,重复上述的生长过程。这样冰雹就一层透明一层不透明地增长;由于各次生长的时间、含水量和其他条件的差异,所以各层厚薄及其他特点也各有不同。最后,当上升气流支撑不住冰雹时,它就从云中落下来,成为我们所看到的冰雹了。

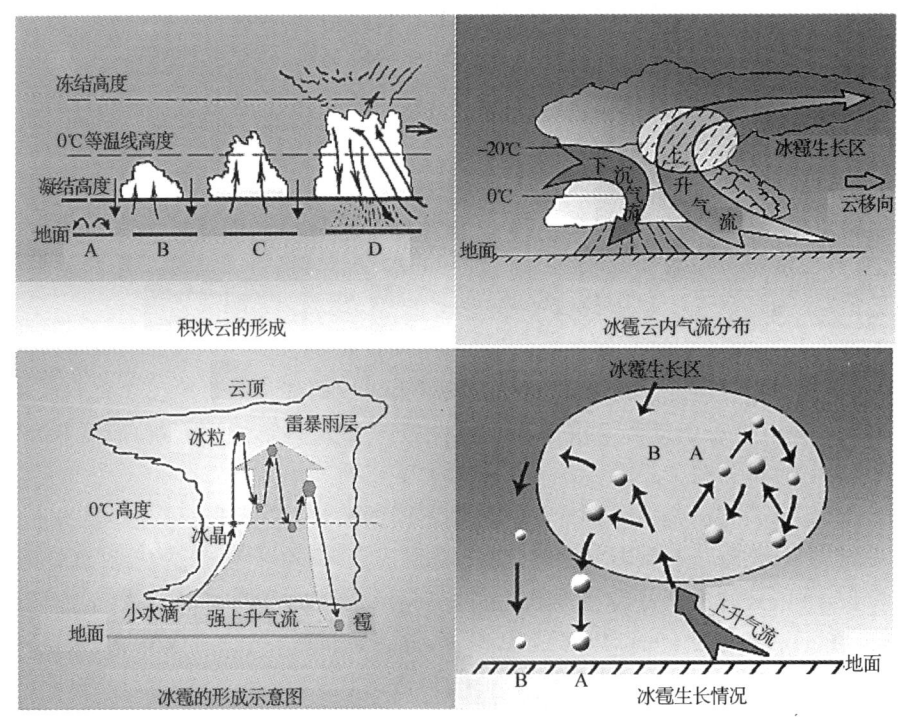

图 3.22 冰雹的生长过程

三、气压

泉州市各地气压因海拔高度不同而差异明显,海拔 22.5 m 的崇武站年平均气压为 1011.5 hPa,海拔 507.1 m 的德化站则为 956.5 hPa。

一年中各地均呈"一峰一谷"型变化,大部分地区最高值为12月(少数为1月),最低值则均为8月。冬季冷高压1031.9 hPa是泉州市历年的最高值,1976年8月10日德化926.9 hPa则是历年最低值;

一天中气压呈现"双峰双谷"型变化,一般10时和23时为峰,05时和16时为谷。

表3.24　泉州市各地月平均气压表(本站气压,单位:hPa,1960—2006年)

站点	1月	2月	3月	4月	5月	6月	7月	8月	9月	10月	11月	12月	年均
崇武	1019.3	1018.2	1015.5	1011.9	1008.1	1004.7	1003.5	1003.1	1007.3	1013.0	1016.7	1019.4	1011.7
晋江	1016.5	1015.4	1012.7	1009.0	1005.3	1002.0	1001.0	999.9	1005.0	1010.4	1014.1	1016.9	1009.0
鲤城	1019.5	1018.3	1015.6	1012.0	1008.5	1004.8	1003.7	1003.2	1007.6	1013.2	1017.0	1019.7	1011.9
南安	1016.9	1015.8	1013.1	1009.3	1005.6	1002.2	1001.2	1000.7	1005.4	1010.8	1014.6	1017.5	1009.4
安溪	1012.5	1011.2	1008.5	1004.7	1001.2	998.0	997.1	996.7	1001.3	1006.9	1010.5	1013.3	1005.2
永春	1001.9	1000.6	998.0	994.6	991.1	987.9	987.1	986.7	991.2	996.5	1000.1	1002.6	994.8
德化	961.6	960.3	958.2	955.3	952.5	949.8	949.2	948.9	953.2	957.8	960.7	962.5	955.8

表3.25　泉州市各地月平均最低气压表(本站气压,单位:hPa,1960—2006年)

站点	1	2	3	4	5	6	7	8	9	10	11	12	年均
崇武	1017.1	1015.8	1013.0	1009.3	1006.3	1003.0	1002.0	1001.4	1005.7	1011.2	1014.6	1017.6	1009.7
晋江	1013.6	1012.3	1009.5	1006.1	1002.7	999.7	998.7	997.4	1002.4	1007.9	1011.2	1014.0	1006.3
鲤城	1017.1	1015.8	1012.9	1009.5	1006.1	1003.1	1001.9	1001.2	1005.6	1011.1	1014.5	1017.5	1009.7
南安	1014.4	1013.1	1010.2	1006.9	1003.5	1000.4	999.3	998.8	1003.3	1008.7	1012.1	1015.0	1007.1
安溪	1010.0	1008.7	1005.8	1002.5	999.3	996.2	995.2	994.8	999.4	1004.8	1008.0	1010.6	1003.0
永春	999.2	997.9	995.1	992.0	988.9	986.0	985.0	984.7	989.0	994.2	997.3	1000.0	992.4
德化	959.0	957.8	955.4	952.9	950.4	947.9	947.3	946.9	951.0	955.6	958.1	960.1	953.5

表3.26　泉州市各地月平均最高气压表(本站气压,单位:hPa,1960—2006年)

站点	1	2	3	4	5	6	7	8	9	10	11	12	年均
崇武	1021.7	1020.6	1017.9	1013.9	1010.2	1006.4	1005.5	1005.0	1009.3	1014.9	1018.5	1021.9	1013.8
晋江	1018.2	1017.1	1014.2	1010.6	1006.7	1003.1	1002.2	1001.1	1006.1	1011.7	1015.3	1018.4	1010.4
鲤城	1021.7	1020.7	1017.8	1014.0	1010.0	1006.2	1005.2	1004.8	1009.3	1015.0	1018.7	1022.0	1013.8
南安	1019.4	1018.2	1015.5	1011.7	1007.7	1004.2	1003.0	1002.6	1007.2	1012.9	1016.6	1019.9	1011.6
安溪	1015.2	1014.1	1011.1	1007.4	1003.6	1000.0	999.2	998.9	1003.4	1009.1	1012.8	1016.0	1007.6
永春	1004.4	1003.2	1000.4	996.8	993.1	989.7	988.9	988.7	993.1	998.6	1002.0	1005.0	997.0
德化	963.6	962.4	960.0	957.1	954.1	951.2	950.8	950.5	954.5	959.4	962.2	964.5	957.5

表3.27　泉州市各地气压极值表(本站气压,单位:hPa;1960—2006年)

气压	崇武	晋江	鲤城	南安	安溪	永春	德化
最高气压	1032	1031.4	1033	1030.5	1026.7	1014.7	972.9
出现时间	1983.1.22	1983.1.22	1983.1.22	1983.1.22	2006.2.9	1989.11.30	1981.12.2
最低气压	972.4	972.6	978	975.3	971.8	963.2	924
出现时间	2004.8.25	2004.8.26	1982.7.29	1994.7.11	1982.7.29	1992.8.31	1996.8.1

四、风(大风、风灾、风压)

因为地球上各地的冷热不一样,热的地方,空气膨胀上升,空气密度减小,气压降低;冷的地方,空气收缩下沉,气压升高。两地的气压差形成了空气的流动,这就是风。

春风送暖,夏日清风都是人们的最爱。可是,当风刮得太大太猛,也会造成危害。平均风力达 6 级或以上(即风速 ≥10.8 m/s),瞬时风力达 8 级或以上(风速 ≥17.2 m/s),我们称大风。大风有时会造成人员伤亡、失踪,还会破坏房屋、车辆、船舶、树木、农作物以及通信设施、电力设施等,由此造成的灾害称为风灾。图 3.23 为风向和风级的示意图。

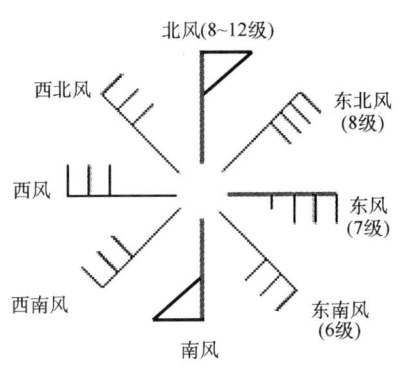

图 3.23 风向和风级

(一)风:风向与风速

1. 风向

泉州市是典型的季风气候区,冬半年盛行偏北风,风向从沿海向内陆呈"顺时针"旋转趋势;夏季风盛行西南风,风向从沿海向内陆呈"逆时针"旋转趋势(西南风转东南风)(参见图 3.25 和 3.26)。从代表性较好的沿海地区测站看,东北风的频率最大(NE 和 NNE 合计频率占 50%),西南风次之(SW 和 SSW 合计占 15%),其他风向的频率较小(参见表 3.28)。

表 3.28 泉州市各县全年各风向风速、频率表(单位:风速 m/s,频率%;1960—2006 年)

风向	崇武		晋江		鲤城		南安		安溪		永春		德化	
	风速	频率	风速	频率	风速	频率	风速	频率	风速	频率	风速	频率	风速	频率
N	5.3	8	2.6	6	2.7	3	2.1	5	1.8	2	2.8	4	2.5	1
NNE	8.3	22	4.1	10	3.9	7	2.4	5	1.5	1	2.9	2	3.4	2
NE	7.5	28	4.5	19	4.3	6	2.3	7	1.8	2	2.0	3	3.0	8
ENE	5.5	8	3.8	15	4.6	19	2.1	8	2.4	5	1.8	5	2.5	7
E	3.6	3	2.7	7	3.1	6	2.0	8	2.7	18	2.0	14	2.3	8
ESE	3.0	1	2.4	3	2.3	5	2.0	7	2.4	7	2.2	12	2.2	5
SE	3.8	1	2.3	2	2.0	2	1.9	5	2.3	9	2.0	7	2.2	7
SSE	4.4	2	2.8	2	2.3	5	2.1	3	1.8	2	1.7	3	2.2	2
S	4.4	4	3.3	4	2.4	2	2.6	4	1.6	1	1.7	3	2.1	2
SSW	5.2	7	3.9	10	2.5	6	2.7	5	1.4	1	1.6	2	2.2	2
SW	4.6	8	3.7	4	2.1	2	2.0	4	1.5	1	1.5	2	2.0	2
WSW	3.8	2	2.6	1	1.9	1	1.7	2	1.5	1	1.4	2	2.0	3
W	3.1	1	2.2	1	1.7	2	1.6	1	1.8	5	1.7	4	2.0	3
WNW	2.8	0	2.3	1	2.1	6	1.8	1	1.9	7	1.9	5	2.4	1
NW	3.0	1	2.4	3	1.9	5	1.8	4	2.3	8	2.1	7	2.6	1
NNW	2.8	0	2.3	1	2.1	5	1.8	2	1.9	7	1.9	5	2.4	1
C	0	4	0	10	0	17	0	28	0	24	0.0	20	0.0	41
合计		100		100		100		100		100		100		100
平均	6.1		3.3		2.6		1.6		1.7		1.7		1.5	

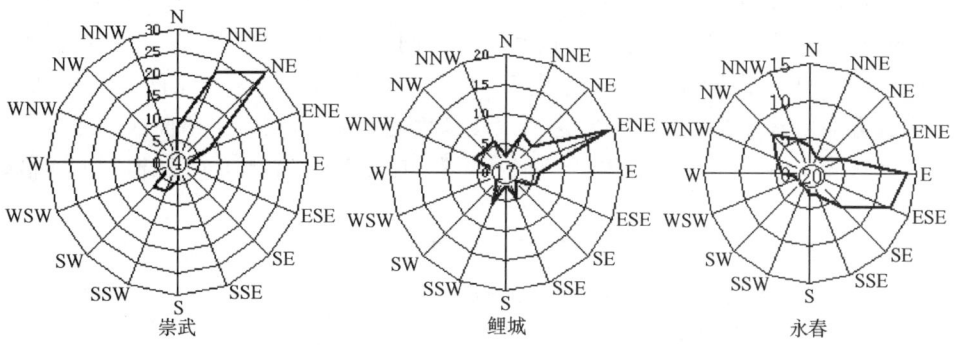

图 3.24　泉州市沿海、内陆山区全年平均风向玫瑰图

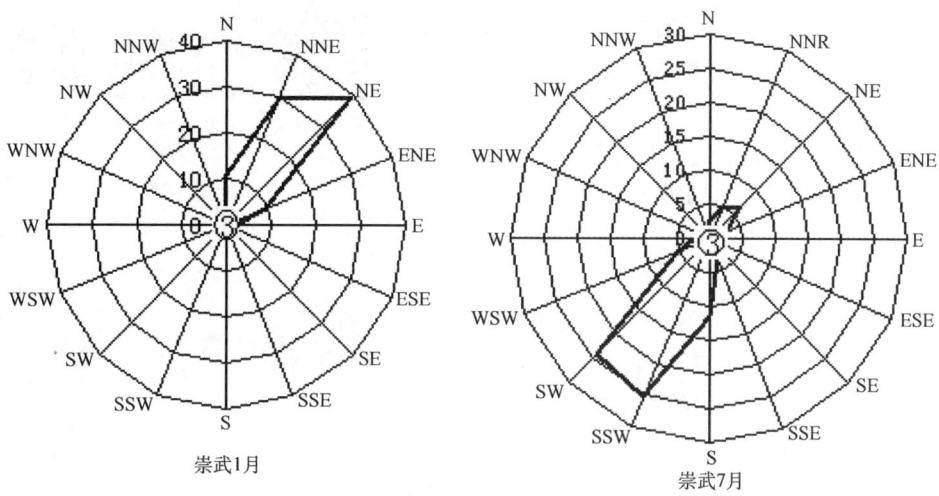

图 3.25　泉州市沿海(崇武)1月、7月风向玫瑰图

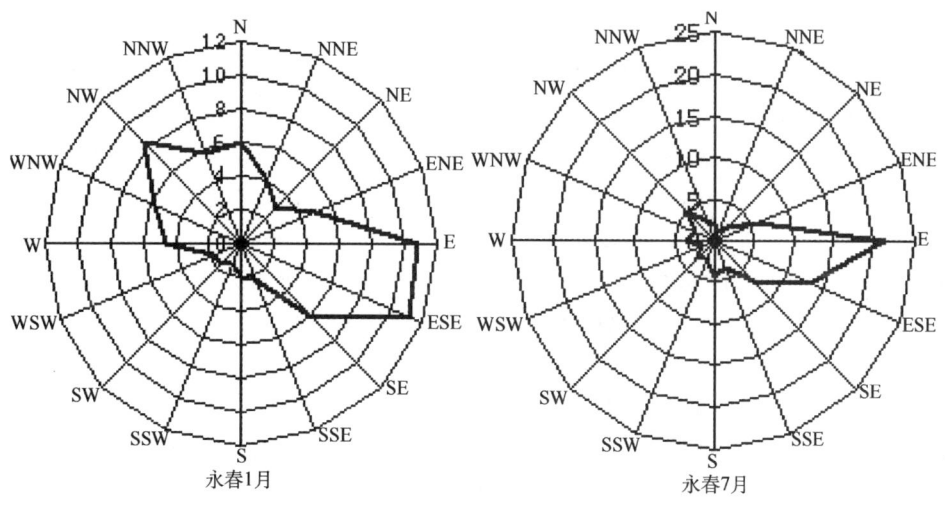

图 3.26　泉州市内陆山区(永春)1月、7月风向玫瑰图

(1)海陆风的形成和作用

白天陆面暖,水面冷,于是形成了水面和陆面之间的热力对比即温差。这种温差可以形成水平气压梯度,气压差将导致水平气流形成。白天接近陆面的地方气压低,接近水面的气压高,气压梯度方向由水面指向陆面。在这一气压梯度的影响下,接近下垫面的观测者感觉到的是向岸风(区域较小时,地转偏向力影响比较小,可忽略不计)。高层的气压梯度方向恰好与地面的相反。

夜晚环流正好与白天相反,陆地比海洋热量损失速度快。陆地冷却下来后,使其表面的空气降温。陆地表面较冷的空气下沉流入海洋,形成陆地风,填充从相对温暖的海洋表面上升流向陆地高空的那些空气。

滨海地区的风向还受到海陆风的影响,海陆风对风向有偏转作用,对风力有增强或减弱作用。从夜间到翌日上午,吹陆风即西北风;下午吹海风即南风。

冬季,海陆风使风向在上午发生顺时针偏转(东南海风使原来正常北风减弱并转为东北风),下午产生逆时针偏转(西北陆风使原来正常北风增强并转为西北北风);

夏季,海陆风使风向上午发生逆时针偏转(偏南转东南,风力加大,因为增加的是东南海风),下午发生顺时针偏转(西北陆风使夏季正常的偏南转西南,风力减弱)。这种偏转,夏季发生在 07—09 时(陆温开始大于海温,吹东南海风)和 19—21 时(海温开始大于陆温,吹西北陆风),冬季相应推迟 2 小时左右。

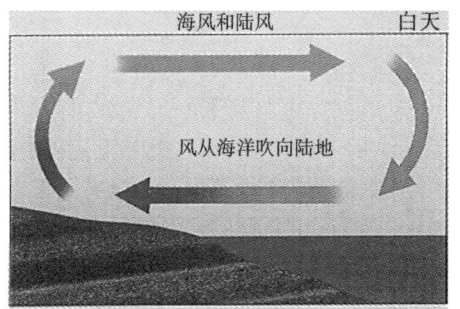

图 3.27　海陆风的形成

(2)主导风向

风向风频在 10% 以上的最大者,则称为主导风向,在 10% 以上的次大者,则称为次主导风向。各风向风频在均 10% 以下,则称无主导风向,即全年没有一个盛行风向。

(3)风向分布特征

从沿海到内陆山区,主导风向由东北风呈"顺时针"方向旋转至内陆以偏东风为主。

表 3.28 显示,沿海(崇武)的主导风向为 NE(28%),外加邻近两个方位(NNE22%,ENE8%)的风频,共 58%;次主导风向为 SW(8%),外加邻近两个方位(SSW7%,WSW2%)的风频,共 17%;内陆山区(永春)的主导风向为 E(14%),外加邻近两个方位(ESE12%,ENE5%)的风频,共 31%;次主导风向为 NW(8%),外加邻近两个方位(NWW5%,NNW5%)的风频,共 18%;

沿海少有静风,而内陆的静风频率达 20%。

经过对泉州市沿海的崇武逐月风向频率的分析(见图 3.28),夏季的 6—8 月份,泉州市沿海以 SW 风为主,其余月份则以 NE 风为主,显示较有规律的季风变化特点,其他风向则不明显。

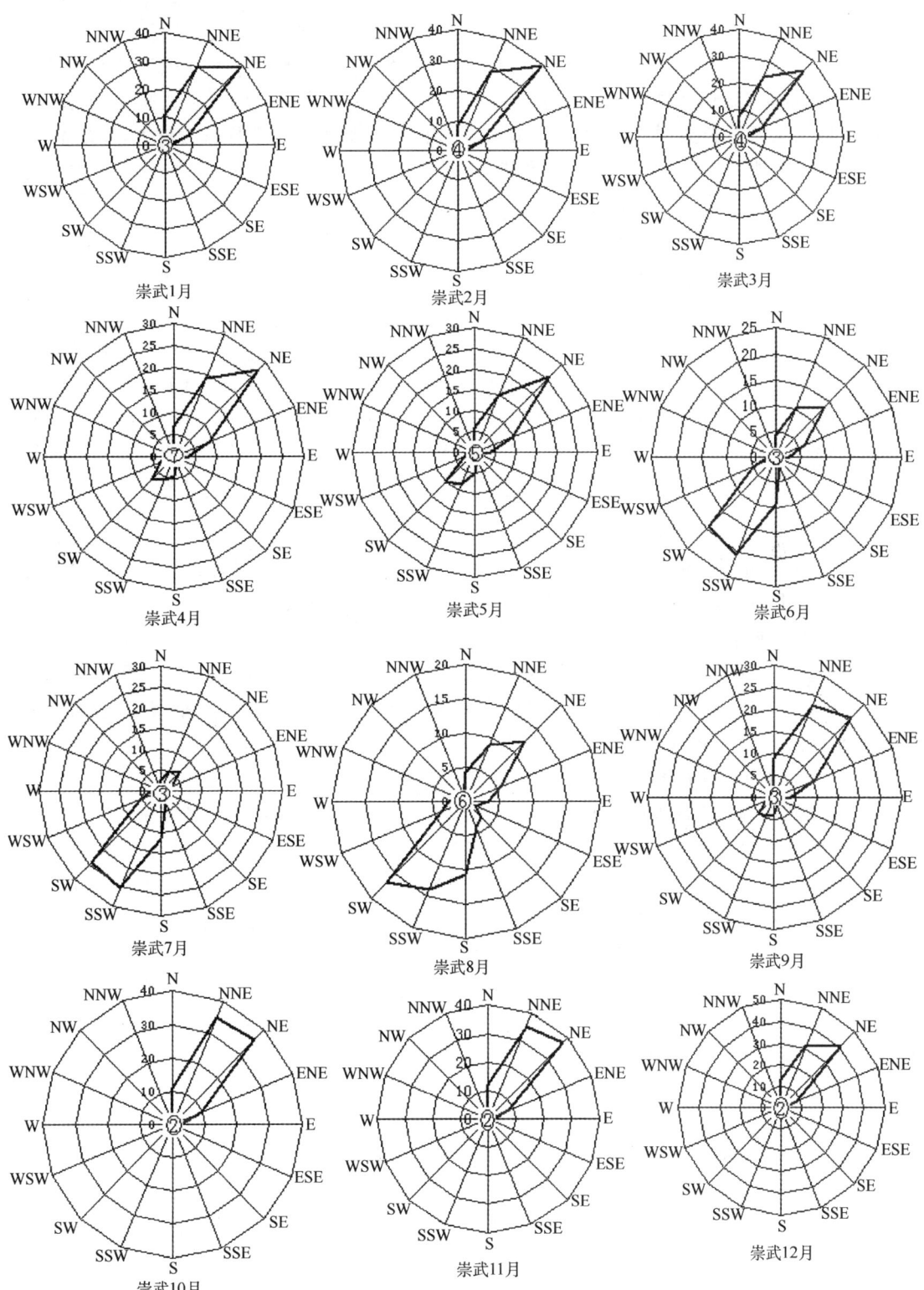

图 3.28 泉州市沿海(崇武)逐月风向玫瑰图

2. 风速

惠安县、鲤城区、晋江县、石狮市和南安县的沿海地区,是泉州市年平均风速的高值区,既有丰富的风能资源,也有利于大气污染的扩散。平均风力由沿海向内陆迅速减弱,到南安城关,年平均风速已与安溪、永春等地相差无几。一年中,沿海秋冬季平均风力较大,春夏季平均风力较小,内陆地区则各季平均风力差异甚小。

表3.29 泉州市各地逐月平均风速表(单位:m/s)

站点	1	2	3	4	5	6	7	8	9	10	11	12	年均
崇武	7.0	7.0	6.1	5.1	4.9	5.2	5.0	4.7	5.8	7.6	7.6	7.2	6.1
晋江	3.3	3.4	3.2	3.0	2.9	3.3	3.4	2.9	3.1	3.7	3.7	3.5	3.3
鲤城	2.9	2.8	2.7	2.4	2.2	2.2	2.3	2.2	2.7	3.2	3.2	3.0	2.6
南安	1.3	1.4	1.4	1.5	1.5	1.7	2.0	1.7	1.7	1.7	1.6	1.4	1.6
安溪	1.8	1.9	1.9	1.9	1.7	1.5	1.7	1.6	1.6	1.6	1.7	1.7	1.7
永春	1.6	1.7	1.6	1.7	1.7	1.7	1.8	1.8	1.7	1.7	1.8	1.7	1.7
德化	1.3	1.4	1.4	1.4	1.4	1.4	1.6	1.5	1.5	1.7	1.5	1.3	1.5

3. 泉州市风向与风速的关系

沿海地区东北风(含东北偏北和东北偏东)平均风力最大,西南风(含西南偏南)平均风力次之,西北风平均风力最小;内陆地区各风速对应的风力相差不大。

4. 风能的利用

泉州地处台湾海峡中部,台湾海峡西岸中部因其独特的地理位置所引起的"狭管效应"的作用以及频受强劲的东北季风、西南季风和台风的影响,常年风力强劲。风能具有较高的利用价值。泉州的风能状况如何,在此作一介绍。

反映一地风能情况的指标为有效风能密度和有效风力时数。

现仅择取临海的崇武地区1991—1994年期间每日逐时的风速情况作具体分析。

有效风能密度:由于风力机自身的限制,即$\geqslant 3$ m/s才能工作,超过$\geqslant 20$ m/s风机将损坏,所以一般择取3~20 m/s的风速作为工作风速(分别为V_1,V_2的值)。依此界限计算的风能密度便称为有效风能密度,相应的小时数称为有效风力时数,其分别由以下两式估算:

(1) $W_e = \frac{1}{2}\rho \int_{V_1}^{V_2} V^3 dt$,由龙贝格算法求得有效风能密度为212 W/m²。

(2) $T_e = N\{\exp[-(V_1/C)^K] - \exp[-(V_2/C)^K]\}$,所求得的有效风力时数年平均为7122 h,年出现的百分率为81%。

(参考值:$\geqslant 3$ m/s的风速年平均累积时数分别为7213 h,大于有效风力时数年平均为7122 h,这是因为它包含了$\geqslant 20$ m/s的风力时数,$\geqslant 6$ m/s的风速年平均累积时数为3930 h。)

年平均风能密度的相关公式计算(与有效风能密度不同):

风能使风力机的风轮转动而转化为机械能。垂直于气流的单位面积上的风的功率称为风能密度,它是估计某地风能潜力的一个重要指标,其大小由该地全年平均风能密度($\overline{W}$)而定,公式为:

$$\overline{W} = \frac{1}{T}\int_0^T \frac{1}{2}\rho V^3 dt$$

T为全年的时数,ρ为当地的空气密度,V通常被认为是具有一定概率分布的随机变量,

并遵从韦布尔分布(Weiball distribution),由此利用二三个参数来估算,这样上式可转化为

$$\overline{W} = \frac{1}{2}\rho C^3 \Gamma(1+3/K)$$

其中,$K=(\delta_v/m_v)^{-1.086}$,$C=m_v/\Gamma(1+1/K)$,$\Gamma$ 为伽玛函数

δ_v 和 m_v 可用样本标准差和平均风速来估算,这样求得年平均风能密度为 203.4 W/m²。依据风能划分区域标准,可得出台湾海峡西岸中部的风能属丰富区,有开发利用价值。

发展风能产业是利用可再生能源的有效措施。这样,需要了解一地的气象风能功率密度、年风能蕴藏量。如厦门的有效风速每年有 1400～2800 h,沿海的风能密度为 170 W/m²,具有很大的开发利用价值。

利用漫长的海岸线开发风能资源,可以在一定程度上减少能源的对外依赖程度,减少碳排放量。若在东海岸建立有景观功能的风能利用体系,既可利用可再生能源,又能避免与现有景观规划相干扰,还可营造出实用与美观双重功能的新景点。

建设风力资源监测网络,设立一批风能自动观测站,形成风力资源调查和梯度风观测记录的合理布局。一个风电场的装机容量可达 1 万千瓦。

(二)大风

1. 大风概况

泉州市沿海地区多大风(阵风≥17.2 m/s)天气,崇武平均每年 76.8 个大风日,1953 年达 153 天之多。丘陵地区和内陆是少大风区,每年平均不足 10 天,海拔较高的山顶也多大风,如德化九仙山平均每年有 206 个大风日,是全国闻名的大风站。

表 3.30 泉州市各地逐月大风日数表(单位:d)

站点	1	2	3	4	5	6	7	8	9	10	11	12	年总和
崇武	10.2	9.6	7.1	4.2	2.4	1.5	2.5	3.1	4.9	10.0	11.1	10.4	76.8
晋江	1.4	1.7	1.8	1.5	0.8	1.1	2.0	1.9	1.7	2.5	2.2	2.2	20.9
鲤城	3.9	3.6	4.2	3.0	1.4	0.7	1.2	1.4	2.1	3.4	3.9	4.8	33.7
南安	0.1	0.1	0.3	0.5	0.6	0.8	1.7	2.2	1.2	0.7	0.3	0.0	8.4
安溪	0.1	0.0	0.2	0.3	0.2	0.3	1.2	1.2	0.7	0.2	0.0	0.0	4.4
永春	0.1	0.0	0.2	0.3	0.5	0.3	1.6	1.9	0.8	0.2	0.1	0.1	6.1
德化	0.0	0.0	0.1	0.2	0.3	0.3	1.0	1.0	0.7	0.3	0.1	0.0	4.0

表 3.31 泉州市各地逐月平均最大风速表(单位:m/s)

站点	1	2	3	4	5	6	7	8	9	10	11	12	年均
崇武	10.3	10.2	9.5	8.5	7.9	8.4	8.3	8.2	8.9	10.4	10.7	10.4	9.3
晋江	6.1	6.3	6.3	6.3	6.0	6.9	7.3	6.7	6.3	6.6	6.4	6.2	6.4
鲤城	6.7	8.2	6.5	6.1	5.6	5.7	5.7	5.5	5.9	6.7	6.6	6.9	6.3
南安	3.7	3.8	4.0	4.1	4.1	4.8	5.3	5.1	4.6	4.4	4.1	3.8	4.3
安溪	4.1	4.2	4.4	4.3	4.2	4.6	4.7	4.4	4.0	3.8	3.9	4.2	4.2
永春	4.2	4.3	4.4	4.5	4.3	5.0	5.8	5.9	5.0	4.4	4.4	4.2	4.7
德化	4.0	4.1	4.2	4.3	4.2	4.6	5.1	5.3	5.0	4.7	4.5	4.2	4.5

2. 泉州市大风的三种主要类型

一是季风爆发（特别是冬季风爆发）：气压梯度大，加上台湾海峡的"狭管效应"，沿海容易出现大风。这种类型大风出现的几率较大，崇武冬季风影响期（10月—次年3月）大风日数占全年的76%，此类大风强度一般在8~9级，超过10级的不多见。

二是台风影响造成的大风：这种类型所占比例不大，但大风的极值都发生于此，10级以上具较大破坏力的大风常见。定时风速的极值是1959年8月23日第5903号台风影响时，崇武2分钟平均风力达12级。瞬间最大风力的极值在40 m/s以上，鲤城、晋江、崇武都出现过。

三是雷暴大风：由强对流天气造成。这类大风内陆地区出现机会比沿海多，一般发生于春季，夏季偶见。雷暴大风出现突然，时间短暂，一般只有几分钟，但强度大，常可达9级以上，也具相当大的破坏力。以下针对季风进行介绍。

图3.29 八级大风情形

★ 知识专集——西南季风的爆发

西南季风的爆发往往是泉州市及华南雨季（前汛期）的开始，爆发时间和爆发的标志详解如下：

南海西南季风爆发的指标和日期，研究者多数采用风场、降水、海温（SST）、副高等指标来确定，1997年11月国家气候中心在广东省气象局召开南海季风预测研讨会，会议对南海西南季风爆发建议采取如下定义：

南海及附近地区850 hPa上空出现大范围、持续西南风≥5天，较强（V_{max}≥10 m/s或5天滑动平均风速≥5 m/s）的赤道西风转向的西南气流或来自南半球的越赤道气流。此时副热带高压主体东移，南海出现强对流区，则可认为西南季风爆发。

季风指数是衡量季风强弱的一个标准，也是研究季风年际变化所必需的，因此关于季风指数的定义是目前国际上关于季风研究的一个重要问题。

依季风指数计算历年南海西南季风的暴发日。

南海西南季风的暴发日，出现在5月3—5日为正常年，出现在5月2日以前（含2日）为暴发偏早年，出现在5月6日以后（含6日）为暴发偏迟年；

南海西南季风强弱指标：以其强度的标准差σ≥0.6为南海夏季风偏强年，σ≤-0.6为偏弱年，-0.6<σ<0.6为正常年。

表3.32 1950—2004年各年南海西南季风建立时间（单位：月.候）

年代	0	1	2	3	4	5	6	7	8	9
1950	5.6	5.1	5.5	5.1	5.6	5.2	5.4	5.5	5.5	5.6
1960	5.6	5.3	5.4	5.6	5.4	5.5	4.6	5.4	5.6	5.5
1970	5.2	5.3	5.3	6.1	5.5	5.6	5.3	5.4	5.3	5.3
1980	5.4	5.3	5.6	5.5	4.6	4.5	5.2	6.2	5.5	5.4
1990	5.4	6.2	5.5	5.5	5.2	5.3	5.5	5.4	5.5	4.5
2000	5.3	5.2	5.3	5.5	5.4					

注：1候为5天，如"5.5"表示五月的第五候，即在5月21—25日之间。

表 3.33　1948—2003 年各年南海西南季风强度标准差 σ

年代	0	1	2	3	4	5	6	7	8	9
1940									0.154	−1.089
1950	1.258	0.682	0.382	−0.167	−0.531	−0.83	−1.348	−0.315	−0.606	0.106
1960	0.74	1.354	0.208	0.433	−0.193	−0.222	−0.634	1.206	0.64	−0.68
1970	−0.732	−0.79	2.659	0.407	0.905	0.666	0.116	−0.133	0.23	0.002
1980	−1.622	0.758	0.55	−1.041	0.757	1.484	−0.671	−0.825	−1.307	−1.22
1990	0.051	0.16	−0.627	0.068	1.089	−0.992	−1.776	1.512	−1.637	0.838
2000	0.072	0.036	1.131	−0.666						

(1)南海西南季风暴发早晚与前、后汛期降水量的关系

南海西南季风暴发偏早年,前汛期降水量以正常偏少为主,后汛期正常偏多为主。

南海西南季风暴发偏迟年,与前汛期雨量的关系不明显,后汛期降水量以正常偏少为主。

(2)南海西南季风强弱与前、后汛期降水量的关系

南海西南季风偏强的年份,后汛期 7—9 月降水正常偏多的几率为 69%(11/16);

南海西南季风偏弱的年份,后汛期 7—9 月降水正常偏少的几率为 74%(14/19)。

通常采用各年全省各代表站 7—9 月平均雨量与南海西南季风强度寻求相关系数, $r=0.481$,通过显著性水平 0.01 检验,故南海西南季风的强弱与后汛期 7—9 月的降水有较好的对应关系。

专题分析:南亚季风与东亚季风

季风形成原理和海陆风一样(各种其他因素的影响使季风形成比海陆风复杂得多)。

1. 季风定义

(1)季风气象学家拉梅奇(C. S. Ramage,1971)根据自己多年的研究总结前人的工作,给季风做了一个具体定义:

a. 1 月与 7 月盛行风向的变化至少有 120°。

b. 1 月与 7 月盛行风向的平均频率超过 40%。

c. 至少在 1 月或 7 月中有一个月的平均合成风速超过 3m/s。

2. 亚洲季风

东南亚季风区是亚洲最早的季风降水的地区,它以中国南海为中心,包括南海,中印半岛和菲律宾等地。长期以来因缺少观测资料,故对东南亚季风认识较少,但由于发现南海地区季风暴发对亚洲季风有重要作用,故在 20 世纪末中国与其他国家和地区联合在南海及周边地区进行了所谓的"南海季风实验"(South China Sea monsoon experiment 简称 SCSMEX)由此获得的大量观测数据,提高了人们对东南亚季风的认识。

东亚季风区包括中国东部朝鲜半岛和日本等地,中国把季风称为梅雨 Meiyu,韩国称为 Changma,日本称为 Baiu。

3. 东亚季风

季风强度一般用降水来表示，还有用经向风来表示。但大多数情况下多用降水来表示。

东亚季风雨带主要是随着季节变化逐步由华南向中国北方移动的。导致这种季节移动的直接原因包括越赤道季风气流，西太平洋副热带高压和西风带等强度的变化；青藏高原的热力和动力特征以及南亚、东南亚的季风强度也会从不同角度对东亚季风施加影响。

东亚夏季风的环流系统是副热带西南季风气流（副热带西南低空急流），它直接受到南亚热带西南季风气流、南海低空急流和西太平洋高压影响，预报时困难较大；并且这些影响因子的强度变化会直接形成东亚季风的年际和代际变化。

东亚降水存在季节性向北推进的过程，5月初至中旬，降水中心主要集中在长江以南，6月中旬降水中心由南向北发展，7月底到8月降水中心到达华北和中国东北地区。8—9月，季风雨转为秋雨，朝鲜半岛和日本的秋雨更为明显，且持续时间比中国的要长。在中国夏季风主要以降水为天气特色，但是冬季，中国的冬季风除了有寒潮降温和暴雪外，则还以风沙为特色。

4. 南亚季风与东亚季风比较

南亚季风、东亚季风、东南亚季风是亚洲季风的子系统，它们的来源、季风成员及其影响地区是不同的。

(1) 成员比较：南亚季风源于南半球的马斯克林高压，在东非沿岸越赤道后形成索马里急流，以西南季风形式影响印度，中南半岛和我国西南地区，对印度季风槽的形成和季风降水有很大影响。

东亚季风也有自己的成员，东亚季风起源于澳大利亚高压，在$105°—125°E$附近越过赤道以后，在南海、西太平洋地区成为西南急流，由于西太平洋副热带高压的影响，形成热带辐合带，副热带高压南侧的东南气流向北又变成西南气流，与北方冷空气活动配合，在长江流域形成梅雨锋。

为区别不同季风气流的来源，将与越赤道气流有关的季风气流称为"热带季风"，而与副热带高压有关的季风气流称为"副热带季风"。在高空，这两支季风环流都伴有较强的偏东气流。

(2) 热源比较：从大气热源的分布来看，两个系统各有一个巨大的热源中心位于北半球，各有一个冷源中心位于南半球。孟加拉湾热源和青藏高原热源与南半球的马斯克林冷源维持了印度季风槽的上升支和南半球的下沉支，组成了印度季风系统的季风经圈环流；而南海与东亚大陆的热源与澳大利亚的冷源维持了南海和西太平洋热带辐合带的上升支和澳大利亚的下沉支，从而组成东亚季风系统经圈环流。

由上述可知，东亚季风与南亚季风是两支相互独立的亚洲季风子系统，它们的分界线大约在$100°E$附近。另一方面，这两支季风子系统共存于一个大的季风环流内，是相互作用的。印度南部西南季风加强东伸，可以影响到南海和西太平洋地区，加强那里的西南气流；而南海热带低压或台风西移可以引起孟加拉湾低压的发展，最后影响印度季风。

3. 大风的预报方法

参见第八章"预报经验"之(三)"大风预报流程"。

表 3.34　地面风速 V 及蒲氏风级 B 表(高出空旷地面 10 m 处之标准高度的风速,$V=0.836B^{3/2}$)

蒲氏风级	名称	波浪	浪高(m)	高出地面 10 m 之相当平均风速				风级标准说明		
				m/s	km/h	海里/时	英里/时	陆地情形	海面情形	海岸船只情形
0	无风	—	—	0~0.2	<1	<1	<1	静,烟直上	海面如镜	风静
1	软风	—	—	0.3~1.5	1~5	1~3	1~3	炊烟能表示风向,风标不动。	海面生鳞状波纹、波峰无泡沫。	渔舟正可操舵
2	轻风	微波	0.2~0.3	1.6~3.3	6~11	4~6	4~7	风拂面树叶有声,普通风标转动。	波峰光滑而不破裂。	张帆时每小时可行 1~2 英里
3	微风	小波	0.6~1	3.4~5.4	12~19	7~10	8~12	树叶及小枝动摇,旌旗招展。	波峰开始破裂泡沫如珠,波峰偶泛白沫	渔舟渐觉倾侧,进行速度约为每小时 3~4 英里
4	和风	轻浪	1~1.5	5.5~7.9	20~28	11~16	13~18	地面扬尘,纸片飞舞,小树干摇动	小波渐高,波峰白沫渐多。	渔舟满帆时倾于一方,捕鱼好风
5	清风	中浪	2~2.5	8.0~10.7	29~38	17~21	19~24	有叶之小树摇罢,内陆水面有小波	中浪渐高,波峰泛白沫,偶起浪花	渔舟缩帆
6	强风	大浪	3~4	10.8~13.8	39~49	22~27	25~31	大树枝摇动,电线呼呼有声,举伞困难。	大浪形成,泛白沫波峰渐广,渐起浪花。	渔舟张半帆捕鱼注意风险
7	疾风	巨浪	4~5.5	13.9~17.1	50~61	28~33	32~38	全树摇动,迎风步行有阻力。	海面涌突,白浪泡沫沿风成条,浪涛渐起。	渔舟停息港中,在海者下锚
8	大风	狂浪	5.5~7.5	17.2~20.7	62~74	34~40	39~46	小枝吹折,行人不易前行。	巨浪渐升,波峰破裂,浪花成条沿风吹起	近港之渔舟,皆停留不出
9	烈风	狂涛	7~10	20.8~24.4	75~88	41~47	47~55	烟囱屋瓦建筑物等将损毁	猛浪惊涛,海面渐呈汹涌,浪花白沫增浓,能见度减低。	汽船航行困难
10	狂风	狂涛	9~12.5	24.5~28.4	89~102	48~55	55~63	陆上不常见,见则拔树倒屋或其他损毁。	猛浪翻腾,浪峰高耸,浪花白沫堆积,海面一片白浪,能见度更低。	汽船航行危险

(续表)

蒲氏风级	名称	波浪	浪高(m)	高出地面10米之相当平均风速				风级标准说明		
				m/s	km/h	海里/时	英里/时	陆地情形	海面情形	海岸船只情形
11	暴风	非凡现象	11.5~16	28.5~32.6	103~117	56~63	64~72	陆上很少见，有则必重大灾害。	狂涛高可掩盖中小海轮，海面全成白沫，惊涛翻腾白浪，能见度大减	汽船航行危险
12	飓风		>14	32.7~36.9	118~133	64~71	73~82	陆上极少见，可颠覆毁坏车辆房屋及其他设施，破坏严重。	空中充满浪花飞沫，海面全呈白色浪涛，能见度恶劣。	海浪滔天，船舶无法航行
13	飓风		—	37.0~41.1	134~149	72~80	83~92	—	—	—
14	飓风		—	41.5~46.1	150~166	81~89	93~103			
15	飓风		—	46.2~50.9	167~183	90~99	104~114			
16	飓风		—	51.0~56.0	184~201	100~108	115~125			
17	飓风		—	56.1~61.2	202~220	109~118	126~136			

注：1英里=1.609 km，1海里=1.852 km。

(三) 大风风灾

大风常常会造成人员伤亡，还会破坏房屋、车辆、船舶、树木、农作物以及通信设施、电力设施等，由此造成的灾害称为风灾。2002年4月6日，我市曾经历过一次飑线过境，全境风速达20 m/s(9级)。而在1984年4月5日，邻近的厦门也有一次飑线过境，最大风速达45.6 m/s。

1. 风灾灾害等级的划分

风灾灾害等级一般可划分为3级：

一般大风：相当6~8级大风，主要破坏农作物，对工程设施一般不会造成破坏；

较强大风：相当9~11级大风，除破坏农作物、林木外，对工程设施可造成不同程度的破坏；

特强大风：相当于12级及其以上大风，除破坏农作物、林木外，对工程设施和船舶、车辆等可造成严重破坏，并严重威胁人员生命安全。

2. 冷空气大风风灾案例

案例一："11.24"烟台特大海难事故

1999年11月24日23点50分，山东烟大轮船轮渡有限公司"大舜"号混装船在经历了近十个小时的燃烧和漂泊后，在离海岸约七海里的茫茫夜海中沉没，三百多名乘客和船员仅有22人生还，酿成新中国成立以来最大的一次海难事故。

11月24日中午，烟台市气象局的预告是，当天附近海域大风7~8级，阵风9级，事实证明烟台市气象局的预告是准确的。有关专家称，当天的气候条件是1991年以来最恶劣的一天,而仅仅在40天前,同是烟大公司的"盛鲁"轮已经沉没,在前有教训、眼前天气极其恶劣的情况下,是什么决定了这次死亡的航行?"11.24"特大海难事故的两大原因:

(1)气象、海况恶劣是事故发生的重要原因

烟台市受西伯利亚强冷空气影响,从24日中午开始,偏北风逐渐增大到7~8级,约17时后风速急剧增大,阵风10级;气温从24日14时8.2℃降至25日8时-1.3℃,下降约10℃。当日正值农历十月十七,23时为天文大潮高潮时,实际潮高4.09 m,比预报的2.48 m高1.61 m。受风浪和大潮影响,沿岸雕塑倒坍,路边石条等严重移位。事故附近海域不受遮蔽,实际风力和浪高更大,异常超出预报,实测为偏北风9~10级、阵风11级,浪高5.5~7.5 m。在寒潮降温、大风和大潮的共同作用下,24日中午以后烟台沿海出现了1991年以来最恶劣的气象、海况,致使"大舜"轮沉没,并给施救带来极大困难。同时,也使当日在渤海湾航行的客混船"银河公主"和货船"漩达"等船舶遇险,"中鲁"、"工友"、"生生"等客滚船被迫返航或使航行时间大幅延长。

(2)船长决策和指挥失误,在紧急情况下船舶操纵和操作不当是事故发生的主要原因

"大舜"轮在开航前收到当天烟台气象台发布的寒潮警报,但船长在对这一季节性恶劣气候的形成和影响缺乏足够认识和准备的情况下,就指挥船舶开航出港,在离港后不到2小时遇大风大浪即认为难以抵御,又匆忙指挥船舶返航避风,导致掉头返航过程中,船舶大角度横摇,舱内车辆及其货物倾斜、移位、碰撞,致使汽车油箱内燃油外泄,汽车相互撞击摩擦产生火花而引起火灾,进而导致通往舵机间的控制电缆烧坏,舵机失灵。

案例二:"恒达1"号冷藏船沉没

2006年2月16日23时许,一艘巴拿马籍冷藏船"恒达1"轮在平潭东甲岛附近海域触礁沉没。

冷空气影响时,海上风力往往可以骤增到8级以上,并造成海上船只的颠覆,其威力不亚于台风的风力,但公众对冷空气强大风力危害性的重视程度显然没有防范台风的意识强,盲目或怀侥幸心理冒险作业,以致冷空气大风风灾屡见不鲜。案例一、二就是侥幸型的代表。

案例三:"2006.2.3"大风惠安渔船翻沉事故

2006年2月2日23点多,惠安县净峰镇墩南村的6位渔民,到东海海域离惠安县小岞镇外海域7 km处捕捞作业。3日上午返航时,冷空气来临,渔船被巨浪掀翻,船上的6人落入水中,其中2名渔民被附近的莆田渔民救起,剩下的4人死亡。

在春季里,冷空气来临前,天气晴暖并刮偏南微风,正是海上作业好时光,也易使人丧失应有的警惕,然而春季也是冷空气大风猖獗时节,正如闽南语所云,冷空气具有"春报头、冬报尾"特点,即春季的冷空气大风往往出现在冷空气影响的初期,这样一来,大风的突然袭击就显得出其不意。此为平时不留意天气预报酿成的悲剧之例。案例三是无知型的代表。

案例四:"2006.3.12"广告牌倒塌砸死人悲剧

2006年3月12日上午8时左右,强冷空气开始影响,市区和崇武测站都观测到21 m/s的瞬间大风(相当于9级风力)市区发生广告牌不堪强风袭击倒塌砸死人悲剧(三死一伤)。

冷空气大风的威力不亚于台风风力,所造成的危害不容小觑,由于该广告牌安装时偷工减料,存在严重的安全隐患,最终不堪强风袭击而倒塌,全市为此展开广告牌安全大检查。

案例五:"2005.3.22飑线"——永远的痛

相关灾情报道:

报道1."飑线"刮失安溪5000万元,受灾人数达35万

经安溪有关部门初步统计,受此次"飑线"天气影响,全县受灾人口 35 万人,成灾人口 2.3 万人;因灾死亡 4 人,受伤 31 人,住院 18 人;房屋倒塌 9 座 32 间,受损 6040 座、27180 间;受灾农作物 600 亩;6 个工矿企业因灾部分停产,损坏输电线电杆 36 根,公路塌方 10 多处。直接经济损失达 5000 多万元。

报道 2. 造成 4 死 39 伤 2 万户民房受损,全市直接经济损失达 1.3 亿元

2005 年 3 月 22 日下午 4 时 20 分许,一场突如其来的"飑线"狂风横扫了安溪、永春、德化,以及南安北部地区,尽管仅仅持续了短短数分钟,但其本身的强大风力和破坏性,给这些地区造成了严重破坏。据统计,四个县市共有 4 人死亡 39 人受伤,近 2 万户民房受损,受灾人口达 46 万人,直接经济损失达 1.3 亿元。

"飑线"狂风横扫永春、德化,是两县有文献记录以来最大的一次。永春中心风力最大超过 12 级,9800 户民房、29 间校舍屋顶瓦片不同程度被吹落,受灾人口 12 万,需要安全转移安置 5080 人,经济损失达 2000 万元,其中农业经济损失 800 万元。

报道 3. 学校有必要建立快速反应的机制

2005 年 3 月 22 日,"飑线"过境安溪永春德化,有消息称,三县共有近百所学校受损,多名学生受伤。

据统计,安溪县有 75 所中、小学遭遇狂风袭击和破坏,估计损失有 70 万元,学校围墙倒塌、瓦片掀翻和玻璃破损现象较为普遍。

2005 年 3 月 22 日"飑线"突袭泉州,风灾使市民的生命财产遭到重大损失。"飑线"强威力固有其不可抗拒的一面,但泉州一些应对措施的软弱、粗糙也有待今后进一步完善。

"飑线"虽是一种超强灾害性天气,但对其还是可以有一定的捕捉能力的。"飑线"的范围小、生命史短,通常从广东自西向东快速移向泉州,这个移动过程需要几个小时的行程,给气象人员的捕捉留下一定的时间,天气雷达上可清晰地展现其强度和活动规律。但遗憾的是,泉州自身还没有配备气象雷达,所需资料必须向邻近的龙岩、厦门或长乐雷达站索取,工作上较为被动,如在此次"飑线"几近结束时,泉州才接到有关雷达报告。

判定"飑线"影响后的应对防范准备时间通常只有个把小时,要在短短的时间内把灾害性信息传递给全市几百万市民知道,依靠电视、报纸、电台等媒体显然有一定的局限性。但泉州通信技术较发达,具备在短时间内接收到灾害性信息的条件,为预防减灾提供可能。今后若要减小"飑线"对人民的危害性影响,单靠气象部门的能力显然不够,需要政府的统一协调运作。

(四)风压

1. 基本风压公式

风压是垂直于风向的单位面积平面上所受到的压强。

基本风压:以当地比较空旷平坦地面上离地 10 m 高,统计 50 年一遇自记 10 分钟平均最大风速(m/s)为标准,按 $w=\frac{1}{2}\rho v^2$ 确定的风压"。(根据 GBJ-98《建筑结构荷载规范》的要求)。

基本风压公式为:

$$w=\frac{1}{2}\rho v_0^2 \tag{3.1}$$

式中,w 为基本风压(kN/m^2);v_0 为基本风速(m/s);ρ 为空气密度(kg/m^3)。

干空气的密度 $\rho=1.2255$ kg/m³

$W=1/2\times1.2255\times v_0^2=0.613\times v_0^2 (\text{N/m}^2)$ 或 $W=1/2\times0.125\times v_0^2=0.0625\times v_0^2 (\text{kg/m}^2)$

当使用风杯式测风仪观测最大风速时，必须进行空气密度受温度、气压影响的修正，可按下式修正：

$$\rho=\frac{0.001276}{1+0.00366t}\left(\frac{p-0.378e}{100000}\right)(\text{kg/m}^3) \tag{3.2}$$

式中，t 为空气温度（℃）；p 为气压（hPa）；e 为水汽压（hPa）。

也可按下式近似估计空气密度：

$$\rho=0.00125e^{-0.0001z} \tag{3.3}$$

式中，z 为气象台站的海拔高度（m）。

2. 对风速观测数据资料的要求和处理

根据荷载规范的要求，气象台站的观测场地应具有代表性；周围地形要空旷平坦，能较好地反映较大范围的气象特点，避免局部地形和环境的影响。最大风速资料应全部取自于自记式风速仪的记录资料，对以往非自记的定时观测资料，必要时，仍应通过适当修正后加以考虑。年最大风速数据，一般应有 25 年以上的资料，至少也不少于 10 年。

不同高度风仪观测的风速要按下式换算为标准高度 10 m 的风速。

$$v=v_z(10/z)^\sigma \tag{3.4}$$

式中，z 为风仪实际高度（m）；v_z 为风仪观测的风速（m/s）；σ 为空旷平坦地面粗糙指数，取 0.16。

3. 风速的概率计算——多少年一遇最大风速的计算

年最大风速 x 采用极值 I 型的概率分布（又称双指数分布），其分布函数为

$$F(x_p)=P(x<x_p)=e^{-e^{-\alpha(x_p-\beta)}} \tag{3.5}$$

式中，β 为位置参数，即分布的众数，反映频率分布集中在数轴上的位置；α 为尺度参数，与均方差成反比。x 为极大值，p 为设计频率，x_p 为在设计频率为 p 时的变量极大值。

由于年最大风速序列为有限样本，其分布参数由下式计算：

$$\alpha=c_1/S=\frac{\pi}{S\sqrt{6}} \tag{3.6}$$

$$\beta=\bar{x}-\frac{c_2}{\alpha}=\bar{x}-0.5772\frac{\sqrt{6}}{\pi}S \tag{3.7}$$

式中，c_1 和 c_2 可由计算或查表得。

$$\text{均方差 } s=\sqrt{\frac{1}{n-1}\sum_{i=1}^{n}(x_i-\bar{x})^2} \tag{3.8}$$

平均重现期 R 的最大风速 x_R 按下式计算：

$$x_R=\beta-\frac{1}{\alpha}\ln\left[\ln\left(\frac{R}{R-1}\right)\right] \tag{3.9}$$

由具体的风速值求多少年一遇的算法：

如泉州市区风速为 20 m/s 为多少年一遇？即 $x_R=20$，求 R。

根据公式(3.9)，$\alpha=0.44$，$\beta=13.77$，得到 $R=16$ 年

表 3.35 泉州市各县历年自记十分钟最大风速和不同出现期最大风速值(单位:m/s)

年份	市区	崇武	晋江	南安	安溪	永春	德化
1980	15	30	18	—	—	—	—
1981	15	20	14	—	—	—	—
1982	20	29.7	22	—	—	—	—
1983	16	19	15	—	—	—	—
1984	20	22	14	—	—	—	—
1985	15	24	16	14.7	16.3	18.3	14
1986	12	19	16.3	13	14	13	11
1987	17	23.7	18.3	22.3	14	12	11
1988	15	20	13	11.7	10.3	11	11.3
1989	14	18	11	10.3	12.7	11	10
1990	14	23	14.3	13.7	13.3	12.3	12
1991	16	18.5	13.7	10.3	14	12.7	10.7
1992	11	16	11.3	10.3	13.7	18.7	11
1993	16	16.7	13	9.3	12.3	15.7	11.3
1994	10	23	13	12	9.3	16	13.7
1995	13	16.7	15	12.7	10.7	15	11
1996	13	15.2	13.3	11.3	9.7	15	11
1997	9	16.3	15	11.3	9	11.3	10
1998	15	16.3	12.3	9.7	8.7	10	9.3
1999	15	16.5	18	13.3	11.7	16	10
2000	20	19.7	18.7	11.3	10.3	18.3	12
2001	20	14.9	16.3	9.3	9.7	13	12
2002	13	13.6	13	10	8	13	9.3
2003	16	15.4	17	10.3	8.7	17	13
2004	14	17.3	18.1	8.8	6.8	11.7	9.2
2005	15	17.6	11	10	8.8	12.8	10.8
2006	18	18.7	11.3	8.2	7.9	12.9	12.2
标准差 S	2.9	4.1	2.8	2.9	2.5	2.6	1.3
平均	15.1	19.3	14.9	11.5	10.9	13.9	11.2
α	0.44	0.31	0.46	0.44	0.5	0.49	0.97
β	13.77	17.43	13.64	10.22	9.76	12.77	10.58
10 年一遇	18.9	26.1	18.5	15.4	14.2	17.3	12.9
30 年一遇	21.5	29.9	20.8	18.0	16.5	19.6	14.1
50 年一遇	22.7	31.7	21.9	19.1	17.5	20.7	14.6
100 年一遇	24.3	34.0	23.4	20.7	18.9	22.1	15.3
基本风压(N/m^2,50 年)	315.8	551.3	299.2	223.4	187.6	262.5	130.6
基本风压(kg/m^2,50 年)	31.9	56.3	30.5	22.8	19.1	26.8	13.3

表 3.36　泉州市各县历年极大风速(单位:m/s)

	崇武	晋江	南安	安溪	永春	德化
1991	26.7	—	—	—	—	—
1992	21.9	—	—	—	—	—
1993	22.5	—	—	—	—	—
1994	32	—	—	—	—	—
1995	23.5	—	—	—	—	—
1996	25.4	—	—	—	—	—
1997	22.5	—	—	—	—	—
1998	35.2	—	—	—	—	—
1999	26.3	—	—	—	—	—
2000	32.5	—	—	—	—	—
2001	24.6	—	—	—	—	—
2002	21.3	—	—	—	—	—
2003	26	—	—	—	—	—
2004	24.8	29	16.4	13	16.9	23.1
2005	32.1	20.3	17.7	17.5	37.8	29.3
2006	27.9	20.8	15.6	14.8	19.3	19.8
2007	—	16.5	15.8	16.3	17.6	23.0
2008	—	20.2	20.2	20.3	22.9	19.0
2009	—	18.2	15.5	13.8	16.4	19.1
2010	—	25.8	17.9	17.7	20.8	16.0

4. 台风风灾区的风压计算

本省沿海地带的建筑风灾几乎都是由台风大风所造成的。据调查在年最大风速序列中,源自台风大风的约占三分之二左右,若以近30年的最大风速序列由大到小排列,源自台风大风的约占前一半。各种成因的大风都有各自的变化规律,从统计学上讲,它们来自不同的"母体",有各自的统计规律。探讨台风造成的年最大风速的变化规律,求出符合实际的建筑风压值,无疑是一项有意义的工作。

我们将由台风影响造成的年最大风速序列称为"台风型序列";将不分大风成因形成的年最大风速序列称为"混合型序列"。我们计算某县的重现期50年的最大风速台风型为49.12 m/s,混合型为45.05 m/s。"台风型"比"混合型"大4.07 m/s,偏大9%;相应的基本风压也大0.18 kN/m²,偏大15%。沿海地区进行重要的建筑设计时要适当考虑这种情况。

但上述结论似乎不妥,"混合型"应比"台风型"大。因为"混合型"包含"台风型";另外,自记最大十分钟风速也不可能那么大,如地处沿海的崇武100年一遇的自记最大十分钟风速也才34 m/s,估计其所用资料为瞬间极大风速。

(五)基本风压的分布

全省基本风压从内陆的0.30到海边的0.80不等,福安、柘荣之间,闽清、闽侯之间,安溪、永春之间至漳州连线以西地区为0.40(kN/m²)以下,高山地区风压较大,如戴云山的九仙山为0.80;连线以东地区基本风压为0.40~0.80(本书按规范计算,崇武是0.55)。本省沿海受台湾海峡"狭管效应"的作用,风速偏大。中部沿海突出部和海岛基本风压可达 0.80 以上;北部和南部沿海地区由于受到未经登陆台湾削弱的台风直接登陆影响,基本风压甚至可达 0.80~0.90,突出部分和海岛在 1.00 以上。

$$W=1/2\times1.2255\times v_0^2=0.613\times v_0^2(N/m^2) \text{ 或 } W=1/2\times0.125\times v_0^2=0.0625\times v_0^2(kg/m^2)$$

台风登陆本省后,由于受地面磨擦影响,风速锐减,风压也随之剧降。平原地区沿海向内陆 50 km,风压减少约 0.30 kN/m²;丘陵地区沿海向内陆 50 km,风压减少约 0.40。

"桑美"的气压特别低:登陆时中心气压为 920 hPa,是新中国成立以来登陆大陆的台风中气压最低的。强大的风力产生巨大的压力,17 级(60 m/s)风力产生的风压达到了 225 kg/m² (2207 N/m²),内外巨大的压力差,对建筑物造成了毁灭性的破坏。

风压计算举例:

广告牌承受风压公式:或 $W=0.0625\times v_0^2(kg/m^2)$,可以求得某风速下的风压大小。

某面积物体所受的总压力=P·S(kg),S 为物体面积。

具体计算 3 月 12 日市区一块 30 m² 的广告牌所受的压力:观测到的瞬间最大风速达 21 m/s(相当于 9 级风),广告牌面积 30 m²,每平方米所受的压力为 $P=0.0625\times21^2=27.6(kg/m^2)$,即每平方米所受的压力为 27.6 kg,广告牌总受力为 827 kg,如果一侧拉力不足,根基不牢,即可被吹倒。

五、日照、云、雾

1. 日照

泉州市处于华南低日照率地带,年日照率在 43%~50%(沿海大于内陆),即大部分地区实际日照不到可照时数的一半。一年中,高日照率的月份是 7—9 月,低日照率的月份是 2—5 月。

泉州市各地年日照时数在 1769~2096 h 之间,山区最小,并向沿海地区递增;春季少,夏季多,尤以 2—3 月最少,7 月最多。当春季出现长时间阴雨天气缺少日照时,便对春收作物和早稻育秧构成威胁,如 1970 年、1976 年和 1983 年等年份,都因长时间阴雨寡照造成损失。日照时数的年际变化大,崇武 1963 年达 2570 h,而 1973 年仅 1737 h,德化 1963 年达 2289 h,1973 年仅 1599 h。

表 3.37 泉州市各地逐月日照时数表(单位:h,1960—2006 年)

站点	1	2	3	4	5	6	7	8	9	10	11	12	年总和
崇武	139	104	108	122	139	172	276	252	215	208	164	160	2058
晋江	144	108	119	133	147	180	273	241	210	205	166	170	2096
鲤城	132	94	102	114	131	149	237	217	189	189	150	150	1855
南安	135	102	111	123	132	155	247	220	190	186	155	159	1916
安溪	110	107	119	140	212	186	195	184	161	161	126	113	1814
永春	132	96	102	112	117	134	218	201	174	174	151	158	1769
德化	134	98	102	114	121	143	227	203	173	179	159	163	1816

2. 云

泉州市各地年平均总云量为 6.6~7.1 成,年平均低云量为 4.1~5.5 成,是云量较多的地区。

以日平均低云量≥8成为阴天,泉州市各地年平均阴天日数为64.3~110.4 d,分布特点是内陆多于沿海;四季相比,春季多,秋冬次之,夏季少。

表3.38 泉州市各地逐月总云量表(单位:成)

站点	1	2	3	4	5	6	7	8	9	10	11	12	年均
崇武	6.6	7.4	7.9	8.2	8.3	8.5	6.8	6.5	6.3	5.5	6.2	5.8	7.0
晋江	6.2	7.4	7.7	8.0	8.0	8.3	6.6	6.4	6.1	5.6	6.1	5.6	6.8
鲤城	5.9	7.4	8.0	7.9	7.8	7.4	6.2	6.1	6.0	5.4	5.7	5.3	6.6
南安	6.4	7.6	8.0	8.2	8.2	8.1	6.7	6.7	6.5	6.0	6.1	5.3	7.0
安溪	6.2	7.6	7.8	8.0	8.0	8.4	6.7	6.6	6.4	6.0	6.0	5.6	6.9
永春	6.3	7.4	7.9	8.4	8.5	8.8	7.4	7.2	7.0	6.1	6.2	5.5	7.2
德化	6.5	7.9	8.3	8.5	8.6	8.6	7.4	7.5	7.2	6.1	6.0	5.5	7.3

3. 雾

(1)雾的级别(以水平能见度为准)

雾:500~1000 m;

浓雾:50~500 m;

强浓雾:<50 m。

(2)泉州市雾的分布特点

山区多(如德化),滨海次之(如崇武),丘陵地带少。多雾日的德化除5、6月份较少外,季节分布较均匀。其他地区则主要集中在11月—次年5月。从雾日的年际变化看,多雾日的德化变化较平缓,多雾年有60多天,少雾年也有40多天;其他地区变化则大,如永春多雾年有30多个雾日,少雾年只有3天,低丘陵区有时甚至全年无雾日。

位于滨海地区的崇武,主要以平流雾为主,位于内陆山区的德化,以辐射雾为主,其他地区则两者兼有之。

滨海崇武的雾:具有明显的海雾特征,主要生成于暖区,由暖湿气流移到冷海面生成,常伴有降水。这种雾,全天均可见到(集中在02—09时),有时可以清楚地看到雾墙从海上随风飘向岸上,并在滨海地区消失。3—5月是雾季,也即海雾的高发期。

内陆高海拔山区德化的雾:主要是辐射雾,一般在晴朗微风的条件下生成,生于清晨,散于上午。每月生成较为平均,这也是高海拔山区多属晨雾(辐射雾)的共性。

表3.39 泉州市各地逐月雾日数表(单位:d)

站点	1	2	3	4	5	6	7	8	9	10	11	12	年总和
崇武	1.6	2.6	5.3	8.1	6.4	2.0	1.4	0.6	0.1	0.2	0.4	0.9	29.4
晋江	1.2	2.1	3.4	4.1	2.3	0.6	0.2	0.3	0.2	0.1	0.3	0.7	15.5
鲤城	0.9	1.0	1.1	1.9	0.6	0.2	0.0	0.1	0.1	0.1	0.3	0.4	6.8
南安	1.2	1.2	2.1	1.6	0.6	0.4	0.1	0.2	0.2	0.2	0.2	0.7	8.7
安溪	0.5	0.9	1.1	0.9	0.3	0.3	0.2	0.0	0.1	0.2	0.2	0.3	5.0
永春	2.0	1.9	2.3	1.8	0.8	0.6	0.3	0.2	0.9	1.2	1.3	1.9	15.2
德化	2.3	2.9	4.3	3.6	2.2	1.6	3.3	3.7	2.9	2.5	1.9	2.0	33.2

(3)雾的成因及分类

雾是由悬浮在近地层的大量微小水滴和冰晶组成。它和云并无本质的不同,二者区别仅在于雾的下界是地面,云的底部与地面有一定距离。

要形成雾,必须使空气中的水汽达到饱和状态,并有凝结核。在近地面大气中,一般都有足够的凝结核,像灰尘、烟粒、盐粒、杂质等。只要增加其中的水汽含量,或者降低空气温度,即可产生雾。

依雾的成因分类,在自然界中降温增湿的情况很多,如夜间地面辐射冷却使近地层空气降温形成"辐射雾";暖湿空气流经冷的下垫面后冷却形成"平流雾",暖水面蒸发的水汽进入上面的冷空气形成"蒸发雾";空气沿山坡上升绝热冷却形成"上坡雾";冷暖气团交锋形成"锋面雾"等。泉州常见的是平流雾,它是春季海面冷空气遇到暖空气而形成的,不易散开。具体为:

a. 辐射雾(陆地上最常见)

辐射雾由晴空辐射造成,它的形成需要同时具备三大条件:首先,近地面大气层中的水汽要比较充足,表现为湿度大;其次,天空需要出现逆温层,即近地层空气温度比高层气温还低,逆温层犹如一顶戴在城市上空的"帽子",像个大盖子将低层水汽和粉尘笼罩住,使大气中的水汽和各种污染物不易扩散,雾也就愈来愈重;第三,近地面不能有太大的风,才不会将雾气吹散。

这种雾是空气因辐射冷却达到过饱和而形成的,主要发生在晴朗、微风、近地面、水汽比较充沛的夜间或早晨。这时,天空无云阻挡,地面热量迅速向外辐射出去,近地面层的空气温度迅速下降。如果空气中水汽较多,就会很快达到过饱和而凝结成雾。

另外,风速对辐射雾的形成也有一定影响。如果没有风,就不会使上下层空气发生交换,辐射冷却效应只发生在贴近地面的气层中,只能生成一层薄薄的浅雾。如风太大,上下层空气交换很快,流动也大,气温不易降低很多,则难于达到过饱和状态。只有在 1~3 m/s 的微风时,有适当强度的交流,既能使冷却作用伸展到一定高度,又不影响下层空气的充分冷却,因而最利于辐射雾的形成。泉州沿海地区多大风,所以要见到辐射雾是不太容易的,但有辐射雾的日子里,随之而来的一般是阳光灿烂的好天气。

辐射雾出现在晴朗无云的夜间或早晨,太阳一升高,随着地面温度上升,空气又回复到未饱和状态,雾滴也就立即蒸发消散。因此早晨出现辐射雾,常预示着当天有个好天气。"早晨地罩雾,尽管晒稻谷"、"十雾九晴"就是指的这种辐射雾。

b. 平流雾

当温暖潮湿的空气流经冷的海面或陆面时,空气的低层因接触冷却达到过饱和而凝结成的雾就是平流雾。

只要有适当的风向、风速,雾一旦形成,就会持续很久;如果没有风,或者风向转变,暖湿空气来源中断,雾也会立刻消散。

c. 蒸汽雾

如果水面是暖的,而空气是冷的,当它们温差较大的时候,水汽便源源不断地从水面蒸发出来,闯进冷空气,然后又从冷空气里凝结出来成为蒸气雾。

一般在南方的暖洋流进到极地区域时,极地的冷空气覆盖在暖水面上而形成蒸汽雾。例如北大西洋上就有一股强大的墨西哥湾流的暖洋流,经常突入北极的海洋上,造成北极洋面上大规模的蒸汽雾。有时候,北极的冷空气停留在冰面上,在冰面裂开的地方,冰下较暖的水就露出来,形成局部的蒸汽雾,蒸汽雾大都出现在高纬度的北极地区,所以人们常称它为"北极烟雾"。

除了极地区域外,冷空气覆盖暖水面的情形还常出现在内陆湖滨地区。夜间湖水面比陆面暖,当夜间陆风吹到暖的湖面上时,在湖面上就会形成一层比较浅薄的蒸汽雾。秋、冬季节,每当冷空气南下以后,在天晴风小的早晨,暖水面还来不及冷却时,就弥漫着这种蒸汽雾。

d. 上坡雾

这是潮湿空气沿着山坡上升,绝热冷却使空气达到过饱和而产生的雾。这种潮湿空气必须稳定,山坡坡度必须较小,否则形成对流而产生降水,雾就难以形成。

e. 锋面雾

经常发生在冷、暖空气交界的锋面附近。锋前锋后均有,但以暖锋附近居多。锋前雾是由于锋面上面暖空气云层中的雨滴落入地面冷空气内,经蒸发,使空气达到过饱和而凝结形成;而锋后雾,则由暖湿空气移至原来被暖锋前冷空气占据过的地区,经冷却达到过饱和而形成的。因为锋面附近的雾常跟随着锋面一道移动,军事上就常常利用这种锋面雾来掩护部队,向敌人进行突然袭击。

f. 其他雾

随着现代工业的发展,又增添了许多新雾。比如工业排放废气形成的废气在一定的条件下可形成的光化学烟雾,锅炉、窑炉和生活小煤炉排放的黑色烟雾等。

知识卡——回南天

1."回南天":南方把很潮湿的南风天叫"回南天"。"回南天"是天气返潮现象,一般出现在春季的二三月份,即"冬去春来、乍暖还寒"时节。"回南天"出现时,空气湿度接近饱和,墙壁甚至地面都会"冒水",到处是湿漉漉的景象,空气似乎都能拧出水来。而浓雾则是"回南天"的最具特色的表象。据统计,回南现象严重时可使能见度降至50米。在回南天气中,一些物品或食品很容易受潮,进而霉变腐烂,因此,要适当采取相应的防潮措施。

2. 产生原理:主要是因为春天时冷空气撤走后,暖湿气流迅速反攻,致使气温回升,空气湿度加大,一些冰冷的物体表面遇到暖湿气流后,容易产生水珠。

春天时的回南天墙壁和地板都会出水,其跟海雾产生的原理很相似。温暖潮湿的海洋气流,从较暖海面流向经过较凉的海面,空气中的水汽遇冷凝结成雾滴,在空中积聚便形成雾。如果气流经过的海面温差大,则成雾的机会亦较大。同样的,受冬季寒冷天气影响,墙壁和地板的表里都冷了。如果这时温暖潮湿的空气流过墙壁和地板,空气中的水分遇冷凝结成水滴,附在墙壁和地板上,便好像是墙壁和地板渗出水来了。在夏天,纵然有潮湿的海洋气流,但墙壁和地板的表里不够冷,墙壁和地板还是不会出水的。

3. 如何防潮除湿

(1)早晚关窗

当潮湿的"回南天"来袭,大家千万要记得紧闭家中的窗户,特别是关闭朝南和东南的窗户,不给窗外虎视眈眈的湿气任何潜入的机会。防潮的最重要时段是每天的早晨和晚上,这两段时间的空气湿度较午间更高,若不及时关上门窗,水汽将严重渗透至家居的每个角落。另外,如果觉得门窗紧闭令室内空气无法流通,建议大家在中午时短时间开窗通风。

(2)仪器法

防潮除湿还可以借助科技手段,动员家中一切有除湿作用的电器(如空调、除湿机、暖风机)来降低室内的空气湿度。

(3)挂干燥剂

如今,超市里有不少专用于防潮除湿的干燥剂。最常见的是吸湿盒和除湿包两种类型。

除此之外,以吸水树脂和木炭为制作原料的除湿包则比较适合放置于空间较小的位置,比如衣柜、鞋柜等密闭的空间可以挂一袋除湿包以驱逐湿气。另外,动手自制干燥剂也是一件颇有趣味的事情。用小布袋装适量石灰,扎成一小袋放置于室内的各个角落,石灰本身有吸潮的作用,也可以减缓室内潮湿的状况。

六、湿度、蒸发量

1. 湿度

泉州市年平均绝对湿度 17.8~20.1 hPa,沿海略高于山区,年内变化呈"一峰一谷"型,7月最大,1月最小。历年绝对湿度的最大值是 40.7 hPa(晋江 1967 年 7 月 1 日),最小值是 1.2 hPa(晋江 1963 年 1 月 26 日)。

表 3.40　泉州市各地逐月绝对湿度表(单位:hPa)

站点	1	2	3	4	5	6	7	8	9	10	11	12	年均
崇武	10.5	10.9	12.6	17.2	22.6	28.7	31.4	30.9	26.9	20.3	16.3	11.9	20.0
晋江	10.7	11.5	13.3	18.2	23.5	28.5	30.7	30.2	26.3	19.6	15.9	11.8	20.0
鲤城	10.9	11.7	13.7	18.2	23.4	28.4	31.0	30.5	26.2	19.8	15.6	12.1	20.1
南安	10.9	11.9	13.8	18.5	23.3	27.7	29.5	29.3	25.7	19.4	15.7	11.9	19.8
安溪	10.9	12.1	14.0	18.6	23.4	27.7	29.4	29.1	25.9	19.8	15.9	11.9	19.9
永春	10.7	12.0	14.1	18.8	23.5	27.7	29.4	29.1	25.7	19.6	15.3	11.4	19.8
德化	9.5	10.8	12.8	17.1	21.3	24.8	26.5	26.2	23.0	17.3	13.7	10.1	17.8

泉州市年相对湿度在 76%~81% 之间,是比较湿润的地区。年内变化亦呈"一峰一谷"型,6月最高,11—12月最低。

相对湿度月份差异与降水的月份差异对应关系好,但与绝对湿度的月份差异对应关系并不好(推迟一个月)。1966 年 6 月崇武 94% 和 1973 年 12 月永春 61% 分别是泉州月平均相对湿度的极值,1973 年 12 月 3 日德化 8% 是定时相对湿度的最低值。

表 3.41　泉州市各地逐月相对湿度表(单位:%)

站点	1	2	3	4	5	6	7	8	9	10	11	12	年均
崇武	74.3	78.4	81.5	83.9	86.0	89.2	87.5	85.1	78.4	72.5	71.9	71.9	80.0
晋江	72.5	76.3	78.8	80.2	82.6	84.9	80.8	80.3	76.5	70.6	69.4	69.2	76.8
鲤城	72.3	75.7	77.9	78.4	80.2	82.7	78.2	78.3	73.7	67.6	67.3	68.6	75.1
南安	73.5	76.9	78.8	78.6	80.0	81.0	76.5	77.4	74.8	69.6	69.0	70.2	75.5
安溪	73.6	77.5	79.0	78.9	80.4	81.6	76.9	78.2	76.5	72.2	71.0	71.1	76.4
永春	73.4	77.4	80.0	80.4	82.3	83.6	79.0	79.8	78.3	73.7	73.0	71.0	77.5
德化	78.5	81.4	82.8	82.7	83.5	83.8	80.8	82.1	80.9	77.1	76.5	76.4	80.5

2. 蒸发量

泉州市年平均蒸发量在 1572～2023 mm 之间,其分布从沿海向内陆地区递减,与降水量地区分布正好相反,年内分布是 7 月最大,2 月最小。相当多的地区蒸发量超过降水量。

表 3.42 泉州市各地逐月蒸发量(单位:mm)

站点	1	2	3	4	5	6	7	8	9	10	11	12	年总和
崇武	129.5	105.2	111.3	124.9	141.8	148.8	194.9	195.0	214.7	235.6	190.4	155.4	1947.5
晋江	111.8	95.1	114.1	139.0	160.9	186.9	244.5	226.2	203.0	209.2	164.0	137.0	1991.5
鲤城	95.8	82.3	97.0	119.0	141.1	160.9	216.5	196.0	183.2	188.5	150.4	113.0	1743.7
南安	80.7	71.4	89.1	117.5	135.3	161.2	222.6	200.3	175.0	168.0	125.7	97.9	1644.5
安溪	90.0	78.5	102.3	128.5	147.9	163.7	218.3	200.8	172.4	165.7	122.0	101.8	1691.8
永春	86.5	75.5	93.5	117.2	134.6	153.5	208.6	191.3	162.3	158.4	120.6	101.5	1603.4
德化	73.9	64.6	85.5	112.4	133.4	156.5	213.3	187.1	158.9	153.7	110.2	88.6	1538.2

第四章 泉州防台风知识

一、台风与人类

1. 无情台风

台风水平范围约几百千米甚至上千千米,垂直范围从地面直达平流层底层。台风底层中心附近最大平均风速约为 30~50 m/s,有时甚至可以超过 80 m/s。在前进过程中,台风一面强烈地旋转,一面在海上向前移动或登上陆地,引起狂风、暴雨、巨浪及风暴潮等灾害性天气,对海洋船舶和沿海城镇造成极大破坏。

台风,给人类留下的是无尽的灾难,百姓常以"惨、苦、神、谦"来形容台风:

惨:九月台,没人知;惨歪歪;欲哭无目屎;

苦:不住汐止(台湾新北市的一个区),不知淹水两层楼的苦;不住南港(台北市的一个区),无法想象二十多天没水可用的日子;不住东湖,不能体会基隆河水越过堤防的恐怖;

神:象神,像神;台风,台疯("象神"台风降雨量破了 150 年的纪录,到处水灾和土石流,恒春、台东、花莲、台北、基隆,由南而北,无一幸免);

谦:人类的能力实在太有限了,大自然的能量无穷无边,人们愿以谦卑的心,与大自然和平共处。

中国是一个频频遭受台风侵袭的国家。有资料显示,中国大陆平均每年因台风及其伴随的狂风暴雨和风暴潮造成灾害的经济损失约 246 亿元,死亡人数高达 570 人。其中,1975 年 8 月的 3 号台风长途奔袭至河南,造成数以万计的人丧生,惨绝人寰;1994 年 8 月在浙江瑞安登陆的 17 号弗雷特 FRED 台风(见图 4.1),也至少造成 1000 多人死亡;而"全球变暖影响下中国自然灾害的发展趋势"(自然灾害学报,5(2),1995,施雅风)的文章指出:1994 年 8 月 21 日,17 号弗雷特 FRED 台风引起福建东山至浙江杭州湾的特大台风风暴潮,死亡 1216 人,直接经济损失达 124.4 亿元。

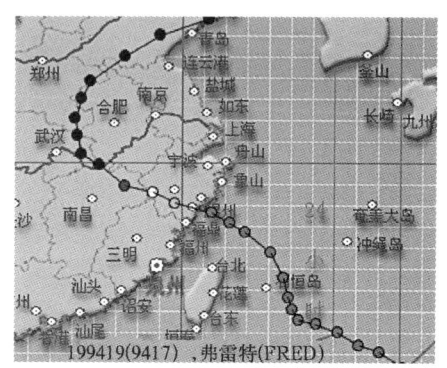

图 4.1 台风弗雷特(RED)路径图

2. 不懈探索

对于台风的研究,中外气象科技人员一直进行着长期不懈的努力,体现了不惜牺牲一切勇于探索的崇高风尚,以下以"台湾的追风计划"为例概述:

8 月 2 日,在 2011 年第 9 号台风"麦莎"(Matsa)来袭之前,几位台湾科学家搭乘飞机,又一次开始了他们的追风行动。

台湾科学家的追风行动得从2001年说起。那一年的7月和9月,台风"桃芝"(Torajie)和"百合"(Nari)先后横扫台湾,死亡人数分别为214人和104人。遭此重创后,本来就备受台风困扰的台湾,决定自2002年8月起连续3年共提供约9000万新台币的研究经费,由台湾大学大气科学系吴俊杰教授主持"飓风重点研究"(飓风是一些国家和地区对台风的称呼)。而该项研究的首要内容是"侵台飓风之飞机侦察及投落送观测实验",又称为"追风计划"。

为什么要追风呢?在电影"龙卷风"中,一群科学家开着吉普,携带一种带有翅膀的感应器,去勇敢地追逐龙卷风,为的是获取探测数据。同样的,"追风计划"项目主持人、台湾大学大气科学系吴俊杰教授在2004年11月的《科学人》杂志撰文称,飓风的生成及发展主要发生在观测资料稀少的海洋上,为此,通过卫星、雷达和飞机观测等先进系统,可以细窥飓风的究竟,并结合计算机模拟及预报系统,准确预测飓风的未来动态。

与中国大陆和台湾一样深受台风之苦的美国,近年来投入了大量经费和人力进行台风研究。据吴俊杰介绍,每当飓风在加勒比海区域或靠近美国本土时,隶属于美国国家海洋及大气研究总署的国家飓风研究中心,便会出动数架不同功能的研究专用飞机,直接飞入飓风中及绕行飓风周围,并施放一种名叫"投落送"的全球卫星定位仪(GPS Dropsonde),以充分掌握飓风的整体结构及其环境动态。这些"投落送"所测得的数据,可以使飓风路径预测的准确度提高达30%。

有研究指出,在美国海域的飓风警报中,每英里的海岸线估计需要约100万美元的撤退成本,这还不包括准备成本及商业活动的损失,而观测飞机的一次飞行任务只需花费约4万美元,"由此可知投落送观测实验非常值得投资"。

西北太平洋海域是全球飓风频率最高、强度最大的区域,但该区域缺乏飓风侦察飞机的观测资料。由台湾科学家主导、与美国科学家合作的"追风计划"则填补了这一空白。

2003年9月1日,"追风计划"成功首航,完成了对"杜鹃"飓风的观测。此后,每当飓风可能侵袭或影响台湾时,几位研究团队的成员,便搭乘从汉翔公司租借来的飞机,飞到飓风上方约13千米高空,施放"投落送",并立即通过无线电信号和卫星通信系统,将观测数据传送到飞机、台湾"中央气象局",以及世界各个国家和地区的计算机系统之中,以便进行即时的飓风分析和计算机模式预测,"为社会带来更好的气象服务"。

吴俊杰告诉记者,"追风计划"至今已经执行了十多个航次,他们欢迎大陆及其他地方的科学家分享其观测资料,携手合作。

"追风计划"研究团队显得雄心勃勃,他们希望"扮演西北太平洋及东亚地区飓风研究的领导角色","形成一个以台湾为主轴的国际级飓风研究中心"。而这个研究项目已经受到了一些国家的极大关注。吴俊杰说:"现在日本和韩国也有这方面的考量。"

二、创建"泉州台风网"有感

人类追求自然真相的努力永不停歇。大科学家自有大手笔的"追风计划",但作为基层的我们并无无所事事的理由,我们也应该为人类做出哪怕是微薄的努力。

台风是可怕的,它的摧枯拉朽、不可一世的巨大破坏力让我们看到了大自然的威力和人类的弱小。虽然,我们无力于改变它,但至少可以看到它的存在;虽惹不起,但总可以躲得起嘛,这就为本书、本网的制作提供了一个坚实的支撑点和不绝的动力源。

西北太平洋上的台风也是泉州市的"常客",台风所带来的灾难也是空前的,公众对台风虽有一定的认识,但这些认识较为零散,缺乏系统性和整体性。曾有公众来电鼓励编辑台风相关知识的书籍,以使民众有据可查,并做到深入浅出、通俗易懂。几年来,这样的念头时时萦绕心头,挥之不去,并催生不懈的动力。

对于台风资料的有心收集、保存与整理,历来是有责任心人的不屈的心愿。自1897年起至1996年为止,台湾气象专家整理出侵袭台湾台风百年资料,在当时的台风百年之时,能整理分析作出百年台风基本资料,应该是一项极有意义之事。而泉州和台湾一水之隔,这些台风资料理所当然成为我们的至宝。

几年来,我们进行了前期大量的台风资料收集与整理,并从一些各地的历史文献中找到当时受台风影响时的情形,力求详尽地还原台风的真实面貌。有了台风的原始资料,对台风的活动等规律的研究成为可能,从中着重分析出影响泉州市的台风状况。

任何成就如果不能走向社会、服务于大众,则无任何意义可言。在互联网高度发达的今天,向公众提供最新、最及时的气象资讯,非互联网莫属,于是才有了2003年创建泉州台风网的初步构想。2003年,泉州气象科技服务中心成功申报一项泉州市科技研究项目,从其经费中采购到一台联想服务器,泉州电信公司提供服务器空间等必备设施,泉州气象局从极为有限的经费中另行支持一些设备,于是才有了"泉州气象网"的面世。

我们敏锐地发觉到国内对台风实况信息网上快速发布的空白,而台风对于沿海特别是泉州而言,却是十分急需的重要信息。每当台风来临,人们争先恐后访问台湾气象网站,这对于每一位泉州气象人而言是一种鞭策。于是,2003年年底,泉州气象科技服务中心开始着手策划台风路径图等信息的制作。

气象卫星下发的台风信息报文资料提供了国内外关于台风的信息,技术人员(肖振程先生、谢启杰先生)发挥他们的聪明才智,编辑软件自动从茫茫的报文里寻找出台风信息,并利用矢量可标记语言(VML)等技术将台风信息实时绘制于网站上,让广大网友能在最短的时间内一睹台风的芳容。由于本图生成的自动化特点,可以在台风报文出现后的短短几秒钟内完成,因此成为当时国内发布"台风路径图"最快速的网站,也因此得到了省内外的特别关注。

本网的"台风路径图"得到了泉州乃至全省甚至浙江、广东等省网友和气象同行的频繁点击。2004年8月12日"云娜"台风袭击浙江台州、温州,方知两地的气象同行和防汛等其他部门一直在关注着它;2004年8月25日"艾利"台风袭击我市时,本网IP日访问量2.4万次,实际访问数几十万次以上;在2005年7月18日、19日的5号台风"海棠"影响期间,本网的IP日访问数分别达23548次、25912次,实际的日点击量也在几十万次以上,以致造成严重的网络堵塞——既影响了网友的正常浏览,也严重影响了气象资料的及时上传。

我们知道,网友对本网的青睐是造成网堵的一大原因,而本网仅由2M的普通ADSL支撑网络也是造成网堵的一个重要因素,解决的方案当然非光纤莫属;另外还牵涉到大容量、高性能服务器问题、防火墙安全问题、专业软件技术开发人员的稳定问题——所有的这一切都是本网生存、维持、发展的致命软肋。

尴尬的是,本网无力于解决上述相关问题之所需费用,只能寄希望于社会上有志于热心公益事业的有识之士无私的、直接的投资奉献。

事实上,本网于2003年底推出"台风路径图"的网上显示,也激起了国内相关部门对这一便民服务的跟进,这也无形中分流与缓解了本网承载的访问量压力,"台风路径图"的成功制作,也得到了兄弟气象台站的大力支持,如厦门市气象局的苏卫东先生的无私指教,在此深表谢意。

在公众的关注和期待下,本网一鼓作气,整理了自1884年以来所有3500个台风的200万个台风数据,并展开相关的分类与分析、归类等工作,在此基础上,"泉州台风网"应运而生。

正是有了"泉州台风网"的建立,使我们对百余年来每个台风的状况得以一睹芳容,也使我们对台风活动规律的总结更加得心应手,也是本书最终出炉的前提条件。所以在本书的序言中,对"泉州台风网"的大书特书之意就在于此,也得以借此机会感谢泉州电信公司和山美水库、泉州电业局等用户单位。

很高兴的是,2006年2月,泉州电信公司再一次提供赞助一条2M光纤,专用于网站数据独立传输,这大大提高了带宽、网速,在此后的台风资讯网络服务中,拥堵现象得到了极大缓解;特别是由此解决了久难隔断的网络安全隐患。

我们的网站受到了空前的关注,也得到了全国人民的厚爱。漳州气象、莆田气象的台风路径图底图直接映像,浙江温岭防汛办的李卫清先生还特意寄来《全民防台风知识手册》和防抗台风VCD光盘,广东某先生来电探讨合作台风路径图的手机彩信思路,网友对本网的关注与期望是高的。本网想立足于服务全国的高度推出全国版台风图,这样,包括历年的台风在内,台风在登陆后的轨迹也能得以清晰掌握,遗憾的是,选择不到一张比例等各方面合适的图像,目前的底图虽能满足作图的要求,但因颜色搭配不好,所以一些网友反应该底图不好看,对于旧版依然怀念,一致推崇旧版,在充分考虑下予以恢复,同时推出各种台风路径版本,以满足各省网友的需求。

缓解网络的堵塞问题一直是本网的目标。泉州市冠宇信息有限公司已帮助网站解决了将图像由动态页面改为静态页面问题,这样可以避免服务器数据库被长期占用而出现堵塞现象。但这只是一个技术开发问题的解决,而对于每次登陆台风几十万次的日访问量,显然还需要增添服务器以支撑,而这一方面的投资需要全社会的支持。2006年"桑美"台风登陆期间,与全国其他台风网站一样,本网最终也造成了瘫痪。桑美台风的危害是空前的,而福鼎受灾渔民对于台风来袭的相关信息缺乏及时了解,提醒我们应该更好地做好台风信息预报的服务。

本台风网相关信息直接取自于气象卫星下发的台风原始报文资料,而不是自动盗载他人网站资料,没有时间上的落差,因此在时间的及时性和准确度等方面都是可靠的,网友也可以做一番验证和比较。另外,台风的相关分析和归纳,系由气象专业人士所作,因此更具针对性和实用性。

有心,可以战胜一切困难。我们想到了人民的需求,所以,开了国内的先河,2003年的国内网上第一张台风路径图在泉州市问世,正是这种理念的必然结晶。

三、了解台风

1. 台风何处来

"台风"这个名字的由来,说法很多。一般认为是从广东话"大风"演变而来,也有说是从闽南语"风筛"演变而来,还有人认为是古人不清楚台风起源,以为是从台湾那边吹来的,故称"台风"。

台风是热带气旋的一种。气象学上,台风专指北太平洋西部(国际日期线以西,包括南中国海)洋面上发生,近中心最大持续风速达到12级及其以上(每秒32.6米以上)的热带气旋。

至于在大西洋或北太平洋东部发生,达到同样强度的热带气旋,则称为飓风。

其实,台风只是热带气旋(共分六个等级)中的一种。所谓热带气旋,是指发生在热带海洋上的一种强烈的大气涡旋。其强度以底层中心附近最大平均风速为准。

影响泉州的台风的生成地主要有两个,大部分(70%~80%)台风是在关岛附近及其以东洋面生成,另一部分(20%~30%)在南海生成。台风通常在西太平洋高压南侧偏东气流与越赤道 SW 气流间的辐合带内生成,生成时强度很弱,中心风力在 6~7 级,为热带低压,在西太平洋高压南侧偏东气流的引导下向东移动。

2. 台风相关知识

(1)台风内部云系(风雨)结构

热带气旋内猛烈的空气旋升运动可将水汽带到很高的高空,在那里水汽直接凝华为冰晶而形成卷云。这种云从热带气旋中心附近向四周散开,远望像从地平线一点呈辐状射出,故称"辐状卷云"。辐聚点的方向也就是热带气旋中心的所在方向。在黄昏,热带气旋在离陆地一段距离时,会看见天空被阳光染成紫色的卷云,这就是"辐状卷云"。由于这种卷云能预示热带气旋来临,故亦被称为"台母"。

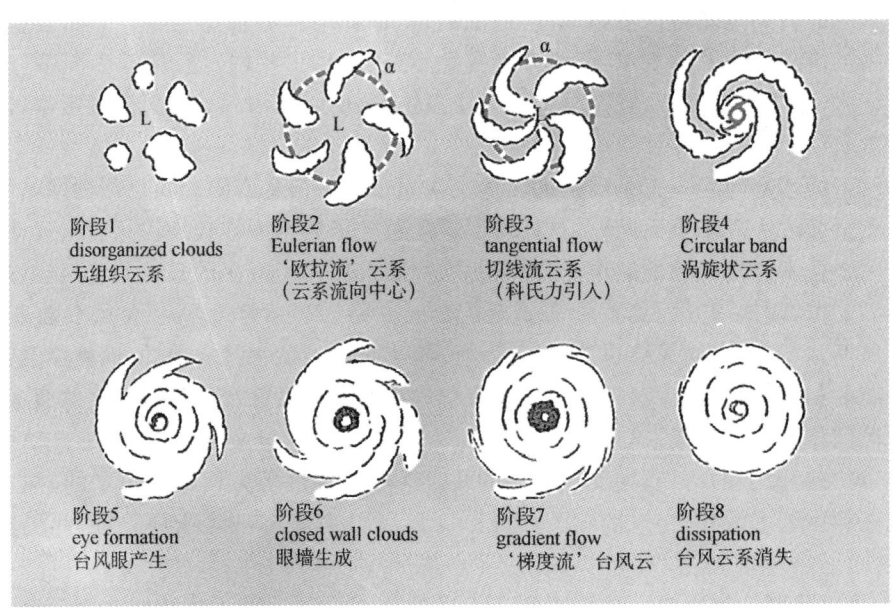

图 4.2 台风生命周期各阶段图例

(2)台风的高度

可达 10 km 以上。

(3)台风半径(影响半径)的确定

依 1000 hPa 等压线为标准,半径一般在 100~600 km。

(4)台风的暴风半径

在实际工作中,通常会涉及如何确定台风的 7 级、10 级风圈半径(风级指 2 分钟平均风速)问题。

在台风眼的边缘是台风风力最强的地方,然后越向外风力越小,自台风中心向外一直到平均风速 50 km/h 的地方(也就是平均风速 14 m/s 处,亦即相当于 7 级风处),这一段距离叫做暴风半径,在这暴风半径以内的区域,叫做暴风范围。台风的暴风半径平均约二三百千米,大者可达六百千米(见图4.4)。

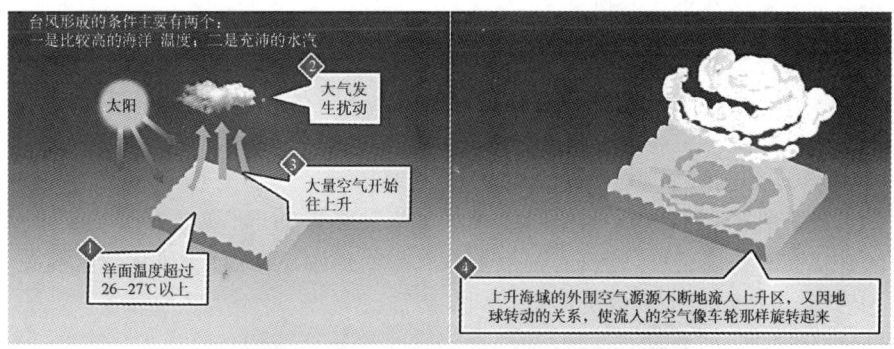

图4.3 台风生成过程

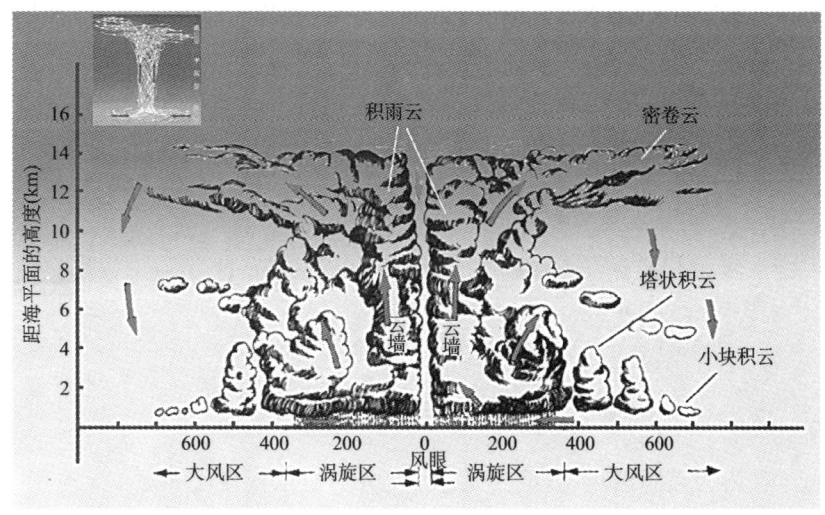

图4.4 台风内部结构剖面图

(5)台风暴风半径(大风半径)如何推算

通常是根据台风卫星云图及有关数据定出暴风半径,但常有偏差,故也可采用一些经验公式推导求出。

理论上,7级风及10级风半径内的风应依次大于7级、10级,但台风环流并非都是圆形,有的为椭圆形,还有别的形状,环流内的风速分布亦并非都对称,例如秋末冬初,当台风向较高纬度移动时,与北方冷高压相遇,台风北边的风速较大,7级风的半径亦较其他方位大。

为什么台风的半径分为7级风和10级风?

恒常风力达7级,则瞬时最大风速可达9～10级,7级风会使全树摇动,逆风行走感到困难;9～10级风,步行无法前进,建筑物有损坏或破坏,因此发布7级风半径,乃为提供海上船舰作业及陆上防台参考运用。

(6)台风的一些结构特征

台风眼半径一般在10～20 km,中间的下沉气流是暖性的,而高空为反气旋性流场;在台风眼的周围有很高的积雨云壁,是具有强烈上升气流的热塔。在低层,风从台风周围呈气旋性吹进,辐合上升。风速在这个云壁的附近达到最强。

(7)台风的风、压分布关系

台风的气压和风的分布的经验公式(来自于《气象手册》[日]气象手册编辑委员会编,贵州人民出版社第163页的介绍):

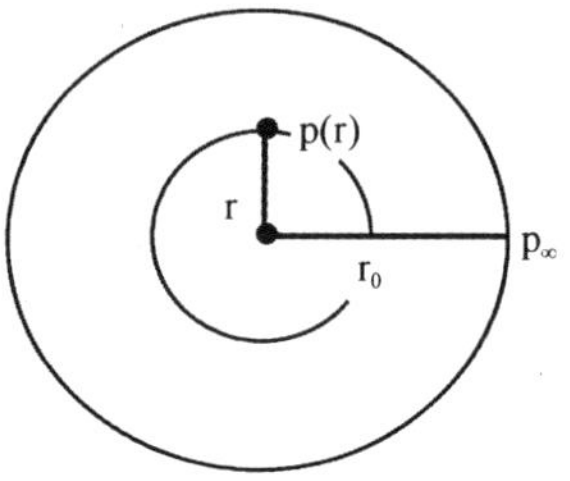

- $$P(r)=P_\infty-\frac{\Delta p}{1+(r/r_0)^2} \quad (4.1)$$
  $$(\Delta p = P_\infty - P_{中心})$$

- $$r_0 = R/\sqrt{2} \quad (4.2)$$

(R 为最大风速半径,也即为台风眼半径,r_0 为台风特有的表示台风水平大小的常数)

- 求 V_{max} 的一些方法:(台风中心最大风速估计之经验公式)

方法1: $V_{max}=6\sqrt{1015-P_0}(m \cdot \sec^{-1}) \quad (4.3)$

方法2: $V_{max}=a\sqrt{1010-P_0} \quad (4.4)$ 其中,a 参见表4.1取值。

方法3: $V_{max}=5.78\sqrt{P_\infty-P_0} \quad (4.5)$ (来源于:南海海域台风大风半径的求解方法)

图4.5 气压与距离示意图

- 任意风速半径 r 求解公式

$$\frac{r/r_0}{\{1+(r/r_0)^2\}^{3/4}}=V/\sqrt{\frac{\Delta p}{\rho}}=V/\sqrt{\frac{\Delta p \times 100}{1.295}} \quad (4.6)$$

- 模型台风风速对中心而言是对称的,近中心最大风速为 V_{WR},最大风速半径为 R

$$\vec{V}_w = V_{WR}\left(\frac{r}{R}\right)^{\frac{3}{2}}, 0<r\leqslant R \quad (4.7)$$

$$\vec{V}_w = V_{WR}\left(\frac{R}{r}\right)^{\frac{1}{2}}, R<r \quad (4.8)$$

最大风速半径内为强制涡流区,最大风速半径外为自由涡流区如图4.6所示。

A. 风速(大风)半径 r 的求解:

根据台风的气压和风的分布经验公式4.1所示,气压 $P(r)$ 与距离台风中心的距离 r 有关(参见图4.5);Δp 为台风中心和周围的气压差(即 $\Delta p = P_\infty - P_0$)可写成公式4.2所示;式中,$P_\infty$ 为台风区域外的气压(正常气压),可采用台风最外一条闭合等压线值来代替,r_0 为各个台风特有的表示台风水平方向大小的常数。台风内的风速分布在发展阶段是不同的,一般来说,在离中心远的地方,风速与中心距离的平方根成反比,在离中心40～50 km以内的地方,风速与距离成一定比例,而且最大风速 V_{max} 由公式 4.3、4.6 所示,公式 4.3 中,P_0 为中心气压,大风半经 r 由公式 4.6 得出。

求大风半径 r 实例:如果台风的半径 r 为 450 km,求风速 $V=20$ m/s 以上的半径,若中心气压 $P_0=1000$ hPa,则这个大风半径是 110 km,若中心气压 $P_0=960$ hPa,则这个大风半径是 210 km。

标准空气密度 $\rho=1.295$ g/cm^3,1 hPa=10^3 g/cm·s^2=10^5 g/m·s^2。

求解过程:

a. 台风常数 r_0:由公式 4.3 得到 $P_0=1000$ hPa 时的最大风速 V_{max} 为 23.2 m/s;$r=450$ km,台风半经 450 km 处的风速为 4.6 级即 10.8 m/s,由公式 4.8 求得最大风速半经 R 为 97 km,最后求得台风常数 r_0 为 69 km;

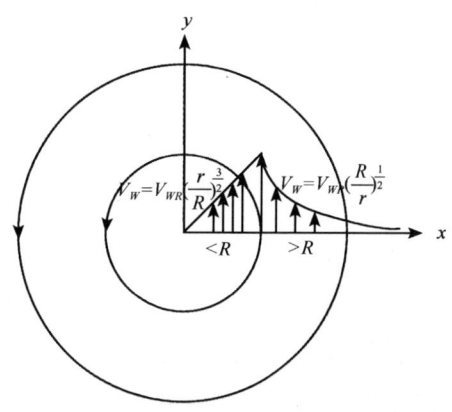

图 4.6　风速与距离示意图

b. 求风速 $V=20$ m/s 以上的半径:由公式 4.6 求得。

B. 台风中心最大风速的估计经验公式:

a. 台风中心最大风速估计之经验公式一:

$V_M = a\sqrt{1010-P_m}$,V_{MAX} 为台风中心附近的最大风速,P_m 为台风中心的最低气压,α 为经验系数,由表 4.1 查出

表 4.1　V_M 与 P_m 的关系

P_m 区间(hPa)	V_M 范围	α	P_m 区间(hPa)	V_M 范围	α
1005～990	12 级以下	5.09	1005～975	41 m/s 以下	6.16
985～940	12～70 m/s	7.23	975 以下	≥42 m/s	7.94
940 以下	70 m/s 以上	8.28			

b. 台风中心最大风速估计之经验公式二:详见公式 4.3。

C. 台风最大风速半径推算方法:

台风中心处有一个台风眼,台风眼半径不一定与其强度有关,只不过是台风发展越成熟其台风眼越明显。台风眼半径 R 约在 20～60 km,近中心台风最大风速带与环绕台风眼的云墙重合,即最大风速带围绕在台风眼外测,近中心台风最大风速带自身的宽度平均为 10～20 km,向内则风速迅速减弱。因此,最大风速半径 R 即为台风眼半径 R,其涵盖区域的半径,就是近中心最大风速半径 R。在台风模式中 R 为一重要参数,实际的最大风速半径,只能靠卫星云图或是经由雷达回波估计,其有一定的误差,所以只能以物理概念,或是经验公式进行推算,欲采用 Graham&Nunn(1959)所建议的经验公式计算最大风速半径 R(km):

$R = 28.52\tanh[0.0837(\phi-28)] + 12.22/\exp[(1013.2-P_0)/33.86] + 0.2V_C + 37.22$

$$\tanh(x) = \frac{e^x - e^{-x}}{e^x + e^{-x}}$$

其中,ϕ 为台风中心纬度(度);V_C 为台风中心移动速度(km/h);P_0 为台风中心气压(hPa)。

由上述经验式推得结果知,移动速度 V_C 越快,则最大风速半径 R 越大;中心气压越低,则

最大风速半径 R 越小;纬度 ϕ 越高,则最大风速半径越大。

3. 台风名称来源(命名)

台风通常生成于水温为 26~27℃ 的广阔热带暖洋面上。在那里,海面温度高,空气中水汽含量大,空气对流上升过程中不断释放热量,在地球自转偏向力的作用下,逐渐形成旋转的暖心气柱,最终发展成台风。

根据世界气象组织规定,于北太平洋西部及南中国海发生的热带气旋,分为六级。各地向外公布的分级和名称有时略有不同。

因为海洋上可能同时出现多个台风,美国军方在关岛上设置的联合台风警报中心(现已移至夏威夷),在二战时习惯给各台风取名字。最初的名字全为女性,后来在 1979 年加入男性名字。2000 年起,台风的命名改由世界气象组织中的台风委员会负责。实际命名的工作则交由区内的日本气象厅(东京区域专业气象中心)负责。每当日本气象厅将西北太平洋或南海上的热带气旋确定为热带风暴强度时,即根据列表给予名字,并同时给予一个四位数字的编号。编号中前两位为年份,后两位为热带风暴在该年生成的顺序。例如 0312,即 2003 年第 12 号热带风暴(当其达到强热带风暴强度时,称为第 12 号强热带风暴;当其达到台风强度时,称为第 12 号台风),英文名为 Krovanh,中文名为"科罗旺";0313 即 2003 年第 13 号热带气暴,英文名为 Dujuan,中文名为"杜鹃"。台风中文名字的命名,是由中国气象局与香港和澳门的气象部门协商后确定的。

对这些台风如何命名?早先,国际上一直采用热带气旋编号办法,如 9608 号热带风暴,即是 1996 年生成的第 8 个热带风暴,继续发展成为台风时,就称为 9608 号台风。但是用编号命名热带气旋不易记忆,不便于气象部门预警。于是,1998 年世界气象组织第 31 届台风委员会决定,从 2000 年 1 月 1 日起,西北太平洋和南海地区出现的热带气旋将采用新的命名方法。

台风委员会目前命名了 140 个名字,分别由亚太地区的中国、越南、日本、美国、中国香港、中国澳门等 14 个成员提供,每个成员贡献 10 个名字。140 个名字按每组 14 个,分成 10 组,按顺序循环使用。各成员贡献的名字各有特色。由中国命名的 10 种台风名称是:龙王、海神、电母、玉兔、悟空、风神、海马、海燕、杜鹃、海棠。

表 4.2 西北太平洋或南海上的热带气旋命名表

序号	英文名	中文名	命名国	意义
1-1	Damrey	达维	柬埔寨	大象
1-2	Haikui	海葵	中国	一种海洋生物
1-3	Kirogi	鸿雁	朝鲜	一种候鸟,在朝鲜秋来春去
1-4	Kai-tak	启德	中国香港	香港旧机场名
1-5	Tembin	天秤	日本	天秤星座
1-6	Bolaven	布拉万	老挝	高地
1-7	Sanba	三巴	中国澳门	澳门建筑名
1-8	Jelawat	杰拉华	马来西亚	一种淡水鱼
1-9	Ewiniar	艾云尼	密克罗尼西亚	传统的风暴神(Chuuk 语)
1-10	Maliksi	马力斯	菲律宾	快速
1-11	Kaemi	格美	韩国	蚂蚁
1-12	Prapiroon	派比安	泰国	雨神

（续表）

序号	英文名	中文名	命名国	意义
1-13	Maria	玛莉亚	美国	女士名（Chamarro 语）
1-14	Son Tinh	山神	越南	山神
2-1	BohPa	宝霞	柬埔寨	花儿名
2-2	Wukong	悟空	中国	孙悟空
2-3	Sonamu	清松	朝鲜	一种松树，能扎根石崖，四季常绿
2-4	Shanshan	珊珊	中国香港	女孩儿名
2-5	Yagi	摩羯	日本	摩羯星座
2-6	Leepi	丽琵	老挝	老挝南部最美丽的瀑布
2-7	Bebinca	贝碧嘉	中国澳门	澳门牛奶布丁
2-8	Rumbia	温比亚	马来西亚	棕榈树
2-9	Soulik	苏力	密克罗尼西亚	传统的 Pohnpei 酋长头衔
2-10	Cimaron	西马仑	菲律宾	菲律宾野牛
2-11	Chebi	飞燕	韩国	燕子
2-12	Mangkhut	山竹	泰国	泰国人喜爱的一种水果
2-13	Utor	尤特	美国	飑线（Marshalese 语）
2-14	Trami	潭美	越南	一种花
3-1	Kong-rey	康妮	柬埔寨	高棉传说中的可爱女孩儿
3-2	Yutu	玉兔	中国	神话传说中的兔子
3-3	Toraji	桃芝	朝鲜	朝鲜深山中的一种花
3-4	Man-yi	万宜	中国香港	海峡名，现为水库
3-5	Usagi	天兔	日本	天兔星座
3-6	Pabuk	帕布	老挝	大淡水鱼
3-7	Wutip	蝴蝶	中国澳门	一种昆虫
3-8	Sepat	圣帕	马来西亚	一种淡水鱼
3-9	Fitow	菲特	密克罗尼西亚	一种美丽芳香的花（Yapese 语）
3-10	Danas	丹娜丝	菲律宾	经历
3-11	Nari	百合	韩国	一种花
3-12	WihPa	韦帕	泰国	女士名字
3-13	Francisco	范斯高	美国	男子名（Chamarro 语）
3-14	Lekima	利奇马	越南	一种水果
4-1	Krosa	罗莎	柬埔寨	鹤
4-2	Haiyan	海燕	中国	一种海鸟
4-3	Podul	杨柳	朝鲜	一种在城乡均有种植的树
4-4	Lingling	玲玲	中国香港	女孩儿名
4-5	Kajiki	剑鱼	日本	剑鱼星座
4-6	Faxai	法茜	老挝	女士名字
4-7	Peipah	琵琶	中国澳门	一种在澳门受欢迎的宠物鱼
4-8	Tapah	塔巴	马来西亚	一种淡水鱼
4-9	Mitag	米娜	密克罗尼西亚	女士名字（Yap 语）
4-10	Hagibis	海贝思	菲律宾	褐雨燕

(续表)

序号	英文名	中文名	命名国	意义
4-11	Noguri	浣熊	韩国	狗
4-12	Rammasum	威马逊	泰国	雷神
4-13	Matmo	麦德姆	美国	大雨
4-14	Halong	夏浪	越南	越南一海湾名
5-1	Nakri	娜基莉	柬埔寨	一种花
5-2	Fengshen	风神	中国	神话中的风之神
5-3	Kalmaegi	海鸥	朝鲜	一种海鸟
5-4	Fung-wong	凤凰	中国香港	山峰名
5-5	Kammuri	北冕	日本	北冕星座
5-6	HPanfone	巴蓬	老挝	动物
5-7	Vongfong	黄蜂	中国澳门	一类昆虫
5-8	Nuri	鹦鹉	马来西亚	一种带蓝色皇冠的鹦鹉
5-9	Sinlaku	森拉克	密克罗尼西亚	传说中的 Kosrae 女神
5-10	Hagupit	黑格比	菲律宾	鞭子
5-11	Jangmi	蔷薇	韩国	花名
5-12	Mekkhala	米克拉	泰国	雷电天使
5-13	Higos	海高斯	美国	无花果（Chamarro 语）
5-14	Bavi	巴威	越南	越南北部一山名
6-1	Maysak	美莎克	柬埔寨	一种树
6-2	Haishen	海神	中国	神话中的大海之神
6-3	Noul	红霞	朝鲜	红色的天空
6-4	Dolphin	白海豚	中国香港	中国珍稀动物
6-5	Kujira	鲸鱼	日本	鲸鱼座
6-6	Chan-hom	灿鸿	老挝	一种树
6-7	Linfa	莲花	中国澳门	一种花
6-8	Nangka	浪卡	马来西亚	一种水果
6-9	Soudelor	苏迪罗	密克罗尼西亚	传说中的 Pohnpei 酋长
6-10	Molave	莫拉菲	菲律宾	一种常用于制造家具的硬木
6-11	Goni	天鹅	韩国	一种鸟
6-12	Morakot	莫拉克	泰国	绿宝石
6-13	Etau	艾涛	美国	风暴云（Palauan 语）
6-14	Vamco	环高	越南	越南南部一河流
7-1	Krovanh	科罗旺	柬埔寨	一种树
7-2	Dujuan	杜鹃	中国	一种花
7-3	Mujigae	彩虹	朝鲜	一种大气现象
7-4	Choi-wan	彩云	中国香港	天上的云彩
7-5	Koppu	巨爵	日本	巨爵星座
7-6	Ketsana	凯萨娜	老挝	一种花
7-7	Parma	芭玛	中国澳门	澳门的一种烹调风格
7-8	Melor	茉莉	马来西亚	一种花

(续表)

序号	英文名	中文名	命名国	意义
7-9	Nepartak	尼伯特	密克罗尼西亚	著名的勇士（Kosrae 语）
7-10	Lupit	卢碧	菲律宾	残酷
7-11	Mirinae	银河	韩国	宇宙的银河
7-12	Nida	妮妲	泰国	女士名字
7-13	Omais	奥麦斯	美国	漫游（Palauan 语）
7-14	Conson	康森	越南	古迹
8-1	Chanthu	灿都	柬埔寨	一种花
8-2	Dianmu	电母	中国	神话中的雷电之神
8-3	Mindulle	蒲公英	朝鲜	一种小黄花
8-4	Lionrock	狮子山	中国香港	香港一座山名
8-5	Kompasu	圆规	日本	圆规星座
8-6	Namtheun	南川	老挝	河
8-7	Malou	玛瑙	中国澳门	非常坚硬的宝石
8-8	Meranti	莫兰蒂	马来西亚	一种树
8-9	Fanapi	凡亚比	密克罗尼西亚	环状珊瑚岛
8-10	Malakas	马勒卡	菲律宾	强壮
8-11	Megi	鲇鱼	韩国	鱼
8-12	Chaba	暹芭	泰国	热带花
8-13	Aere	艾利	美国	风暴（Marshalese 语）
8-14	Songda	桑达	越南	越南西北部一河流
9-1	Sarika	莎莉嘉	柬埔寨	雀类鸟
9-2	Haima	海马	中国	一种鱼
9-3	Meari	米雷	朝鲜	回波
9-4	Ma-on	马鞍	中国香港	山峰名
9-5	Tokage	蝎虎	日本	蝎虎星座
9-6	Nock-ten	洛坦	老挝	鸟
9-7	Muifa	梅花	中国澳门	一种花
9-8	Merbok	苗柏	马来西亚	一种鸟
9-9	Nanmadol	南玛都	密克罗尼西亚	著名的 Pohnpei 废墟
9-10	Talas	塔拉斯	菲律宾	锐利
9-11	Noru	奥鹿	韩国	狍鹿
9-12	Kulap	玫瑰	泰国	一种花
9-13	Roke	洛克	美国	男子名（Chamarro 语）
9-14	Sonca	桑卡	越南	一种会唱歌的鸟
10-1	Nesat	纳沙	柬埔寨	渔夫
10-2	Haitang	海棠	中国	花
10-3	Nalgae	尼格	朝鲜	有生气，自由翱翔
10-4	Banyan	榕树	中国香港	一种树
10-5	Washi	天鹰	日本	天鹰星座
10-6	Pakhar	帕卡	老挝	生长在湄公河下游的一种淡水鱼

(续表)

序号	英文名	中文名	命名国	意义
10-7	Sanvu	珊瑚	中国澳门	一种水生物
10-8	Mawar	玛娃	马来西亚	玫瑰花
10-9	Guchol	古超	密克罗尼西亚	一种香料(调味品)(Yapese语)
10-10	Talim	泰利	菲律宾	明显的边缘
10-11	Doksuri	杜苏芮	韩国	一种猛禽
10-12	Khanun	卡努	泰国	泰国水果
10-13	Vicente	韦森特	美国	女士名(Chamarro语)
10-14	Saola	苏拉	越南	越南最近发现的一种珍贵动物

4. 如何区分台风、飓风、旋风

台风、飓风、旋风都是热带海洋上形成的强烈低气压或强烈空气旋涡,本质完全相同,只是不同地区采用不同称呼:西太平洋称为"台风",大西洋、东太平洋称为"飓风",澳洲、印度洋称为"气旋"或"热带风暴"。这些强烈低气压可统称为"热带气旋"。

根据中国气象局的规定,人们所惯称的台风,现改称为热带气旋。全球每年出现的热带风暴(含台风和飓风)大致有约80个,其中大约76%发生在北半球。我国沿海、中美洲、加勒比海,是经常受台风和飓风袭击的地带。台风是最强烈的灾害性天气系统。它带来的狂风暴雨、海潮侵袭常造成大范围的洪涝灾害和局部地区风暴潮、海啸、山崩、泥石流和滑坡等严重的自然灾害。每年全球由台风灾害造成的经济损失为60亿~70亿美元,人员死亡约20000人。近年来由于对台风的监测手段及预报水平的不断改善,台风造成的死亡人数正趋于减少。但随着经济建设的发展,人类物质财富的增加,沿海地区的经济开发日趋繁荣,台风造成的经济损失也迅速增加。据美国统计,在美国台风造成的经济损失,近30年来有呈指数上升的趋势。20世纪80年代初每年损失达8亿~10亿美元,约为50年代初期的5倍。我国尚无这方面的统计数字,但经济损失增加的趋势也是很明显的。

5. 相关说明

(1)凡"风力"均指热带气旋近中心最大平均风力;

(2)持续风力的定义为一段时间内的平均风力,大部分国家及地区(日本、台湾、香港等)采用世界气象组织建议的十分钟平均风速评估热带气旋的强度;中央气象台使用两分钟平均最大持续风速;美国NOAA下属机构使用一分钟平均风速。根据研究,十分钟平均风力约为一分钟平均风力的90%。若以日本的十分钟为准,则中国和美国的平均风速偏大。

(3)英文缩写

TC=Tropical Cyclone,热带气旋

TD=Tropical Depression,热带低压

TS=Tropical Strom,热带风暴

STS=Severe Tropical Strom,强热带风暴

TY=TYphoon,台风

STY=Severe TYphoon,强台风

SuperTY=超强台风

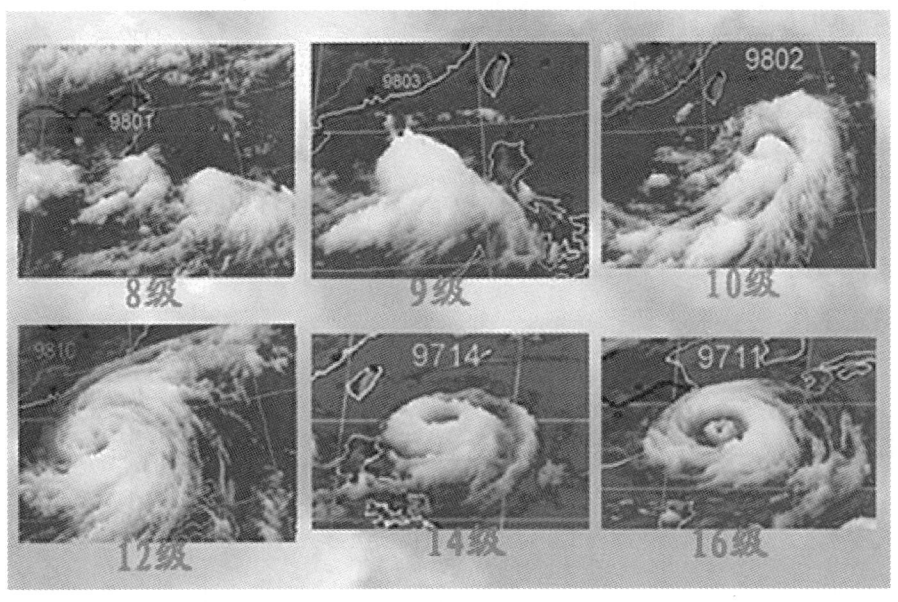

图 4.7 台风强度示意图

(4)常用单位换算

表 4.3 长度单位和速度单位换算

单位	米(m)	英寸(in)	英尺(ft)	千米(km)	英里(mile)	海里(n mile)
米	1	39.37	3.2808	0.001	0.0006214	0.0005399
英寸	0.0254	1	0.0833	0.0000254	0.00001578	0.0000137
英尺	0.3048	12	1	0.0003048	0.0001894	0.0001645
千米	1000	39370	3230.83	1	0.62137	0.5399568
英里	1609.35	63360	5280	1.60935	1	0.8695652
海里	1853	72913	6076	1.853	1.151	1
千米/小时	kph	Kilometres per Hour			1 m/s=3.6 kph	
海里/小时	kn	Knots per Hour			1 m/s=1.946 kn	
英里/小时	mph	Miles per Hour			1 m/s=5.79 mph	

在航海上,通常以"节"表示船只航行速度,英文缩写"kn",1 节=1 n mile。

6. 热带气旋强度等级的划分(各主要气象机构对热带气旋的分级)

热带气旋根据中心附近最高持续风力分为不同等级,不同国家及地区有不同标准。

中国的划分标准根据中国气象局"关于实施热带气旋等级国家标准"GBT 19201—2006 的通知,热带气旋按中心附近地面最大风速划分为六个等级:

7. 台风大小的划分标准

登陆浙江宁波的 5612 号台风,6 级风圈半径超过 1000 km,当中心在象山登陆时,北到青岛南至厦门同时都在 6 级风圈的范围内。

台风狄普(见图 4.8)1979 年 10 月 11 日 06 时风力达强烈台风程度,其近中心最低气压由 996 毫巴快速降至 896 毫巴,同时台风的环流半径创纪录地达到了 2170 km,几乎可以覆盖大半个美国本土,而它达到台风强度的风暴圈半径也达到了 1085 km。形象地说,更可以把日本最主要的四个大岛都纳入它的暴风圈内。

台风的范围通常以其系统最外围近圆形的等压线为准,直径一般在600～1000 km。

中国的划分似乎不够严谨,如600 km的归为何型？中国所采用的2分钟平均风速偏大,故风圈半径也偏大。

表4.4 热带气旋等级

热带气旋等级	底层中心附近最大平均风速			气压 hPa	香港/中国/日本	台湾	美国	
	m/s	km/h	风力(级)				西太平洋	大西洋
热带低压(TD)	10.8～13.8	39～49	6	＞1000	热带低气压			
	13.9～17.1	50～62	7					
热带风暴(TS)	17.2～20.7	63～74	8	999～900	热带风暴	轻度台风	热带风暴	
	20.8～24.4	75～87	9					
强热带风暴(STS)	24.5～28.4	88～102	10	989～960	强热带风暴			
	28.5～32.6	103～117	11					
台风(TY)	32.7～36.9	118～132	12	959～930	台风	中度台风	台风	一级飓风 12～14级
	37～41.4	132～147	13					
强台风(STY)	41.5～46.1	148～165	14	929～890	强台风			二级飓风 15级
	46.2～50.9	166～183	15					
超强台风(SuperTY)	51.0～56.0	184～201	16	＜890	超强台风(＞16级)	强烈台风		三级飓风 16～17级
	56.1～61.2	202～220	17					
	61.3～66.6	221～239	18					四级飓风 18～19级
	66.7～72.1	240～259	19					
	72.2～77.7	260～279	20				超级台风 ≥20级	五级飓风 ≥20级
	77.8～83.5	280～300	21					
	83.6～89.4	301～321	22					
	89.5～95.4	322～343	23					
	95.5～101.6	344～365	24					
	101.7～107.9	366～388	25					

表4.5a 台风的大小(日本划分)

程度	1000 hPa等压线的半径(km)或风速15 m/s(7级)以上的半径(km)
超大型	600以上
大型	300～600
中型	200～300
小型	100～200
特小	100以下

表4.5b 台风大小的划分(中国划分)

类别	6级风圈半径
巨型台风	超过1000 km
普通台风	300～400 km
微型台风	小于100 km

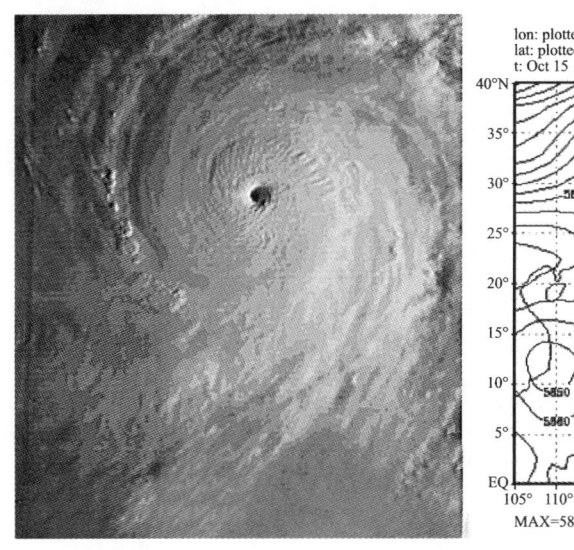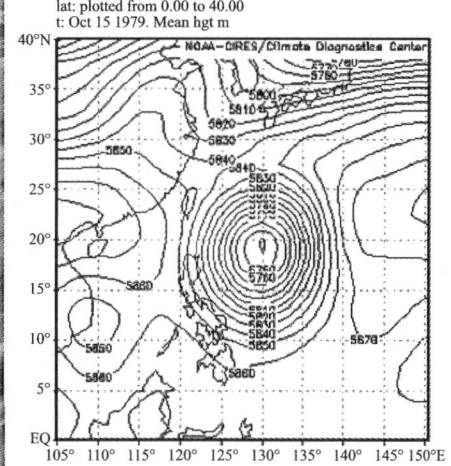

图 4.8　1979 年超强台风—狄普

8. 台风之最

全球最高风力纪录为 1934 年在 Mount Washington(华盛顿山)测得的每小时 372 千米(103 m/s)。1997 年台风柏加(Paka)吹袭关岛时,曾有气象站测得每小时 380 千米的阵风(106 m/s),不过经验证后纪录未被承认。

热带气旋所引起之阵风可达持续风力的 1.2 倍(海面)至 1.6 倍(陆地),不可轻视。

登陆我国的台风,瞬间极大的实测风速曾达 70~75 m/s,2006 年"桑美"台风登陆福鼎,位于某部队自动测风仪记录瞬间最大 78 m/s,但随后测风站倒塌。

袭击我省的台风中,最低气压出现在 1969 年 9 月 27 日登陆晋江的 11 号台风和 1966 年 9 月 3 日登陆罗源的 14 号台风,其中心气压 965 hPa;袭击我省的台风中最大风速为 1959 年 8 月 23 日登陆厦门的 3 号台风的 60 m/s。相当于 17 级风力,是一次具有摧毁性破坏力的罕见强台风。

1966 年 9 月 25 日,日本富士山因台风袭击而出现 91 m/s 的特大风速,这是日本陆上台风风速的最大记录;一次台风可以带来 50~400 亿吨的水量。而 1976 年的 17 号台风给日本带来 840 亿吨水量,当时在日本德岛县测得日雨量 1114 mm 的日本记录。

世界上最强的一次台风是 1958 年 27 号台风,近中心最大平均风速 110 m/s,中心气压 877 hPa;1949—1969 年,西太平洋上的台风中,最大风速超 100 m/s 的台风有:5827、5822、5904、5911、6123、6416。

表 4.6a　日本台风之最

要素	数据	地点	日期	说明
最低气压	907.3(hPa)	冲永良部岛	1977.9.9	五分钟平均,宝佩(Babe)台风
最大平均风速	69.8(m/s)	室户岬	1965.9.10	十分钟平均,雪莉(Shirley)台风
最大瞬时风速	91(m/s)	富士山	1966.9.25	海伦(Helen)台风
次大瞬时风速	85.3(m/s)	宫古岛	1966.9.5	婀拉(Cora)台风

表4.6b 陆上各种级别之记录(最大平均风速)

最大平均风速(m/s)	地点	日期	说明
83.5	美国华盛顿山	1934.4.12	五分钟平均
72.5	富士山	1942.4.5	十分钟平均,冷空气
74.7	台湾兰屿	1961.5.26	十分钟平均(贝蒂台风)
30(SW)	泉州崇武	1980.8.28	十分钟平均(诺瑞斯台风)

表4.6c 陆上各种级别之记录(瞬间极大风速)

瞬间极大风速(m/s)	地点	日期	说明
103	美国华盛顿山(世界之最)	1934.4.12	冷空气
72.6	日本筑波山(日本之最)	1949.8.31	吉特(Kitty)台风
89.8	台湾兰屿(中国之最)	1984.7.3	亚力士台风
35.2(NNE)	泉州崇武(泉州之最)	1998.12.10	冷空气

9. 平均风速与风级之间的关系

N级风的最大风速 $=0.2+0.824N^{1.505}+0.5N^{0.56}$

N级风的最小风速 $=0.824N^{1.505}-0.5N^{0.56}$

N级风平均风速与风级之间的关系:$V=0.1+0.824N^{1.505}$

10. 如何确定台风强度

台风中心强度(风速、气压)一直缺乏有效的、说服力强的确定方式,乃至今天依然争论不休,以下截取相关专家的一些见解,以资参考使用。

相关知识介绍——台风定强业务中的风压关系
(中国气象局台风与海洋气象预报中心,许映龙)

风压关系是台风定强业务中的一个最基本的问题,因为目前世界各国(包括中国、美国和日本等国家)在确定台风强度时主要是根据静止气象卫星在红外和可见光波段观测的台风云型特征及其变化、利用美国科学家1972年研发的Dvorak技术来进行的。Dvorak技术给出了台风现实强度指数(CI)与台风中心最低海平面气压的关系,台风中心附近最大风速则是应用风压关系来确定的。另一方面,台风定强业务中的风压关系也是评估全球气候变化对台风长期活动影响趋势时不得不面对的一个基本问题,因为它是涉及台风资料均一性的一个根本问题,究其原因是台风定强技术在观测技术和手段改进的过程中发生了变化,而这种观测技术和手段的改进也使台风定强业务中的风压关系发生着变化。

目前世界各国台风定强业务中的风压关系是根据实际观测资料而得出的一个统计关系,而且该统计关系随地理区域的不同而有所差异。

1. 美国台风定强:就西北太平洋而言,目前美国联合台风警报中心应用的风压关系是1977年Atkinson and Holliday根据西北太平洋1947—1974年的76个台风个例得到的统计关系,该风压关系为台风中心最低海平面气压与1分钟平均最大持续风速的关系:

$$V_{max}=6.7(1010-Pc)^{0.644} \quad (1)(备注:所计算偏大很多)$$

其中:Pc为台风中心最低海平面气压,V_{max}为1分钟平均最大持续风速。

2. 日本台风定强：日本气象厅东京台风专业气象中心应用的风压关系则是 1990 年 Koba 等根据西北太平洋 1981—1986 年的 50 个台风个例得到的统计关系，该风压关系为台风中心最低海平面气压与 10 分钟平均最大持续风速的关系：

$$V_{\max}=0.09CI^2+13.49CI+8.38 \tag{2}$$

$$Pc=1.53CI^2-3.03CI+1010.01 \tag{3}$$

其中：Pc 为台风中心最低海平面气压，$V_{\max}$ 为 10 分钟平均最大持续风速，CI 为根据红外卫星云图由 Dvorak 技术确定的台风现时强度指数。

3. 中国台风定强：根据我国现行的台风业务和服务规范，目前我国台风定强业务中应用的风压关系为美国 Atkinson and Holliday 得到的风压关系，也就是 1 分钟最大持续风速的风压关系，很显然这与我国热带气旋等级标准（GB/T19201—2006）对热带气旋强度规定为 2 分钟平均的最大持续风速的定义相矛盾，因此有必要对目前我国台风定强业务中的风压关系进行重新审视，以适应我国热带气旋等级国家标准对热带气旋强度定义的要求。

11. 福建台风新标准

(1) 登陆台风：中心风力达 8 级或其以上的热带气旋，中心直接登陆福建（不包括先登陆他省再进入福建的台风）。

(2) 影响台风：当台风进入 48 小时警报区（即 15°N、115°E；20°N、125°E；25°N、130°E），凡出现下列情况之一者，定为影响台风：

A. 受台风影响，沿海任一代表站"台山、平潭、崇武、东山"阵风≥8 级或其他任一测站阵风≥7 级。

B. 受台风影响，任有一站日雨量≥25 mm 或过程雨量≥50 mm。

符合上述标准之一者称为登陆台风或影响台风，两者总和称为影响福建台风。

(3) 附注（福建台风旧标准）：

A. 8 级或其以上的热带气旋中心进入福建境内，称登陆（福建）台风。也即正面登陆我省，或先登陆他省而后穿入我省的台风。

B. 8 级或其以上的热带气旋中心进入距福建海岸线 3 个纬距范围内（图 4.9），称为影响（福建）台风；该弧形区北起杭州湾，东经台湾东岸，南至珠江口（福建的气候，福建科学技术出版社，1982.2，鹿世瑾）。

符合上述标准之一者称为登陆台风或影响台风，登陆台风或影响台风总和称为福建台风。

12. 泉州的台风风暴潮

台风的影响主要表现在风雨以及相伴而来的风暴潮，泉州属于半日潮，即每天有两次高潮、两次低潮。

高、低潮时间的简单计算：初二、十六前后的潮位是每月最高的，而农历七、八月的潮位则是每年最高，若在农历七、八月的初二、十六前后碰到台风的影响，则所带来的风暴潮位将带来致命的打击。涨落潮的简单估算方法：

潮涨完开始要退之时（水最多）＝阴历日期（下半月减 15）×0.8

潮退完开始要涨之时（水最少）＝潮涨完开始要退之时－6

以阴历初七为例：潮涨完开始要退之时＝7×0.8＝5.6（即 05 时 36 分）

大部分人误认为，在台风登陆后，就相安无事，这是个误区，通常台风带来的强降水即暴雨是在台风的后部，这样一来，在台风登陆后，暴雨才开始表现，另外一方面，台风登陆后转为偏南大风，更具破坏性,特别是台风登陆时,若处在台风的中心,则通常会出现无风雨的天气,可以看到蓝天,这是假象,台风后部的风雨通常更为猛烈。台风风雨结构的不对称、无规则常造成防范上的被动。

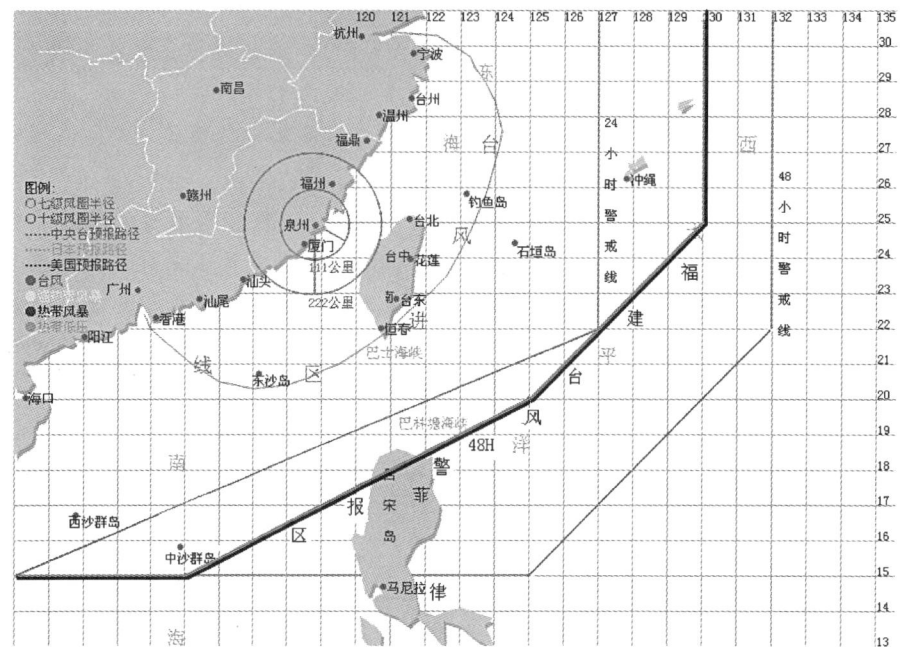

图 4.9 影响福建台风区域图

13. 台风路径

从高空往下看,台风就像是一个正在旋转的陀螺,这个虚拟陀螺的尖顶在移动过程中的轨迹,就是台风路径。纵观台风历史,台风路径多种多样,还没出现过路径相同的台风。

造成台风路径多种多样的原因,主要是台风在大气运动过程中,受到复杂大气环境等因素的影响。目前影响我国的台风主要产生在西太平洋上,其常见路径有:

(1)西移(纬向)路径:台风从菲律宾以东洋面生成后,周围的基本气流很弱,这时候台风中心的移动主要是内力运动,方向往西北。由于遭受高空副热带高压的影响,深厚的偏东气流会引导台风一直向偏西方向移动。一直到广东西部沿海、海南岛或越南一带登陆,沿此路径移动的台风,对我国海南、广东、广西沿海地区影响最大,经常在春、秋季发生。

(2)西北移(斜向)路径:台风在菲律宾东部海域生成后,会遭遇一股轴线是西北向东南的南风,台风在这股深厚气流的引导下,从菲律宾以东洋面向西北方向移动,经巴士海峡登陆台湾,再穿过台湾海峡向广东东部或者福建沿海靠近,在台湾、福建、广东等一带沿海登陆。如果台风的起点纬度较高,就会穿过琉球群岛,在我国浙江、上海、江苏一带沿海登陆,甚至到达山东、辽宁一带。沿此路径移动的台风对台湾、广东省东部和福建省影响最大,这类台风多见于7月下半月到9月的上半月。

(3)转向路径:台风从菲律宾以东洋面生成后向西北方向移动,在海上遇到西太平洋副高或西风槽的阻挡,就会转向东北,向朝鲜半岛或日本方向移去。这种转向台风又可以分为三类:东转向、中转向和西转向。其中的西转向类,特别是到了近海才向西转的台风,在我国沿海地区登陆后,转向东北移去,路径呈抛物线状,这也是最常见的路径。沿此路径移动的台风对我国东部沿海地区影响最大,这类台风多发生于夏、秋季节,只是转向点的纬度因季节而异,盛夏在最北,春季在最南。

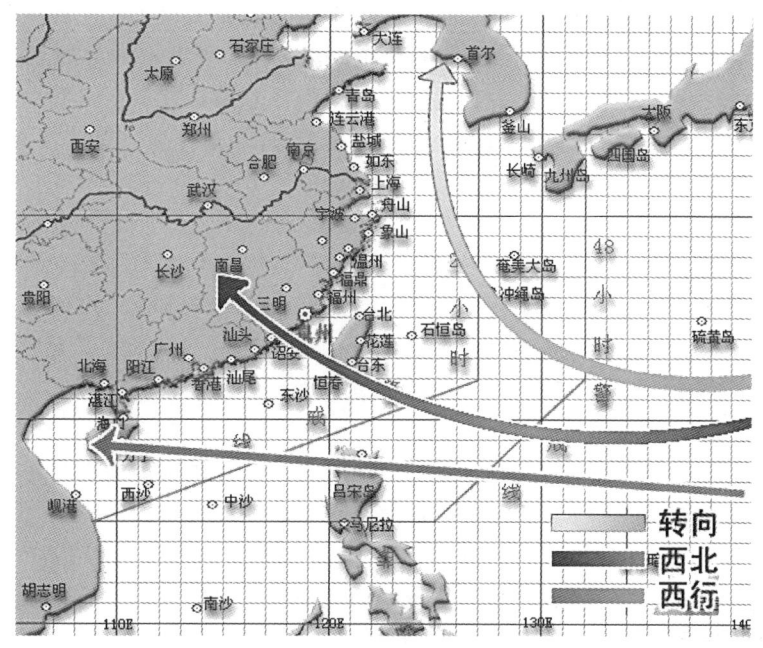

图 4.10　西太平洋台风路径

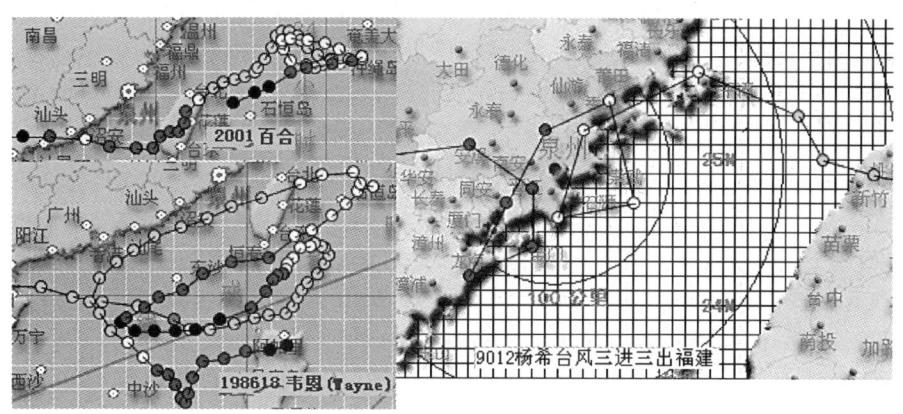

图 4.11　复杂路径台风

(4)特殊路径:当台风所处的环境形势变化很快,或是海上有多个台风相互影响时,台风的移动路径会变得比较怪异,这就像陀螺在旋转时受到外力的影响,中心将作一气旋式圆弧运动。当这种运动正好和原运动的方向相反时,就会导致台风的停滞和打转,如果所受到的外力作用不平衡,便会左右摇摆,像一条运动的蛇一样。这样的移动路径很复杂,也更难以预测,所以更容易成灾。如发生在2001年的台风"百合",其移动路径就是一种特殊路径,生成以后,就像一条蛇缓慢地在台湾的北部海面原地转了一圈半后,在台湾宜兰附近登陆,肆虐了44个小时又窜到台湾海峡,最后在潮阳、惠来再次登陆,给当地带来了严重的灾害和极大的损失。其怪异路径给人们留下了深刻的印象。

14. "双台风"效应

(1)"双台风"

"双台风"效应是日本气象学家藤原博士于1923年在水流实验中首先观测到的,后来证明在大气层中也有这种效应。一般指同时出现的两个达到风暴级以上强度的热带气旋,绕着相连的轴线形成环状,出现拉扯或强度变化的现象。值得注意的是,"双台风"只能说明两个台风互相影响,会导致各自行走的路径更为复杂和难以捉摸,并不意味着其势力将相互"叠加"而更加"凶猛",导致降雨、大风的加强。

(2)"双台风"的生成

对于"双台风"的同时生成,与台风生成的源地——热带辐合带的活跃程度有关。"双台风"效应在强度上,表现为两个台风的互相牵制,即旋转时通常一个台风发展速度快,另一个发展速度慢些。在路径上,则表现为两个台风中心可能出现逆时针互旋。旋转中心与位置则依两个台风相对质量及台风环流的强度来决定。

(3)"双台风"效应

要产生"双台风"效应还必须要满足一个条件,就是两个台风距离通常要在15个经距以内才会出现路径上明显的变化。如果距离太近,通常对于东侧的台风,其路径会受西侧台风的影响而向偏北方向移动,西侧台风在东侧台风影响下,将向偏西或偏南方向移动。据资料记载,在2006年8月8日前后,受强热带风暴"宝霞"和台风"桑美"的"双台风"效应影响,"宝霞"因为台风互旋,被迫向偏西南方向移动,两股势力就在沿海掀起了狂风暴雨。

(4)三种常见的"双台风"效应

一般而言,最常见的热带气旋的相互作用可分为三类,即单向影响型、相互影响型和合并型。因此,每当两个热带气旋互相靠近时,预测热带气旋的路径往往变得十分困难,其带来的灾难性后果更是难以预测。

a. 单向型"双台风"效应是指,当一强、一弱两个热带气旋互相接近时,较强一方会支配较弱一方的路径,令较弱的热带气旋绕着它作反时针方向旋转。例如1994年的台风"添姆"对热带风暴"妮莎"的影响。

b. 而当两个热带气旋的强度相当时,两者便会互相围绕一个共同中心旋转,直至两者受到其他天气系统的影响,或其中一方减弱,才会脱离互相的影响。例如1986年的台风"韦恩"和台风"维娜"之间,便形成了典型的相互影响型"双台风"效应。

c. 合并型则指比较强劲的热带气旋可能会将弱的一方吸收,令其成为自身环流的一部分。如1999年年初的台风"玛吉"把南海的低压区吸收一样,但这种类型要求两者距离足够近,且较弱一方的移动不受其他天气系统影响。

15. 台风警报发布标准

表4.7 根据热带气旋的强度和登陆时间、影响程度的发布标准分类

发布的类型	属性
消息	远离或尚未影响到预报责任区时,根据需要可以发布"消息",报道编号热带气旋的情况,警报解除时也可用"消息"方式发布
警报	预计未来48小时内将影响本责任区的沿海地区或登临时发布警报
紧急警报	预计未来24小时内将影响本责任区的沿海地区或登临时发布紧急警报

(影响是以沿海开始出现8级风或暴雨为标准。)

16. 台风预警信号

2008年,福建省气象局颁布了《福建省气象灾害预警信号及防御指南》,其中,关于台风预警信号相关规定详见本书第一章。

17. 影响福建的一些典型台风

(1) 早台风

1884—2008年资料统计表明,5月登陆福建或登陆他省而后穿入本省的台风有5个。

①最早登陆福建的台风是7701号台风,6月16日登陆惠安,也是最早登陆我市的台风。2001年"飞燕"(Chebi)台风6月23日登陆福清。

②最早影响福建的台风是9902号台风,受其和冷空气共同影响,4月29日东山出现阵风26 m/s,漳州、宁德、南平等地局部出现暴雨。

③最早登陆泉州市的台风是7701号台风,6月16日登陆惠安;2009年第3号热带风暴"莲花"(Linfa)6月21日20时30分在晋江东石镇登陆,登陆时中心气压985 hPa,近中心最大风力9级(23 m/s),登陆后转向东北,沿海岸线附近北上。"莲花"为1949年以来第二早登陆我市的热带风暴。

④最早影响泉州的台风除了9902号台风(4月29日)外,还有5月18日在广东饶平和澄海之间沿岸登陆的0601号强台风"珍珠"(Chanchu)。

⑤最早登陆我国的台风是2008年第1号台风"浣熊",4月18日21时登陆海南,是新中国成立以来第1个4月登陆我国的台风;0601号强台风"珍珠"是1949年以来5月份登陆我国最强的台风之一,也是登陆点距泉州最近、影响时间最早的登陆早台风。台风"珍珠"5月18日02时15分在广东饶平和澄海之间沿岸登陆,登陆时中心风力12级(35 m/s),登陆后向东北方向移动进入我省。

⑥登陆粤东而后穿越福建的台风(见图4.12),常易引起全省性的暴雨洪涝,因为这种季节和这种路径的台风,往往有台风和冷空气相互结合的暴雨因素,所以雨区广、强度强,易造成洪涝灾害。

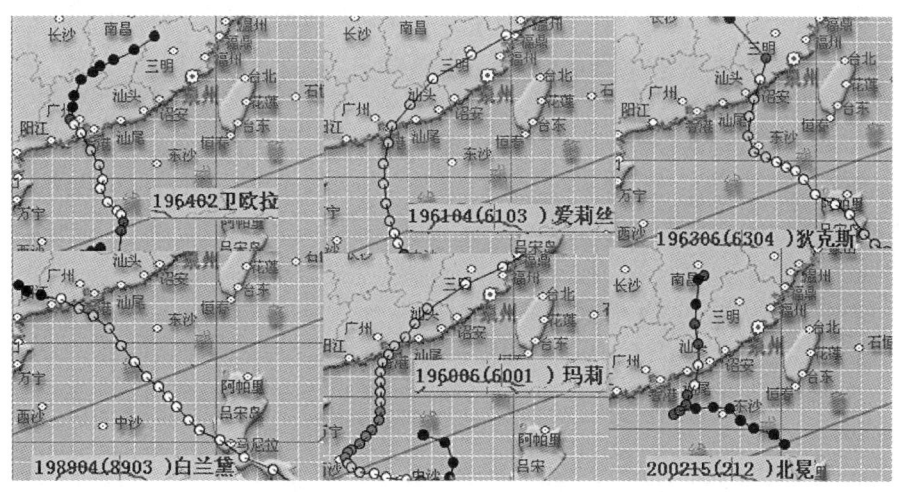

图4.12 春末登陆粤东而后穿越福建的台风

早台风大暴雨个例:

6103台风5月19日登陆香港,5月20日福建全省暴雨,≥100 mm有15个站。

8903台风5月20日登陆台山(自西北行),5月21日沿海暴雨,≥100 mm有3个站。

6402台风5月28日登陆广东斗门,5月29、30日福建全省暴雨,≥100 mm有4个站。

6001台风6月9日登陆香港,6月9、10日福建全省暴雨,≥100 mm有28个站,九龙江出现罕见的特大洪水。

6304台风7月1日登陆澄海,7月1日中南部暴雨,≥100 mm有21个站,九龙江特大洪涝。

0212号北冕(Kammuri)台风是在8月5日影响(不属于早台风),但该台风从广东登陆却重创福建。

(2)秋季台风

秋季台风是9月份袭击或影响福建的台风,由于常伴有冷空气的相互作用,风、雨影响都显得很强。特别在农历八月大潮期间,若遇台风袭击,灾情更加严重。

较为典型的个例有:

6122号台风9月12日04时登陆台湾,14时再次登陆晋江。9月12日福建全省有30个站暴雨,雨量≥100 mm的有9个站。九龙江、晋江出现特大洪水,死278人。

6911号台风9月27日02时登陆台湾,13时再次登陆晋江。27日福建全省有35个站暴雨,其中雨量≥100 mm的有16个站。福建全省沿海出现特大风暴潮,死70人。

八月飑,无人知(秋飑无人知;白露飑,无人知;九月飑,无人知):这句话表达了闽台渔民对于秋季台风的一种无奈心情。该句有以下两种解析:

①在夏季,人们常用东北风劲吹来预测台风入侵。但八月(农历)秋风已起,吹东北风也是常有的事,这样,人们就难以判断到底是台风外围的东北风还是秋风。但是随着技术的进步,特别是借助于气象卫星云图,现在人们可以预先看到海上台风了。

②秋季因伴有冷空气活动,使台风的路径和强度及其带来的风雨充满变数,让人捉摸难定,扑朔迷离,若再叠加上8月天文大潮影响,则将造成更惨烈灾害。如2005年国庆期间,19号"龙王"(Longwang)台风因有弱冷空气的渗透而在福州造成局部性强降水;2000年11月1日,20号台风"象神"(Xangsane)袭击台湾,台湾受损惨重,台风降雨量破了之前150年的纪录,全台到处发生水灾和泥石流;1961年9月12日14时登陆晋江的6122号台风,我省出现洪涝灾害,九龙江、晋江出现特大洪水,死伤无数;1969年9月27日13点(农历八月十六日即中秋之后)登陆晋江的6911号"艾尔西"台风,恰遇8月天文大潮,我省沿海出现历史上罕见的特大海潮。

(3)晚台风

根据1884—1990年105年的资料统计表明,10月上中旬共有11个热带气旋登陆福建,最迟登陆的时间是10月14日(1946年)登陆厦门,1949年以后最迟登陆的是7315热带气旋,10月10日12时登陆厦门。

影响的晚台风:

①0428"南玛都"(Nanmadol),泉州受影响一般,是历史上最晚影响我市的台风(12月3—4日)。

11月29日08时在西太平洋洋面上生成,11月30日20时加强为台风,12月3日14时减弱为强热带风暴。受其台风和冷空气共同影响,我市出现中雨,降水量在13～21 mm,沿海出现大风。此台风是历史上最晚影响我市的台风。

②5231"黛拉"是第2个最晚影响我市的台风,它于1952年11月27日在台湾海峡消失,没有造成暴雨;

③1952年11月14日穿过台湾海峡的热带气旋5229"贝丝";

④8625号台风,它在南海回旋,与北方南下冷空气共同作用造成福建全省大面积暴雨天气。11月15日08时—16日08时,全省有56个站暴雨,其中6个站≥100 mm。

18. 台风的灾害影响表现

台风的影响主要表现在风雨、下沉增温和风暴潮等方面。

(1)台风引起的下沉气流带来酷热天气的原理

以2005年的"海棠"(Haitang)台风引起香港高温天气为例。该台风于北纬23度、东经153度形成。这个位置形成的热带气旋多向北移动影响日本。但由于副高长期在海棠以北并维持强度,因此海棠一直向西移动,速度更一度达每小时40千米。热带气旋大多围绕副高边缘移动,因此要了解热带气旋的动向,必须参考高空天气图(此例为500 hPa)了解副高的位置及强度。

对香港而言,海棠最大的影响是其前端下沉气流所带来的酷热天气。由于海棠在香港以东,香港转吹西北风,把内陆更热之空气带来香港。而日间高温常引发内陆雷暴发展,并于傍晚影响香港。

(2)台风带来暴雨与西南季候风的关系

热带气旋在台湾或中国东南沿岸登陆后常引进西南季候风,令华南沿岸有大雨。2000年的"碧利斯"(Bilis)横过台湾登陆福建后引进活跃西南季候风,香港于8月24日发出黑色暴雨警告。

春末、秋初登陆粤东而后穿越福建的台风,常易引起全省性的暴雨洪涝,如1960年6月9日的6001"玛丽"台风,九龙江罕见特大洪水、闽江大洪水,致使九龙江下游出现百年不遇的特大洪水,漳州舟行于市,一片泽国,该台风给漳州地区所造成的损失相当严重;1961年9月11日的6122"帕米拉"台风也造成九龙江、晋江特大洪水、闽江大洪水。

(3)台风暴潮灾害

台风引起的海上巨浪、海啸和台风暴潮,常给沿海地区的海堤设施造成破坏,致使海水倒灌,淹没农田,尤其是台风登陆时若遇初三、十八天文大潮,受台风的托顶作用,海潮危害更为严重。

台风不完全为害,也有它有益的一面。福建夏季的降水主要靠台风,久晴缺雨时,人们总盼望来个台风,虽有局部风、洪危害,但大局受益,利多弊少。就农业而言,关键在于在什么时候来台风,来得适时,益多害少;时机不对,就会减产减收。

(4)台风风灾对电网破坏

2003年"莫拉克"使220 kV井清线(北丰蟠山至清蒙线路)倒塔;2005年"珊瑚"导致110 kV城淮Ⅰ回线路倒塔(位于大坪山上)。以上几个倒塔位置,距海边均只有20 km。

19. 太平洋高压脊与台风

(1)太平洋高压脊与"伏旱"天气的关系

通常在5月及6月连场大雨后,即在雨季结束后,华南地区常出现"伏旱"天气,天气放晴。就气候学而言,香港7月初通常出现数天天晴,气象人称为"fine spell"(好天气)。

归其原因是太平洋的高压区慢慢建立,并以脊的形式西伸覆盖华南,称为太平洋高压脊。又因高压脊多数时间处于副热带地区,因此又称副热带高压脊或副高。由于高压脊内空气下沉,因此云会消散。加上空气下沉升温,因此高压脊笼罩的地区天晴炎热。

太平洋高压脊的位置及强度可在500 hPa(离地面约5.5 km)天气图中得知一二。蓝色线表示位势高度(geopotential height),间距为60 m。如某地区的位势高度超过5880 m,表示受太平洋高压脊覆盖。图4.13是2005年7月4日08时的500、100 hPa天气图。

(2)太平洋高压脊与热带气旋

太平洋高压脊除带来天晴炎热天气外,更会影响热带气旋的移动。热带气旋一般围绕太平洋高压脊边缘移动,因此如太平洋高压脊东退至台湾以东,热带气旋移至台湾附近时便改向偏北方向移动,不会进入南海。

那什么因素决定500 hPa太平洋高压脊之西伸?我们可留意100 hPa(离地面约16 km)天气图。当天气图出现一个位势高度超过16680 m的地区,中心东移至华中时,则500 hPa的太平洋高压脊便会建立并西伸。

这个例子正好显示了大气的三维结构,因此只了解地面天气图是不够的。

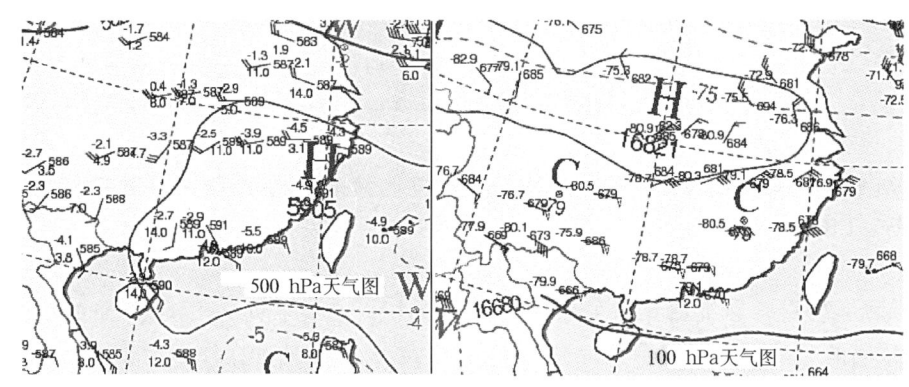

图4.13 2005年7月4日08时的500、100 hPa天气图

四、云图在台风路径预报中的应用

1. 判断副高强度及形状及其对台风路径的影响

在卫星云图上,副高控制地带多为晴空区,如果出现爆米花式的对流云群或比较大块的云团,则表明副高在减弱过程,或者表明其形状不是带状的;有时副高主体很强,但其后部发生明显南落,则将导致台风移向比较偏北。这种过程在云图上非常清楚,其特点是,在台风后部出现比较黑的晴空区,在晴空区与台风中心之间有一支较强的偏南气流,并有一条南北向云带一直向北伸展。

2. 判断赤道高压对台风路径的影响

当赤道高压发生明显北移,在赤道高压北侧出现一支很强的西南风,这支西南风在云图上反映非常明显,它从印度洋开始经孟加拉湾、南海进入太平洋,这支西南风与副热带高压南侧的东南风势力相当,两者除相抵消部分外,仍有使台风向北的合力,加上台风自身的向北力量,因此有利台风向北移。

3. 判断锋面云系对台风路径的影响

如果台风云系逐渐靠近锋面云系的中部或前部,当两者相距在5个纬距以内时,台风将趋于转向;如果与锋面云系的尾部云系相接,则台风不会转向,并可能发生西折,特别是秋季的台风更是如此。

4. 判断台风自身云型特征对台风路径的影响

(1)向台风密蔽云区多的方向移动;
(2)向台风密蔽云区的长轴方向移动;
(3)台风云系对称,并有多方向的卷云流出,预示移动方向稳定;
(4)向北侧卷云扩展的方向移动。

五、影响泉州台风的一些结论

(一)台风资料来源与数据库建立的相关说明

1884—1948年资料以美国关岛联合热带气旋警报中心为主(其从1945年开始才有中心风速资料,但无气压资料,来源 http://navy.ncdc.noaa.gov/products/gtcca/gtccamain.html),同时参考了《80年来热带气旋路径图》(台湾气象局编印,资料范围为1892—1977年)和《100年侵台热带气旋路径图集及其应用》(台湾气象局气象科技研究中心,资料范围为1897—1996年),并采用其中的中心风速和气压值;1949年起的热带气旋资料全部采用中央气象台的热带气旋年鉴,该段的近中心风速、气压资料完整,由此形成100余年的较为完整的热带气旋资料库。(1884—1948年的气压和风速资料不完整,且气压资料多于风速资料,所以,所挑选的每一个热带气旋的最大风速和最低气压值可能并不是实际的极值)。从1947年起,热带气旋开始有英文名和中文名。

对于上述台湾热带气旋资料的相关说明:早期海上观测资料不足,无论热带气旋发生次数与位置准确度均有误差。但由于台湾常遭受热带气旋之侵袭,日据时代已设有颇多测站,特别是在第二次世界大战期间,日本在台湾气象测站(含机场站)相当多,当时各灯塔于热带气旋侵袭时均有作逐时观测,因此侵袭台湾热带气旋观测资料仍不逊于今日,故基本上此项100年侵台热带气旋路径资料不因年代久远而有失其代表性。

通过对各家热带气旋观测资料逐一进行比对,发现大多数热带气旋都有记录,相互间可以印证,直至形成1884—1948年的热带气旋数据库资料。而1949年起的台风资料全部采用中央气象台的台风年鉴。

联合台风警报中心(Joint Typhoon Warning Center,简称JTWC)是美国海军于夏威夷珍珠港的海军太平洋气象及海洋中心的分部。该中心负责为太平洋及印度洋水域的热带气旋发出警报。JTWC支援美国国防部的所有分支,以及其他美国政府机构。该中心制作数据的主要用途为保障军用船舰及飞机的安全,并会传送到与世界各国共同运作的军方基地。

(二)台风对泉州影响的一些结论

1. 影响和登陆泉州台风统计

泉州市是东南沿海容易受台风影响和袭击的地区之一。台风是我市夏季最重要的降水系统,它带来狂风暴雨和风暴潮常造成重大的直接经济损失,但大量降水既缓解夏旱又调节酷暑。通过对过去100多年台风资料的整理分析,初步概括出如下泉州台风概况:

(1)1884—2007年的124年里,在西北太平洋与南海共生成3528个热带气旋,平均每年28.5个;

(2)1884—2007年的124年里,共有56个热带气旋登陆泉州,即每2年有一个登陆我市的热带气旋(参见表4.8和4.9);

表4.8　1884—2007年各月登陆泉州台风分布表

月份	6月	7月	8月	9月	10月	合计
登陆个数	3	14	23	13	3	56

表4.9　1884—2007年登陆泉州热带气旋统计表

类型	比例%	总数	具体台风编号(本资料序号,非中央台编号)
巴士海峡型	14	8	190307/190705/191712/191905/193009/198715/199608/189909
绕过台湾北部型	7	4	191015/194315/197506/200420
登陆台湾型	68	38	190402/190914/191116/191214/191313/191704/191913/192504/192606/193410/194006/194030/194313/194411/194924/195627/195820/195914/196119/196129/196521/196920/197121/197132/197617/197708/199024/199406/200014/200519/200605/200709/188403/188507/188807/188903/189816/189906
南海型	7	4	190915/192411/197417/199719
穿过吕宋岛型	4	2	197210/197704
合计	100	56	

(3)1971—2000年的30年中生成884个热带气旋,平均每年29.5个,其中有12个登陆我市,即每两年半有一个登陆泉州的热带气旋;

(4)在所有登陆泉州的热带气旋中,有66%(37/56)的热带气旋是从台湾过来的(即在登陆台湾后再二次登陆泉州);

(5)1884—2007年的124年里,共有225个登陆台湾的热带气旋,即台湾平均每年有1.8个登陆热带气旋,在这225个登台热带气旋中,又有37个二次登陆泉州的热带气旋,即登陆台湾的热带气旋中,有16.4%的热带气旋会再次登陆泉州,或者说,登陆台湾的热带气旋,再次登陆泉州的概率达16.4%,即每6个登台热带气旋中有一个再次登陆泉州;

(6)1884—2007年的124年里,共有738个热带气旋影响泉州(系指进入福建进区线范围的台风,参见表4.13),即每年有6个影响泉州的热带气旋。

表4.10　1884—2007年影响泉州台风的月分布表

月份	1	2	3	4	5	6	7	8	9	10	11	12	合计
数量	1	2	1	4	24	66	188	226	153	53	18	2	738
平均	0	0	0	0	0.2	1	1.5	1.8	1.2	0.4	0.1	0	6

综上所述,直接登陆泉州市的台风并不多,大约平均3年才有一次(气候平均为2.5年一个登陆台风);对泉州市有影响的台风,一年平均有6个,其登陆地段南起广东珠江口,北至温

州。在广东汕头至福州登陆的台风,85%对泉州市有较大的影响。

影响我市台风最多的年份有 11 个(1961 年),最少为 2 个(1983 年),台风影响集中在 7 月、8 月、9 月三个月,最早 1 月 21 日(1302 台风),最迟是 0432"南玛都"台风(12 月 3—4 日)。

(7)影响泉州的台风特点:往往具有"前二后三"之特点,即在台风登陆前两天和登陆后的三天里,泉州均在台风的影响之下,通常台风登陆前两天以大风为主,登陆后的三天里以降雨为主,因此应警惕台风登陆后强降水的出现,不可因台风已登陆而有所松懈。

2. 泉州台风(影响和登陆)的路径分类

依台风来向,将泉州台风路径细分为 5 类,分别为巴士海峡型、绕过台湾东部和北部型、登陆台湾型、南海型、穿过吕宋岛型。(见图 4.14)

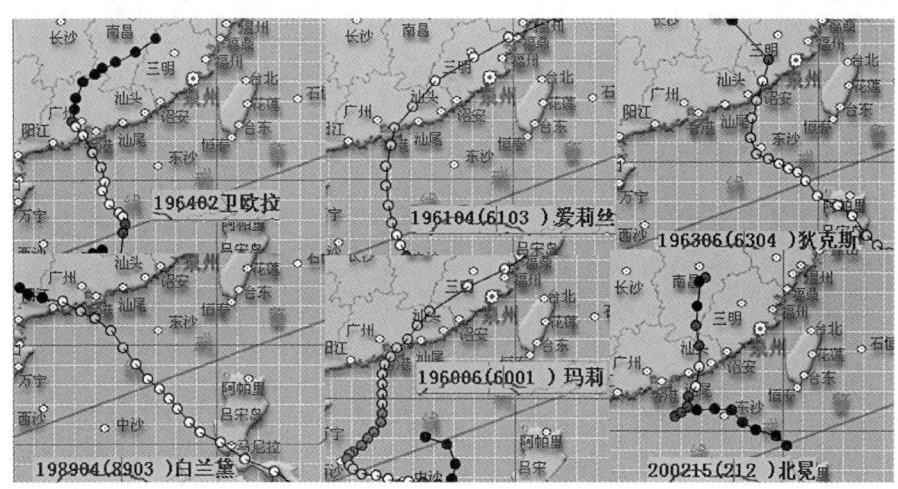

图 4.14　登陆泉州台风的五种路径

影响泉州市的台风移动路径主要有三类:

一是西北行登陆泉州市或邻近地区;

二是登陆广东后,转向东北移经我市或邻近地区;

三是西行登陆广东或在近海转向,外围环流对我市境内构成影响。

表 4.11　台风路径分类及影响泉州台风类型(* 表示)

巴士海峡型		绕过台湾东部和北部型	
代码	类型	代码	类型
11	在南海消失	21	在古湾海峡消失 *
12	登陆珠江口以西	22	登陆福建 *
13	登粤中东部无入闽	23	登陆浙江及以北省份
14	登粤中东部后入闽 *	24	在台湾以东近海北上或转向或消失
15	在台湾海峡消失 *	25	远海转北上或消失
16	直接登陆福建 *	26	穿过台湾南落消失于南海 *
17	穿过台湾海峡北上远离	27	穿过台海登陆广东 *

(续表)

代码	登陆台湾型 类型	代码	穿过吕宋岛型 类型
31	南落在南海消失	51	在南海消失
32	登陆广东中东部	52	登陆珠江口以西
33	登陆福建*	53	登陆粤中东部*
34	在台湾海峡消失	54	在台湾海峡消失
35	北上登陆浙江或以北省市	55	登陆福建*
36	北上转向远离或消失	56	穿过台湾海峡北上
37	在台湾岛上消失	57	登陆台湾岛北上远离
38	登陆广东中西部	58	穿过巴士海峡或自本岛东行

代码	南海型 类型	代码	类型
41	登陆珠江口以西(包括越南)	46	在台湾海峡消失
42	登陆粤中东部西北行不入闽	47	穿过台湾海峡北上
43	登陆广东中东部后入闽*	48	登陆台湾岛北上远离
44	登陆福建*	49	穿过巴士海峡或吕宋岛东行
45	直接在南海消失	40	登陆台湾岛又二次登浙北上

表4.12 1884—2006年各类路径的台风个数和时间统计

类型	1月	2月	3月	4月	5月	6月	7月	8月	9月	10月	11月	12月	总计
巴士海峡型													208
11	0	0	0	0	0	2	8	4	4	5	1	0	24
12					1	4	12	27	25	11	1		81
13						5	23	11	14	2			55
14						1	3	4	4	2			14
15						1	4	5	1		1		12
16						6	4	4	6	1			21
17								1					1
绕过台湾东部和北部型													1833
21							1	1					2
22							9	16	6	1			32
23						2	44	50	10				106
24	2		3		6	10	26	66	74	50	31	16	3	287
25	35	21	29	51	56	56	170	300	283	222	115	67	1405
26													0
27									1				1

(续表)

类型	1月	2月	3月	4月	5月	6月	7月	8月	9月	10月	11月	12月	总计
登陆台湾型													202
31							1	1					2
32						1	2	10	1				14
33						6	38	51	28				123
34							6	2	2				10
35					1	2	9	4	2				18
36					1	6	2	3	9	3	3		27
37					1	2	1	2	1				7
38								1					1
南海型													638
40							1	1	1				3
41			1	1	16	43	49	80	85	44	18	2	339
42				1		8	4	9	5	1			28
43					3	2	2	2	1				10
44							6	4	1				11
45	5	6		3	7	13	21	14	23	19	28	14	153
46					2	1	4	2	1	1			11
47					3	1			2				6
48		1			9	6	4	4	3	1			28
49	1	3	2	1	16	8	4	4	4	2	3	1	49
穿过吕宋岛型													619
51	12	3	9	8	1	6	9	11	20	37	64	39	219
52	1			3	6	23	50	35	57	65	29	8	277
53				3	4	12	3	6	4	3			35
54					1	1				4	3		9
55						3	4			1			8
56						2			1	3			6
57					2	2		1		1	2		8
58	2		2	5	11	2		1		9	16	9	57
总合计													3500

表 4.13a 1884—2007 年影响泉州 738 个热带气旋统计表——巴士海峡型(占总量 18.4%)

类型	比例%	总数	具体台风编号(本资料序号,非中央台编号)
在南海消失	5.9%	8	189005/191707/192404/192816/194210/196413/196909/197124
登陆珠江口以西	23.5%	32	189319/189606/190513/191119/191308/192315/192605/192709/192911/193104/193609/193615/193711/194018/194829/194919/195317/195413/195427/196419/196420/196421/196607/196821/197312/197524/198309/198402/198723/199109/199426/200107
登粤中东部无人闽	30.0%	53	188713/189103/189107/189207/190202/190610/190803/191311/191314/191412/191416/191421/192211/192311/192312/192421/192706/193610/193715/194013/194107/194207/194407/194530/194608/194723/194925/195315/195717/196112/196128/196219/196227/196907/197008/197014/197119/197911/197912/198009/198121/198416/198507/198609/198807/199015/199108/199318/199325/199505/199509/200412/200510/
登粤中东部后入闽	9.6%	13	188804/189113/189312/191312/192505/193507/193702/193929/194415/194724/196827/197620/200315/
在台湾海峡消失	5.9%	8	190509/193604/193812/195709/197812/198410/198524/198803/
直接登陆福建*	15.4%	21	188609/189313/189909/190307/190505/190609/190705/191712/191810/191905/192004/192612/193009/195216/195912/197319/198304/198715/199009/199608/200102
穿过海峡北上远离	0.7%	1	197712
总数	100%	136	

表 4.13b 1884—2007 年影响泉州的热带气旋统计表——绕过台湾东部和北部型(占总量的 23.7%)

类型	比例%	总数	具体台风编号(本资料序号,非中央台编号)
在台湾海峡消失	1.1%	2	197820/199112
登陆福建*	18.3%	32	188404/190912/191015/191210/191418/192320/192323/192416/192513/193014/193106/193213/193505/194206/194315/194913/195611/195906/196320/196616/196620/196621/196911/197314/197506/197508/198108/198516/198921/199018/199023/200420
登陆浙江及以北省份	46.2%	81	188602/188603/188706/188707/188905/189003/189403/189405/189403/189704/189810/190006/190104/190106/190210/190303/190305/190403/190405/190406/191010/191113/191508/191514/191613/192003/192103/192109/192212/192213/192214/192216/192217/192313/192314/192608/192610/192707/192814/193011/193109/193705/193707/193905/193907/194108/194208/194321/194906/195207/195310/195411/195513/195612/195822/196133/196208/197216/197218/197413/197509/197808/197913/198109/198511/198523/198811/198911/198928/199022/199419/199507/199714/199810/200012/200219/200313/200417/200515/200608/200713
近海北上或转向或消失	32.6%	57	189304/189308/189510/189807/189905/189912/190107/190208/190410/190502/191011/191012/191107/191302/191716/191814/191914/192103/192307/193002/193316/193611/193613/193811/194010/194114/194711/194717/195406/195521/196029/196122/196405/196409/196608/196814/196922/197507/197512/197619/197814/197824/197831/198119/198212/198527/198612/198704/198922/198924/199813/200016/200019/200024/200123/200302/200726
远海转北上或消失	1.1%	2	193112/195023

(续表)

类型	比例%	总数	具体台风编号（本资料序号，非中央台编号）
穿过台海南落消失于南海	0.0%	0	
穿过台海登陆广东	0.6%	1	191022
总数	100.0%	175	

表 4.13c　1884—2007 年影响泉州的热带气旋统计表——登陆台湾型（占总量的 27.9%）

类型	比例%	总数	具体台风编号（本资料序号，非中央台编号）
南落在南海消失	1.0%	2	189212/200609
登陆广东中东部	6.8%	14	189215/189511/189512/190312/193508/193820/194920/195218/196018/196114/196132/197521/199122/200118
登陆福建＊	60.7%	125	188403/188507/188711/188807/188903/189210/189307/189315/189816/189906/190009/190207/190304/190306/190402/190515/190606/190806/190914/191009/191108/191116/191118/191214/191313/191407/191408/191409/191704/191815/191911/191913/192011/192107/192113/192221/192410/192504/192606/192705/192708/192812/192906/192907/192908/193410/193506/193918/194006/194022/194030/194103/194205/194213/194220/194313/194411/194525/194604/194607/194616/194716/194816/194817/194924/195219/195305/195314/195519/195622/195626/195627/195810/195820/195914/195915/196011/196013/196119/196124/196129/196213/196220/196308/196521/196525/196711/196719/196731/196920/197027/197121/197132/197135/197617/197707/197708/197815/198016/198023/198210/198213/198408/198926/199008/199024/199216/199217/199406/199415/199420/199609/199717/199803/200014/200108/200109/200310/200505/200513/200519/200604/200605/200709/200716
在台湾海峡消失	5.3%	11	189106/189806/192111/195009/195524/196609/196809/197430/198915/200105/200708
北上登陆浙江或以北省市	8.7%	18	188411/188503/188505/189004/191204/191305/191708/192909/193405/194524/194806/196105/197412/198403/198709/199220/199416/200410
北上转向远离或消失	13.6%	28	189217/189802/189813/189814/190002/190616/191622/191820/192517/192603/192704/193114/193412/193509/195229/195705/196513/196627/196751/196918/197026/198105/198606/198620/198707/200121/200429/200432
在台湾岛上消失	2.9%	6	190015/190611/193912/195014/196107/197415
登陆广东中西部	1.0%	2	191014/200707
总数	100.0%	206	

表 4.13d　1884—2007 年影响泉州的热带气旋统计表——南海型（占总量的 17.7%）

类型	比例%	总数	具体台风编号（本资料序号，非中央台编号）
登陆珠江口以西（包括越南）	14.5%	19	189303/190719/191110/191606/191607/194804/195214/195418/195630/195821/196127/196823/197510/197513/197623/198113/199403/199713/200414
登陆粤中东部西北行不入闽	19.8%	26	188802/188909/189701/190604/190710/191507/191608/193107/193110/194007/194523/194721/195607/196024/196708/197811/198123/198412/198517/198607/198824/199118/199214/199903/200005/200017

（续表）

类型	比例%	总数	具体台风编号（本资料序号，非中央台编号）
登陆广东中东部后入闽	6.1%	9	190007/193916/195905/196006/196104/197304/198006/199904/199922
登陆福建*	8.4%	11	190508/190915/191415/192411/193906/195813/197417/199612/199719/199801/199909
直接在南海消失	9.2%	12	188902/189101/190409/193320/194511/195403/195610/196019/196515/197037/198206/200314
在台湾海峡消失	7.6%	10	189614/190412/193309/193909/194507/195209/196106/198509/199407/200205
穿过台湾海峡北上	2.3%	3	189901/195523/200306
登陆台湾岛北上远离	21.4%	28	188604/189001/189201/189205/189216/189818/190504/190603/190703/191506/191902/192809/192904/193406/194707/194908/195003/196511/196604/196625/196916/197003/197004/198104/198802/199003/199912/200210
穿过巴士海峡或吕宋岛东行	7.6%	10	191505/192201/192406（登陆浙江台州）/192802/195108/195323/195422/195924/197424/197906
登陆台湾岛又二次登浙江	2%	3	191612/200007/200425
总数	100.0%	131	

表 4.13e 1884—2007 年影响泉州的热带气旋统计表——穿过吕宋岛型（占总量的 12.3%）

类型	比例%	总数	具体台风编号（本资料序号，非中央台编号）
在南海消失	8.8%	8	189418/189819/190205/192614/193120/193222/193803/197437
登陆珠江口以西	11.0%	10	190206/190723/191206/194106/195030/195040/195115/197439/197717/197923
登陆粤中东部	37.4%	34	188407/190017/190601/190815/191121/191125/191307/191805/192604/192703/193210/193608/193935/194124/194808/194904/195203/195208/195429/195708/195917/196115/196306/196429/196606/196817/197030/198012/198510/193323/199504/199913/199917/200601
在台湾海峡消失	9.9%	9	189617/190315/191222/192125/194730/195231/197207/198005/199816
登陆福建*	9.9%	9	139305/191406/z91705/193605/194617/197210/197301/197704/199923
穿过台湾海峡北上	6.6%	6	188401/194708/195122（登陆浙江玉环）/199815/200025/200322
登陆台湾岛北上远离	8.8%	8	189821/190102/190108/190602/194310/195930/198618/199502
穿过巴士海峡或自本岛东行	7.7%	7	193720/195302/195604/196705/197611/197802/199105
总数	100.0%	91	

3. 历年影响泉州台风之最详情

几个主要影响台风："飞燕"，"桑美"，"碧利斯"，登陆广东的"北冕"。

引起风雨潮特大洪水的台风：193506 号、195626 号台风。

在本章节中，精心整理了 1884—2007 年间影响泉州的台风，每个台风均有其特色，或对我市造成重灾，或登陆与影响时间的早与晚，或是对国内造成重大影响事件。其中，有些台风尚需有心人士继续补充与修正。以下是历年来影响泉州的主要台风状况：

A. 第一部分:1949年之前登陆泉州的台风图像,缺乏具体影响资料,待今后补充。

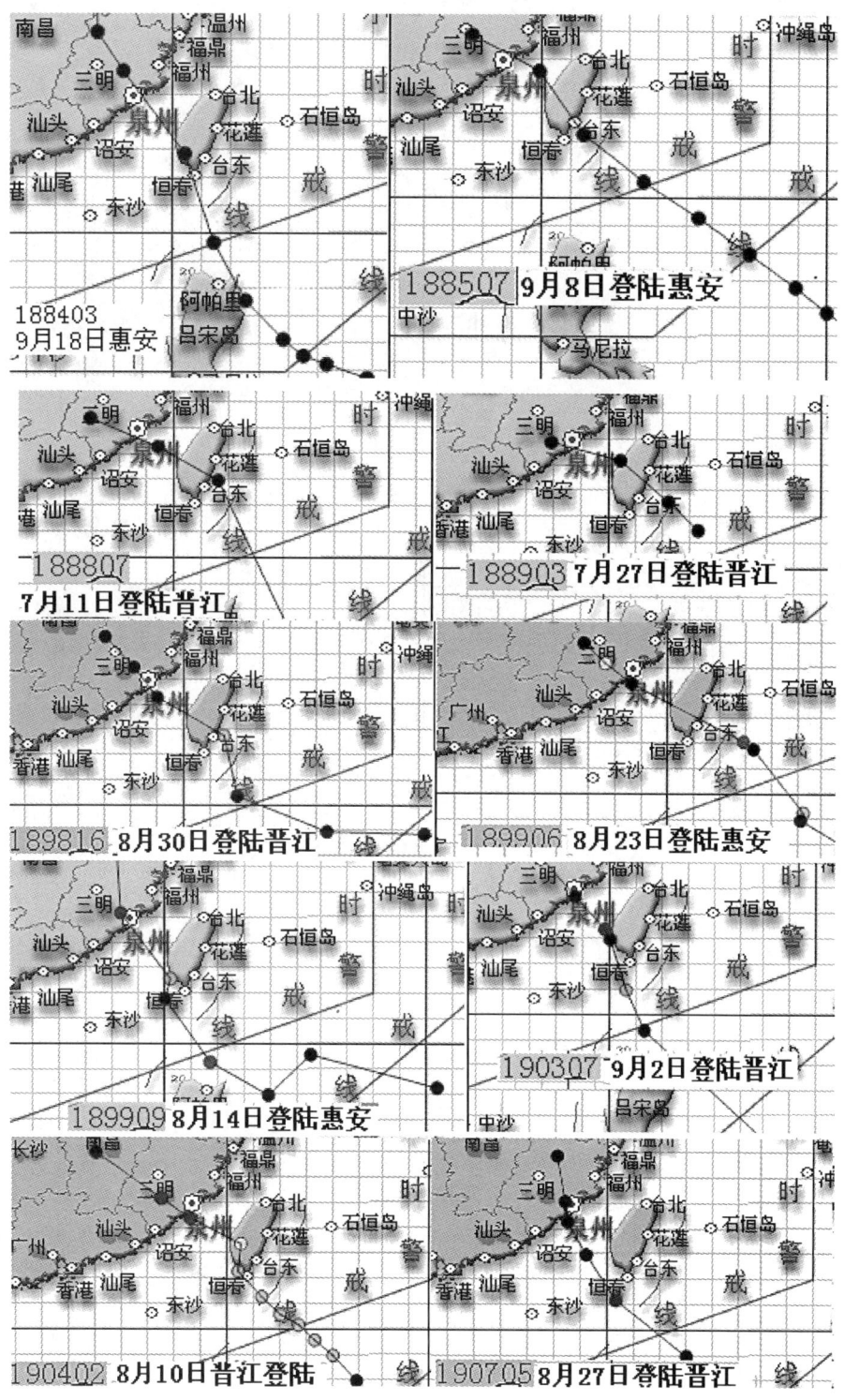

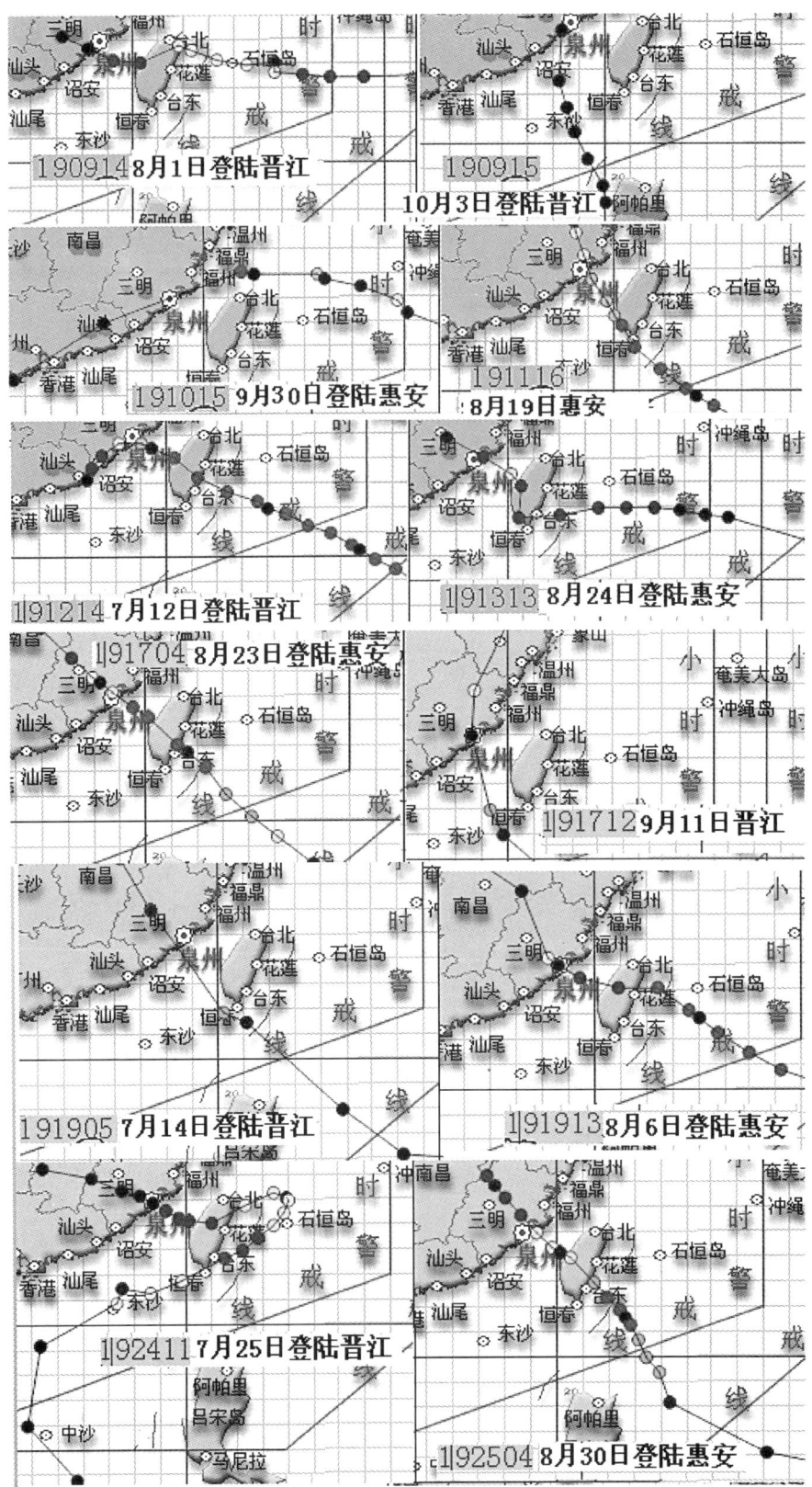

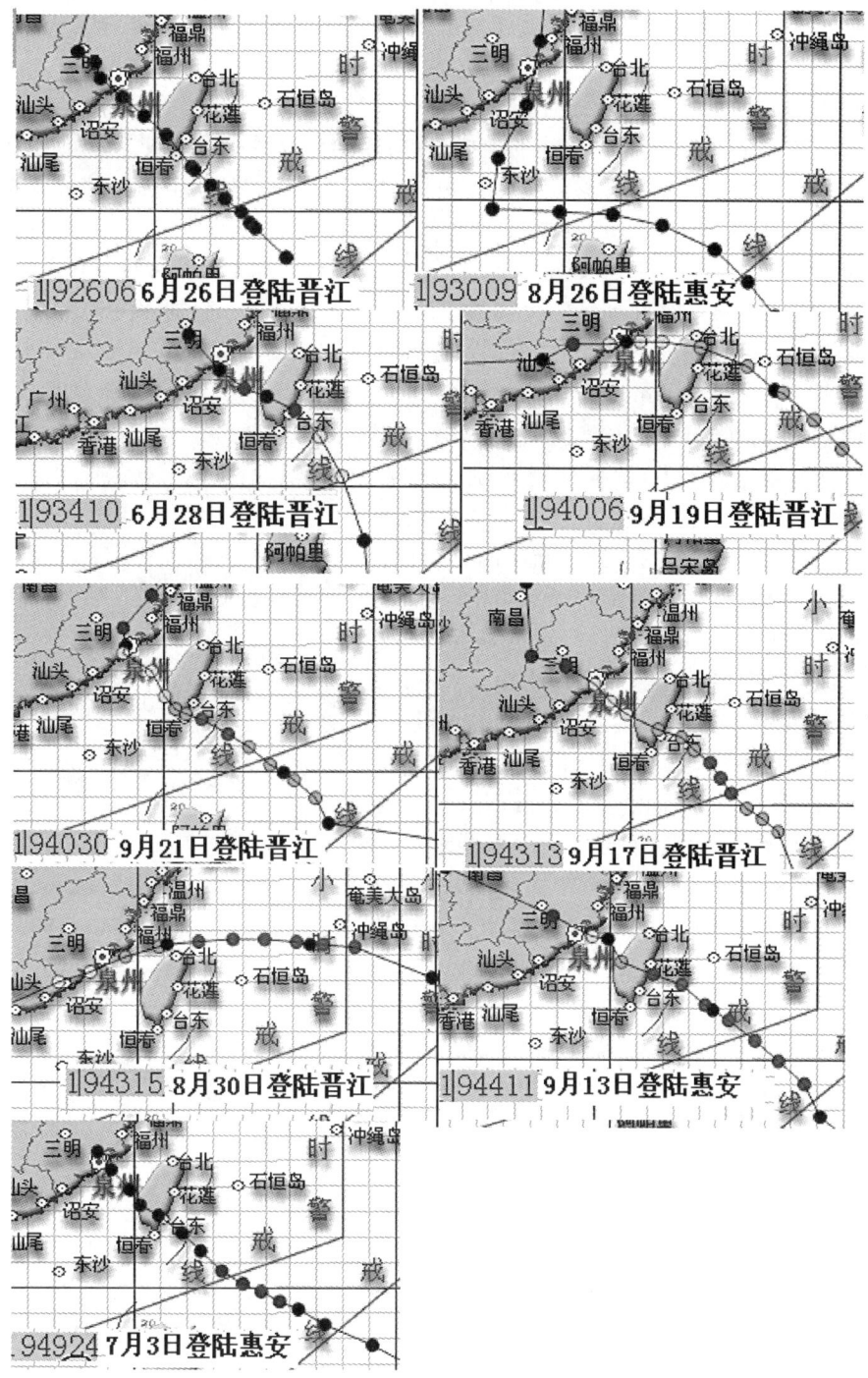

(备注:以上台风共 31 个,此后带·为登陆泉州台风,1959 年开始有中央台编号)

B. 第二部分——历年影响泉州台风(共 83 个序号,少数同序号含先后 2 个台风)详情

(1)193506:登陆厦门

1935 年 7 月 31 日,泉州遭遇特大洪水,晋江洪峰流量达到 1 万立方米每秒(最大洪峰流量,按现在标准是 50 年一遇),市区 80% 的地方和郊区 100 多个村庄被淹。当年顺济桥水位

8.72 m,为有记录以来的最高值,潮水上涨到市区钟楼,市区可行舟。泉州百年一遇的水位是9.89 m。

(2)195626(国际编号5613):登陆厦门

晋江流域特大洪涝,又逢中秋大潮的顶托,更助江洪突涨而泛滥成灾。1956年,泉州再度遭遇超过50年一遇的大洪水,50多岁的人都可能记得,现在的鲤城、丰泽大都被淹在水里,有的二层楼都被淹了,大水一直淹到钟楼。

5626号台风于9月18日14时在福建省的厦门登陆,后北上经闽浙于21日从长江口出海,登陆时风力为10级。晋江地区的大部县市高达300~500 mm。据水文记录,南安县的凤巢过程降水量竟达875 mm,实为历史罕见。连续三天出现暴雨的有崇武(90 mm,150 mm,97 mm)、泉州(59 mm,73 mm,72 mm)、晋江(119 mm,177 mm,82 mm)。连续两天出现暴雨的有南安(238 mm,206 mm)、安溪(299 mm,81 mm)、永春(152 mm、121 mm)。

由于这次暴雨地区集中,持续时间长,强度很大,致使短期内山洪急剧下泻,又逢中秋大潮的顶托,更助江洪突涨而泛滥成灾。据有关部门统计,这次洪涝(风)是当年最严重的灾害。沿海半个省33个县市的600多个乡有程度不同的损失,最严重的是晋江地区的南安、晋江、泉州等地。如泉州市内水深2~3 m,群众说这次洪水超过1946年并接近1935年的大洪水。

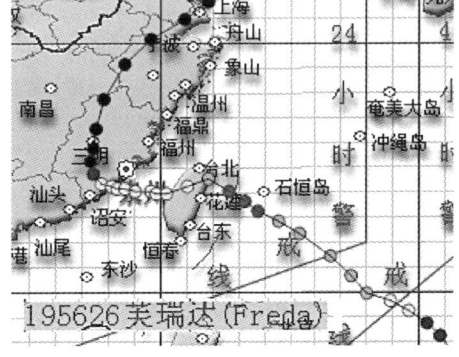

由于上游山洪下泻,永春水位超出警戒3.94 m,安溪湖头超3.17 m,安溪城关超5.2 m,南安石龚超5.69 m,为1935年以来的最大洪水。18日晚水位达警戒线,以后连续上升,19日中午超警戒3 m。江水流量8440秒立方米,由于防洪堤决口,涂山街水淹2 m深,西门城和北门城淹水1.2尺①,东门仁风村水深4尺,洪水淹至南街礼拜堂门口(1920年淹至犀巷口,1935年超警戒3.5 m,淹至钟楼下)。

• (3)195627号"居尔达"台风

9月17日14时生成于北纬12度,东经128.9度,生成时的中心风速15 m/s,中心气压1000 hPa;在该台风生命期间,其最大风速75 m/s,最低气压937 hPa。

该台风9月22日登陆台湾恒春,23日又二次登陆福建晋江。

泉州风雨和受灾情况:5627号台风于1956年9月23日20时在福建省晋江登陆,登陆时风力为8级。9月22—24日,福建沿海地区从北到南出现8级以上大风,福瑶岛实测最大瞬时风速为34 m/s。

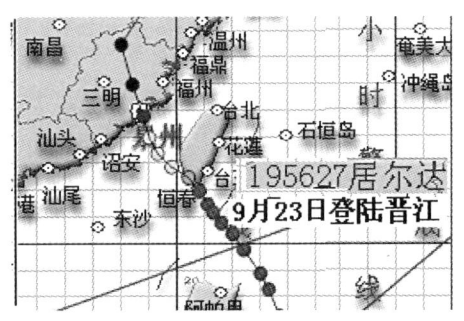

9月19日(农历八月十五日),晋江下游的泉州顺济桥水位超警戒2.98 m。

受台风影响,9月23—24日,省内北部地区出现暴雨,福安地区的大部、及闽侯地区的沿海地区过程

---

① 1尺=1/3 m

降水量超过 100 mm,其中福安的北部超过 200 mm。福安、周宁、古田等县受灾。据不完全统计,共受灾农田 10.1 万亩,倒房 431 座又 266 间,死 1 人。

该弱台风经闽浙北上,在长江口附近出海时,浙江的嘉兴和上海出现多处龙卷风。

(4)195810 号"温妮"台风:狂风、暴雨、海潮三灾。

温妮 Winnie 台风,7 月 11 日 8 时生成于北纬 16 度、东经 135 度,在该台风生命期间,其最大风速 75 m/s,最低气压 925 hPa。1958 年 7 月 16 日登陆福建厦门。

泉州风雨和受灾情况:晋江、南安、安溪四县及泉州出现 12 级大风,最大风速发生在登陆前后 2~3 小时内,泉州市 10~12 级大风持续 2 小时,实测瞬时风速崇武 40 m/s,晋江地区三天总雨量在 360~390 mm。

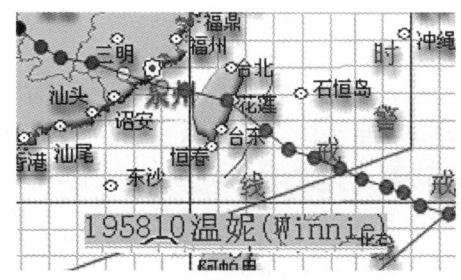

这次台风灾情是狂风、暴雨、海潮共同作用造成的。特点是风力强、持续久、雨量大、洪水急、来得快、退得慢。由于雨量大、洪水急,又加海潮顶托,各溪河水位猛烈上涨,许多地区连淹 2 天以上。晋江下游的泉州顺济桥水位超警戒 2.9 m,比当地 1956 年 9 月 19 日的最大洪水只差 8 cm。泉州市洪水超警戒达 69 h,地委门口水深 1 m,受淹二昼三夜。

全省受灾情况:5810 号台风与 1958 年 7 月 16 日 10 时在福建省的厦门到同安之间登陆,登陆时风力为 11 级。7 月 14—17 日,福建沿海地区各县市先后出现 8 级以上大风,同安、晋江、南安、安溪四县及泉州出现 12 级大风,寿宁、闽清、永春、连城、永定连线以东也都出现了 8 级大风。最大风速发生在登陆前后 2~3 小时内,泉州市 10~12 级大风持续 2 小时,实测瞬时风速崇武 40 m/s、平潭 34 m/s。

受台风影响,7 月 16—18 日,全省大部地区出现强降水过程。7 月 16 日,有 11 个县降暴雨,厦门一日最大降水量 123 mm,为大暴雨,一小时最大降水量 37.7 mm。7 月 17 日 13 县有暴雨,同安一日最大降水量 217 mm,为特大暴雨。同安、厦门一小时最大降水量分别为 81.0 mm 和 68.9 mm。7 月 18 日,有 9 县降暴雨,漳州一日最大降水量 122 mm,为大暴雨,同安一小时最大降水量 80.0 mm。福建东半部的过程降水量均超过 100 mm,仙游到同安一带连续三天降暴雨到特大暴雨,晋江地区三天总雨量在 360~390 mm。

这次台风灾情是狂风、暴雨、海潮共同作用造成的。特点是风力强、持续久、雨量大、洪水急、来得快、退得慢。由于雨量大、洪水急,又加海潮顶托,各溪河水位猛烈上涨,许多地区连淹 2 天以上。据统计,全省受淹农田 124 万亩,其中晋江地区 79.1 万亩,抗灾牺牲和被淹压死亡 56 人。

• (5)195820 号台风:风雨潮。

8 月 26 日 08 时生成于北纬 17 度、东经 129 度,在该台风生命期间,其最大风速 30 m/s,最低气压 982 hPa。1958 年 8 月 30 日登陆福建惠安。

泉州风雨和受灾情况:5820 号台风于 1958 年 8 月 30 日 07 时在福建省的惠安县登陆,登陆时风力为 9 级。8 月 29—31 日,永春、晋江连线以东各县市出现 8 级以上大风,仙游风力达 10 级,实测崇武瞬时风

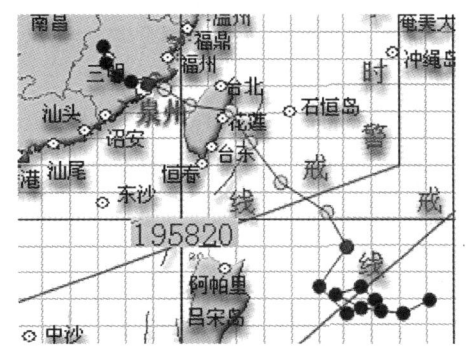

速均为 24 m/s。8 月 30 日台风在惠安登陆,当天永春 154 mm,为大暴雨。4 天合计总雨量晋江地区的大部超过 100 mm,永春 249.4 mm。

全省受灾情况:

受台风影响,自 8 月 29 日开始,全省下小雨到中雨,8 月 30 日台风在惠安登陆,当天有 12 县下暴雨或大暴雨,其中永春、仙游均达 154 毫米,为大暴雨。8 月 31 日又有 13 个县下暴雨或大暴雨,以闽清县的 107 mm 为最大。后两天内,仙游等五县连续降暴雨。全省大部地区 4 天合计总雨量超过 50 mm,晋江地区的大部、福州市、闽侯的大部及三明的部分地区超过 100 mm,仙游、永春则分别达 248.6 mm 和 249.4 mm。

暴雨引起山洪暴发,加上农历 7 月半大潮的顶托,使溪河水位大涨。最突出的是木兰溪,超过今年 7 月 16—18 日和 1956 年最高水位值。莆田、仙游、永泰等县损失严重。

莆田县:群众反映为近一两百年所未见,受灾 16 个乡(其中平原 14 个乡),172 个村,1.8 万户 15.7 万人。其中重灾 5 个乡 20 个村,倒损房屋 2000 户,无住所的 2.1 万人。受淹农田 20 多万亩,抗灾牺牲和受灾死亡 38 人。

仙游:受灾农田 13.3 万亩,占全县耕地的 32%,抗灾牺牲和受灾死亡 53 人。

永泰:抗灾牺牲和受灾死亡 26 人。

(6)195903 号"艾莉斯(Iris)"台风:在袭击我省的台风中风力最大,最大风速 60 m/s,风灾最突出。

1959 年 8 月 23 日强台风登陆厦门,最大风速 60 m/s,相当于 17 级风力,是一次具有摧毁性破坏力的罕见强台风。

195912 号台风(中央台编号 5903),8 月 19 日 02 时生成于北纬 16 度、东经 129.7 度,在该台风生命期间,其最大风速 50 m/s,最低气压 965 hPa。1959 年 8 月 23 日登陆福建漳浦。

泉州风雨和受灾情况:是袭击我省的台风中第二强风力。福建第二严重影响台风。

历史上福建是个多风暴潮的灾区,其中以 1959 年 8 月 23 日最为严重,12 级以上台风袭击龙海,又遇天文大潮,狂风暴雨持续 4 个小时,龙海市堤防缺口 43420 m,大量农田被淹和房屋倒塌,死亡 324 人。

1959 年 8 月 23 日强台风登陆厦门,最大风速 38 m/s,瞬时风速 60 m/s,相当于 17 级风力,是一次

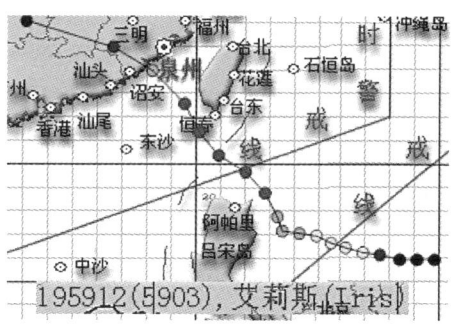

具有摧毁性破坏力的罕见强台风。5903 号台风于 1959 年 8 月 23 日凌晨在福建省的厦门到漳浦一带登陆,后在湖南省境内消失,登陆时风力为 12 级。8 月 22—23 日,福建沿海地区从北到南个县市及内陆的部分县市先后出现 8 级以上大风,厦门瞬时风速达 60 m/s,为登陆福建台风风速之最。

台风登陆前后,闽南地区有 2~3 天的降水过程,龙溪地区、龙岩地区的南部及厦门过程降水量在 50 mm 以上,龙溪的西、南部在 100 mm 以上,云霄最多为 122.8 mm。

全省受灾情况:本台风由于风特别大,因此风灾比较严重。三人合抱直径 80~100 cm 的大榕树连根拔起,风声、浪涛声数里外可闻。该台风造成 728 人死亡(当时报道死亡 800 多人),毁渔船 3800 艘,直接经济损失 3 亿多元。

这次暴雨的范围、强度都不算大,但是正逢农历 7 月 19 日天文大潮和特大风力的挟卷,风

助潮势,潮顶江水,三者叠加,使九龙江水位猛涨,酿成特大洪涝。群众也反映说这次台风风力大(时间长、范围宽),洪水急、潮水顶、突然来(预报发得迟、夜间4点半登陆),致使灾情为今年最重的一次,也为五十年来所未见。

根据龙溪地区各县、厦门市(包括同安县)和晋江地区的晋江、南安、惠安的灾情统计,以厦门市(同安)、海澄、龙溪、漳浦损失最重,南安、长泰、南靖、晋江等县次之。现分县简述如下:

厦门市(包括同安县):群众反映为近50年所未见的风、洪灾害。抗灾牺牲和因灾死亡154人(海上捞起外国籍死尸171具)。厦门市区低地水深1 m以上。

南安县:大丁、石井海堤冲垮75处、长10909 m,沉破船191只,倒屋51间。抗灾牺牲和因灾死亡40人。

预报分析:

8月19日,IRIS在菲律宾以东洋面形成,初期向偏西方向移动,一天以后加强为台风并且转向西北方向移动,掠过吕宋北部进入巴士海峡并于8月22日在海峡里达到最强,此后维持路径,直到8月23日凌晨在厦门登陆。20世纪50年代,我国预报天气主要靠天气图,而天气图的资料来源于各地气象台站的天气报告,要预报从海上来的台风动向,有相当大的难度,原本预计在广东汕头附近登陆,但台风却突然夜袭闽南。厦门站出现1949年后最高潮位,气象站测得十分钟平均风速42 m/s,一分钟平均风速45 m/s,阵风60 m/s,被认为是新中国成立以来登陆福建的最强台风,而阵风纪录至今没有被打破,仍是全省的最高纪录。在风速计质量和数量都十分低下的50年代,能够测到这样的风速也可见台风强度之强。

5903号台风环流细小,能量集中,台风进入台湾海峡时,闽南沿海的风力也只有6~7级,当风力突然加强已经是半夜,措手不及。厦门市遭遇新中国成立以来最严重的风灾,三人合抱的大榕树连根拔起,集美海堤被风、潮卷毁,市区进水平均1米深。全省728人死亡,毁渔船3800艘,经济损失3亿多元。国家海洋局评价为较大潮灾(二级潮灾)。由于无法确知在海上究竟有多少人失踪,台风的遇难中的人数已经永远是一个谜。

在福建省的官方记录中,5903号台风至今仍是登陆强度最强,大风破坏最严重的台风。由于台风灾害严重,虽在"三年自然灾害"的极端困难时期,又遭到5903号台风的毁灭性打击,福建省乃终于下定决心,拿出1960年的全部外汇向英国购买两部气象雷达,福建省也成为我国第一个拥有气象雷达的省份。从此福建省拥有了对近海台风的实时监测能力,这也开始了福建省天气预报现代化的进程。5903号台风影响之深远是难以估量的。

• (7)195904号"琼安"台风:风灾突出。

5904号台风于8月30日11时在崇武附近登陆,后进入江西省后北上,登陆时风力为12级。8月29—31日,福建全省大部分县市都先后经历8级大风,整个海岸线附近超高10级,台风登陆地附近的崇武、台山、三都、平潭等地的最大瞬时风速均超过40 m/s。在该台风生命期间,其最大风速100 m/s,最低气压885 hPa。1959年8月30日登陆福建惠安。

台风登陆前后,全省有4~5天的降水过程,其中以8月30—31日两天强度最大。除南平地区的大部县份和其他少数县份外,全省大部地区5天合计雨量在50 mm以上,福安地区、龙岩的西部和闽侯的北部在100 mm以上,福安的北部则超高 200 mm,周宁、柘荣分别达 333 mm 和 423.6 mm。连续暴雨和大暴雨发生在福安地区北部,寿宁、周宁、福安、柘荣、屏南等县都出现了连续两天到三天的暴雨或大暴雨,柘荣 8 月 30 日的日降水量达 268. mm。

晋江地区受风打损害农作物 49.9 万亩,受洪淹农田 8.6 万亩,倒屋 500 间以上,抗灾牺牲和因灾死亡 9 人。

全省受灾情况:因风大雨猛,整个沿海都有风灾和洪涝灾害,其中福安地区以洪涝为主、晋江地区以风灾为主,龙溪地区除漳浦县外都较轻。

(8)195906 号台风:洪涝严重。

5906 号台风于 1959 年 9 月 11 日在广东省的海丰登陆,后穿越福建经浙江沿海北上,登陆时风力为 10 级。9 月 11—12 日,福建整个沿海都先后出现 8 级大风,诏安、云霄风力达 10～11 级,瞬时风速以东山的 40 m/s 为最大。

受台风影响,福建省出现了 2～3 天的强降水过程,沿海各地区、市三天(11—13 日)合计雨量大部在 100 mm 以上,其中鹫峰山的北部、戴云山区、同安县在 200 mm 以上,南靖、周宁分别达 304 mm 和 227.7 mm。

泉州市:超警戒水位 2.06 m,洪水入市区,淹 23 个大队的 56 个自然村、12630 户、8 万人,占总人口的 45%。淹农田 1.7 万亩。

南安县:淹住房 2960 间,受灾农田 7.3 万亩。安溪县:淹农田 0.4 万亩,死亡 3 人。

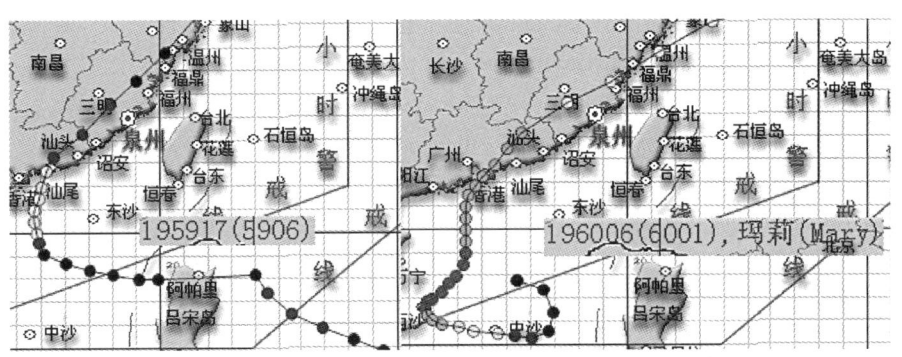

(9)196001 号"玛莉"台风:早台风加雨季。福建第三严重台风。

早台风加雨季,导致风雨双灾,晋江等河流的水位都超过历史最高纪录,一片丰收在望的早稻在抽穗扬花,狂风暴雨过后空壳率大增,甚至绝收。6 月 9 日,九龙江罕见特大洪水、闽江大洪水。

玛莉 Mary 台风 6 月 2 日 14 时生成于北纬 17.8 度,东经 115.4 度,生成时的中心风速 12 m/s,中心气压 1002 hPa;在该台风生命期间,其最大风速 45 m/s,最低气压 970 hPa。6 月 9 日登陆香港。

6001 号台风 6 月 8 日在广东澳门登陆,后向东北方向移动,经福建沿海北上,横贯福建全省,全省风力 9～10 级、阵风 12 级以上,大部分地区雨量 100～300 mm,以龙溪地区为重,九龙江出现特大洪水,漳州市浸没在洪水中达四昼夜,方圆百里一片汪洋,死亡 638 人。6 月 9 日我省沿海地带尽遭台风扫荡,连部分内陆地区也不能幸免。台风中心所经过的 14 县(市)风力达 10～12 级,全省大部分地区也都有 8～10 级大风,少数地区风力 7～8 级,内陆地区阵风也有达到 12 级的。6 月 9—10 日连续两天暴雨,暴雨区几乎遍及全省,武夷山带以东的广大地区两天总雨量在 100 mm 以上几个方面，鹫峰山、戴云山、博平岭等的区达 200 mm 以上，寿宁、周宁、宁德则分别达 307 mm、268.5 mm 和 254 mm，寿宁 6 月 10 日的日雨量达 258 mm，为特大暴雨。

狂风暴雨造成通讯中断作物被淹，早稻倒伏，果树折断落花落果者甚多。时值雨季，土壤里已有足够水量，江河水库蓄水量丰满，加上这场大暴雨造成山洪暴发，堤坝崩溃，水库决口，河水泛滥，全省有 24 个县城 823 个村庄受淹，洪水大的地方屋只见顶，树只见梢，各江河下游大潮顶托，洪水持续 50 小时以上。

据统计，全省因灾死亡 638 人，下落不明的 205 人，受伤 5316 人。

- (9)6115 号"裘恩"台风：

序号 196119 号台(中央台编号 6115)裘恩(June)，8 月 1 日 8 时生成于北纬 11.6 度，东经 134 度，生成时的中心风速 15 m/s，中心气压 1008 hPa；在该台风生命期间，其最大风速 50 m/s，最低气压 960 hPa。1961 年 8 月 8 日登陆福建晋江，登陆时风力为 7 级，后在福建省境内消失。

泉州风雨和受灾情况：

南安、晋江 8 级以上大风，暴雨 100 mm。惠安、南安等县出现洪涝。晋江、龙溪两地区农作物受灾面积 19.07 万亩。

福安、罗原、北笎、福州、龙溪、平潭、南安、晋江漳州等 9 个县出现 8 级以上大风，福州 8 日实测风速为 20 m/s，晋江、龙岩、厦门、龙溪等地区、市的 13 个县出现暴雨，仙游、永春、南安、龙岩 8 月 8 日和 9 日的两天合计雨量超过 100 mm，仙游、永春、龙岩 8 月 9 日的日雨量分别为 121.7 mm、120.3 mm 和 105.4 mm，为大暴雨。

受台风影响，上述地区的部分地区受灾出现涝灾。地处木兰溪上游的仙游县，9 日 122 mm 的特大暴雨，使溪水猛涨，直泻而下至莆田县，该县同日暴雨倾盆。县内全境被洪水淹没。其次惠安、南安等县也出现洪涝。

晋江、龙溪两地区农作物受灾面积 19.07 万亩，其中水稻 9.28 万亩，甘茹 4.5 万亩，其他作物 5.64 万亩。

(10)6121 号"欧加"台风：

"欧加(Olga)"台风，1961 年 9 月 4 日 08 时生成于北纬 15 度、东经 126.5 度，在该台风生命期间，其最大风速 35 m/s，最低气压 980 hPa。1961 年 9 月 9 日登陆广东惠来。

泉州风雨和受灾情况：九龙江、晋江特大洪水、闽江大洪水。

6121 号台风"欧加"于 9 月 10 日在广东省的海丰到惠东之间登陆，登陆时风力为 12 级。龙溪、厦门、晋江、闽侯等地区市的 12 个县出现 8 级以上大风，9 月 9 日漳浦、诏安的实测极大风速超高 30 m/s。龙溪、厦门、晋江、闽侯、龙岩等地区市的 18 个县先后出现暴雨，9 月 10 日，诏安的日降水量 169.1 mm，安溪的过程降水量达 356.2 mm。6121 号台风与 6122 号台风共同作用造成严重灾情请参见 6122 号台风影响状况。

- (11)6122 号台风：大潮和暴雨。

6121 号台风与 6122 号台风共同作用造成严重灾情。6122 号台风于 9 月 12 日在福建省的晋江登陆，登陆时风力为 12 级。晋江流域出现了特大洪水，适逢农历初三天文大潮，东西溪和晋江下游水位超警戒线 2.32～7.25 m，大潮、暴雨、洪水造成的灾害是新中国成立后最严重的一次。

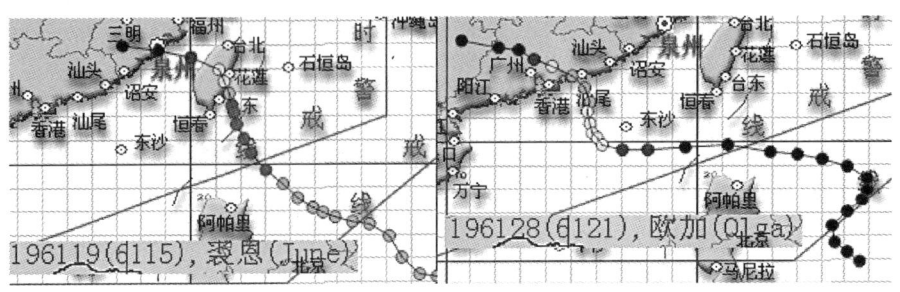

"帕米拉(Pamela)"台风,9月5日8时生成于北纬18度、东经155度,在该台风生命期间,其最大风速85 m/s,最低气压909 hPa。

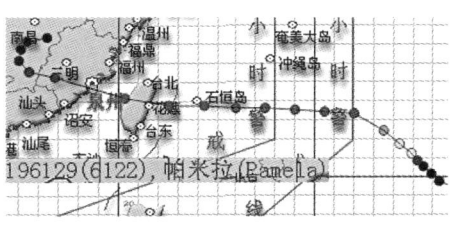

风雨和受灾情况:影响福建第4严重台风,由于崇武以北风力10~12级、阵风12级以上,加上8月初三大潮托顶,潮位高,全省死亡278人。

全省受灾情况:9月10—12日适逢农历初三天文大潮,全省各江河出现特大洪水,七大江河(闽江、九龙江、晋江、汀江、鳌江、木兰溪、交溪)均超警戒线,洪涝灾害严重,内陆山区出现山洪和山崩。

除建阳地区外的所有地区市的41个县市出现8级以上大风,福州市12日的实测风速为45 m/s。9月11日和12日两天,上述地区的44个县市出现暴雨或大暴雨,福安9月12日的降水量达254.2 mm,为特大暴雨,过程最大降水量为福安的265.9 mm。

闽侯地区:江河均超警戒线,敖江、大樟溪超警戒线4 m以上。沿海海堤几乎全部漫顶或崩溃,黄岐的海潮刮上高山,有的村庄一片汪洋。

晋江地区:晋江流域出现了特大洪水,东西溪和晋江下游水位超警戒线2.32米,水位达7.25 m,大潮、暴雨、洪水造成的灾害是新中国成立后最严重的一次。

据统计,6121号和6122号台风共使农作物受灾494.02万亩,其中水稻374.33万亩(绝收66.19万亩),甘薯76.16万亩,其他作物43.53万亩。果树吹倒断枝386500多株。船沉1100多只,船坏1800多只,渔网损失1700多张,水利工程冲坏9000多处,粮食受淹407.9万千克,冲走34.39万千克。房倒9000多间,死278人,伤807人。

(12)196125号"莎莉"台风:风、雨灾。

196132号台风(中央台编号6125)"莎莉",9月21日20时生成于北纬11度、东经156度,在该台风生命期间,其最大风速40 m/s,最低气压980 hPa。1961年9月29日登陆广东汕尾,登陆时风力为10级。9月29日南安的实测极大风速为40 m/s。龙溪、龙岩、厦门、晋江、闽侯、福州、福安等地区市的32个县出现8级以上大风。柘荣、永春、厦门、长泰、诏安等14个县市先后出现暴雨或大暴雨,同安县9月28日降水量达148.8mm,过程降水量也以同安的160.2 mm为最大。

9月28日,晋江、莆田、惠安、东山、云霄、诏安、漳浦、福清、连江等9县海堤决口,云霄出现特大洪水。

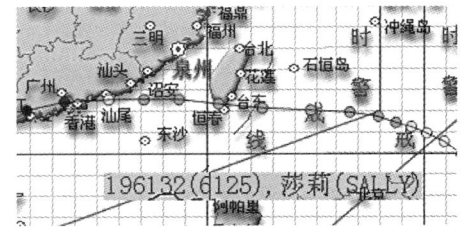

晋江、龙溪、闽侯三地区和厦门市受灾,死31人,

伤54人。

(13) 196213号"温达"台风：风、雨、潮。

概况：序号196219号台风（中央台编号6213）温达Wanda,8月25日08时生成于北纬6.6度、东经155度，在该台风生命期间，其最大风速50 m/s,最低气压949 hPa。1962年9月1日登陆香港，登陆时风力为12级。

泉州风雨和受灾情况：风、雨、潮——崇武瞬时风速达到或超过40 m/s,全市暴雨，恰逢八月初三天文大潮。正处在孕穗—抽穗阶段中稻受灾严重。

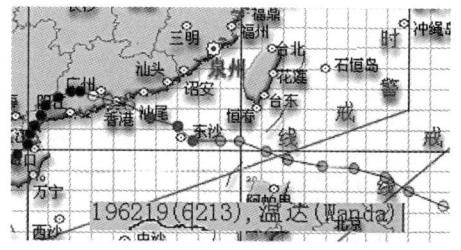

受台风影响，8月30日—9月1日，福建沿海从北到南的大部分县市及龙岩地区的部分县先后出现8级以上大风，东山、崇武、三都澳瞬时风速达到或超过40 m/s。柘荣、周宁、屏南、连江、德化、平和等县9月1日出现暴雨，暴雨中心在柘荣，日最大暴雨量100 mm以上。台风过程雨量：100 mm以上的雨区分布在闽东的周宁至柘荣一带和闽南的平和、云霄、诏安一带。

全省受灾情况：6213号台风影响恰逢八月初三天文大潮，海水在台风向岸风的推波助澜下向岸上推进，加之暴雨倾泻，造成山区山洪暴发，平原海水倒灌，沙土压田。连江的敖江出现特大洪水，洪峰水位8.55 m,超警戒4.55 m。九龙江漳州中山桥（上）洪峰水位9.76 m,超警戒0.26 m。连江、云霄、诏安、东山等县受内涝危害较重。

此时，我省南北各地中稻正处在孕穗—抽穗阶段，受狂风暴雨袭击打伤较多。云霄中稻打伤三千多亩，水果、甘蔗等损失较重。据统计，全省农作物受害49.3万亩，其中水稻21.2万亩，地瓜12.1万亩，甘蔗8万亩。龙眼落果11992担，小型水利冲毁7828处，渔船破损104只，漂走16只，死5人，伤1人。

(14) 196217号"黛纳"台风：风、雨灾。

196227号台风（中央台编号6217）"黛纳",9月25日08时生成于北纬12.2度、东经144度，在该台风生命期间，其最大风速50 m/s,最低气压955百帕。1962年10月3日登陆广东惠来，登陆时风为力12级。

泉州风雨和受灾情况：沿海瞬时风速超过40 m/s,部分县市出现暴雨或大暴雨。晚稻脱粒、落花、折断，造成水稻空壳率增高。

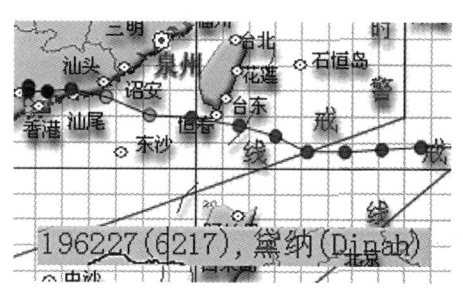

受台风影响，福建的龙溪、龙岩、厦门、晋江、闽侯、福州地区市的大部地区出现8级以上大风，其中中南部沿海的半岛和岛屿瞬时风速超过40 m/s。8月3—4日，本省南部及沿海一带的部分县市出现暴雨或大暴雨，其中3日暴雨1县，4日大暴雨2县，暴雨14县。除闽北个别县无雨外，其余各地普降喜雨。

全省受灾情况：由于暴雨集中在沿海和龙溪地区，使九龙江上游各溪河水位上涨，下游出现洪峰，漳州中山桥（上）洪峰超警戒2.64 m,诏安东溪及连江敖江也出现小洪水。暴雨后解除了夏旱，但对晚稻、甘蔗、柑橘等危害很大。

我省双季晚稻正处在孕穗、抽穗、扬花期；单季晚稻正在乳熟黄阶段，被狂风打后产生严重的脱粒、落花、折断,造成水稻空壳率增高。受暴雨影响,沿海甘薯损失颇大。据统计,全省水稻受灾面积170万亩,龙溪地区的漳州、华安、长泰三县柑橘落果达4.1万千克。漳州天宝有4000亩地洼地受淹。

- (15)196510号"哈瑞特"台风:严重,风雨强。

196521号台风(中央台编号6510)"哈瑞特",7月19日14时生成于北纬11度、东经152度,在该台风生命期间,其最大风速45 m/s,最低气压977 hPa。1965年7月26日登陆福建晋江,登陆时风力达11级。在台风影响期间,全省大部地区均有8级以上大风且持续2~3天,台山、罗源、福州、惠安、泉州湾一带26日风力达10~11级,沿海部分地区风力达12级以上,平潭、台山等岛屿瞬时风速超过40 m/s,此时正值早稻成熟时期,遇到暴雨和10~12级以上大风的猛烈袭击,使早稻、甘蔗、渔业、公路桥梁、电讯、房屋、人民生命财产损失十分严重。

全省风雨情况:

受台风影响,全省大部分地区出现暴雨到特大暴雨,暴雨范围之广,雨量之集中,强度之大都是历史上罕见的。沿海风力猛,时间长,暴雨时间短,多处山洪暴发,河溪泛滥,灾害历史罕见。7月26日,龙溪、厦门、晋江、闽侯、福州、福安等地区市的26个县(市)出现暴雨和特大暴雨,日雨量以南安凤巢的286 mm为最大;7月27日,龙溪、厦门、晋江、闽侯、龙岩、三明、建阳等地区市的34个县(市)出现暴雨和特大暴雨,龙溪、晋江、闽侯等地的17个县降大暴雨或特大暴雨,日雨量以云霄的424 mm为最大,漳浦和龙岩的363 mm和344 mm次之。宁德(沿海除外)、莆田、晋江三地区,龙溪地区的东部、东南部,富屯溪下游和沙溪下游一带及龙岩、华安等地过程雨量超过100 mm,其中龙溪地区东南部和龙岩县境内,雨量在381~443 mm之间,仙游、莆田、德化、周宁、枯荣、南安、同安、厦门、明溪等地均在200 mm以上。

据省人委办公厅不完全统计,全省有28个县(市)不同程度的受灾,其中重灾的有9个县(云霄、漳浦、龙岩、沙县、莆田、福清、连江、闽侯、长乐),一般灾害有9个县(仙游、平潭、南安、晋江、诏安、龙海、福鼎、宁德、福州),轻灾害10个县(永春、安溪、福安、平和、惠安、古田、永泰、闽清、南平、尤溪)。全省死51人,伤96人。

(16)196614号"爱莉丝"台风:属一般级。登陆我省时的气压低。

我市出现8级以上大风,但重灾区在闽东北,该台风为至今当地民众仍在提及的1966年"9.3"台风。

14号台风是袭击我省的台风中的最低气压值之一,登陆时中心气压965 hPa。

196620号台风(中央台编号6614)"爱莉丝",8月24日02时生成于北纬13.5度、东经143.5度,在该台风生命期间,其最大风速60 m/s,最低气压937 hPa。1966年9月3日登陆福建霞浦,登陆时风力为12级。9月2—4日,全省有40个县市出现≥8级大风,其中闽侯以北、古田、屏南以东地区风力都在12级以上,周宁维持9小时,宁德维持4小时,罗源最大风速52 m/s,阵风达16级,连续维持4个多小时。受台风影响,9月2—4日福安地区、福州市、闽侯地区的北部出现一次强降水过程,上述地区的周宁、宁德、罗源、长乐、闽侯、福州、屏南及南靖、漳浦过程降水量在100 mm以上,超过200 mm的有福鼎、柘荣。9月3日一天闽江口以北沿海有9个县市出现100 mm以上,其中柘荣207 mm为最多,福鼎199 mm,闽侯197 mm,周宁192 mm。9月4日南靖、漳浦出现100 mm以上。

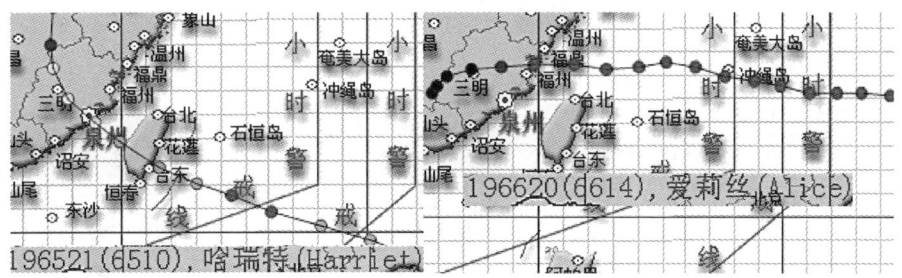

196521(6510),哈瑞特(Harriet)　　196620(6614),爱莉丝(Alice)

全省受灾情况：这次台风特点是强度大，来势猛，雨量集中，侵袭范围广，再加上处在7月天文大潮期，沿海潮水顶托，海堤崩溃，海水倒灌，破坏力强，带有摧毁性，受灾地区反映风情、灾情、雨情为百年所未有。

连江、罗源、古田等一个老农说，我活了80岁，从未见过、听过这样严重的风灾。具体灾情与6615号台风合并统计，参见6615号台风。

(17) 6615号"婀拉"台风：泉州风雨和受灾情况：属一般级，≥8级大风，重灾区在闽东北。

196621号台风（中央台编号6615）"婀拉"，8月29日02时生成于北纬17.5度，东经147度，在该台风生命期间，其最大风速65 m/s，最低气压918 hPa。1966年9月7日登陆福建福鼎。

6615号"婀拉"台风于1966年9月7日在福建省的霞浦县登陆，登陆时风力12级。9月6—7日，全省有20个县市出现8级以上大风，绝大多数集中在闽江口以北沿海靠近沿海的内陆地区。台山最大，极大风速出现40 m/s以上。福鼎最大风速34 m/s，极大风速40 m/s以上。受强台风影响，我省9月5—7日全省都下了雨，但雨量不大，明显的降水中心分布在柘荣、三沙、福鼎及七仙山四地，最大过程降水量为柘荣的219 mm，三沙、福鼎和七仙山分别为152 mm、111 mm和106 mm。由于这次台风强度大，又紧接在14号台风登陆后4天在福安地区的霞浦登陆。台风经过地区造成了很大的灾害。

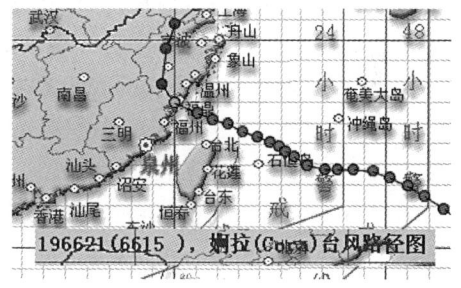

196621(6615)，婀拉(Cora)台风路径图

全省受灾情况：据霞浦、宁德、罗源、连江四个重灾区不完全统计，两次台风造成重灾人口26.5万多人，倒塌房屋21218座又13668间，死269人，伤2918人，下落不明52人，淹没水稻46.9万多亩，打翻、漂走船只939艘。

(18) 196903号台风：属一般级，但汕头损失大，"汕头抗台悲情"。

我市出现8级以上大风，中雨，因遇上农历六月十五日天文大潮，沿海一些县受灾。

196907号台风（中央台编号6903）"卫欧拉"，7月20日08时生成于北纬4度、东经151度，在该台风生命期间，其最大风速75 m/s，最低气压896 hPa。1969年7月28日登陆广东惠来，登陆时风力为12级。7月26—28日，福建沿海地区从南到北出现8级以上大风，三都澳的实测最瞬时风速超过40 m/s。

全省影响情况：受台风外围的影响，7月27—30日，全省出现一次降水过程，过程雨量和大风中心区出现在龙溪地区南部、东部及中部地带，风力10级以上，雨量100～183 mm，其次是晋江地区风力8级以上，雨量10 mm以上。政和、屏南、古田、尤溪、连城、长汀一线以西，雨量10 mm以下。内陆山区少数县城有短暂的8级大风出现。7月28日，闽南一带出现暴雨，日最大降水量的暴雨中心在龙溪地区东南沿海，九龙江和西溪流域中下游及晋江流域一带，云霄和诏安日雨量均在 100 mm 以上,以云霄 114 mm 暴雨量为最大。因遇上农历六月十五日天文大潮,沿海一些县受灾。

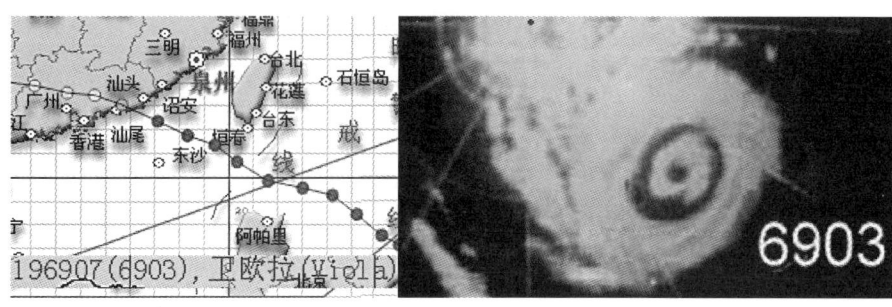

"汕头抗台悲情":

据气象资料记载:1969 年 7 月 28 日上午 11 时许,"6903"号台风登陆汕头,中心附近最大风力达 12 级以上,风速极值达 53 m/s。这天正是农历六月十五大潮期,风暴潮严重,附近海域数层楼高的海浪涌过海堤,致使市区平均进水 1～2 m,一艘外轮甚至从汕头港被抛到山上。位于汕头市西部的牛田洋军垦农场的海堤所剩无几,但部队官兵及到牛田洋军垦农场锻炼的大学生没有撤退,与大风、暴雨、大海潮进行了殊死搏斗,试图用生命保卫海堤及堤内的稻田,但并没有保住,470 名官兵、83 名大学生牺牲……除部队之外,这次台风还造成约 1000 名群众死亡,近 1 万人受伤,600 多头牛、1.6 万多头猪及其他牲畜近 20 万只死亡,倒塌房屋 13 万间,毁坏房屋 44 万间,沉船 2300 多只,伤船 7000 只,受淹耕地 145 万亩,损坏海堤 295 千米……是广东抗台历史上最为惨痛的教训。

1969 年 7 月 28 日,强度相当 1922 年的一次台风正面袭击汕头,瞬时最大风力达到 16 级,潮水陡涨 3.14 m,海水倒灌入韩江。汕头台风风暴潮的潮位高 3.02 m,死亡 1554 人。

- (19)196911 艾尔西:袭击我市的台风中,最低气压值之一、特大海潮。

11 号台风于 1969 年 9 月 27 日 13 时(农历 8 月 16 日)登陆晋江,登陆时中心气压 965 hPa;恰遇 8 月天文大潮,沿海出现历史上罕见的特大海潮;

196920 号台风(中央台编号 6911)艾尔西(Elsie),9 月 16 日 8 时生成于北纬 15 度,东经 165 度,在该台风生命期间,其最大风速 85 m/s,最低气压 888 hPa。1969 年 9 月 27 日 13 时(农历 8 月 16 日)在福建省晋江县登陆,登陆时风力 11 级。后沿戴云山脉东南麓西行,夜间移入江西省境内。9 月 26—27 日,从南到北的沿海各县市及内陆的部分县市出现 8 级以上大风,福州以北沿海出现 12 级大风,三都澳、台山、寿宁最大瞬时风速超过 40 m/s。

此次台风风暴潮,潮位 2.38 米,伤亡 770 人。

全省影响情况:受台风影响,9 月 26—29 日,宁德、莆田、晋江三地区(沿海除外)及武平出现强降水,上述地区的 22 个县过程雨量超过 100 mm,其中宁德地区的大部地区在 300 mm 以上,柘荣县达 420 mm。厦门以南沿海及浦城、顺昌、连城、永定一线以西山区,过程雨量在 50 mm 以下,其余各地均在 50～100 mm 之间。9 月 26—28 日的三天内,出现暴雨的有 42 个县市,其中有 10 个县市日雨量超过 100 mm,

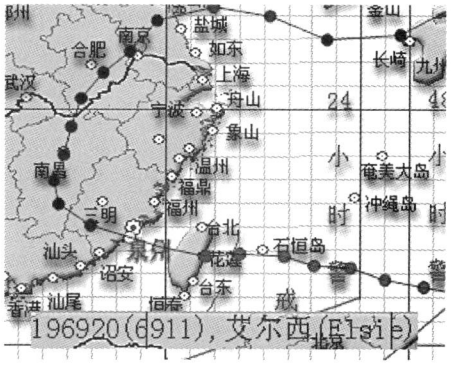

周宁、福安、霞浦三县超过 200 mm,9 月 27 日,柘荣县的日雨量达 352.6 mm。连续两天出现暴雨或特大暴雨的罗源、宁德、福州、闽侯、连江、三都、福鼎、柘荣等 8 个县。罗源县连续两天出现大暴雨,雨量分别为 142 mm 和 154 mm,为全省少见。宁德县山区群众说:"这次洪水是民国廿一年以来最大的一次。"

晋江以北沿海,狂风海啸,巨浪滔天,漫无边际,过堤顶一米多高。在这百年未遇的特大海潮的冲击下,大部分海堤崩溃决口,大片田野和村庄被海水淹没。

宁德县灵杭大队七、八十岁老人反映:这次八月大潮比清朝咸丰三年(1843 年,迄今 126 年)那次还大(那次只淹一座房子,这一次淹了 27 座)。罗源县干江潮水位历史最高为 6.5 m,这次高达 6.8 m。据当地井水村 70 多岁老农戴茂叨回忆说:"村前有个叫轿扛的小岛,历史上最大的潮水位也未淹没过,至少露出几尺,这次却没了顶。"

此时,正是我省晚稻孕穗和抽穗杨花的关键时刻,在风、洪和海潮的袭击下,晚稻(包括地瓜)受到严重的危害,而且人民的生命财产也受到重大的损失。全省死亡 70 多人,受伤 700 多人。

(20)197010 号"芙安"台风:严重,连日暴雨洪涝。

197027 号台风(中央台编号 7010)"芙安",9 月 1 日 20 时生成于北纬 18.5 度、东经 131 度,在该台风生命期间,其最大风速 30 m/s,最低气压 976 hPa。7010 号台风于 9 月 8 日夜在福建省的莆田登陆,后向西南移动,9 日改向北上,10 日在江西消失,登陆时风力为 7 级。9 月 6—9 号,福建沿海地区从北到南的 21 个站先后出现 8 级以上大风,台山岛实测最大瞬时风速为 34 m/s,超过 12 级。

全省影响情况:受台风影响,9 月 5—10 日全省出现一次降水过程,闽中谷地以东地区过程雨量超过 50 mm,其中鹫峰山—戴云山和博平岭山区及其两侧过程雨量超过 100 mm。过程雨量大于等于 50 mm 的有 46 个站,其中过程雨量大于等于 100 mm 的有 26 站,过程雨量大于等于 200 mm 的有 6 站,最大过程雨量为安溪的 255.2 mm。最大日雨量为安溪的 108 mm。

这次台风我省龙溪,晋江两地区受灾。龙溪地区受淹农田 5.8 万余亩,其中龙海和南靖两县受淹较多。晋江地区受淹近 5.7 万亩,其中南安县受淹 3.5 万亩。

据晋江地区防汛指挥部汇报:在 7010 号台风影响下,全区普降暴雨,在部分地区 7、8、9 日的日雨量都在 50 mm 左右,特别是 8 日南安、安溪两县的日雨量超过 100 mm,由于暴雨集中,局部地区造成一些洪涝灾害和严重的伤亡事故。初步统计全区受淹农作物 52131 亩,死亡 9 人。

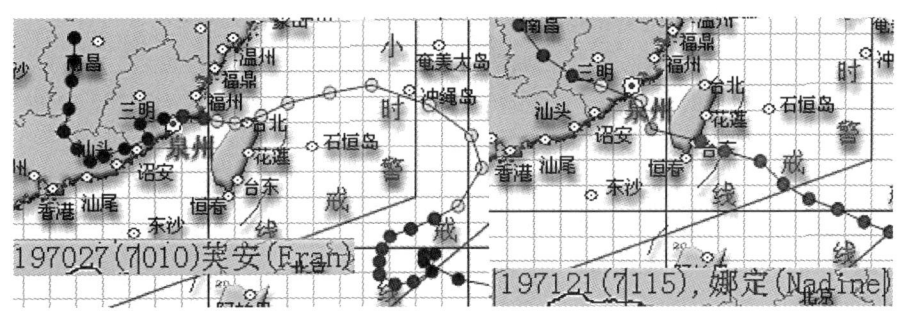

• (21)197115 娜定台风:风灾严重,≥8 级大风持续 2~3 天,崇武 26.5 m/s,我市沿海超 100 mm。

197121 号台风(中央台编号 7115)"娜定",7 月 19 日 08 时生成于北纬 11.3 度、东经 142.8 度,在该台风生命期间,其最大风速 70 m/s,最低气压 896 hPa。7115 号台风于 7 月 26 日 16 时在福建省的晋江登陆,27 日在江西省消失,登陆时风力为 6 级。我省沿海从 25 日开始受台风影响出现大风,全省有 64 个站先后出现 8 级以上大风,其中有 51 个站大风持续 2~3 天,是有风自记的台站记录,台风登陆前后的最大风速沿海以平潭和崇武为最大,均为 26.5 m/s,极大风速福州为 29.8 m/s。

全省影响情况:受台风影响,7 月 25—27 日,全省出现一次强降水过程,福安、福州、闽侯、莆田、晋江、厦门、龙溪、漳州、龙岩等地区、市的大部地区过程降水量超过 50 mm,莆田、晋江的沿海地区过程降水量超过 100 mm,仙游、诏安和东山分别达 153.9 mm、155.2 mm 和 158.1 mm。从 26 日开始全省有 28 个县市先后出现暴雨,主要分布在闽江口以南沿海各县和龙岩地区南部各县,其中日雨量 100 mm 以上的有仙游(121.1 mm)和东山(149.5 mm)两地。

这次台风主要影响闽江口以南沿海地区,晋江、莆田等地区受灾严重,龙溪等地区也遭受一定损失。平和县未收割的早稻损失 1009 万千克。

• (22)7122 号"艾妮丝"台风:泉州风雨和受灾情况:中等,风灾,暴雨,≥8 级大风持续 2~3 天。

197132 号台风(中央台编号 7122)"艾妮丝",9 月 8 日 14 时生成于北纬 17.8 度、东经 127.3 度,在该台风生命期间,其最大风速 40 m/s,最低气压 976 hPa。9 月 19 日 17 时在福建省的惠安登陆,打转后向西南移动,20 日在厦门附近消失,登陆时风力为 9 级。福建沿海从 9 月 17 日开始出现 8 级以上大风,9 月 17—20 日,全省沿海地区有 23 个台站先后出现 8 级以上大风,平潭站、北菱站于 19 日测得最大风速为 26.0 m/s 和 24 m/s,最瞬时风速超过 40 m/s。

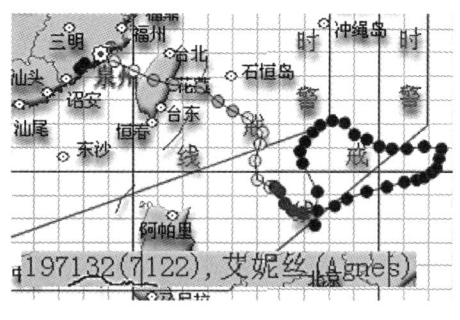

全省影响情况:受台风影响,福建各地从 9 月 18 日开始经历了一次降水过程,到 20 日为止,福清、平潭以北沿海绝大部分县及闽南的漳州、龙海、诏安等县市过程总降水量都超过了 100 mm,其中以三都沃达 208.7 mm,柘荣达 207.5 mm。全省沿海地区从 18 日起有 18 个站先后出现暴雨,福清以北沿海雨日集中在 19—20 日,日雨量在 100 mm 以上有三都沃(149.9 mm)、平潭(116.0 mm)、柘荣(110.3 mm)三个站,福清、漳州接近 100 mm。

在大风暴雨的袭击下,莆田、晋江等地区遭受一定损失。

据莆田地区七个县(永泰未受灾)初步统计,全区死 5 人,伤 4 人。正处灌浆黄熟阶段的中稻被风刮坏 21940 亩,损失 2~3 成。正处扬花抽穗的双季晚稻也被风刮损 67350 亩,损失 1~2 成。水稻被淹没 38920 亩。

• (23)197204 号"苏珊"台风:严重,与冷空气共同影响,全市 100~2250 mm,连续 4 天 8 级以上大风。

197210 号台风(中央台编号 7204)"苏珊",7 月 5 日 08 时生成于北纬 14.2 度、东经 128.2 度;在该台风生命期间,其最大风速 45 m/s,最低气压 980 hPa。7204 号台风于 7 月 6 日 20 时穿过吕宋岛,向西北移入南海。到东沙群岛后又改向东北移动,12—14日台风在汕头东南海面上打转一周,以后向东北北方方向移入台湾海峡,后台风又改向西北偏北方向移动,于7月15日09—10时在我省惠安—莆田一带登陆,以后向西北方向移动,经过我省莆田、三明地区进入江西,于17日在湖北北部消失,登陆时风力7级。7月11—15日,全省沿海13个县市先后出现8级以上大风,东山从5天时间里连续出现大风。14日,东山的极大风速超过28 m/s。

据晋江地区材料,由于台风影响,泉州、晋江、南安早稻(未收割)被淹0.4万亩,并造成早稻倒伏和稻谷发芽。其中安溪水稻倒伏1万亩。发芽0.9万亩。同安水稻发芽12.5万千克。永春倒伏1.2万亩,收后发芽0.6万千克。另外惠安花生发芽20%,约1.27万亩,收后发芽43万千克。

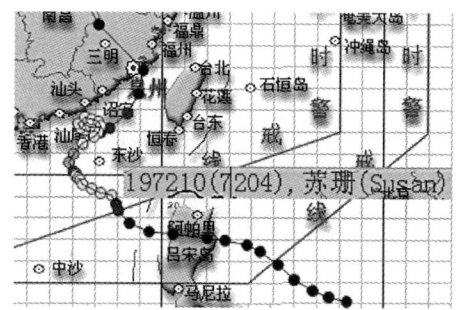

全省降水情况:受台风影响,7月10—15日,福建出现一次强降水过程,全省大部地区过程雨量在50 mm以上,其中除龙岩地区及建阳地区的北部外,其余地区过程降水量超过100 mm,沿海地区的柘荣、宁德、连江、安溪、南安、同安则分别达207.3 mm、229.9 mm、291.2 mm、201.3 mm、233.4 mm。7月13日,当台风还在广东东部海上时,北方冷空气侵袭我省,在两者共同影响下,有38个县市降了暴雨,日雨量在100 mm以上的有厦门、晋江、安溪、南安、九仙山、闽侯、福州、长乐、连江、罗源、宁德、霞浦、三都沃、沙县、柘荣等15个县市,其中以连江257 mm为最多,宁德189.6 mm次之。

全省受影响情况:由于雨量大,所以全省沿海部分江河水位均超过警戒线(1972年7月15日《防汛简讯》14)。晋江西溪、安溪城关15日08时水位超过警戒线0.17 m。泉州顺济桥洪水位在15日17时超过警戒线0.7 m。龙津溪下游长泰城关洪水位超戒线0.96 m。木兰溪仙游城关洪水位超戒线0.38 m。尤溪城关洪水位超戒线0.01 m。

(24)197209贝蒂台风:严重,8级以上的大风,超200 mm降水,因前段久雨不停,又遇海潮水位增高,泉州8月19日16时防洪堤外水位上涨到7.22 m,超过警戒线0.72 m。

197218号台风(中央台编号7209)"贝蒂",8月8日20时生成于北纬11.6度,东经150.3度;在该台风生命期间,其最大风速60 m/s,最低气压910 hPa。7209号台风于1972年于8月17日15—16时在浙江平阳县登陆,后来台风向西西北方向移动,经过我省建阳地区的北部移入江西,并于8月20日在江西境内消失。登陆时风力12级。

15—19日,全省沿海和内陆有25个县市出现8级以上的大风。17日,当台风登陆时,福鼎持续一天刮大风,并在13时39分出现33.7 m/s的极大风速,台山在17日出现大于40 m/s的瞬时大风。

全省降水情况:受台风影响,15—19日,全省出现一次强降水过程,全省大部地区过程雨量在50 mm以上,沿海地区各县市超过100 mm,宁德地区的北部、晋江地区的安溪、厦门、龙溪地区的沿海县过程雨量超过200 mm,以福鼎343.5 mm为最多。17日以后(主要集中在17—18日),全省有39个县市降暴雨,其中日雨量在100 mm以上的有七仙山、福鼎、寿

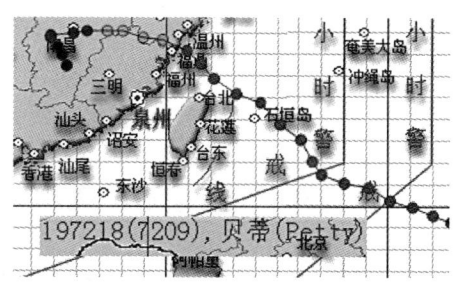

宁、柘荣、平潭、仙游、莆田、崇安、南安、同安、龙海、漳浦、云霄、诏安、东山等 14 个县,其中日雨量在 150 mm 以上的有东山、云霄、漳浦、诏安、福鼎、柘荣、南安和七仙山等 8 县,以七仙山的 245.6 mm 和云霄的 220.0 mm 为最多。全省有许多地方连续降暴雨,如漳浦,18—19 日的日雨量都在 100 mm 以上。(20 日和 21 日各地仍继续下雨,据龙溪地区革委会办公室《八 · 一九洪水灾害情况》表统计,8 月 18 日 08 时—8 月 20 日 08 时,云霄岳坑总雨量 544 mm,漳浦六鳌 501 mm,东山康美 430.4 mm)。

全省受影响情况:由于这次台风降水范围广、数量多、时间长,加上前段久雨不停、山塘水库蓄满、地层含水饱和,又遇海潮水位增高,龙溪、晋江、莆田、宁德等地江河水位猛涨。泉州 19 日 16 时防洪堤外水位上涨到 7.22 m,超过警戒线 0.72 m。沿海平原和内陆低洼地区都遭到不同程度的内涝和洪水侵袭。晋江、龙溪不少农田被淹,农作物损失严重。漳浦县 30 万亩晚稻被淹就达 15.4 万亩。

据省革委会防汛抗旱指挥部 8 月 24 日统计,7209 号台风给福建全省造成的灾情如下:

全省死亡 29 人。其中宁德 12 人,晋江 15 人,龙溪 2 人。受伤 117 人,其中厦门 1 人,宁德 69 人,莆田 2 人,晋江 20 人,龙溪 25 人。全省房屋倒塌 11989 间,其中厦门 62 间,宁德 1902 间,莆田 455 间,晋江 8735 间,龙溪 835 间。

(25)197301 号"魏达"台风:风雨潮灾,还伴随着宽度有 60 米左右的龙卷风,这更是罕见,正值早稻收获季节。

197301 号台风(中央台编号 7301)"魏达",6 月 28 日 14 时生成于北纬 10.5 度、东经 127.8 度,在该台风生命期间,其最大风速 35 m/s,最低气压 978 hPa。1973 年 7 月 3 日登陆福建厦门。登陆时风力为 12 级。

龙卷风在 7 月 3 日 17 时左右从海上登陆,经惠安县净峰、后龙、南埔等公社后进入仙游枫亭公社,所到之处,高大的建筑物和树木都遭到严重的损失,后龙公社海带场一条舢板被卷到小屋顶上甩得粉碎。

7 月 3—4 日,沿海地区各县市先后出现 8 级以上大风,龙溪、晋江两地区的沿海经 3 日凌晨到 3 日中午风力先后达 10~12 级,其中东山、漳浦、龙海和厦门等县、市阵风风力达 12 级以上,厦门最大瞬时风速达 42 m/s。莆田地区沿海各县风力也达 8~10 级,其中仙游县阵风达 11 级。宁德地区沿海风力有 6~8 级。

全省降水情况:受台风影响,7 月 2—5 日,全省出现一次强降水过程,宁德、福州、莆田、晋江、龙溪、厦门等地区、市出现了暴雨到特大暴雨,上述地区的过程降雨大部在 100 mm 以上,莆田、仙游、南安、晋江、惠安一带达 250~300 mm 以上,南安高达 422.1 mm。晋江、莆田两地区普遍出现大暴雨,连江、永泰、安溪、厦门、同安和龙海等县、市,日最大雨量为 100~200 mm,莆田、仙游、惠安和南安等县达 200 mm 以上,日雨量以惠安的 287.6 mm 为最大。惠安和南靖等一小时最大雨量竟达 50~60 mm。

由于降雨急,雨量大,加以海潮顶托,引起各溪河水位暴涨。据水文部门观测,南安站水位超过警戒线 3.95 m,晋江全县大小溪流均泛滥成灾,晋东平原变成一片汪洋。这次台风不仅雨量多,同时风力也大,南安县有株千年的大榕树被连根拔起。

全省受影响情况:这次台风来袭,正值早稻收获季节,风刮水淹,损失严重。据莆田、晋江、龙溪和厦门四个地、市的不完全统计:受灾农作物面积 229.23 万亩,其中水稻 182.45 万亩,减产 13471.5 万千克(仅晋江地区就达 5374.5 万千克);人员伤亡 630 人,晋江地区刮倒果树

143031 株。据龙海县群众反映,这次台风袭击造成的灾害,仅次于 1959 年 8 月 23 日台风,是历史上早稻未收成以前影响最大的一次,全县 38.5 万亩早稻有 26 万亩未收割,共损失粮食 2000 万千克。群众说:"灾后的早稻,站着的像扫把,倒下的像豆芽"。另果树倒掉 122 万株。据南安县渔民回忆,这次大风暴雨是 1957 年以来最大的。

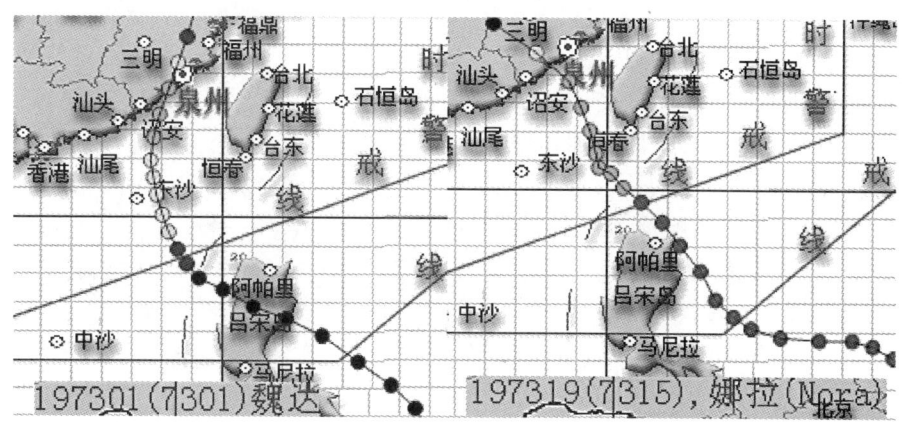

(26)197315 号"娜拉"台风:风灾严重,50 mm 以下,风力 10 级以上,这次台风登陆时间之迟,也为历史罕见,晚稻等农作物普遍受到损失,晋江地区盐田被 4.99 万亩。

197319 号台风(中央台编号 7315)"娜拉",10 月 2 日 02 时生成于北纬 11.1 度,东经 135.9 度;在该台风生命期间,其最大风速 70 m/s,最低气压 875 hPa。10 月 10 日中午 12 时在厦门市—龙海之间登陆,登陆后西北移动,经过长泰、华安等地,于 10 日 20 时在龙岩地区消失,登陆风力为 12 级。

这次台风登陆时间之迟,也为历史罕见,查 1884 年以来共 80 多年的资料中,10 月 10 日及其以后登陆我省的只有 1946 年一次(194617 号台风,10 月 14 日登陆龙海,为登陆福建最晚台风)。这次台风影响前后北方有冷空气南下,6 日上午起全省沿海风力达 6~8 级,7 日早晨起达 7~9 级。10 月 8—10 日,沿海地区各县市及整个龙溪地区出现 8 级以上大风,其中大部地区达 10 级以上,最大 11 级,10 日下午台风中心登陆厦门时最大风力达 12 级以上,最大瞬时风速为 42 m/s。10 日夜里闽江口以南沿海风力减弱到 6 级以下,闽江口以北沿海由于受冷空气影响到 12 日 02 时风力才减弱到 6 级以下。

全省降水情况:受台风影响,从 9 日夜里起全省自东向西经历一次降雨过程。10 日上午起沿海各地先后出现暴雨到特大暴雨。9 日至 11 日,宁德、福州、闽侯等地区、市及晋降江地区的部分县市的过程降雨量大部在 100 mm 以上,宁德地区大部超过 200 mm,以福安、宁德、福鼎一带最大,福鼎的过程降水量高达 487.3 mm,过程雨量刷新了新中国成立以来的最高纪录。福鼎的 24 小时最大雨量为 387.4 mm。闽北、闽西和闽南南部地区最少,一般在 50 mm 以下。

全省受影响情况:由于这次台风风力大,加上暴雨,沿海地区晚稻、甘蔗等农作物普遍受到损失,一些地方造成了房屋倒塌。据全省不完全统计,全省共死亡 18 人,伤 34 人。水稻受淹 394300 亩,吹倒 81 万亩,绝收的 26600 亩(主要是水冲沙压),被风吹脱粒后扬花受损失等 1582300 亩,晋江地区盐田被 4.99 万亩,其他水果落果倒树 9.6 万亩。

• (27)197503 号"妮娜"台风:泉州中等,风力为 12 级,暴雨到大暴雨。"河南 75.8 大水"。

197506号台风(中央台编号7503)"妮娜",7月30日08时生成于北纬17.6度,东经138.2度,在该台风生命期间,其最大风速65 m/s,最低气压900 hPa。

8月4日凌晨3在福建省晋江县围头登陆,以后经过南安、同安、安溪、华安、漳平、龙岩、连城、长汀等县,6日下午在湖北省境内消失,登陆时风力为12级。8月2—5日,福建沿海地区从北到南有26个站先后出现8级以上大风,福州市的最大瞬时风速为25.5 m/s。

8月5日台风雨区中心移到河南省南部,日最大雨量为672 mm,8月6日暴雨强度减弱,日最大雨量仍有514 mm,8月7日暴雨强度增加,日最大雨量达到1005 mm。无论是1小时的暴雨量,还是3小时的暴雨量,无论是6小时的暴雨量,还是12小时的暴雨量,无论是1天的暴雨量,还是3天的暴雨量,这次暴雨都创造了大陆气象站的最高纪录。"板桥水库溃坝事件",死亡人数达23万人(全国政协委员和政协常委乔培新、孙越崎、林华、千家驹、王兴让、雷天觉、徐驰和陆钦侃披露的数据)。灾害涉及20多个县市,1200万人,直接经济损失约为100亿。

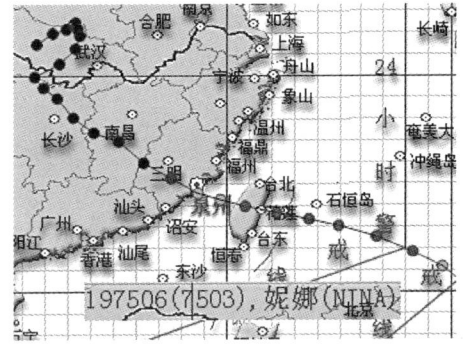

全省降水情况:受登陆台风影响,从8月3日下午起,全省先后下了雨,8月3日全省有19个县市出现暴雨到大暴雨,日降水量以厦门的154.8 mm为最大。8月3—5日,本省东半部的过程降雨量大部地区在50 mm以上,其中九龙江流域及宁德地区的部分县市超过100 mm,厦门市167 mm最大,柘荣147 mm和南靖的142 mm次之。50～100 mm的有二十三个县。这次降雨解除缓和了沿海地区旱情。但也出现了洪涝灾害。

全省受影响情况:据报道,全省有12个县发生不同程度的灾情,人被水冲走淹死2人,受灾农作物面积共45600多亩。

• (28)7613号"毕莉"台风:一般影响,降水一般,崇武十分钟最大风速24.4 m/s。

197617号台风(中央台编号7613)"毕莉",8月3日08时生成于北纬13.8度、东经146.5度;在该台风生命期间,其最大风速60 m/s,最低气压910 hPa。1976年8月10日登陆福建惠安。后西行穿越江西省,12日在湖南省境内消失,登陆时风力为12级。全省从沿海到内地普遍出现8级大风,平潭和崇武十分钟最大风速24.4 m/s,台山、长乐实测最大瞬时风速达36 m/s。

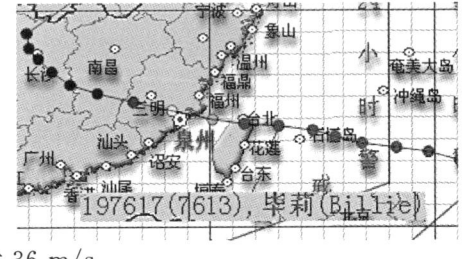

全省降水情况:受台风影响,8月9—12日,全省除浦城外都出现了降水,降水以8月10日最为集中,除建阳以外的所有地市的20个县出现了暴雨,其中龙岩、漳平为大暴雨,雨量分为104 mm和101 mm。9月9日和10日也有少数地区降暴雨。省内东半部的大部地区过程雨量超过100 mm,其中福清周围的过程雨量超过150 mm,以福清的150 mm为最大。

全省受影响情况:受台风影响,江河普遍发生较大洪峰,如连江超警戒1.59 m,南安超1.11 m,又逢农历十五天文大潮,沿海的沙埕、崇武、东山的高潮位者超过警戒0.1～0.3 m,据统计,受灾的19县市抗灾牺牲和因灾死亡的23人,淹农田9.0万亩,倒房129间。

• (29)7701号"露丝"台风:中等,8级以上大风,一般降水,崇武公社12只渔船被毁,有18名渔民丧生。

197704号台风(中央台编号7701)"露丝",6月10日08时生成于北纬6度,东经134度;在该台风生命期间,其最大风速30 m/s,最低气压970 hPa。1977年6月16日登陆福建晋江,登陆后经晋江、莆田、宁德三地区沿海北上,17日下午从浙江中部沿海东移出海,登陆时风力为7级。6月16—17日,福建沿海地区从北到南的11个站出现8级以上大风,台山岛和三都澳的实测最大瞬时风速为21 m/s。

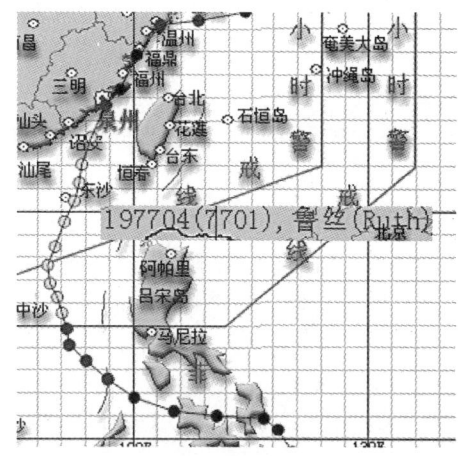

全省降水情况:受台风影响,6月16—17日,福建全省出现一次降水过程,6月17日,龙岩、三明、建阳、等地区的8个县出现暴雨或大暴雨,宁化的日降水量达167.3 mm,为大暴雨。龙岩的大部及三明、建阳的西部过程雨量均在50 mm以上,其中龙岩和三明的西部超过100 mm,以宁化的175 mm为最多。

• (30)7705号"薇拉"台风:风雨潮。

197708号台风(中央台编号7705)"薇拉",7月25日20时生成于北纬24.5度、东经137.4度,在该台风生命期间,其最大风速50 m/s,最低气压928 hPa。1977年8月1日登陆福建惠安,后经晋江、龙岩两地区减为低压进入江西,3日消失于贵州,登陆时风力为11级。

8月31日—9月1日,福建沿海地区从北到南的31个站出现8级以上大风,厦门以北沿海最大风力9～10级,宁德、莆田、晋江三地区内陆县最大风力7～9级,阵风9～10级,厦门以南沿海最大风力7级,阵风8～9级。莆田沿海实测最大瞬时风速为34 m/s。

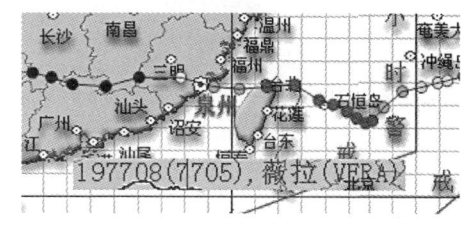

全省降水情况:受台风影响,8月31—9月1日,全省普降大到暴雨,局部地区大暴雨。两天里,宁德、莆田、福州、晋江、龙溪等地区出现31个站次的暴雨,其中罗源、福鼎、宁德、三都澳、福安为大暴雨,日雨量以罗源的123.6 mm为最大。宁德地区、福州市及莆田地区的北部个县过程降水量超过100 mm,罗源、柘荣、福州分别达212.1 mm、189.3 mm、154.4 mm。

泉州风雨和受灾情况:大到暴雨,风力为11级。又适逢天文大潮,形成洪水与大潮相托,加重了洪涝危害。

全省受影响情况:由于大雨滂沱,风雨交加,又适逢天文大潮,潮位比常年高1～2 m,形成洪水与大潮相托,加重了洪涝危害,各主要江河洪峰水位先后超过了警戒线。

我省宁德、莆田、晋江、福州四地(市)25个县受灾,尤以宁德地区最重。

灾情:我省宁德、莆田、晋江、福州四地(市)25个县受灾。计死亡27人,伤17人。

(31)7908贺璞台风:中等,风灾重,中—大雨,连刮7天大风。

惠安县极大风速33 m/s,7月27日—8月2日接连受7号、8号两次台风影响,连刮7天大风,极大风速33 m/s,对沿海影响极大。

概况:序号197911号台风(中央台编号7908)贺璞(Hope),7月25日08时生成于北纬10.3度、东经145.3度;在该台风生命期间,其最大风速70 m/s,最低气压898 hPa。7908号台风于1979年8月2日13—14时在广东省的深圳附近登陆,登陆时风力为12级。7月31日—8月3日,全省沿海地区从北到南先后有35个县市出现大风,其中沿海风力达7~10级,阵风11~12级,惠安县极大风速33 m/s,是今年影响福建沿海风力最强的一个台风。

全省降水情况:受强台风影响,8月1—3日,省内各地普遍出现降水,8月1日开始,我省从东到西先后下雨,宁德、晋江两地区及莆田地区西北部有中—大雨,局部暴雨或大暴雨,其余各地小—中雨,局部大雨。过程雨量超过100 mm的有柘荣和周宁,雨量分别为191.5 mm和118 mm。日降水量以柘荣的101.0 mm为最大。

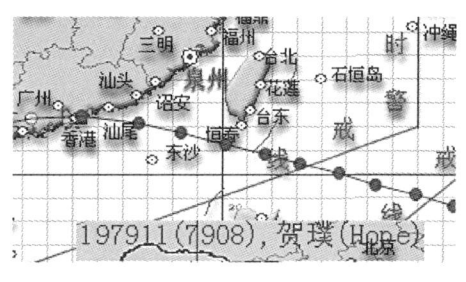

全省受影响情况:由于受强台风的袭击,宁德、龙溪、晋江三地区部分县受风的危害严重。

惠安县:7月27日—8月2日接连受7号、8号两次台风影响,连刮7天大风,极大风速33 m/s,对沿海影响极大。灾情计有损伤地瓜8万亩、水稻17900亩,高粱倒伏1万亩,林、果树倒数千株,损坏船只1条。山腰公社前洋大队拖拉机房被大风吹倒压死2人。

汕头沿海发生严重风暴潮灾害,汕头市区50%的地方受侵,水深0.3~1.0 m。由于风力很大,全省损坏房屋达75.8万间,伤亡人数1972人,受灾农作物23万公顷,惠东县港口镇6公里长的防护林吹毁殆尽。

点评:这次台风路径、速度等与"杜鹃"惊人相似,但威力比"杜鹃"稍强,是新中国成立后30年影响广东最强的台风。(200313号台风"杜鹃"9月2日登陆惠东)

(32)198004捷欧加台风:中等偏重,7~8级,阵风9~10级,暴雨100 mm,加之与海潮顶托。是自1961年以来影响我省最早的一次台风。5月24日登陆广东惠来。

概况:序号198006号台风(中央台编号8004)捷欧加(Georgia),5月19日8时生成于北纬16.9度、东经117度;在该台风生命期间,其最大风速25 m/s,最低气压985 hPa。1980年5月24日06—07时登陆广东惠来,并穿过本省沿海各地区,25日早晨在宁德地区沿海消失。受其影响,漳州地区沿海及厦门市平均风力达8~9级,阵风10~11级,其中东山岛阵风达12级(35 m/s);晋江地区沿海各县风力7~8级,阵风9~10级,莆田、福州、宁德等地市沿海及龙溪地区内陆县风力6~7级,阵风8~9级。

全省降水情况:受台风环流影响,漳州、晋江、厦门三地市及莆田地区南部4县下暴雨,24日08时—25日08时24小时雨量达100 mm以上的有17个县市,均集中在闽南地区,其中云霄县雨量最大为209 mm。

全省受影响情况:由于暴雨集中,江河水位猛涨,加之与海潮顶托,九龙江、晋江洪峰水位分别超警戒线1.71~2.41 m,全省40处大中型水库包括山美、眉力、杨美、祖马林、亚湖等五个水库蓄水位超过了今年汛期限制水位。

台风大风使得漳厦电网的高压供电线路受损严重,造成这一些地区大面积停电。同时这次台风与以往不同的是西南风大于东北风(避风港都是避东北风),因而使避风港内船只碰坏不少。风大雨猛浪急,给沿海各地市造成不同程度的风涝灾害,其中漳州、晋江、厦门三地市的损失最大,据省防汛指挥部统计:农作物受淹130万亩,房屋倒71529间,漂损船只1474条,冲垮山矿1554座,冲坏各种水利工程11916处,桥190座,通讯线路109对,死55人,伤106人。

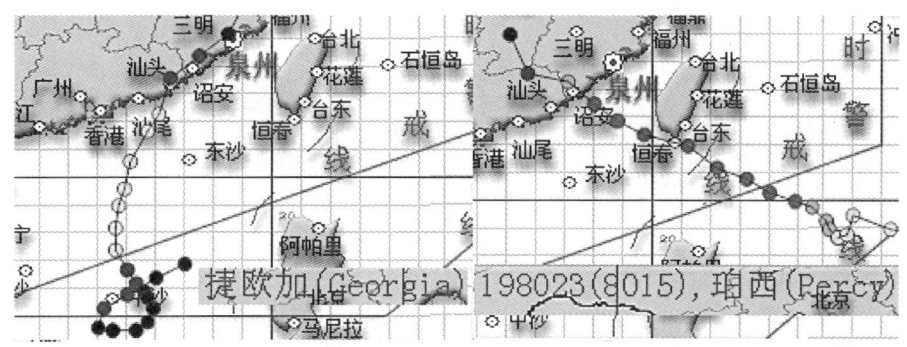

(33)198015号"波西"台风:风灾很严重,平均风力10~11级,阵风12级以上,降雨强度不大,暴雨50 mm。8015台风是自1969年来登陆我省最强的台风。

198023号台风(中央台编号8015)"波西(Percy)",9月13日14时生成于北纬18度、东经131.9度;在该台风生命期间,其最大风速60 m/s,最低气压915 hPa。9月14日下午在菲律宾吕宋岛东部的西太平洋上生成,18日0910时在台湾恒春附近登陆,19日16—17时登陆我省漳浦,并先后经云霄、平和、南靖等县进入龙岩地区减弱为低气压。

受其影响,闽江以北沿海平均风力达9级,阵风10级,崇武—闽江口之间沿海平均风力10~11级,阵风12级以上;崇武以南平均风力9级,阵风11~12级,东山最大风速48 m/s,台风中心经过的漳浦、云霄等县,风力在12级以上(云霄40 m/s)。

全省降水情况:受台风环流影响,全省普遍降雨,但强度不大,过程雨量超过100 mm只有周宁、三都沃、长乐、南安四处。日雨量大于50 mm有浦城、松溪、政和、周宁、三都沃、连江、德化、永春、安溪、南安、东山等11个站,其中以三都沃的69.7 mm为最大。

全省受影响情况:这次台风虽然降雨较少,但风灾很严重,风大浪高,破坏性强。

漳州地区沿海受其正面登陆袭击,损失较大。死11人,伤25人。水稻受淹5.3万亩,倒伏22.5万亩,刮断甘蔗6.39万亩,甘蔗倒伏5.77万亩。

(34)8209号"安迪"台风:中等偏重,暴雨—大暴雨,涝灾。

泉州风雨和受灾情况:中等偏重,暴雨—大暴雨,涝灾,惠安县23.65万亩农田受灾,死亡4人,受伤129人,全县毁坏大小船只343艘,果树41850株,公路林、防护林刮断不计其数,线杆倒67根,断线2000 m,造成全县停电停产。

198210号台风(中央台编号8209)"安迪(Andy)",7月21日20时生成于北纬12度、东经146.5度(太平洋热带辐合带中);在该台风生命期间,其最大风速55 m/s,最低气压915 hPa。29日05时台风中心在台东以北附近沿海登陆。30日00时在我省莆田县石桥到平海再度登陆,先后经仙游、永泰、尤溪、沙县、将乐、泰宁、建宁等县,于30日傍晚进入江西。

全省降水情况:这次台风经历时间长,强度大,影响范围广,全省各地普遍降大到暴雨,东部沿海地区出现暴雨—大暴雨,7月29日—8月1日过程雨量有44个县市超过50 mm,17个县市超过100 mm,5个县市超过200 mm,以柘荣的379.2 mm为最大,日雨量最大的也是柘荣187.6 mm,其次是周宁的143.3 mm。

全省受影响情况:全省34个县(市)受灾,宁德地区最重。受淹农田192.58万亩,严重受灾48.28万亩;冲坏堤防1975处,长29.56千米。各种果树刮断125.4万株,倒折防护林和公路林92万株;毁坏船只1545只,沉船28只,倒房17034间,损失粮食20.7万千克。死亡33

人,伤174人。

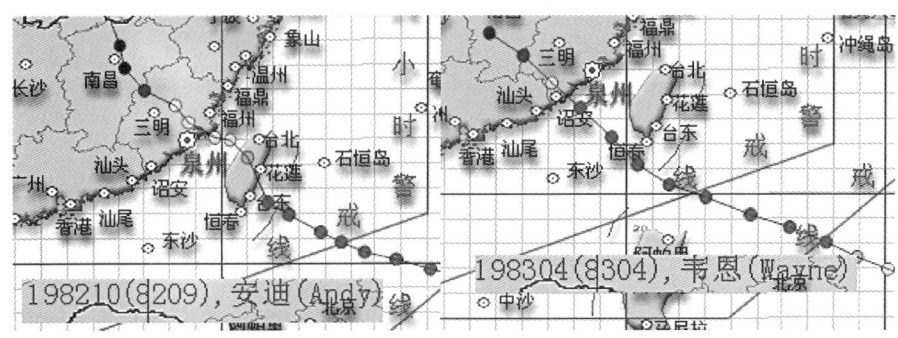

(35)198304号"韦恩"台风:风灾突出,平均风力达9~11级,阵风12级上,过程雨量大于100 mm,危害范围小(小个台风),但来势猛,移速快,方向稳定,给闽南地区特别是漳州地区带来的损失是近百年来罕见的,漳州死亡106人。

198304号台风(中央台编号8304)"韦恩(Wayne)",7月20日08时生成于北纬8度、东经144度;在该台风生命期间,其最大风速65 m/s,最低气压912 hPa。1983年7月25日16—17时登陆福建漳浦,是1983年登陆我省的唯一一个台风,台风登陆时中心附近的沿海各县(市)平均风力达9~11级,阵风12级上。漳浦县的平均风速29 m/s,阵风43 m/s。台风中心登陆后,断续向西北偏西移动,先后经云霄、平和、永定、上杭、武平等县,于26日02时进入江西省南部减弱为低气压。

全省降水情况:此台风带来的降水少,危害范围小,但来势猛,移速快,方向稳定,从生长到登陆只有56个小时,过程雨量大于100 mm 的有14个县市,主要集中在漳、泉两地及龙岩的南部。但由于风力大,给闽南地区特别是漳州地区带来的损失是近百年来罕见的。

全省受影响情况:暴雨使漳州地区农作物受淹43.52万亩,其中水稻22.94万亩,甘蔗20.58万亩。倒塌房屋14238间,损坏165978间,死113人,伤614人。

由于大风,漳浦县电话线路中断,停电、停水,绝大部分屋顶瓦片被掀,有四百年的榕树也被刮倒,21265亩未收割早稻受到损失,甘蔗倒伏55733亩。果树被拔掉845.5万棵,落果141.45万千克,估计全县损失1.7亿元。

(36)198411裘恩台风:风雨潮严重影响。过程雨量大于100 mm,部分县区大于200 mm,风力9~10级,阵风11~12级,又恰逢八月大潮。

198416号台风(中央台编号8411)"裘恩(June)",8月27日02时生成于北纬17.9度、东经131.9度;在该台风生命期间,其最大风速30 m/s,最低气压980 hPa。11号台风是对我省危害最大的台风,于8月31日04时在广东省汕头—惠来之间登陆,我省东山、诏安和厦门的阵风风速分别为34 m/s、32 m/s、28 m/s。

全省降水情况:台风登陆减弱成低气压在广东省东部停留长达一天,加上冷空气南下影响,龙溪、晋江等地区连降倾盆大雨,暴雨日多达2~4天(有9个县市下了大暴雨),厦门、漳州、泉州、莆田、龙岩南部及福州南部各县过程雨量均大于100 mm,其中莆田及闽南沿海17个县市大于200 mm,漳州的南靖、平和两县分别为338 mm和323 mm。沿海风力9~10级,阵风11~12级,漳州地区内陆各县30—31日的平均风速也有8级。11号台风强,带来的降水多,又恰逢八月大潮,从而使漳州等地区出现严重洪涝灾情。

全省受影响情况:台风带来的暴雨使九龙江、晋江、诏安东溪和莆田木兰溪洪水暴发,冲垮江海堤坝,洪涝面积 90 多万亩。

漳州地区灾情严重,49 万亩农田被淹,九千多人被围困在树上、屋顶和堤上,在部队和市、社干部民兵的抢救下,被转移到安全地带。

在厦门特区,31 日厦古轮渡停航一天,去香港的班机和"鼓浪屿"号轮也停航一天。停泊在港内的船有不少因未采取措施而相撞,两艘万吨轮和一艘五千吨轮靠在一起不时地碰撞,当时又分不开,情况紧张,船上的外国人提出了"抗议"。

11 号台风使全省 140 万亩的旱情得到解除,使大中型水库增加了 10 亿多立方米的蓄水量,为后期的农田灌溉和水力发电创造了有利条件。

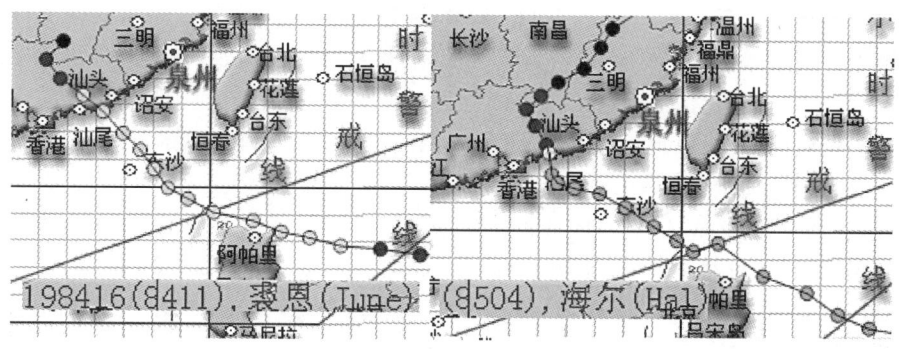

198416(8411),裘恩(June) (8504),海尔(Hal)

(37)198507 号"海尔"台风:风雨严重致灾。

泉州出现 8 级以上大风,大部 200 mm 以上,局部 300~400 mm,泉州市安溪县西堤决口 18 处(2500 m),全县受淹农田 2 万多亩,花生和蔬菜受淹 3600 多亩,早稻有 3502 亩绝收。德化县暴雨成灾,35 个村受灾严重,全县有 4 人死亡,7 人受伤。晋江县船沉一只死 1 人。但总的影响是利大于弊。

198507 号台风(中央台编号 8504)"海尔(Hal)",6 月 17 日 14 时生成于北纬 12.5 度、东经 141.3 度;在该台风生命期间,其最大风速 40 m/s,最低气压 958 hPa。1985 年 6 月 24 日 02 时左右在广东省陆丰县登陆,25 日晚经我省长汀、宁化减弱成低气压。受台风影响,我省沿海地市从 21 日下午起风力增强,22—26 日闽江口以南地区风力大部为 8 级以上,其中云霄极大风速达 34 m/s,厦门 32 m/s,莆田 24 m/s,福州 20 m/s。

全省降水情况:4 号台风带来较多的降水,23—27 日全省 41 个县市下了 51 日次的暴雨,降水集中在 24—26 日,漳州、泉州和龙岩等地市连续 2 天暴雨,部分县市出现特大暴雨,日雨量以云霄 25 日的 254.1 mm 为最大。暴雨中心在漳州市南部,全省大部地市过程雨量在 100 毫米以上,漳州和泉州两市大部 200 mm 以上,局部 300~400 mm,云霄县的 456 mm 为最多过程降水量。

全省受影响情况:由于降水集中,漳州和泉州两市各地江河水位猛涨,超过警戒线,漳州和诏安等地的洪峰水位创历史最高纪录,漳州中山桥 26 日 02 时水位超过警戒线 4.7 m,比历史上最高水位(出现在 1963 年 7 月 1 日)还高 0.4 m,诏安、南靖部分防洪堤段决口。

台风登陆前后,闽南一带风狂雨骤,8 级以上的大风摧屋拔树,大片丰收在望的早稻不是倒伏掉粒,便是为洪水淹没,早稻产量受到很大影响。但此台风也有有利的一面,4 号台风带来的降水给雨水缺乏的 6 月解除了旱象,带来了生机。据省防汛抗旱指挥部的统计,全省受淹农田190万亩(其中成灾43万亩),房屋倒塌1.85万间,损失粮食1.445亿千克,有63人在台风中丧生,经济损失达2.3亿元。其中漳州市灾情最为严重。

(38)8510号"尼尔森"台风:

泉州风雨和受灾情况:中等偏重,7～8级,阵风9级,普降大—暴雨,100 mm以上,闽东北风雨灾重。

198516号台风(中央台编号8510)"尼尔森(Nelson)",8月16日08时生成于北纬15度、东经141度;在该台风生命期间,其最大风速50 m/s,最低气压955 hPa。台风于8月23日晚9点多在福州市长乐县

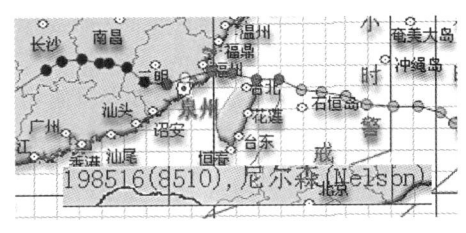

江田乡登陆,登陆中心附近风力达10～11级,阵风12级。台风登陆后向西偏南方向移动,经过福清、莆田、德化、大田等县市后减弱为低气压,而后经过漳平、长汀等县进入江西省南部。

受台风影响22日开始沿海地区风力增强至7～8级,阵风9级。台风登陆前后平潭、福清、莆田等县市阵风12级以上,其中福清极大风速达42 m/s,莆田达36 m/s,平潭39米/秒,福州市区也出现近12级(32 m/s)的大风。

全省降水情况:23—25日全省普降大—暴雨,局部特大暴雨。23—25日全省有30多个县市下了44次暴雨,多集中在福州、宁德、莆田和泉州四地市,柘荣县23日降水量201.3 mm为最大日雨量。福州市区连降三天暴雨,其中23日13时至24日01时在12个小时内就下了128.4 mm。过程雨量宁德、福州、泉州和龙岩四地市大部100 mm以上,以柘荣415 mm为最多。内陆的建阳和三明两地市大部和漳州市局部10～50 mm。

全省受影响情况:暴雨造成闽东等地江河水位猛涨,先后超过警戒线。福安县高溪24日最高洪峰水位超警戒线5.2 m,为1965年以来的最大洪峰,县城街道一度受淹。连江县敖江24日水位超警戒线4.81 m,为19年来最大的洪水;城关防洪堤发现较大冒水处20处,滑坡600多米。莆田市木兰溪24日水位超警戒1.32 m,比4号台风的洪峰水位还高0.25 m。福鼎县溪江23日最高水位超警戒线1.58 m,沿海低洼处有些房子受淹或被大水冲走。

10号台风的影响和造成的灾情是巨大的,狂风暴雨使大片农田变成一片汪洋,成千上万间房子化为废墟,通讯和输电线路大部分被切断,不胜其数的树木被刮倒,交通一度受阻。据省防汛抗旱指挥部的统计,全省洪涝面积达198万亩,倒塌房屋2.5万多间,死亡80人。全省直接经济损失达2.95亿元。

(39)198625号"艾达"台风:晚台暴雨。中等,台风出现时间之迟为历史同期罕见。平均风力8～9级,阵风10～11级,普降暴雨—大暴雨。夏秋旱彻底解除。

198628号台风(中央台编号8625)"艾达(Ida)",11月11日02时生成于北纬6.1度、东经134度;在该台风生命期间,其最大风速30 m/s,最低气压986 hPa。17日在南沙岛附近减弱为低气压。

受台风外围云系和冷空气共同影响下,我省沿海平均风力8～9级,阵风10～11级,全省普降暴雨—大暴雨,其中有59个县市降暴雨,14个县市降大暴雨,13个县市连续2天降暴雨。

全省受影响情况:这次台风出现全省性暴雨,其雨量之多,范围之广,台风出现时间之迟为历史同期罕见。台风带来的大量雨水使我省夏秋旱彻底解除,给水力发电带来生机,而对于能源来说是及时的,缓和了供电紧张状态,扭转了缺少电的严重局面。因此此次台风暴雨给工农业生产带来较大的经济效益,无疑是一个好台风。

(40)198705"费南"台风和8707号"力士"台风：风雨灾重，5号和7号台风连续影响，沿海西南大风6～7级，持续36小时之久，暴雨雨量达100～200 mm。

a. 8705号费南台风：

198707号台风（中央台编号8705）"费南（Vernon）"，7月16日14时生成于北纬10度、东经143度；在该台风生命期间，其最大风速30 m/s，最低气压980 hPa。

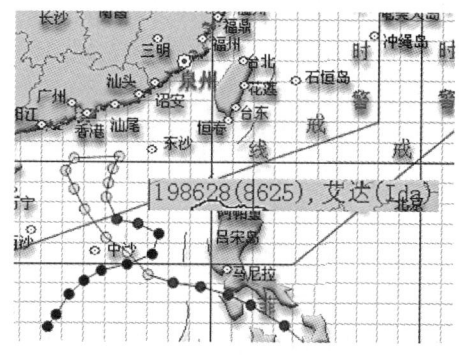

8705号"Vernon费南"台风于7月21日13—14时在台湾宜兰—花莲之间登陆，登陆时台风中心风力10级，气压990 hPa，之后在浙江近海减弱消失。受其影响，泉州、漳州及三明大部地区共有20个县(市)降了暴雨，华安、仙游降大暴雨。北部沿海西南大风6～7级，阵风8级并持续36小时之久。22日闽江、晋江及木兰溪出现年最高水位，尤溪站22日10时洪峰水位10.71 m(超警戒0.7 m)。

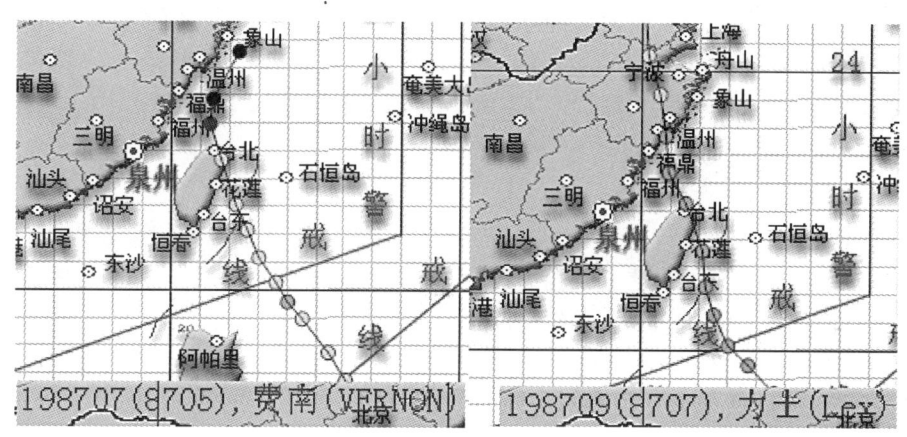

b. 8707号"力士"台风：

198709号台风（中央台编号8707）"力士(lex)"，7月22日14时生成于北纬9度、东经139.7度；在该台风生命期间，其最大风速35 m/s，最低气压970 hPa。台风7月27日21时30分在浙江省瓯海县登陆。登陆时风力11级，阵风30 m/s，中心气压978 hPa。

受其影响，福建沿海风力5～6级，台山平均风速20 m/s，阵风40 m/s。南平、三明、龙岩、宁德等地市下了大雨—暴雨，其余地市的局部有暴雨。福鼎、霞浦、寿宁、周宁等地出现洪涝，农业生产、水产养殖等也遭受一些损失。

c. 两个台风的总影响状况：

全省降水情况：福建7月下旬先后受5号和7号台风影响全省35个县市出现暴雨，21日20时—29日20时过程雨量全省大部分地区在100～200 mm之间，个别县市在200～350 mm之间。暴雨区北部在宁德、南平、三明三地市的部分县市，南部在漳州、龙岩、泉州市局部及莆田市。日雨量最大的为崇武119.6 mm，其次为华安县110.2 mm，南平市和漳浦县也多达100.0 mm。

全省受影响情况：据省防汛抗旱指挥部统计：全省有32个县市，131个乡镇，259万户受灾,全省洪涝面积29.51万亩,成灾5.25万亩,受灾人口16.24万人,死亡10人。

(41)198712号"杰鲁得"台风:风雨潮灾严重,暴雨,农历七月十八日天文大潮影响,连续3天沿海的高潮位均超过警戒线。

8712号"杰鲁得(Gerald)"台风9月10日19时在福建晋江县金井镇围头登陆。登陆时风力11级,最大风速30 m/s,中心气压975 hPa。台风登陆后经南安、安溪、华安等县,于11日08时减弱为低气压。

全省降水情况:受其影响,全省普降阵雨,宁德、福州、泉州3地市20个县市下暴雨,柘荣、周宁、福鼎、福安、宁德、闽清6县市降大暴雨,其中柘荣、周宁、宁德、闽侯四县日雨量(10日05时—11日05时)分别为399.1 mm,220 mm,258.6 mm,186 mm,突破有纪录以来一日最大降水量的最高纪录,尤其柘荣县达399.1 mm为历史上罕见。台风过程总雨量(9日20时—12日20时)大于50 mm的有38个县市,大等于100 mm的有15个县市,大于200 mm的有6个县市,大于300 mm的有2个县市,柘荣县达491.3 mm。

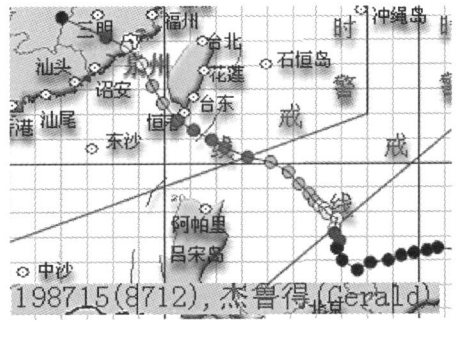

全省受影响情况:台风带来大量降水,对解除旱情,增加蓄水量有利,但由于狂风暴雨,各江河水位暴涨,加上农历七月十八日天文大潮影响,连续3天沿海的高潮位均超过警戒线。全省有8个地市34个县市1525万人受灾,死亡78人。

(42)198817号"凯特"和8819号"麦姆依"台风:风雨潮灾,暴雨—特大暴雨,风力9~10级,阵风11级,农历八月大潮,南安县东、西溪水位暴涨超过警戒线1~2 m,洪水持续五昼夜,房屋倒1900间,为该县百年来洪灾持续时间最长,倒房最多,经济损失最大的一次。

a.8817号台风:198823号台风(中央台编号8817)"凯特(Kit)",9月19日08时生成于北纬16度、东经125.5度;在该台风生命期间,其最大风速35 m/s,最低气压970 hPa。9月22日05时在广东陆丰—惠来之间沿海登陆;

b.8819号台风:198824号台风(中央台编号8819)"麦姆依Mamie",9月19日08时生成于北纬15度、东经114.5度,在该台风生命期间,其最大风速25 m/s,最低气压990 hPa。9月24日在广东惠来—汕尾之间沿海登陆。

c.受两个台风外围(特别是8817号强台风)和冷空气共同影响,我省南部沿海风力9~10级,阵风11级。

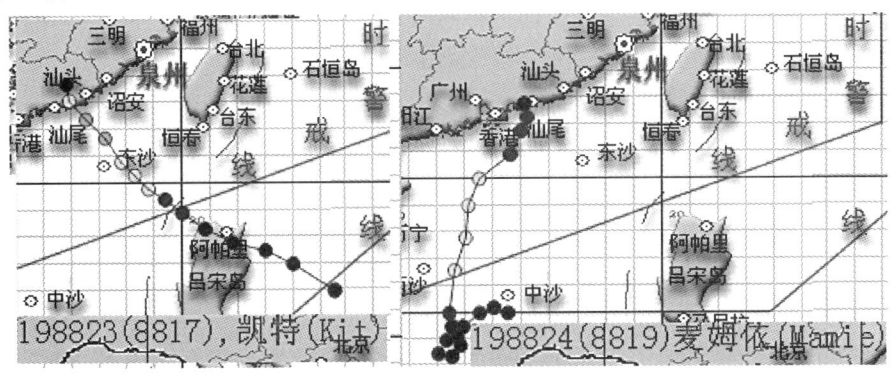

全省降水情况：全省普降大—暴雨，降水成倍增加，加上时逢农历八月大潮，9月25日21时，福鼎沙埕潮位10.59 m，超过危险潮位0.09 m。全省有50个县市降暴雨。福鼎、霞浦、莆田、仙游、永春、华安等县部分地区降特大暴雨，福鼎秦屿、蟠溪22日分别降354 mm和346 mm，全省有53个县市过程雨量超过100 mm，大于200 mm的有31个县市，9个县超过300 mm。其中有9个县连续三天，34个县市连续两天降暴雨或特大暴雨。

全省受影响情况：台风带来大量降水，解除旱情，对水力发电十分有利。但由于降水猛增，全省主要江河水位普遍上涨，超过警戒线或危险线，大中型水库出现溢洪，造成洪涝灾害比较严重。南安县东、西溪水位暴涨超过警戒线1~2 m，洪水持续五昼夜，房屋倒1900间，为该县百年来洪灾持续时间最长，倒房最多，经济损失最大的一次；莆田等地出现自1942年以来最大的一次洪水，永泰县23日发生28年以来最大洪灾。洪水加上又遇农历八月大潮，海水顶托倒流，全省农田受淹220.36万亩，成灾49.63万亩，绝收45.9万亩，直接经济损失2.73亿元。

(43)198903号"白兰黛"台风：泉州受影响一般，影响时间早。

198904号台风（中央台编号8903）"白兰黛（Brenda）"，5月14日14时生成于北纬6度、东经134度，在该台风生命期间，其最大风速35 m/s，最低气压970 hPa。5月20在广东台山登陆。

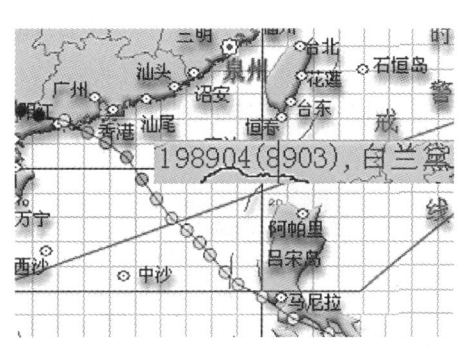

5月20—24日受8903号强热带风暴和冷空气的影响，龙岩、漳州、泉州、莆田等地市有28个县市下暴雨，暴雨中心在漳州市南部，平和、漳浦、云霄、东山和永定5个县出现大暴雨。漳州、龙岩、南平等地出现灾情，农作物被淹30多万亩。

(44)199005号"欧菲莉"台风：50年一遇特大暴雨；北风转西南风9~10级，阵风11级。

199008号台风（中央台编号9005）"欧菲莉（Ofelia）"，6月16日14时生成于北纬8.5度、东经139度，在该台风生命期间，其最大风速40 m/s，最低气压965 hPa。6月23日13时左右在台湾花莲南部沿海登陆，其后穿过台湾省北部于24日04时左右在我省福鼎登陆（备注：应该是没有登陆福鼎），登陆时中心气压980 hPa，风速25 m/s。

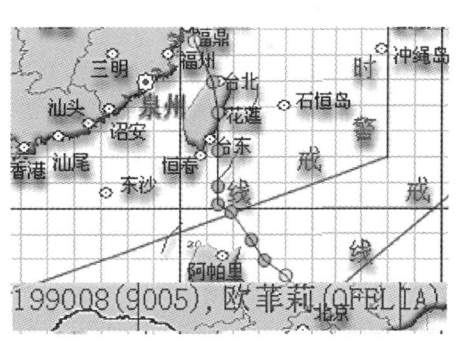

6月24日，我市沿海出现10多小时的连续大暴雨，沿海个别乡镇出现300~500 mm的特大暴雨，为50年一遇，与1989年"9.22"特大暴雨相当（辐合带，非台风），其中安海533 mm最大，降水强度强，12小时500多毫米降水为历史罕见。受灾乡镇30多个，死亡11人，早稻受淹25万亩，直接经济损失1.5亿。

全省沿海从22日02时起先后出现7~8级偏北大风，阵风9级，23日08时起崇武以北沿海风力增大到9~10级，阵风11级。24日02时起全省先后转西南风，崇武以北沿海风力8~9级，阵风11级，大风一直持续到27日早晨。

全省降水情况：同时22日上午起全省沿海都有降水，23日开始加大，主要降水中心有两个，一个是福鼎到柘荣一带，柘荣日雨量达119毫米，一个是台风登陆后其后部降水云团在福州以南沿海造成的强降水,中心在泉州东部,日雨量以崇武的260毫米为最大,有些水文站测得降水量超过500 mm,由于降水强度大,时间短,造成泉州市的晋江、惠安、南安等县受灾严重。

全省受影响情况:5号台风全省损失约4亿多元。受灾18个县117个乡镇,受灾人口158.2万,受淹农田140多万亩,倒房约0.5万间,死亡23人,损失粮食0.3亿千克。重灾区在泉州,共损失3.3亿元;宁德地区虽只损失0.4亿元,但由于该区资源贫乏,经济落后,灾后反映强烈;福州市部分县受灾,如平潭县损失100万元。

(45)199006号"波西"台风:暴雨,8～12级大风,小个台风,路径变化多次,降水时段集中。6号台风是继5号台风之后一周之内第二个袭击我省的早台风,属历史罕见。

199009号台风(中央台编号9006)"波西(Percy)",6月21日02时生成于北纬11度、东经146.5度。在该台风生命期间,其最大风速45 m/s,最低气压950 hPa。9006号台风6月29日11时左右靠近福建省东山岛的近海,并在东山岛停滞达6小时之久,18时在漳浦县古雷半岛登陆,登陆时中心气压975 hPa,近中心风力12级,风速35 m/s,登陆以后台风转向东北偏北方向,经泉州、莆田、福州三市,30日14时左右在永泰附近减弱为低气压。

此台风强度较强,主体范围比较小,是个小台风,路径变化多次,降水时段集中。

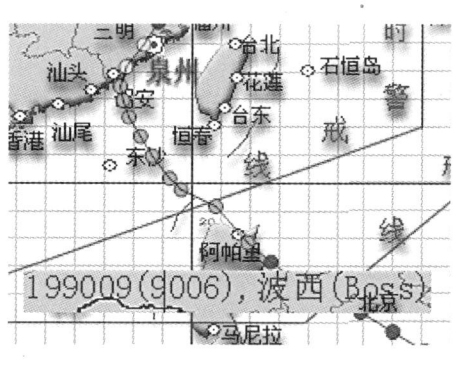

全省降水情况:强降水于台风登陆前的几小时开始,主要集中在29日08时—30日14时,东山县从30日05时—08时降水292毫米,诏安从02时—08时降水131毫米,暴雨中心在漳州市南部。从6月28日08时—7月1日08时全省有27个县市过程雨量达暴雨,其中17个县市达大暴雨,5个县市降了特大暴雨,以东山的454 mm为最大,日雨量就达383毫米。台风的正面登陆还造成较大的风灾,台风中心经过的漳州、厦门、泉州、莆田以及福州五个地市沿海普遍出现了8～12级大风,厦门的阵风达到40.7 m/s,东山县的平均风速30 m/s,阵风40 m/s。

全省受影响情况:6号台风全省损失约6亿元,36个县市249个乡受灾比较严重,受灾人口约350万人,受淹农田近200万亩,倒塌房子约1万间,死亡31人,损失粮食2.5亿千克,重灾区是漳、泉两地市,特别是东山县风强雨骤,停电60小时,35千伏的高压线被毁10处(约8.5 km)。此外闽南地区的荔枝、龙眼、香蕉、甘蔗损失较大,各种船只沉没、漂失1471条。

6号台风是继5号台风之后一周之内第二个袭击我省的早台风,属历史罕见,由于气象台预测准确、及时,工作完成的较出色,同时省委省政府及局领导高度重视,在台风影响之前已做好的充分的准备工作,省政府的有关总结指出"数百个水库溢洪,没有一库决口,数十万个防洪堤超过警戒水位,没有一堤垮堤。"

东山县闽南渔场指挥部事后对气象局同志说:"你们报得太好了,为东山人民立了功,这次风力之大,降水之猛是罕见的,而渔民没死一人,渔船基本无损失,广大渔民是不会忘记你们的。"

漳州市市长在6号台风表彰大会上讲:"气象台这次6号台风报得准,减少了损失,历史上影响漳州的三次强台风,这次损失是最小的。1983年7月25日的台风漳州死亡106人,这次只有12人,漳浦县的几万亩对虾保住了,非常感谢大家。"

(46)199009号"塔莎"台风:9~10级大风,阵风11级,过程雨量在300 mm以上,其中以永春的577 mm为最大,南安的534 mm次之,市区防洪堤一度相当紧张。暴雨过程时间长,降水量大,强度强,因此不可避免地造成了灾害损失。

199015号台风(中央台编号9009)"塔莎(Tasha)",7月21日14时生成于北纬13度、东经130度,在该台风生命期间,其最大风速35 m/s,最低气压970 hPa。7月31日4时左右在广东海丰—陆丰沿海登陆,登陆时风力10~11级,阵风12级,受台风影响29—31日中南部沿海先后有9~10级大风,阵风11级,东山、漳浦、诏安先后都出现最大平均风速26~27 m/s的东北大风,东山出现32 m/s的阵风。

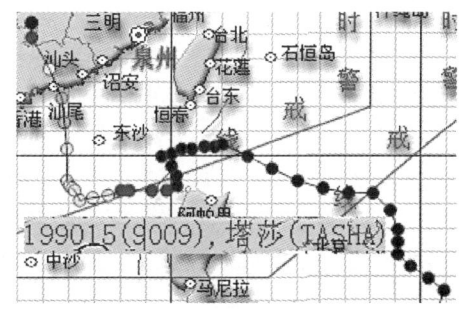

全省降水情况:同时南部地区从29日起受台风外围云带影响开始下雨,30日上午出现暴雨,暴雨区向东北方向扩展,过程雨量泉州、漳州两市大部分县市在300 mm以上,福州、龙岩、宁德三市大部分在100~200 mm,局部超过300 mm。全省过程雨量大于500 mm的有2个站,大于400 mm的有6个站,大于300 mm的有20个站,大于200 mm的有30个站,大于100 mm的有44个站,其中以永春的577 mm为最大,南安的534 mm次之。

全省受影响情况:由于此次台风引起暴雨过程时间长,降水量大,强度强,因此不可避免地造成了灾害损失,全省死亡69人,受伤58人,直接损失约3亿元。受灾301万人,受淹农田203万亩,损失粮食0.04亿千克,房子倒塌约1万间。

9号台风的暴雨强度、范围都比较突出,洪涝面积和6号台风相当,但损失较小,这主要是该台风来临之际,正是早稻收割完毕,晚稻插秧正面临干旱缺水之时,所以不仅影响小,而且对解除前期高温少雨造成的夏旱及增加水库容量为日后抗旱起了积极的作用。此外气象台及时、准确的预报,有关领导单位及时部署防洪抗灾,也减少了损失。

(47)199012号"杨希"台风:三次进出我省,百年怪异台风路径记录,在福建持续时间(停留65个小时)之久,也是少有的。18日、19日6~8级,19日夜起连续三天大雨或暴雨,过程雨量132~261 mm,又恰逢天文大潮期,沿海各地市普遍受灾。

199018号台风(中央台编号9012)"杨希(Yancy)",8月11日08时生成于北纬9.1度、东经155.1度,在该台风生命期间,其最大风速45 m/s,最低气压955 hPa。9012号台风8月19日11时在台湾省基隆附近沿海登陆,登陆时中心最大风速45 m/s,风力12级以上,其后穿过台湾进入台湾海峡北部沿海,并缓慢向北偏西方向移动,于半夜后折向西方向移动,20日11时首次在我省福清县沿海登陆,并减弱为热带风暴,登陆时中心气压975 hPa,风速24 m/s,风力9级、热带风暴登陆后向偏西南方向移动,途经莆田、惠安、泉州、晋江,于21时从晋江入海,又向北偏东方向移动,于21日08时第二次在福建莆田沿海登陆,风速20 m/s,风力8级,登陆后热带风暴向偏北方向移入永泰,后又折向西南,于22日06时又从龙海县下海,并穿过金门岛于22日12时第三次在福建省晋江县沿海登陆,登陆时风力8级,风速20 m/s。

9012号台风路径之古怪,是我国近百年有台风路径记录以来所没有的,在国际有关地区登陆的热带气旋中也是非常罕见的,它在福建持续时间(停留65个小时)之久,也是少有的。我市沿海18日、19日6~8级。

全省降水情况:19 日夜起连续三天大雨或暴雨,过程雨量 132～261 mm,局部超过 400 mm。

全省受影响概况:全市受灾 78 万人,死亡 38 人(滑坡死亡 33 人,淹死 4 人,触电死 1 人),直接经济损失 9400 万元。

全省影响情况:9012 号台风在福建沿海三进两出使我省遭受重大损失,首先是风灾,中、北部沿海从 17 日 11 时开始出现了 8 级以上大风,阵风 9～10 级,19

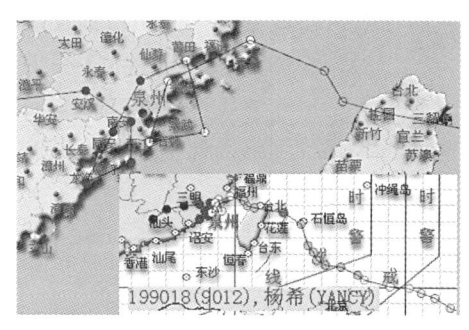

日夜里增大到 10 级,阵风 11～12 级,南部沿海最大风力 7～8 级,阵风 9 级。其次是水灾,自 19 日下午开始,全省沿海开始下暴雨—特大暴雨,17 日 08 时—24 日 08 时过程雨量宁德、福州两地市及三明市东部、泉州市西北部、漳州市东部、龙岩市东部降水在 200～400 mm,局部超过 500 mm,其余地市在 50～200 mm。其中以德化九仙山 557 mm 为最大。由于这次台风来势猛、强度大、范围广、路径复杂,在我省停滞时间长,又恰逢天文大潮期和风暴潮共同影响,造成了山洪暴发,海潮顶托,江河泛滥,沿海各地市普遍受灾。全省损失 9 亿多元,55 个县市 456 个乡镇 399 万人受灾,农田受淹约 260 万亩,损失粮食 1.5 亿公斤,房子倒塌 4.5 万间,死亡 160 多人。该台风不仅暴雨范围广,时间长,而且是在前期雨水较多(指沿海地区)的情况下登陆的,合成作用造成沿海 48 个大中型水库有 32 个溢洪,加重了洪涝灾害。

• (48)199018 号"黛特"台风:登陆回旋,危害最大,平均风力达 8～10 级,阵风 11～12 级,9 月 8 日 17 时在晋江沿海登陆,登陆时风速 25 m/s,是该年危害最大的台风,在前几个台风创伤还未治愈,水利设施伤痕累累,防洪能力差的情形下来临,兼之风雨交加,损失严重。

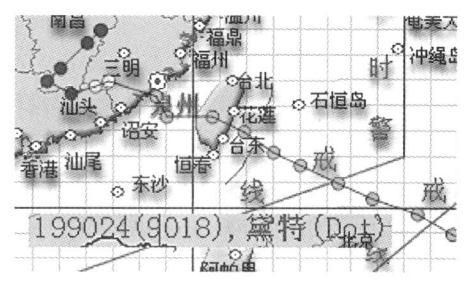

199024 号台风(中央台编号 9018)"黛特(Dot)",9 月 3 日 08 时生成于北纬 17.2 度、东经 142.8 度,在该台风生命期间,其最大风速 40 m/s,最低气压 960 hPa。7 日 22 时在台湾新港附近沿海登陆,登陆时风速 35 m/s,风力 12 级以上,8 日 02 时进入台湾海峡后分裂成两个中心,北面的中心位于澎湖列岛以北,南面的副中心发展成台风,于 8 日 17 时在晋江沿海登陆,登陆时风速 25 m/s。

受 18 号台风袭击,我省沿海 6 日傍晚开始出现东北大风,至 8 日达到最大,以台山 8 日 20 时平均风速 31 m/s,阵风 33 m/s 为最大,平潭海洋站阵风达 36 m/s,沿海各地市的内陆县市也出现了东北大风,平均风力达 8～10 级,阵风 11～12 级,其中极大风速超过 10 级的就有 11 个县,长乐平均风速达 26 m/s,阵风 33 m/s,福州平均风速 22 m/s,阵风 39 m/s。

全省降水情况:大风的同时也伴随着大暴雨,7 日上午北部沿海开始下大—暴雨,过程总雨量全省大于 100 mm 的有 51 个站,大于 200 mm 的有 32 个站,大于 300 mm 的有 13 个站,大于 400 mm 的有 3 个站,大于 500 mm 的有 1 个站。

全省受影响情况:18 号台风是全年危害最大的台风,在前几个台风创伤还未治愈、水利设施伤痕累累、防洪能力差的情形下来临,兼之风雨交加,全省损失约 16 亿元。54 个县市 532 个乡镇受灾严重,受灾人口 619 万,农田受淹 320 万亩,倒塌房子 4.6 万间,死亡 116 人,省内 8 条主要江河都出现洪水,30 座大、中型水库溢洪,许多海堤决口,毁坏通讯电杆 6319 根,计

541 km,冲毁渠道 1175 km,大小水电站 115 座。

福州灾情最为严重,12 级以上的阵风在十小时出现多次,百年大树连根拔起,高压线刮断,电话中断,自来水厂被淹,全市 90% 以上的市区停电、停水,80% 以上工厂停工达 3 天以上,其经济损失是历年最严重的一次。

(49)199216 号"宝莉"台风:严重风暴潮,恰逢农历 8 月天文大潮,9216 号强热带风暴是本年度危害最大的热带气旋,也是本年内第二大自然灾害。

199217 号台风(中央台编号 9216)"宝莉(Polly)",8 月 27 日 2 时生成于北纬 20.2 度、东经128 度,在该台风生命期间,其最大风速 35 m/s,最低气压 975 hPa。它于 8 月 27 日 14 时在台湾花莲港以东洋面生成,31 日 06 时在我省长乐县江田乡登陆,登陆时风速 20 m/s。

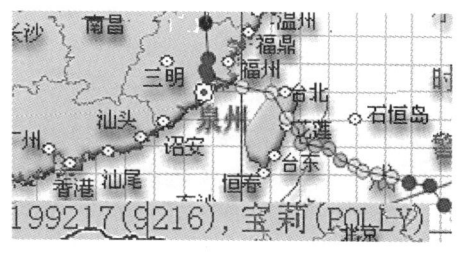

该台风给我市带来大量的雨水缓解了夏旱,泉州内涝不严重,但却诱发了严重的风暴潮,崇武潮位 8.49 m,是新中国成立以来第二个高值。全市 6 县区 31 个乡镇 50 多万人受灾。海堤决口 3190 m,粮食作物受淹 1.7 万亩,损失产量 7000 吨,原盐损失约 9000 吨,对虾塘受淹 1200 亩,房屋受淹 2437 幢,全市经济损失 9000 多万元。

全省降水情况:8 月 29 日—9 月 1 日全省有 37 个县市下暴雨,其中 13 个县下大暴雨。福州和宁德两地市普降大暴雨,柘荣县 31 日雨量多达 240.7 mm。该风暴来临时,恰逢农历 8 月天文大潮,诱发了严重的风暴潮,大大加重了沿海地区的灾情。

全省受影响情况:受台风影响,有 37 个县 334 万人受灾,25 个县城受淹。农作物受灾 139 万亩,成灾 71 万亩,绝收 15 万亩,减产粮食 3.26 万吨,损失粮食 1.4 万吨,农林牧副渔损失 5.37 亿元,71 家工矿企业全面停产,受危害的企业远远多于 7 月 4—8 日洪涝影响的企业数,部分停产的企业有 246 家,房屋倒塌 2.88 万间,死亡 12 人,全省经济损失达 9.15 亿元。其中福州和宁德两地市的灾情最为严重。

来自"自然灾害学报",5(2),1995,"全球变暖影响下中国自然灾害的发展趋势",施雅风:1992 年 8 月 29 日—9 月 1 日,南起福建北至河北的台风风暴潮,直接经济损失达 92 亿元。

• (50)199406 号"提姆"台风:正面登陆与双台风影响,风雨潮共同影响。

199406 号台风(中央台编号 9406)"提姆(Tim)",7 月 7 日 08 时生成于北纬 12.8 度、东经 131.6 度,在该台风生命期间,其最大风速 55 m/s,最低气压 935 hPa。1994 年 7 月 11 日登陆福建晋江。

受该台风和 9407 号"万尼莎"风暴 11 日也减弱成低压并尾随北上的共同影响,使强降水时间延长,全市连日暴雨和沿海 10～11 级大风,沿海 60 多万亩水稻掉粒 2 成半,损失 3250 万千克,32 万亩果树掉果或毁树,损失 1250 多万千克,电力设施损失 200 万元,惠安渔船受损 152 艘,直接经济损失 2 亿元。全省有 32 个县市出现大于 8 级的阵风,局部阵风达 12 级以上,此时正逢农历六月初三,沿海潮水位普遍超

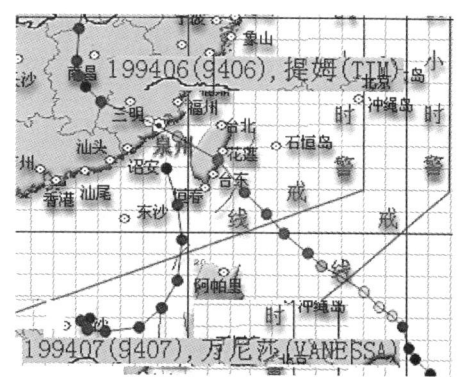

警戒线 0.2～0.5 m。由于该台风曾在台湾附近作第一次登陆、其降水云团减弱比较明显，而且由于移速快，降水持续时间比较短。

全省降水情况：9407号风暴11日也减弱成低压并尾随6号台风北上影响，使强降水时间延长，据统计，过程雨量（10日08时—12日08时），超过100 mm的有22个县市，超过50 mm的有38个县市，其中以柘荣的373 mm为最大，周宁的257 mm次之，过程中有8个县市出现连日暴雨，特别是柘荣出现连日大暴雨，总大暴雨日数有6天，一日最大雨量为7月10日柘荣的199.0 mm。

全省受影响情况：这两次台风共同作用使沿海5地市受到严重破坏，全省有39个县(市)，305个乡镇，3855个自然村，423万人受灾，死亡3人，受淹农田13.77万公顷，成灾农田5.5万公顷，全省直接经济损超过15亿元。

(51)199413号"凯特琳"台风：全市过程雨量122～301 mm，4日永春的201.2 mm，风力8～9级，9413号热带风暴的特点是从形成到登陆前后不到1天，台风在快速地移动过程中逐渐加强，于8月3日在台湾省台东登陆，8月4日再次登陆我省龙海县。

199415号台风（中央台编号9413）"凯特琳(Caitlin)"，8月1日08时生成于北纬18.9度、东经129.5度，在该台风生命期间，其最大风速25 m/s，最低气压985 hPa。1994年8月4日登陆福建厦门。

全省降水情况：受台风影响，全省沿海风力8～9级，局部阵风达11级，受其袭击，除南平、三明降水不大外，其余地市均下了大到暴雨，其中暴雨日数达49站次，大暴雨日数为14站次，日最大雨量为4日永春的201.2 mm，有13个县市降了连续2～3天的暴雨—大暴雨。过程雨量超过100 mm的有28个县市，200 mm以上有12个县市，以永春377 mm为最大。

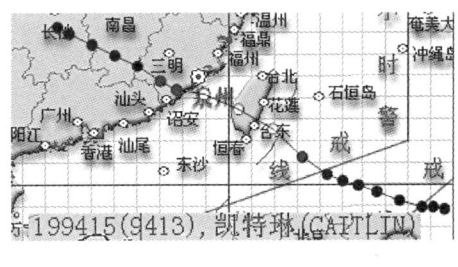

全省受影响情况：九龙江和晋江分别出现洪水，漳厦铁路出现局部塌方，其中诏安县受灾较重，房倒死1人，经济损失4704万元。

(52)199436号"艾舍尔"台风：受影响一般。历史上最晚影响我市台风。

199438号台风（中央台编号9436）"艾舍尔(Axel)"，12月16日02时生成于北纬7度、东经147度；在该台风生命期间，其最大风速50 m/s，最低气压945 hPa。

12月25日，9436号热带风暴外围云系影响，全市大雨，局部暴雨。

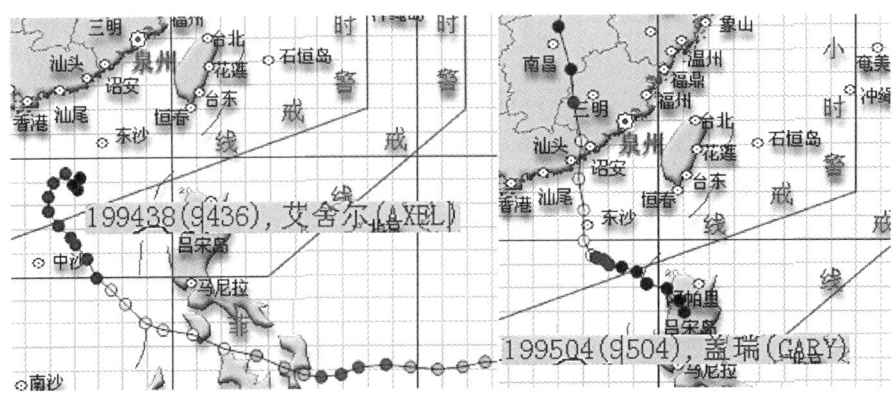

(53)199504号"盖瑞"台风:风雨严重影响。

199504号台风(中央台编号9504)"盖瑞(Gary)",7月27日20时生成于北纬17度、东经121度,在该台风生命期间,其最大风速30 m/s,最低气压980 hPa。1995年7月31日登陆广东饶平。

泉州受影响情况:崇武以南沿海风力9～10级,阵风12级以上。与南海北上云团结合影响(实际上,本过程后半段的降水主要南海云团北上所引起,但因与台风影响时间上难以分割,故归为台风降水),全市7月30日—8月4日连续性暴雨和大暴雨,过程雨量134～283 mm,8月1日15时,顺济桥最高洪峰水位7.58 m,超警戒水位1.08 m。全市57万人受灾,死亡2人,损失9497万元。

全省降水情况:漳州、泉州、龙岩、福州四地(市)出现暴雨,过程雨量(7月30日08时—8月3日08时)≥50 mm的有55个站,≥100 mm的有28个站,≥200 mm的有10个站,≥300 mm的有2个站,以诏安382 mm为最大,24小时雨量以云霄172 mm为最大,强降水主要集中在7月31日—8月1日,全省27个县(市)日雨量超过50 mm,15个县(市)超过100 mm。

全省受影响情况:受强热带风暴袭击,漳州、龙岩两地市出现灾情。漳州沿海五县和芗城区受灾最严重,4个内陆山区也有不同程度损失。

• (54)9607号"葛乐礼"台风:风雨灾中等偏重。

泉州受影响情况:共损失3000多万元,供电线路倒杆中断,4条线路停电53小时。

199608号台风(中央台编号9607)"葛乐礼(Gloria)",7月21日14时生成于北纬11.8度、东经132.2度,在该台风生命期间,其最大风速40 m/s,最低气压965 hPa。27日04时在我省晋江市沿海登陆,登陆时近中心风力8级,风速20 m/s,登陆后中心继续向西北方向移动,经南安、安溪等地进入三明市减弱为低气压。

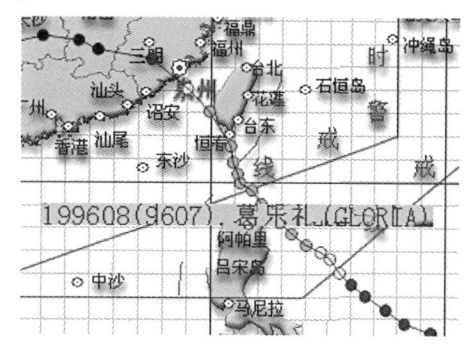

26—27日泉州市沿海阵风9～10级,内陆阵风7～9级,27—29日全市大雨—暴雨,过程雨量39～164 mm,山区27—28日连续性暴雨。

全省受灾情况:全省沿海从25日起受台风外围影响,出现7～9级的东北大风,并出现阵雨,27日中南部沿海大部分县市有7～9级大风,福州市区出现24 m/s的大风,平潭海洋站出现30 m/s的大风。台风登陆后,全省20个站次降暴雨,2个站次降大暴雨,以龙海196.0毫米为最大。过程雨量(25日08时—29日08时)≥50 mm的有35个站,≥100 mm的有10个站,≥200 mm的有1个站,以龙海278 mm为最大。由于上半年降水偏少,旱情时隐时现,再加上天气晴热少雨,7号台风的来临,带来了丰沛的降水,沿海地区的旱情得到缓解,增加了水库库容,但也造成一些损失。由于省委、省政府高度重视,防御工作做的及时、扎实,使灾害造成的损失降至最低程度。因此该台风总的来看利多弊少。

1996年7月,台风"Gloria葛乐礼"袭击菲律宾,造成20人死亡,6人失踪。

该台风所造成的影响主要是结合了9608台风的共同影响,使灾情进一步加重。详见9608的灾情分析。

(55)9608 号"贺伯"台风:泉州百年一遇大潮:

199609 号台风(中央台编号 9608)"贺伯 Herb",7 月 23 日 08 时生成于北纬 15.5 度、东经 154 度,在该台风生命期间,其最大风速 55 m/s,最低气压 935 hPa。7 月 31 日 21 时 30 分,先在台湾北部基隆市沿海登陆,8 月 1 日 10 时 30 分左右又在福清市高山镇再次登陆,登陆时近中心最大风力 12 级。

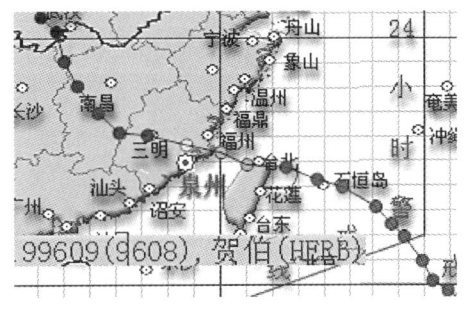

我市 7～9 级大风,8 月 1—2 日暴雨,过程雨量 120～234 mm,2 日,顺济桥最高水位 7.6 m,超警戒线 1.1 m,因恰逢天文大潮而引发风暴潮,沿海最高潮位超历史最高潮位 30 cm,相当于百年一遇。在该台风生命期间,其最大风速 55 m/s,最低气压 935 hPa。

灾害综述:

1996 年是台风影响较重年份,分别是登陆围头的 9607 号、登陆福清的 9608 号和 9610 号热带低压。对 9607 号台风的防范措施主要是前期防风、后期防汛和蓄水。

泉州受灾情况:全市死亡 21 人,9 个县(区、市)、100 多个乡镇、80 多万人受灾,241 处海堤被毁坏 12439 m,缺或决堤 92 处 3760 m,仅此一项就损失 2.5 亿元;受灾农作物 13 万亩,鱼虾池被冲毁 2372 亩,冲走 25 艘船只(1996 年中国海洋灾害公告),直接经济损失 6.6 亿元。

山美过程雨量 240 mm,进库最大洪峰 2790 m^3/s。

由于台风登陆时遇天文大潮,沿海一线遭受巨大风暴潮袭击,泉州市遭遇新中国成立以来最严重的风暴潮,海堤决口,7 个潮位站中有 3 个超历史最高潮位,4 个接近历史最高潮位。

全省降水情况:登陆前一天起,我省沿海地区有 18 个县市出现 12 级大风,福州、连江、平潭、霞浦等地风力都在 11 级以上,连江县的北茭最大风速达 34 m/s,由于台风登陆后,在我省滞留时间较长,带来了大范围的暴雨和大暴雨。全省 32 站次降暴雨,16 个站次降大暴雨,7 个站次降特大暴雨,其中柘荣日雨量多达 345 mm,为全省之冠,6 小时最大降雨量同安 192 mm、云霄 142 mm、漳浦 108 mm,三小时最大雨量云霄 120 mm、龙海 105 mm、东山 101 mm。过程雨量(7 月 31 日 08 时—8 月 3 日 08 时)≥100 mm 的有 48 个站,≥200 mm 的有 20 个站,≥300 mm 的有 2 个站,以柘荣县 404 mm 为最大,罗源 327 mm 次之。

全省受灾情况:由于暴雨集中,闽江、晋江、九龙江、鳌江、交溪、木兰溪等沿海河流相继发洪,福州、泉州、宁德、南安、安溪、平和等地都发生超警戒水位的洪水。由于台风登陆时遇天文大潮,沿海一线遭受巨大风暴潮袭击,泉州市遭遇新中国成立以来最严重的风暴潮,海堤决口,7 个潮位站中有 3 个超历史最高潮位,4 个接近历史最高潮位。在 7 号台风风雨影响尚未恢复,仅隔 5 天,8 号台风带着狂风暴雨、风暴潮,再度袭击我省,强降水造成山体滑坡,海堤决口,公路塌方,使农业、工业、渔业、盐业、交通、通讯等受到不同程度的影响,给人民生命财产造成严重损失。

据政府部门统计,受 7 号、8 号两次台风在短短 6 天(7 月 27 日—8 月 1 日)时间里连续两次带来的灾害性风暴潮袭击,全省有 52 个县(市)、448 个乡镇、908.46 万人不同程度受灾,死亡 55 人,受伤 2541 人,损坏房屋 25 万间,损坏船只 1414 只,农作物受灾 687 万亩,成灾 350 万亩,绝收 38.7 万亩;养殖损失 20.0 万亩,冲毁虾池鱼塘 12.6 万亩,冲毁海水养殖 2525.8 万亩;一些公共设施、学校遭受不同程度的破坏。

全省直接经济损失 46 亿元。

8 号台风期间,由于预报及时准确,省委省政府和各级有关部门迅速组织抗台救灾,李鹏总理亲自打电话询问我省防台抗台的工作,省委、省政府也多次召开紧急会议认真部署防台、抗台工作,有不少企事业单位避免和减轻了灾害造成的损失。如长乐国际机场、福州汽车厂、福州第一化工厂等,都反映及时采取了防抗台风的措施,大大减少了损失。

水口电厂,由于气象台的准确服务,及时做好蓄水准备,蓄水 6.8 亿立方米,发电 5879.6 亿度,缓解了全省 8 月份的用电紧张。蓄水量可发电 2 亿度,创造价值 6.6 千万元。

其他省市受灾情况:

浙江省有 38 个县(市)受灾,受灾乡镇 570 个、行政村 10197 个,受灾人口达 742 万人,死亡 67 人,民房倒塌 1.55 万间,直接经济损失 33.5 亿元。

上海市和江苏省受 8 号台风风暴潮影响,沿海普遍有 50～100 cm 的增水,又恰逢天文大潮期,加上长江上中游洪水下泄的影响,长江口、黄浦江下游段部分站出现接近和超过历史纪录的高潮位。

江苏省灾情较重,据统计,受灾人口 23 万人,死亡 2 人,堤防决口 11 处 1.17 km,漫堤 39 处 83.9 km,损失淡水养殖 1.41 万吨,正在施工的响水县工地大批材料被海水吞没,直接经济损失 4.36 亿元。

(56)199719 号"卡丝"台风:影响一般

199719 号台风"卡丝(Cass)",8 月 27 日 14 时生成于北纬 18.5 度、东经 114.1 度,生成时的中心风速 12 m/s,中心气压 1004 百帕;在该台风生命期间,其最大风速 20 m/s,最低气压 992 hPa。1997 年 8 月 30 日登陆福建晋江。

泉州受影响情况:热带低压"Cass 卡丝",登陆福建晋江,尾随 9714 号安珀台风(8 月 29 日登陆福建福清,该台风对我市影响小),以热带云团形式参与影响。

(57)9810 号"芭比丝"台风:本次台风出现较晚,历史罕见,且创下秋季影响最强的历史台风。路径难测,日雨量创秋台历史之最。

199816 号"芭比丝"台风(中央台编号 9810),10 月 17 日 08 时生成于北纬 11.2 度、东经 132 度,在该台风生命期间,其最大风速 50 m/s,最低气压 940 hPa。

该台风强度强,外围云系庞大,又与冷空气共同影响,23 日我市沿海 9 级,27 日全市暴雨,南安 274 mm,10 月 25—28 日连续 4 天的降水中,过程雨量 125～445 mm,直接经济损失 8320 万元,但水库多蓄水 1 亿多立方米。10 月 25—27 日在台湾海峡减弱并消失

全省降水情况:该台风是进入九十年代以来影响厦门最强的一次,且创下秋季影响厦门最强的历史台风。

受 10 号热带风暴的影响,闽南地区的厦、漳、泉等地普降大到暴雨,省内其余地区也降了中到大雨,25—28 日有 30 个县(市)过程雨量超过 100 mm,12 个县(市)超过 200 mm,5 个县(市)在 300 mm 以上。日降水量大于 100 mm 的有 14 个县市,以南安的 274 mm 为最大。

该台风对厦门影响的时间长、强度强,出现连续 5 天降水(两天 100 mm)和 4 天的大风天气,过程雨量 346 mm,27 日雨量 200 mm,创 1892 年以来 106 年间有气象记录中十月最大日降水量的新纪录。

全省 23 日下午起沿海风力不断加大,南部沿海风力达到 10～12 级,阵风 12 级以上,北部沿海风力也有 9～10 级,其中东山县连续数小时出现阵风 40 m/s 以上的大风,厦门市也出现

了 26 m/s 的大风。

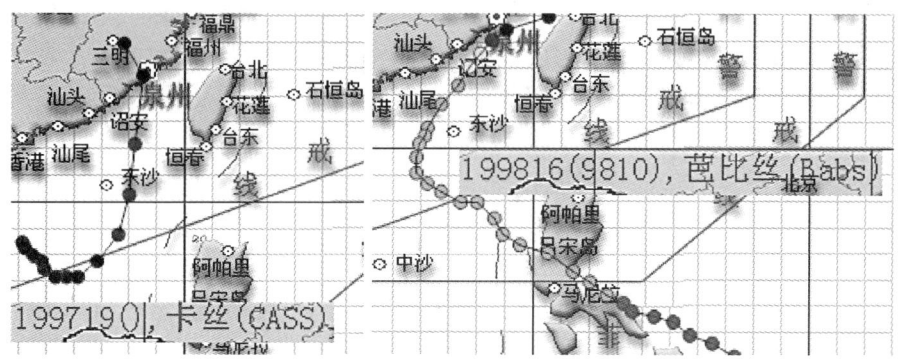

全省受灾情况：此次热带风暴给闽南地区造成了较大损失，其中漳州各县损失最大，全市死亡 5 人，水稻严重受损 34.06 万亩，其他经济作物受损 32 万多亩，荔枝倒折 15.04 万株，龙眼倒折 14.7 万株，花卉、水产养殖等损失惨重，水利、交通设施也受损严重，直接经济损失 7.15 亿元。

(58)199902 雷欧台风：受影响一般。"雷欧"台风是历史上影响我市最早的台风。

1999 年 4 月 27 日 08 时生成于北纬 13.7 度、东经 113.1 度，在该台风生命期间，其最大风速 35 m/s，最低气压 970 hPa。1999 年 5 月 2 日在广东惠东近海减弱为低气压。

泉州受影响情况：受影响一般，中—大雨，该台风 4 月 29 日开始影响，是历史上影响我市最早的台风，受其外围影响，我市沿海阵风 8～9 级，过程雨量 20～82 mm，缓解旱情，有利无弊。

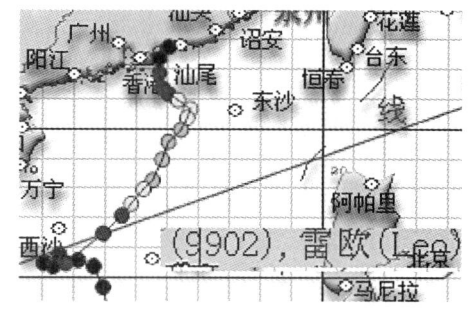

受台风外围及冷空气的共同影响，从 4 月 30 日起，我省普降小—中雨，闽南地区大部分县市降中—大雨，漳州地区的云霄、漳浦两县及南平的松溪、宁德的寿宁、屏南等县降暴雨。闽东北大部分县市过程雨量超过 50 mm，漳州、厦门地区除同安外，过程雨量都在 50 mm 以上，以漳浦的 102.3 mm 为最大。此台风未造成灾害。

(59)9903 号"麦杰"台风：是历史上最早登陆我国的台风之一。

风力达 8～9 级以上，过程雨量全市 32～146 mm。日本欧洲预报误差大。

9903 号"麦杰"台风（序号 199904）6 月 2 日在菲律宾以东洋面上生成，于 6 月 6 日 22 时在广东省惠来登陆，登陆时最大风力达 12 级，在该台风生命期间，其最大风速 40 m/s，最低气压 960 hPa。

泉州受影响情况：5 日泉州海上 7～8 级大风，6 日 8～9 级，阵风 10 级，3—9 日全市普降暴雨，市区 7 日 10—11 时的 1 小时雨量 57 mm，过程雨量全市 32～146 mm。

我省平潭以南沿海风力达 8～9 级以上，漳州市沿海风力达 11 级，阵风 12 级，东山站风速达 35 m/s。

全省降水情况：受台风外围云系影响，7 日凌晨开始，南部各地市普降大—暴雨，局部大暴雨，从 6 日 08 时—9 日 08 时，过程雨量全省有 23 个县(市)超过 50 mm，12 个县(市)超过

100 mm,主要集中在漳州、泉州两市,以安溪的 145 mm 为最大。

全省受灾情况:漳州市受灾颇重,全市农作物受灾面积 11.47 万亩,水果 1.57 万亩,水利设施毁坏 231 处,公路受损 25.72 千米,直接经济损失达 1.97 亿元。

由于本次台风过程我市气象台预报准确,及时、主动服务,各级领导重视,重点加强水利工程等基础设施的巡护,民政、邮电、电业、交通部门也组织地门力量确保通讯、供电、道路畅通,台风来临之前,所有大小渔船安全进港避风,使得损失减少到最低限度。

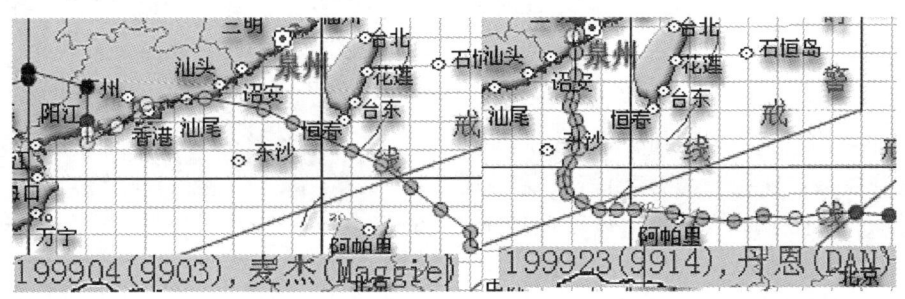

(60)9914 号"丹恩"台风:泉州受影响情况:风雨潮,严重,崇武 24 小时降水量达 501 mm。
199923 号台风(中央台编号 9914)"丹恩(Dan)",10 月 3 日 02 时生成于北纬 17 度,东经 131.5 度,在该台风生命期间,其最大风速 40 m/s,最低气压 965 hPa,10 月 9 日 10 时在我省漳州的龙海市港尾镇登陆,登陆时风力达 12 级,风速 33 m/s。台风登陆后缓慢自南向东北方向扫过厦门及泉州市,最后减弱为低气压在省内消失。

9914 号台风是今年登陆及影响我省最强的一个台风,也是近 40 年来登陆我省,造成风雨影响最大的台风,同时还是历史上第二个登陆最晚的台风。本次台风登陆时间晚,路径复杂,给厦门、漳州、泉州、莆田及福州五地市造成了重大的损失。全省经济损失 75.1 亿元。此次台风的特点是:

①风力大。台风登陆时风力达 12 级,由于移动慢,减弱慢,造成我省中南部沿海地区持续出现 12 级以上的强风。阵风超过 40 m/s 的有三个县市(东山、厦门、同安)。厦门沿海风力达 11~12 级,其中市区最大风速达 47.1 m/s,是 40 年来我省出现的最大风速,且 12 级以上的阵风持续 5~6 小时,为历史罕见。漳州市沿海也普遍出现 12 级以上持续大风,东山、龙海、长泰等县市风速分别达 40 m/s、35 m/s 和 34 m/s,泉州市风力也达 10~12 级。中北部沿海县市风力达到 8 级。

②暴雨强度大,降水时间集中。降水主要集中在沿海地市,特别是中南部沿海地区,日降水量有 27 个站≥50 mm,12 个站≥100 mm,3 个站≥200 mm,其中崇武 24 小时降水量达 501 mm,为我省日降水量的最高纪录。而整个过程雨量(8 日 08 时—10 日 08 时)≥50 mm 的有 28 个站,≥100 mm 的有 14 个站,≥200 mm 的有 6 个站。台风扫过的地区依次出现 3 个强降水中心,先是位于登陆地漳州龙海,其次位于泉州市安溪,最后减弱消失于莆田市。

③损失惨重。全省有六地市,41 个县市 705.15 万人受灾,死亡 55 人,失踪 17 人。由于适逢天文大潮,潮位高,水排不出去,致使 7 个城市受淹,倒塌房屋 21.45 万间。

厦门市公园、街道上的树木 90% 以上被连根拔起或是拦腰折断;90% 以上广告牌及公交候车廊被刮倒,香蕉全部被毁,厦门及晋江机场分别关闭 15 和 25 小时,泉厦、厦漳高速公路关闭。全省损坏水库 156 座,堤防 281.09 km,堤防决口 18.59 km。

•(61)200010号"碧利斯"台风(序号200014):风雨特严重。石狮站观测到40 m/s的瞬间风速,影响长达6天(8月22—27日),各地出现2~3天的连续性暴雨,晋江出现日降水量189 mm,全市过程降水量达217~391 mm。

10号台风"碧利斯"于8月19日14时在菲律宾以东洋面生成,而后向西北方向移动,22晚22时30分在台东登陆,之后进入台湾海峡。23日10时30分在晋江围头登陆,正面袭击我市,登陆时中心最大风力达38 m/s,后在龙岩市减弱为热带风暴。在该台风生命期间,其最大风速55 m/s,最低气压930 hPa。泉州市实验小学门口百年老榕树被连根拔起。

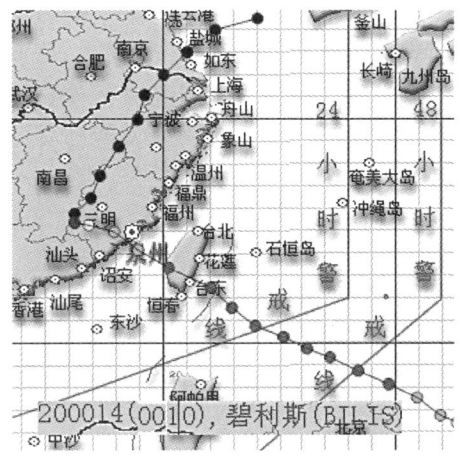

受其影响,22日下午,我市沿海开始出现阵风9级的偏北大风,之后,风力逐渐增强,23日01时35分左右,石狮站观测到40 m/s的瞬间风速。22日20时起,全市开始出现降水,特别是台风登陆后,降水量猛增。10号台风对我市的影响长达6天(8月22—27日),各地出现2~3天的连续性暴雨,晋江出现日降水量189 mm,全市过程降水量达217~391 mm。

全省降水情况:受"碧利斯"的正面袭击,8月22日10时起,我省中部沿海出现大风,部分县市最大风速达10~11级,局部县市达12级。崇武偏东阵风达20 m/s,晋江、东山、厦门、平潭等地也先后出现20~23 m/s的大风。22日4时福州市出现了34.4 m/s的大风。同时沿海各地和内陆地市的部分县市出现暴雨和大暴雨,23—27日过程雨量≥100 mm的有52个县市;其中≥200 mm的有23个县市;≥300 mm的有6个县市;福清最多达412 mm,日雨量以柘荣的239 mm为最大。

全省受灾情况:全省大部分县市都有不同程度的灾情,以泉州、福州、龙岩等地受灾为重。全省共有309.3万人受灾,25人死亡,13人失踪,直接经济损失总计24亿元。

泉州受灾人口60万,造成16人死亡,失踪3人,直接经济损失12.14亿元,其中水利设施损失2.63亿元,工业、交通运输2.92亿元,农林牧渔业5.16亿元;

这次台风过程,省气象台准确地预报了台风移动方向、登陆时间、地点及风雨影响情况,提前4天发布消息,提前45个小时预报"碧利斯"将正面登陆我省。由于预报准确,服务及时,为省领导和各级政府组织防台、抗台提供了准确的气象保障,各部门各单位准备充分,使台风造成的损失减到最低程度,得到了有关领导的好评。

碧利斯在台湾造成严重破坏,并创下台湾最高风速、阵风及气压纪录(分别为52 m/s、78 m/s及931 hPa)。

(62)0020"象神"台风:台湾重灾。

2000年10月26日08时生成于北纬9.8度、东经133.5度,在该台风生命期间,其最大风速40 m/s,最低气压965 hPa。

泉州受影响情况:10月底,受影响一般。0020号台风"象神"给我市沿海带来8~9级的大风,全市范围无降水,经济损失小而无统计。

福建北部,浙江东部,上海南部降水总量10~50 mm,其中浙江东南部降水总量50~

100 mm,降水日数均为1～2天。福建部分,浙江沿海最大风力6～8级,阵风8～10级。浙江大陈岛111 mm(2天,浙江大陈岛＞27 m/s)。

"象神"台风10月31日晚间肆虐台湾,总计在台风离台前期间的损失:民航局统计企图在"象神"台风夜起飞的新加坡航空SQ006班机空难事件中,至少已造成79人死亡;台湾中央防灾中心统计"象神"风灾则直接造成28人死亡,10人失踪,另外瑞芳侯硐九重桥17人遭活埋。累计全台死亡人数共115人,失踪人数为19人。

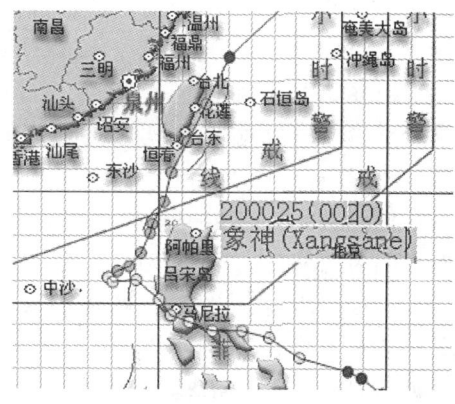

(63)200102号"飞燕"台风:泉州受影响情况:受影响一般。台风环流范围虽小威力大,致全省特别是闽东北有22个县市246个乡镇342万人受灾,房屋倒塌1.25万间,死亡103人,失踪113人,直接经济损失40多亿。其中渔船损坏沉没7182艘,网箱毁坏133125个,养殖业损失20.64亿元。农作物受灾面积140.4万亩,成灾面积51万亩,大牲畜死亡8200头,经济损失6.7亿元。林业部门损失2.41亿元,其中沿海防护林受灾3.63万亩,各类花卉、苗木及厂房设施严重受损。莆田、福州、宁德三地市共17家企业受灾。福泉高速公路福州段总计损失106万元,罗长高速公路工地损失约200万元,其他公路塌方,交通标志损坏等,交通系统共损失5000万元。此后出现"宁可做好准备十次空,不可麻痹大意一次松"的著名口号。

2001年的2号台风"飞燕"(Chebi),在台湾海峡北上突袭福建中北部,官方死亡数字为122人,实际死亡人数可能远远不止。

0102热带风暴"飞燕"于6月20日14时在菲律宾以东洋面上生成。生成后稳定向西北方向移动,6月22日14时加强为台风。在该台风生命期间,其最大风速40 m/s,最低气压960 hPa。台风穿过巴士海峡后23日02时折向北偏北方向,穿过台湾海峡北上,23日20时15分在距崇武以东10～20 km海面擦过继续北上移动,22时20分在福清高山登陆。登陆后继续北上远离我市。

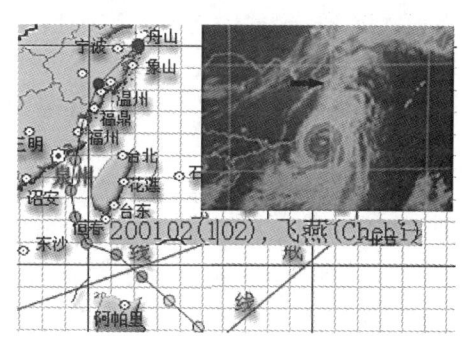

该台风有两个主要特点:

①前期路径稳定向西北方向移动,速度快,穿过巴士海峡后路径折向偏北方向,速度减慢。

②台风环流范围小,中心强度强,进入海峡后强度进一步加强,云图上在台湾海峡期间台风眼始终非常清晰。虽然如此强的台风与我市擦肩而过,但对我市的影响不大,仅崇武站23日19—21时出现8级阵风,24、25日我市山区出现大雨。

第2号台风"飞燕"于6月23日22时20分在福清市高山镇登陆,登陆时中心最大风力12级,风速34 m/s,福州、宁德、莆田市出现10～12级的大风,省会福州最大阵风为31.3 m/s,连江、福清最大阵风达到36 m/s,此次台风以风灾为主,同时福州、宁德两地的沿海县市出现暴雨—大暴雨,过程雨量≥50 mm的有13个县市,≥100 mm的有4个县市,日雨量以连江县的122 mm为最大。由于"飞燕"强度强、风力大,且正面袭击我省,给我省造成重大经济损失。

(64)200116号"百合"台风(序号200118):泉州受影响情况:受影响一般,7～8级,阵风9

级的东北大风,19—20日大部分县市出现暴雨。但从生成到消亡,共历时15天之久,其生命史之长,强度变化之大,路径之怪为历史罕见。

0116号热带风暴"百合"于9月6日14时在冲绳岛附近洋面上生成,由于当时环境流场弱,并与其东部的15号台风产生互旋,致使该风暴在生成地附近打转两圈,15日05时开始向西南方向移动,15日20时加强为台风,16日下半夜在台湾东北部登陆,登陆后仍缓慢向西南方向移动,并逐渐减弱为热带风暴,

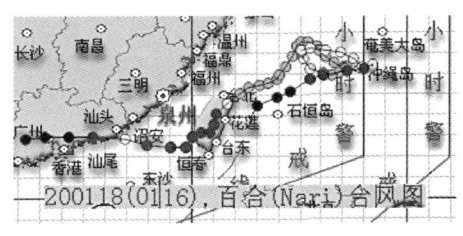

其中心在台湾滞留近50个小时后进入台湾海峡南部海面。19日凌晨"百合"减弱为低气压,并继续缓慢向西南偏西方向移动。20日02时再次加强为热带风暴,移向转向西北偏西,08时加强为强热带风暴,20日10时20分再次在广东省惠来登陆,于20日20时才减弱为低气压。从生成到消亡,共历时15天之久,其生命史之长,强度变化之大,路径之怪为历史罕见。在该台风生命期间,其最大风速40 m/s,最低气压960 hPa。

泉州风雨情况:受冷空气和"百合"外围共同影响,20日我市沿海出现7~8级,阵风9级的东北大风,19—20日大部分县市出现暴雨。南安20日雨量达92 mm,接近大暴雨。由于强降水集中在短时间内,局部地方出现短时的内涝,但没有灾情报告。

16号台风"百合"9月20日10时30分在广东省潮阳到惠来一带沿海登陆,登陆时近中心最大风力11级,风速30 m/s,登陆后向偏西方向移动,强度逐渐减弱,由于其范围小,对我省造成的影响不大。但在登陆之前的16日,台风靠近台湾省时,我省受其外围影响,马祖出现20 m/s的东北大风。同时受冷空气和台风的共同影响,18—21日沿海出现了东北大风,其中东山阵风27 m/s,中南部沿海地区出现了暴雨,过程雨量7个县市超过100 mm,以厦门216 mm为最大。

(65)200212号"北冕"台风(序号200215):泉州受影响情况:洪涝惨重。永春日降水量更是创下历史纪录。

0212号强热带风暴"北冕"属南海近海台风,8月3日,处于南海北部,还只是热带低压,稳定向偏西方向移动,8月4日05时加强为热带风暴,并正式编号。在经过4日02时—4日14时的12个小时的原地打摆后,折向偏北方向。5日02时加强为强热带风暴,5日06时15分在广东陆丰登陆,登陆后继续北上,5日14时在广东五华境内减弱为热带风暴后,擦过福建武平进入江西,5日23时减弱为热带低压。在该台风生命期间,其最大风速28 m/s,最低气压980 hPa。

此次强热带风暴虽然离我市较远,强度较弱,我市沿海只有出现8到9级的大风,但此次过程给泉州市带来大量降水,全市过程雨量达300~431 mm,永春日降水量更是创下历史纪录。全市有五个站点连续3天出现暴雨,由于长时间的强降水造成的洪涝灾害,给我市带来巨大损失。

据统计,截至9日08时,全市在此次洪涝灾害中,直接经济总损失共计7.2亿元,其中,农林牧渔业损失1.5亿元、工业及交通运输业损失1.9亿元、水利设施损失1.8亿元。灾害造成全市5人死亡、2人失踪,其中安溪县死2人;永春县死2人,失踪1人;洛江区死1人,失踪1人。全市有147个乡镇计48.11万人受灾。全市共倒塌房屋7839间,农作物受灾面积31.48万亩,其中水稻受灾17.6万亩,减收粮食2.05万吨,水产养殖损失2211吨;143家工矿企业

停产，铁路5处线路下沉或塌方，在距石砻2千米处，铁路连同路基被洪水冲走，一列途经此处的货车两节车厢颠覆，铁路中断运行4.5小时；三级以上公路中断22条次，毁坏铁路路基（面）0.8 km，毁坏公路路基（面）23.92 km。电力、通信、水利设施损坏严重。

此次强热带风暴有三个特点：

①前期路径稳定，在短暂原地摆动后忽然折向偏北方向，这种西行后忽然北折是南海台风典型的异常路径。

②此强热带风暴强度小，但影响时间长，强热带风暴减弱后的低压云系处于海上副热带高压和高原大陆高压之间的低气压区，持续的时间长。

③此次过程出现全市性暴雨。山区的大暴雨，使得山美水库出现建库以来的最大流量3027 m³/s，蓄水位从5日的88.68 m上涨到95.45 m，水位突增近7 m，超过汛限水位。

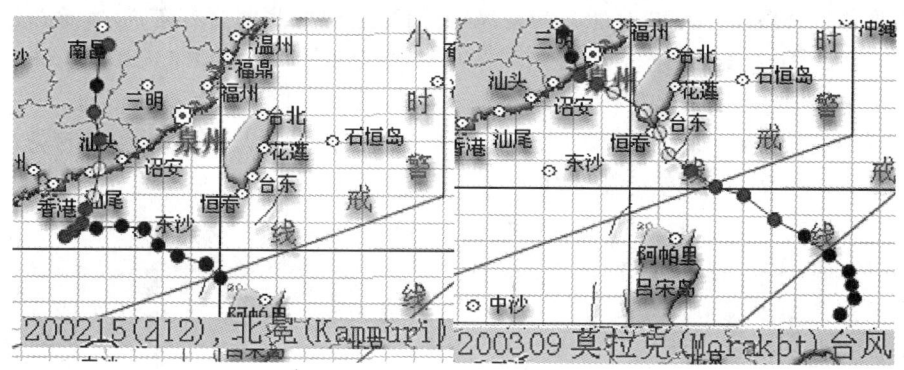

(66) 200309号"莫拉克"(Morakot)台风：泉州受影响情况：洪涝突出，我市出现创历史纪录的大范围降水，除崇武外，泉州七个站点出现大暴雨，晋江、南安、安溪出现特大暴雨，24小时雨量超历史记录，南安高达392 mm。

第9号强热带风暴"莫拉克"于8月2日17时正式编号，生成后缓慢地向西北偏西方向移动，强度逐渐增强，3日14时加强为强热带风暴，3日21时45分登陆台湾台东大武县，4日04时30分在台南将军附近进入台湾海峡，"莫拉克"行至海峡中部，距离我市沿海大约100 km时，崇武、晋江出现八级偏东大风；4日19时30分，在厦门（又称在晋江围头）登陆，并减弱为热带风暴，登陆后我市出现创历史纪录的大范围降水，除崇武外，泉州七个站点出现大暴雨，晋江、南安、安溪出现特大暴雨，24小时雨量超历史记录，南安高达392毫米。4日23时减弱为热带低压并停止编号。5日15时以后降水减弱，6日午后出现阵雨。

受强热带风暴"莫拉克"正面袭击,全市直接经济损失达2.3975亿元,南安市死亡1人,失踪2人。虽然"莫拉克"给我市工农业生产和人民群众生命财产造成一定程度的损失,但它带来丰沛的雨量,大大缓解我市持续的旱情。泉州浮桥垮塌。

此次强热带风暴有三个特点:

①结构小,七级风圈半径只有200 km。

②前期移动速度不稳定,最快时速度达每小时38 km,最慢每小时只有12 km。移向基本稳定;

③降水强度强。我市有3个站出现特大暴雨,日雨量创历史纪录。

(67)200313号"杜鹃"台风:泉州受影响情况:包括内陆的风灾、风暴潮严重。

第13号台风"杜鹃"(Dujuan)于8月30日02时生成,生成后向西北方向移动,30日08时加强为强热带风暴,31日08时加强为台风,此后稳定向西北偏西方向移动,穿过巴士海峡进入南海北部,9月2日19时50分登陆广东惠东,登陆时有12级以上大风(40 m/s)。此后再次登陆广东深圳、中山,3日02时减弱为热带风暴,3日14时减弱为热带低压。

2003年的13号强台风"杜鹃"(Dujuan),先后3次登陆广东,给我国华南地区造成重大灾害和财产损失。造成38人死亡,损失达20亿元。

受强台风影响,9月1日我市沿海浪高2~3 m,风力8级,阵风9~10级,风速26 m/s。9月2日安溪、南安、永春等地出现中到大雨过程。13号台风给我市带来的雨量并不多,但这次台风风力强、影响范围大,我市沿海部分地区遭受较为严重的灾害损失。全市因灾直接经济损失4660万元,死亡1人。

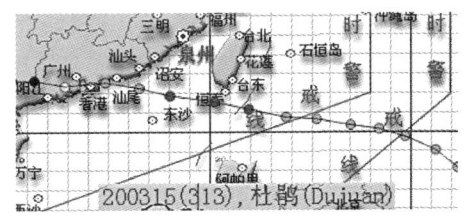

此次台风有三个特点:

①强度强,范围大,七级风圈半径达610 km。

②移动路径稳定,速度快。

③对我市的影响以大风为主,大部县市出现八级大风,永春、崇武、鲤城出现十级大风。

2003年,受"杜鹃"(0313号)台风的影响,崇武沿海出现最大增水达101 cm的风暴潮和台风大浪,台风及其引发的风暴潮、台风浪波及全市4个沿海县(市、区)21个乡、镇,受灾人数为1960人,有8处堤防、3处护岸、2座水闸损坏,直接经济损失4516万元。

(68)200414号强台风"云娜"(Rananim):

"云娜"台风登陆中国东南沿海,造成179人死亡,9人失踪,直接经济损失达181.28亿元。

2004年8月12—13日,第14号强台风"云娜"正面袭击浙江省。据中国气象局分析,这次台风是1956年以来登陆我国大陆强度最大的台风,具有风力强、降雨强度大、影响范围广、风暴增水高等特点,强降雨导致部分地区山洪暴发,发生滑坡、泥石流等灾害,使浙江10个市、75个县(市、区)、756个乡(镇)不同程度受灾,其中台州、温州两市和宁波市南部受灾最为严重。据统计,受灾人口1299万人,因灾死亡179,一

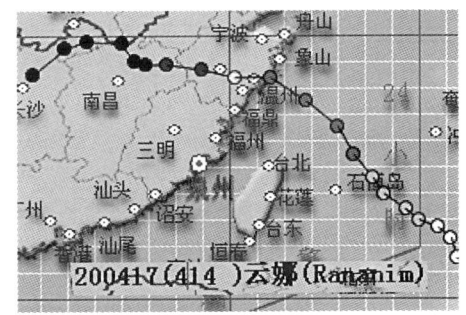

度被洪水围困 44.4 万人,紧急转移安置人口 46.8 万人;倒塌房屋 6.4 万间,损坏房屋 18.4 万间;因灾直接经济损失 181.3 亿元。

• (69)200418 号"艾利"台风:泉州受影响情况:风雨灾突出。

0418 号台风"艾利"20 日 08 时在菲律宾以东的西太平洋上生成,21 日 08 时加强为强热带风暴,21 日 20 时加强为台风,稳定向西北方向移动。24 日在台湾东北移速明显减慢,之后转为偏西方向移动,移速重新加快。25 日 16 时擦过平潭岛,之后沿着海岸线向西南偏西方向移动,21 时 30 分在石狮沿海登陆,此后仍沿着海岸线移动,又先后登陆漳州龙海、东山,进入广东,26 日 02 时减弱为强热带风暴,08 时减弱为热带风暴,20 时减弱为热带低压。

该台风对泉州的影响主要在风和降水两方面:

25 日下午到夜里我市大部分地区出现大风,晋江出现最大风力 30 m/s(11 级),过程降雨量达 80～130 mm,安溪达 232 mm。

台风降水分为三部分:

一部分为台风中心西南侧密闭云区的强降水,崇武站两个小时出现 48.8 mm 的降雨;

一部分为台风螺旋云带降雨;

还有一部分为台风减弱后的低压环流降雨。我市最大水库——山美水库水位升高 4 m,增蓄水 5 千万立方米。受灾情况:

全市 10 个县(市、区、管委会)89 个乡镇共 27 万多人遭受不同程度的灾害损失,无人员伤亡,直接经济损失达 1.69 亿元,其中水利设施损失 0.22 亿元,工业、交通运输业 0.52 亿元,农林牧渔业 0.59 亿元,城市公用设施 0.2 亿元。

台风特点:

①台风影响期间,大气环流处于调整中,而且在"艾利"东侧的太平洋上还有 0417 号台风"暹芭",这两个台风在后期形成双台风效应,受大气环流调整和双台风效应的影响,"艾利"的移动路径和移动速度较为复杂,路径出现西折南落。

②靠近福建海岸后,沿海岸线向西南偏西方向移动,并多次登陆。

③山区也出现大风。

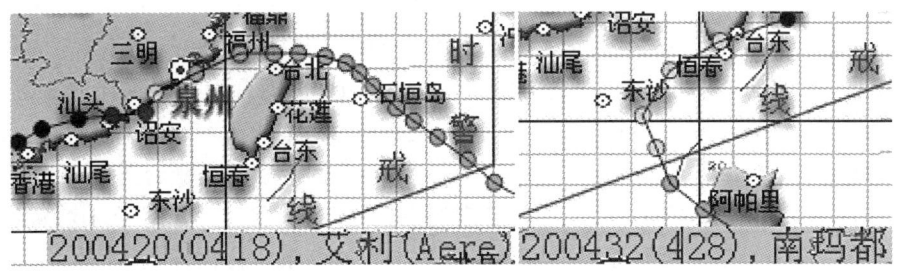

(70)200428 号"南玛都"台风:影响一般。历史上最晚影响我市的台风。

2004 年 11 月 29 日 08 时在西太平洋洋面上生成,11 月 30 日 20 时加强为台风,12 月 3 日 14 时减弱为强热带风暴。受其台风和冷空气共同影响,我市出现中雨,降水量在 13～21 mm 之间,沿海出现大风。

(71)200505 号"海棠"台风:遇 6 月天文大潮;山区大风。

"海棠"于 2005 年 7 月 12 日 08 时在西太平洋洋面上生成,生成后以较为稳定的速度向偏西方向移动,13日20时加强为强热带风暴,14日14时加强为台风。台风逼近台湾岛后,受地形和大气环流调整的影响,台风路径呈现出复杂多变的特征,在台湾东部沿海打了一个圈,于18日14时50分在台湾宜兰县沿海登陆,此后穿过台湾岛,强度有所减弱,18日22时进入台湾海峡,稳定向西移动,速度先快后慢,19日13—18时在海峡中部回旋少动,经过短暂调整后台风忽然折向偏北方向,速度缓慢,平均速度只有10~15 km/h,19日16时终于到达闽江口,17时10分在连江黄岐登陆,登陆时强度仍为台风,风力达12级。登陆后继续向西北偏西方向移动,19时减弱为强热带风暴,20日02时减弱为热带风暴,14时移入江西境内,强度继续减弱。

"海棠"影响情况:从17日下午起,我市沿海开始出现8级大风,18日下午到19日上午全市大部分地区均出现大风,气象观测站风速以永春县(21.0 m/s)和市区(22.8 m/s)9级风为最大。受台风外围云系影响,我市局部地区出现暴雨和大暴雨(水文雨量),大部分地区以阵雨天气为主,由于台风登陆位置偏北,对我市的影响相对较小。

灾情:

本次台风恰逢6月天文大潮,导致我市沿海一线出现4~6 m的大到巨浪,引发较严重的风暴潮、暴雨灾害。

据统计,全市11个县(市、区)68个乡(镇)15.5万人遭受不同程度损失,房屋倒塌101间,共造成直接经济损失1.36亿元。其中农林牧渔业损失最大,达7420万元,水利设施损失1106万元,没有发生人员伤亡事故。

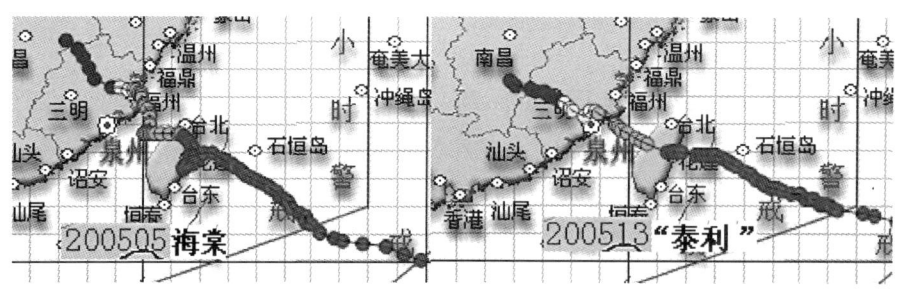

(72)200513号"泰利"台风:泉州受影响情况:严重。

2005年第13号热带风暴"泰利"(Talim)于8月27日08时在西太平洋洋面上生成,28日中午加强为强热带风暴,28日14时加强为台风,逐渐向西北方向移动,29日起转为西北偏西方向移动,强度逐渐加强到65 m/s,31日10时强度开始逐渐减弱。受台湾地形影响,1日凌晨台风低层环流中心减弱,1日06时左右在花莲附近登陆并消失,高层环流中心继续向西北偏西移动,最后和位于台中西面近海形成的副低压中心整合新的台风环流,为典型的台风分裂过山现象,其后台风穿过台湾海峡,1日14时30分在福建省莆田市平海镇登陆,登陆时中心气压970 hPa,近中心最大风速35 m/s,风力12级以上。登陆后台风中心继续向西北偏西方向移动,1日17时在莆田境内减弱为强热带风暴,18时30分进入永春境内,并从东向西横穿永春县,20时30分从永春西北部进入大田,2日04时减弱为热带风暴,05时进入江西境内,08时停止编号。

受"泰利"影响,我市大部分县市出现7~9级大风,崇武站出现11级大风。沿海地区出现两天的暴雨到大暴雨天气,山区出现1天暴雨到大暴雨天气。

灾情:台风正面袭击给我市造成严重灾害。全市有11个县(市、区)、121个乡(镇)、20.8万人遭受不同程度灾害损失。房屋倒塌377间,电站厂房进水,多处溪堤护岸被冲毁,大片农作物受淹,鲤城江南片区、丰泽火烧桥片区、晋江陈埭、泉港江龙镇等地内涝积水严重,德化水口公路、洛江梅仙公路、罗虹公路多处路段塌方中断。共造成直接经济损失4.84亿元,其中农林牧渔业损失1.49亿元,工业交通运输业损失1.65亿元,水利设施损失1.17亿元。台风造成3人死亡(永春2人、德化1人)。

• (73)200519号"龙王":泉州受影响情况:严重。闽侯一兵营被洪水冲走,多人死,后被除名。

第19号热带风暴"龙王"(Longwang)于9月26日08时在太平洋洋面上生成,27日08时加强为台风。台风沿副热带高压南侧稳定向西北偏西方向移动,10月2日05时15分在台湾花莲登陆,登陆后继续向西北方向移动,10时左右进入台湾海峡,强度有所减弱,仍向西北偏西方向移动,16时起转为西北方向移动,强度继续减弱,21时35分登陆我市晋江围头,登陆时近中心最大风速33 m/s,风力12级,22时减弱为强热带风暴,之后台风绕过金门岛,于23时40分在漳州龙海登陆,03时减弱为热带风暴,进入龙岩,08时减弱为热带低压,继续向偏西方向移动,强度继续减弱。

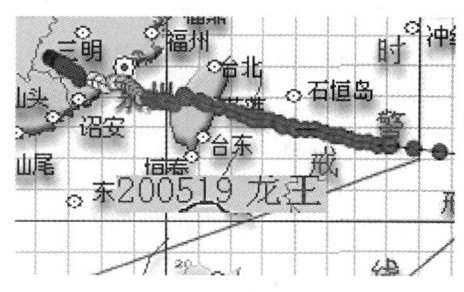

台风登陆之前我市沿海出现暴雨,登陆后山区也出现强降雨。根据水利局雨量资料,整个过程大部分乡镇雨量为100~200 mm,安溪西坪乡雨量达到303 mm,沿海均出现8级以上大风,最大超过11级。

灾情:19号台风"龙王"给泉州市造成了较严重的洪涝灾害损失,据泉州市防汛办统计,全市因灾直接经济损失达2.86亿元。其中,农林牧渔业损失7339万元,工业交通运输业损失7738万元,水利设施损失6822万元。全市11个县(市、区)113个乡(镇)18万人遭受不同程度的损失,房屋倒塌192间,大片农作物受淹,水产养殖受损,工矿企业停产,路基、输电线路、通讯线路损坏,多处溪堤护岸、水闸、塘坝、渠道等水利设施损毁。惠女、菱溪、笋塔三座水库出现超汛限水位,进行泄洪。其余大部分水库也均处于高水位运行。无人员伤亡报告。

(74)0601号"珍珠"台风:突然转向。

200601号台风(中央台编号0601)"珍珠Chanchu",5月9日20时生成于北纬8.3度、东经132.1度;在该台风生命期间,其最大风速45 m/s,最低气压945 hPa。2006年5月18日登陆广东汕头。

当年第1号热带气旋"珍珠"5月9日20时在西太平洋洋面上形成,10日14时加强为强热带风暴,11日夜间登陆菲律宾,13日上午进入南海中部,13日08时加强为台风,稳步向西北偏西方向移动,15日08时后突然转向偏北方向移动,17日02时转为东北偏北方向移动,17时减弱为台风,18日02时15分在广东饶平和澄海之间沿岸登陆,登陆时中心风力35 m/s

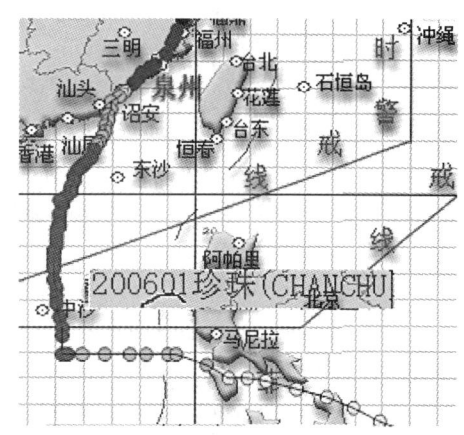

(12级),台风登陆后向东北方向移动进入我省,穿过漳州,4时减弱为强热带风暴,07时减弱为热带风暴,09时进入厦门境内,10时进入泉州南安境内,12时进入莆田境内,14时进入福州境内,16时进入宁德境内,减弱为热带低压,继续向东北方向移动。

受"珍珠"影响,我市16日起风力开始加大,17日夜间沿海地区出现了8级以上大风,泉州、崇武达10级。过程雨量100~200 mm,局部超过200 mm,降水主要集中在17日下午到18日早晨。"珍珠"来得早、范围大、强度强、速度快、影响时间短。

0601号强台风"珍珠"是1949年以来5月份登陆我国最强的台风之一,也是登陆点距泉州最近、影响时间最早的登陆早台风。台风"珍珠"于5月9日20时在西太平洋洋面上形成,18日02时15分在广东饶平和澄海之间沿岸登陆,登陆时中心风力12级(35 m/s),登陆后向东北方向移动进入我省。

"珍珠"虽然没有直接登陆我市,但其带来的狂风暴雨给我市造成较严重的损失。据防汛办统计,全市11个县(市区)105个乡(镇)19.69万人遭受不同程度的损失,2人死亡,倒塌房屋290间,直接经济损失达9360万元。

强台风"珍珠"给闽南漳州带来严重影响。据最新统计,造成直接经济损失已增至37.31亿元,20人死亡,6人失踪。

(75)0604号"碧利斯"台风:

4号强热带风暴"碧利斯"(Bilis)于7月9日14时正式编号,13日23时在台湾宜兰登陆,14日12时50分在霞浦北壁沿海登陆,登陆时中心风力11级(30 m/s)。

受"碧利斯"影响,15日上午沿海出现了8级以上大风,崇武站出现11级大风。15—17日出现连续性暴雨到大暴雨,并导致山区多处发生地质灾害。全市11个县(市、区)143个乡镇受灾,受灾人口51.67万人,死亡15人(均因山体滑坡造成房屋倒塌引起),全市直接经济损失达7.5亿元。

其他地区受影响情况:

"碧利斯"台风引发的强降雨,在湖南省造成400多人死亡,一度被洪水围困的有12.4万人,紧急转移82.6万人,其中,郴州市所属的资兴市死亡197人,失踪69人。

在菲律宾、台湾、中国东南部总共造成672人死亡以及44亿美元的损失。

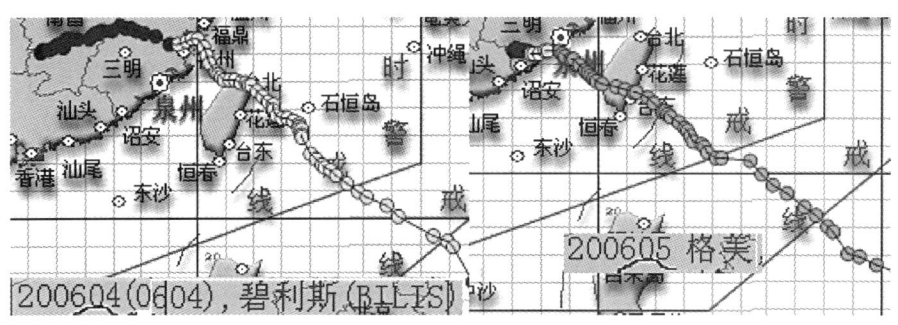

• (76)0605号"格美"台风(序号200605号):风雨潮严重。

"格美"台风2006年7月19日14时生成于北纬11.7度、东经140.7度;在该台风生命期间,其最大风速40 m/s,最低气压960 hPa。2006年7月25日登陆福建晋江。

第5号台风"格美"(Kaemi)于7月19日14时正式编号,25日00时在台湾台东以北

30 km(成功镇)登陆,25 日 15 时 50 分在晋江围头登陆进入我省,登陆时最大风力 12 级(35 m/s)。

25 日下午我市沿海地区出现 8 级大风,围头出现了 28.2 m/s 的近 11 级大风。25 日起我市普降大到暴雨,特别是山区降雨大,连续 2 天暴雨到大暴雨,台风影响时恰逢天文大潮,造成潮水水位异常升高,沿海多处海堤溃决。

据防汛办统计,台风"格美"直接从晋江围头登陆我市,其带来的狂风暴雨给我市造成较严重的损失。全市 11 个县(市、区)139 个乡镇受灾,受灾人口 23 万,山洪暴发造成 3 人失踪,倒塌房屋 1203 间,全市直接经济损失 3.7 亿元。

7月17日,福建省晋江洪水即将漫过泉州市内古老的旧顺济桥。

7 月 23 日 15 时 48 分左右,即在台风"格美"来临之前,泉州晋江下游 795 年顺济古桥发出"轰隆隆"巨响,桥身发生严重坍塌断成 3 截。这是继晋江下游另一座宋代古桥——浮桥古桥遭洪水冲垮坍塌之后,又一座宋代古桥被洪水冲垮。

(77)200608 号"桑美"台风:我市无灾,但宁德则经受前所未有的灾害。

200608 号台风"桑美(Saomai)",8 月 5 日 20 时生成于北纬 11.9 度、东经 146.4 度,在该台风生命期间,其最大风速 60 m/s,最低气压 915 hPa。2006 年 8 月 10 日 17 时 25 分超强台风"桑美"在浙江苍南马站镇登陆,登陆时近中心风力 17 级(60 m/s)。0609 号台风"桑美"为新中国成立以来登陆中国内地的最强台风。

2006 年第 8 号超强台风"桑美",在马利安那群岛、菲律宾、中国东南沿海以及台湾省总共造成 458 人死亡以及 25 亿美元的经济损失。

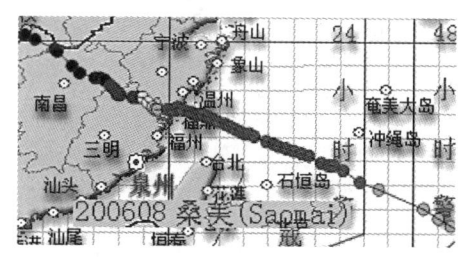

由于该台风位置偏北,对我市影响较小,只是给我市山区带来了大雨、局部暴雨。我市无灾情报告。但宁德则经受前所未有的灾害。福鼎沙埕港内 952 艘福建籍渔船沉没,1594 艘渔船损坏。至 21 日 20 时止,福鼎市确认因灾死亡 218 人,另有 72 人失踪。

• (78)200709 号超强台风"圣帕":

200709 号台风(中央台编号 0709)"圣帕(Sepat)",8 月 13 日 02 时在菲律宾以东的洋面上生成,13 日 20 时加强为强热带风暴,14 日 08 时加强为台风,15 日 08 时加强为强台风,15 日 20 时加强为超强台风,18 日 04 时减弱为强台风,18 日 05 时 40 分在台湾花莲登陆,18 日 12 时进入台湾海峡,19 日 02 时以台风强度登陆惠安,中心风力达 33 m/s(12 级),

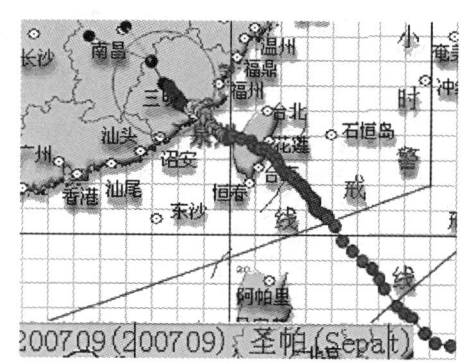

随后逐渐减弱并缓慢向西移动进入三明境内,20 日 08 时停止编号。

2007 年第 9 号超强台风"圣帕",造成东南沿海至少 39 人死亡,经济损失较大。

受其影响,8 月 17 日起,我市沿海出现 8~9 级大风,阵风 10~11 级,惠安斗尾最大瞬间风力达 13 级。近岸海域出现 4~5 m 巨浪和明显风暴潮,沿海最大增水 1.06 m。

全市普降暴雨到大暴雨,局部特大暴雨,从 8 月 18 日 14—22 日 08 时,各地过程降水量大部分超过 100 mm,27 个雨量站点超过 200 mm,3 个雨量站点超过 300 mm,1 个站点超过 400 mm(洛江虹山 488 mm)。仅 8 月 21 日 19—21 时,马甲镇、虹山乡 3 小时降雨量达 132 mm,属百年一遇。

全市直接经济损失 4.09 亿元,其中农林牧渔业直接经济损失 1.41 亿元,工业、交通运输业直接经济损失 1.22 亿元,水利设施直接经济损失 0.97 亿元。

今年第 9 号台风"圣帕"8 月 19 日 02 时穿过台湾海峡,在福建省惠安县崇武镇附近沿海登陆后,20 日进入江西省境内,21 日 17 时进入湖南,23 日夜间移出至贵州。

受"圣帕"台风影响,19 日 08 时—24 日 08 时,湖南省内 73 个县市累积降水大于 50 mm,降雨量最大的资兴市为 516.1 mm。受强降雨影响,湖南部分河流水位暴涨,出现了超历史洪水。与 2006 年的"碧利斯"台风相比,"圣帕"引起的强降雨持续时间长,辐射范围广,而造成的人员伤亡却很少(死亡 7 人、失踪 5 人)。"碧利斯"台风引发的强降雨,在湖南省造成 400 多人死亡。

(79)200801 号台风"浣熊":

4 月 18 日 21 时登陆海南,是新中国成立以来第一个 4 月登陆我国的台风,造成华南至少 5 人死亡以及人员失踪,经济损失巨大,广东一水库由于蓄水过多而不得不溃坝,基础设施破坏严重,造成华南历史上 4 月最为严重的洪涝灾害,降水量破了历史上 4 月的记录。

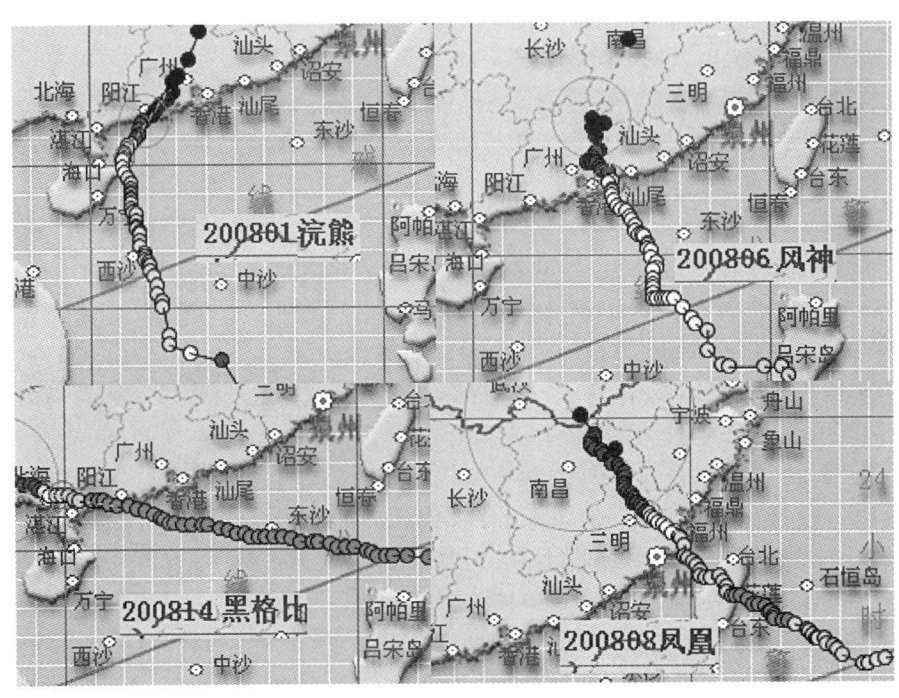

(80) 200806 号台风"风神":
造成广东、湖南、江西至少 30 人死亡,财产损失巨大,降水量破纪录。
(81) 200808 号强台风"凤凰",造成台湾、安徽、江苏至少 13 人死亡,福建地区基础设施损坏严重,经济损失巨大。
(82) 200814 号强台风"黑格比",造成菲律宾、越南、我国华南共 127 人死亡。
(83) 2009 年台风"莫拉克""8.8"水灾造成台湾、大陆 500 多人死亡、近 200 人失踪、46 人受伤。台湾南部雨量超 2000 mm,造成数百亿台币损失,大陆损失近百亿人民币。

六、如何防范台风——防台措施

(一)防台常识

1. 密切关注台风动向,注意收听、收看有关媒体的报道或通过"12121"气象咨询电话、气象短信、泉州气象网站、泉州电信 IPTV 电视气象频道、气象显示屏等了解台风的最新情况,做好自救自防工作。

2. 市民和外地在泉州的朋友
①减少外出;
②拴紧门窗;
③台风来临前应将阳台、窗外的花盆等物品移入室内;
④远离不安全地区,特别是远离迎风门窗、受损的电力设施、树木、高空户外广告牌等;
⑤雷电期间尽量关闭电器等易引雷击的设施;
⑥必须外出行走的尽可能避开地下通道等易积水地区;
⑦如发现危房请及时与所在地房管部门取得联系。
⑧服从有关部门安全转移指挥;
⑨在台风来临前,要做好充分的准备,如转移的途径,转移所需的食物、净水、药品以及有关的生活必需品等。
⑩发现积水等不安全因素请及时与有关部门联系。

3. 各有关单位
①做好必要的防汛抗台物资准备,特别是沙包等,沿街单位要准备好生产自救;
②加强值班,做好安全防范工作,以减少损失,防止伤人。

4. 各建设工地和设施主体
要根据各有关部门的要求做好防范工作,加固有关设施,消除安全隐患,确保作业人员安全和行人安全。

5. 航运船只根据气象警报及时回港或就近避风。

(二)台风来后的六大建议

1. 尽量不要外出,千万别去海边
台风会带来狂风暴雨,建议大家尽量不要外出,待在家里比较好。若正值天文大潮汛期,风助潮涌,极其凶猛,千万不要去海边。

2. 受伤后不要盲目自救，应及时拨打12120

台风中外伤、骨折、触电等急救事故最多，外伤主要是头部外伤，被刮倒的树木、电线杆或高空坠落物如花盆、瓦片等击伤；电击伤主要是被刮倒的电线击中，或踩到掩在树木下的电线。不要打赤脚，穿雨靴最好，防雨同时起到绝缘作用，预防触电。走路时观察仔细再走，以免踩到电线。通过小巷时，也要留心，因为围墙、电线杆倒塌的事故很容易发生；高大建筑物下注意躲避高空坠物；发生急救事故，先打12120，不要擅自搬动伤员或自己找车急救。搬动不当，对骨折患者会造成神经损伤，严重时会发生瘫痪。

3. 尽可能远离建筑工地

大雨过后，有些地方会积水，市民在经过时，一定要往旁边的便道上走。另外，市民经过建筑工地时最好稍微保持点距离，因为有的工地围墙经过雨水渗透，可能会松动；还有一些围栏，也可能倒塌；一些散落在高楼上没有及时收起的材料和工具，譬如钢管、榔头等，说不定会被风吹下；而有塔吊的地方，更要注意安全，因为如果风大，塔吊臂有可能会折断。还有些地方正在进行建筑立面整治，人们在经过脚手架时，最好绕行，不要穿行。

4. 一定要出行，建议乘坐火车

在三种交通方式中，公路交通一般受台风影响最大。台风对铁路的影响一般是最小的。建议不要自己开车，可以选择乘火车。

5. 为了自己和他人的安全，检查家中的门窗、阳台

（1）及时关注各媒体的最新气象信息或拨打12121气象热线；

（2）台风来临前应将阳台、窗外的花盆等物品移入室内；

（3）台风来临时切勿随意外出，确需外出的尽量乘坐公交车或预约出租车服务；

（4）家长关照自己孩子，台风来临时不要随意外出。各类培训班、托儿所可自行决定是否临时停课，家长、老师需特别注意上学学生的安全；

（5）大雨时如发现道路严重积水或家里发生进水，常及时拨打市城区相关管理单位的电话；

（6）居民用户应把门窗捆紧拴牢，特别应对铝合金门窗采取防护，确保安全；

（7）市民出行时注意远离迎风门窗；

（8）不要在大树下躲雨或停留。

6. 遇到大风，避免高速行驶

如果路面能见度低于50 m；路面积水严重；侧风、横风威胁行车安全，将临时关闭高速公路。

在高速公路行车，应注意防风、防雨、防积水。出现以上三种情况中任何一种，首先要减速，如果速度过低，必须打双跳灯警示后面车辆，防止追尾。

遇到大风，要避免高速行驶，减速后保持匀速，尽量避免超车，尤其是小型车经过大型车旁边，要特别当心瞬间侧风造成大型车方向偏离，引发事故。

遇到大雨，要确保能见度在200 m以上才能行驶，否则，应在最近的匝道下高速公路，或者在休息区、港湾停车带停车，等候大雨过去；遇路面积水时，避免紧靠路的边沿行驶，因地面沉降原因，路边沿和路中间积水深度有差异，容易造成两边轮胎阻力不一，造成方向跑偏。

(三)台风来后的十七个怎么办

1. 家门口的树木被大风刮倒,怎么办?

台风一来,常有行道树被刮倒,如果你刚好在外面,千万不要躲到大树下。看到行道树被刮倒,可拨打各区城管办电话,小区里树木被刮倒,可拨打各区绿化办电话。

2. 风雨过后,家门口积水了,怎么办?

这时不能凭老经验走路,尽量绕开积水。实在绕不开,最好用木棍先试探,一防水深,二排除水下有窨井等危险情况。一般下暴雨时,如果排水通畅,积水会在半小时左右顺利退走,如果长时间积水不退,打市政监管中心电话。

3. 路上电线被吹断,家里突然停电,怎么办?

路上看到有电线被吹断,掉在地上,千万别用手触摸。尤其是下雨天,积水极易导电,也不能靠近,马上拨打电力热线,通知电力抢修人员。如果家中突然停电,最好把电脑、电视等电源插头拔掉,关掉电灯。平时应急灯可充足电,以备不时之需。

4. 发现高空坠物危险,怎么办?

台风来前,要再检查一下家中窗户和阳台,如果有花盆和杂物,立即搬到室内。一旦发现有高空坠物危险的地方,应赶快向有关部分报告。

5. 户外广告牌摇摇晃晃,怎么办?

每次大风来袭,常有大广告牌掉下来,砸物伤人,如发现户外广告牌险情,赶快打电话向市城管办或市行政执法局报告。

6. 大雨来了,家里房屋漏水怎么办?

一来暴雨,顶楼的房子弄不好就要漏水,这时候不要自己冒雨爬上屋顶盖雨棚。漏水、下水管道堵塞、老房子有小裂缝等,这些问题都可拨打市房管局或各区局房屋应急维修受理中心热线。

7. 家里管道燃气出问题,怎么办?

现在,很多住宅楼外都有弯弯曲曲的燃气管道,万一花盆等高空坠物砸破燃气管道,会造成天然气泄漏危险。遇到这样的情况,马上拨打燃气抢修电话。同时离开泄漏点10米左右,千万不要点燃香烟。另外,如果发现家中的管道燃气点不着火,不要使用,关掉家中的闸门,再打燃气抢修电话。

8. 台风来袭,太阳能热水器用户怎么办?

"台风来袭,太阳能热水器用户特别要注意两点:一是给热水器加满水;二是拔掉插头,切断热水器电源。"像常见的200升热水器,如果加满水,就相当于增重200千克,抗风力自然大大提高。

9. 皮肤被水泡久了,不舒服怎么办?

家里进水了,脚泡在水中时间一长,感觉皮肤发痒。外面大风大雨,实在走不出去,拨打市疾控中心值班电话咨询。如果家里地势低,要垫高柜子、床等家具,把吃的大米、蔬菜等放在高处,如果米被脏水浸过,或者已经发霉,千万不能吃。

10. 大风雨就要来了,人在家里怎么办?

关紧门窗。如果开窗,一定要前后通风,有些朋友为了透气,会开半扇窗,只有进口,没有出口,这样更危险,容易造成强风灌入,吹动整个窗户。检查门窗玻璃,避免窗户玻璃坠落事件。请务必检查一下自家门窗玻璃,如发现玻璃松动或有裂缝,请在玻璃上贴上胶条,以免吹碎后,碎片四散。台风来临之时,尽量不要在玻璃门、玻璃窗附近逗留、观看。

11. 台风中遇到防疫防病、消毒杀菌问题怎么办?

台风过后,加强个人卫生,把好"病从口入"关,一定要喝经过消毒处理的水,不要用未经消毒的水漱口、洗瓜果和碗筷,不吃生冷变质的食物,食物要煮熟煮透,饭前便后要洗手;及时清除、处理垃圾、人畜粪便和动物尸体,对受淹的住房和公共场所要及时作好消毒和卫生处理。

12. 预防台风伤害,有哪些要点?

(1)数据显示,不重视台风危害的人群伤害的发生率是重视人群的17倍;(2)台风登陆前1至6小时应避免外出,留在屋内;不在屋内的人群发生伤害的危险是留在屋内人群的4倍;(3)台风伤害的预防重点是男性和老年人,尤其是70岁以上的老年人;(4)台风伤害和致死的主要原因是房屋倒塌、硬物击伤和跌倒,危房人群一定要及时撤离。

13. 家里停水了,怎么办?

台风期间,种种突发因素会造成居民家中突然停水,大家不妨提前买点矿泉水,接好一定数量的备用水。遇到停水,可拨打市自来水公司服务热线。

14. 开车出门,没有信号灯怎么办?

开车出门,可能遇到信号灯断电失灵的情况,若遇到信号灯失灵路口,请遵守秩序,服从交警指挥。如交警尚未到达,请打12122向交警指挥中心通报。

15. 开车出门,路面有杂物挡道怎么办?

台风过后,路面会有树枝、玻璃等杂物,还有许多水坑,这时要放慢车速,提前绕开障碍物。有障碍物,更要小心行驶,避免与其他车辆或行人刮擦。如遇树木倒在路中间,交通中断,请及时报警。遇到水坑,除非对地形很了解,轻易不要涉水坑。

16. 开车出门遇到路面积水怎么办?

如果整段路面积水,要谨慎考虑是否涉水。如果积水超过轮胎的一半,就不能涉水,因为排气管就在这个高度左右,容易造成排气管进水,影响发动机。如果水不深,也要先停下来观察其他涉水而过的车辆是否通行顺畅,判断地面是否有深坑或障碍物。决定涉水,要先关掉空调和音响设备,关紧门窗。在积水路段行驶,必须维持低速,防止水花溅到发动机上部的电器,造成熄火。万一熄火,不要再点火启动,可以把车推离积水路段。在涉水通行的时候,还要注意与前后车辆拉开距离,会车时也尽量拉开距离。离开积水路段后,不能立即快速行驶,因为刹车片溅水后刹车不灵敏,要低速行一段时间,等刹车片上的水分甩掉、蒸发后再正常行驶。

17. 开车出门路遇狂风怎么办?

在高架道路、高速公路、一级公路,以及其他空旷地区的道路上行驶时,风力未受阻挡,会比其他地方更大。此时,最好的办法就是减速慢行,并且密切观察周边情况。狂风大作时,路边的树枝、车辆,都可能是危险来源。如果感觉控制不住车辆了,应该立即找个安全地方停下来。在高架路或高速公路上,要找最近的出口下去。停车时,也要密切注意车的左右和上方有无可能倒伏或坠落的东西。

(四)气象专家支招如何防台风

台风季节,市民如何自我保护?以下是一些防台风的小知识,供大家参考。

台风来临之前,首先会刮起强风。强风有可能吹倒建筑物、高空设施,易造成人员伤亡。

因此,在台风来临时,千万不要在危旧住房、工棚、临时建筑、脚手架、电线杆、树木、广告牌、铁塔等容易造成伤亡的地点避风避雨。

强风会吹落高空物品,易造成砸伤砸死事故。因此,在台风来临之前要固定好花盆、空调室外机、雨篷,建筑工地上的零星物品等,以确保安全。

台风可能造成停水停电等现象,要及时做好日常生活的储备工作。

台风来临时,要迅速切断各类电器的电源防止雷击。关紧门窗,以免被强风吹开。要检查并缚紧容易被风吹倒的物件,如窗户等。如遇玻璃松动或有裂缝,请在玻璃上贴上胶条,以免吹碎后,碎片四散。不要在玻璃门、窗附近逗留。

台风携带的暴雨容易引发山体滑坡、泥石流等地质灾害,造成人员伤亡。因此,山地灾害易发地区和已发生高强度大暴雨地区,要提高警惕,及时撤离。

台风会引发风暴潮,容易冲毁江塘堤防、涵闸、码头、护岸等设施,甚至可能直接冲走附近人员,造成人员伤亡。因此,台风来临前,沿海地区从事塘外养殖的群众和处于危险堤塘内的群众要及时转移到安全地带。

拥有户外广告设置的广告公司、各户外店招摊主,应抓紧时间进行复查。

(五)台风为什么会造成灾害

1. 台风为什么会造成灾害？

台风由于挟有狂风和暴雨,可以直接造成很多严重灾害。风速愈大,所产生的压力亦愈大,台风所挟狂风之强大压力可以吹倒房屋、拔起大树、飞沙走石、伤害人畜。降雨过急,来不及排泄,山洪暴发,河水猛涨,造成低地淹水、冲毁房屋、道路、桥梁。以上都是由于台风的风和雨直接造成灾害的现象,同时,因风雨的结果,也可以间接引起很多其他灾害。

2. 台风造成哪些灾害？

前问中谈到台风会造成风灾及水灾,这里逐项略加说明。

暴风：由于风的压力直接摧毁房屋建筑物、吹毁坏电信及电力线路、吹坏农作物如高茎作物,并使稻麦脱粒等。

焚风：使农作物枯萎。

盐风：海风含有多量盐分吹至陆上,可使农作物枯死,有时可导致电路漏电等灾害。

海浪：狂风时必有巨浪,台风所产生的巨浪可高达一、二十米,在海上造成船只颠覆沉没亦时有所闻,此外波浪逐渐侵蚀海岸,而生灾变。

暴潮：暴风使海面倾斜,同时气压降低,致使海面升高,从而导致沿海发生海水倒灌。

暴雨：摧毁农作物,使低洼地区淹水。

洪水：常引起河水高涨,河堤破裂而发生水灾、冲毁房屋、建筑物、并毁损农田。

山崩：暴雨时冲刷山石,使山石崩裂,击毁房屋、死伤人畜、阻碍交通,沿山公路常发生此种灾害。

病虫害：水灾后常发生传染病,如痢疾、霍乱。

3. 台风来时是否会带来暴雨？

台风发源于海洋,携来大量水汽,台风范围内上升气流旺盛,使水汽升至上空,遇冷凝结成雨。所以台风来时常有暴雨,尤其在中心经过之处雨量最多,雨骤风狂,其势惊人。由中心向外,雨势渐弱,并且渐成为间歇性雨,时雨时止。

4. 风为什么能吹倒房屋？

这个问题我们先要解释什么是风：空气对地球表面的相对运动称为风。简言之，空气水平流动的结果就是风，凡是一种东西动的时候就会产生力量，动得愈快力量愈大。比如说：一辆汽车慢慢地向一堵墙驶去，也许不能把墙撞倒，但如以很快的速度驶去，就可以把墙撞倒。同样的道理，空气虽然很轻，但如果速度非常快，也可发生很大的力量，也能把房屋吹倒，把树拔起。根据计算的结果，大约是：

风速 20 m/s 时，每平方米的面积上，受有 25 kN 压强。
风速 30 m/s 时，每平方米的面积上，受有 55 kN 压强。
风速 40 m/s 时，每平方米的面积上，受有 100 kN 压强。
风速 50 m/s 时，每平方米的面积上，受有 150 kN 压强。

台风的最大风速常有 40 m/s 左右，也就是在每平方米的面积上，加以约 100 kN 的压强，当然比较简陋的房屋要被吹倒了。

表 4.14　风级、风速与风压的换算列表（十分钟内平均风速，风压系数 1/16）

风级	风速(m/s)	风压(kN/m^2)	风级	风速(m/s)	风压(kN/m^2)
0	0.0~0.2	0	9	20.8~24.4	26.9~37.2
1	0.3~1.5	小于 1	10	24.5~28.4	37.3~50.4
2	1.6~3.3	1	11	28.5~32.6	50.5~66.4
3	3.4~5.4	1~1.8	12	32.7~36.9	66.5~85.1
4	5.5~7.9	1.9~3.9	13	37.0~41.4	85.2~107.1
5	8.0~10.7	4.0~7.2	14	41.5~46.1	107.2~132.8
6	10.8~13.8	7.3~11.9	15	46.2~50.9	132.9~161.9
7	13.9~17.1	12.0~18.3	16	51.0~56.0	162~196.0
8	17.2~20.7	18.4~26.8	17	56.1~61.2	196.1~234.1

5. 何谓火烧风？

火烧风在气象学上称为焚风，在台东和台中一带曾有发现。此种风因为温度甚高，可较附近地区高出 6~7℃之多，而且非常干燥，常使农作物因温度突然升高而发生枯萎现象，以致发生损害。

焚风发生的原因系由温湿之空气受山岭之阻挡，被迫上升而冷却（每上升 100 m 气温就下降 0.65℃），水汽凝结成云雨，而降在迎风面的山坡上。待空气越过山岭后，因下降而变成干燥空气（每下降 100 m 气温就上升 1℃），再因下降后，受压力压缩而温度增加，显著地比邻近的空气温度为高。

此种下降气流而形成之风，特称为"焚风"，台湾俗称火烧风。

根据上述原因，当台风在台湾北部通过时，强劲之西风遇中央山脉之阻挡，被迫上升再下降，常在台东一带发生焚风。如台风通过台湾南部时，东风越过中央山脉而下降，所以常在台中一带发生焚风。

6. 何谓盐风？

台风在海上常引起狂涛巨浪，盐分随着海浪的上涌激荡而满布空中，空中的盐分被风吹至陆地时，常附着于农作物的叶面而导致农作物枯萎，或附着于电线上使电路绝缘失效发生漏电而引起灾害。

7. 龙卷风和台风有何不同？

龙卷风虽有若干现象和台风相似，但其发生原因、实质构造等并不相同。说明如下：

龙卷风是一种极强烈而危险的旋风，可发生于陆地（称为陆龙卷）或海上（称为水龙卷）。其发生原因是由于热带湿热气团向北推进，而高空则有干冷气团侵入，在高空发生涡旋运动，形成浓厚之积雨云。当其旋涡运动愈趋猛烈时，可自云中直降至地面，形成一漏斗状之云柱，其中风力极强，估计可达 160 km/h(44 m/s)，甚至达到 480 km/h(132 m/s)以上之风速，所以破坏力极为惊人，是所有大气现象中破坏力最大者。

龙卷风范圈很小，在天气图上不易发觉，但因多伴生于雷雨或台风侵袭期间。近来气象学家利用卫星、雷达及闪电的观测等以研究其详细情形，以期于有发生可能时即发出警报，使之能预先防范以减少损失。台湾中部及西南部平原地区，在春季及 5、6 月的梅雨期中常发生龙卷风，大约平均一年有 1~2 次。根据实际观测数据显示，台风中亦曾伴有龙卷风或水龙卷之情形。

8. 台风来时潮水会涨吗？

台风中心气压甚低，常可将海水吸起，使海面升高，同时因风势强烈，可使海面发生倾斜现象，所以当台风接近沿海一带时，由于水深变浅而造成地形对潮水产生堆积作用，会发生如潮水上涨般的现象，如果恰与满潮时间一致当更为严重，常产生海水倒灌而造成严重灾害。

9. 是否台风不登陆就不会带来灾害？

前面曾谈到台风眼外缘之处风造最大，破坏力最强，在台风眼所经之处，必有重大灾害，但如台风眼并未登陆，仅系沿海岸经过，但风速最大部分却在陆上扫过，自然仍会造成严重灾害。如果台风眼距离陆地较远，暴风最大之处亦未经过陆地，所受灾害当较轻。所以有无灾害，要看我们所在地之风速大小，并非台风不登陆，即可无灾害，这是指风灾而言。至于台风所带来之豪雨而造成之雨灾则较风灾为复杂，一般愈强且愈接近陆地的台风之雨灾则愈严重，但有时轻度或距离较远的台风亦能造成大水灾，例如 1976 年 10 月下旬琳恩台风通过巴士海峡向西北西行进，仅暴风圈掠过南部，但因受台风外围环流及东北季风双重影响，即造成台湾北部地区豪雨成灾。

10. "北冕"灾后的思考

在老百姓眼里，只有登陆本地的台风才具威胁，所以，在值班时，常接到的咨询电话就是"台风会不会来，会不会登陆本市"这类问题，当得知台风中心在广东或厦门或福州登陆而不在本地泉州登陆时，公众以为从此天下太平，一切就阿弥陀佛，以至于防范意识有所松懈。此反映了公众对气象灾害可能造成的危害认识不足。这次"北冕"台风的登陆点在广东，我市却遭到重创，所以应普及公众对台风危害的认识。

台风自身的结构特征决定了一地台风的影响程度并不完全决定于登陆与否。台风是一个庞大的天气系统，其直径在几百千米到上千千米，在其势力范围内都是影响区域，所以台风的影响，并不应仅仅考虑一个登陆点问题，而是一个庞大的"圆盘面"，台风的风雨结构往往不对称，在台风登陆前或后，都可以造成巨大灾害。

11. 轻度台风就不会有灾害吗？

不。台风能否造成灾害是看风速的大小和雨量的多少而定，轻度台风可以有每秒 30 米的风速，也就是每平方米的面积上可以受到 110 kN 的力，试想如此大的压强，如果加在简陋的木造房屋、竹棚茅屋以及一切装置不牢固的东西（如广告牌等），或根部较浅的树木、不耐风的农作物等等，仍是会造成灾害的，并且风速较小的轻度台风，也同样可能带来豪雨，造成水灾，所以对轻度台风亦不能加以忽视。

12. 风灾害能避免或减轻吗？

台风虽然破坏力惊人，使人闻台色变，但如能事前加以妥善的预防，也可以避免这种灾害，至少是可以减低灾害。俗语说："一分耕耘，一分收获"，花了功夫是不会没有结果的，所以台风虽然威力强大，人力似乎不可抵抗，但如尽力设法预防，对减低灾害仍是有相当效果的。

13. 居住都市的人，台风来袭前应注意那些事项？

住在城市内，除随时注意台风消息，并将住所房屋检修以外，下列各项亦应预先准备及注意：

如住所地势低洼，有淹水之虞，应及早迁至较高处所或楼上。

屋外、院内，各种悬挂物应即取下收藏；因零星物件被风吹起，皆可伤人。

庭园花木均应加支架保护，并修剪树枝，以防折毁甚或损毁屋瓦。

关闭非必要门窗，加钉木板。

检查电路、注意炉火，以防火灾。

准备灯烛、电筒，以防停电。

贮存饮水，以防断电停水。

多备一两日食物菜蔬。

非必要时不外出，家中较为安全。

断落电线，不可用手触摸，应通知电力公司检修。

灾害损失，事后应通知里居委会或乡镇政府，以为灾害统计和作防灾之改进参考。

最后，也最重要的是不要听信谣言和传播谣言。应直拨 12121 气象服务专线或收听广播电台或收看电视台发布的有关台风新消息，并最好备有干电池晶体管收音机。

14. 居住乡间的人，台风来袭前应注意那些事项？

因乡间较为空旷，风力较城市尤大，故应更加戒备，除前述之城市内应注意事项外，尚应注意下列各项：

如无收音机、电视机不能听到广播时，可向邻近派出所、乡镇公所等处询问台风消息。

如居住河边或低洼地带，应特别注意河水泛滥，及早迁到较高地区为妥。

除住屋外，应检查牛栏、猪舍、鸡舍，以免损失，或移往较安全地方。如住屋系竹造，或土块房屋，以暂时迁往安全处所较妥。稻、肥料应移至安全处所。

15. 台风频发处建造房屋应考虑那些问题？

每次受台风袭击之处，一定有若干房屋倒塌毁坏，或被洪水冲毁淹没，造成颇大损失。此种房屋大都因构造不良，或偷工减料，但另一重要原因即系在建造之前，忽略台风的影响所致。如能事先加以考虑，不但增加安全，并可节省工料之浪费。

首先应了解准备建造房屋处所之最多风向和最大风速，关于风速与风压的关系，前已谈到，即风速愈大其所承受之风压亦愈大。同样大小、同样设计建造之两栋房屋，迎风面积较小者，必较耐风。例如台湾东部，台风侵袭时以东北风最多且强劲；此时应使房屋东北方之面积尽量减小，并少开门窗。同时，房屋之式样以采取 L 形、T 形、H 形、E 形、U 形及日形等为宜，可以增强结构之力量。切不可建造迎风排列一字形之房屋，因为此种房屋所受之风压最大，最容易被风吹毁，不可不注意。

其次为对地势之选择，台风来时常伴有豪雨，如地势低凹，易致淹水，亦应注意。

16. 一般木造房屋台风来袭前应如何检修防范？

目前一般钢筋水泥之建筑物，受台风之影响很小，但木造房屋则应加以注意检查，至于设计不良或偷工减料之房屋则更应特别注意。

检查时应注意下列各点：

(1)房屋架构是否正常，有无倾斜陷落现象；

(2)木料有无腐烂情形，有无白蚁蛀蚀；

(3)门窗是否坚固，迎风面之门窗应加装防风板，以防玻璃破碎；

(4)排水沟有无阻塞，应清除以保持畅通；

(5)屋瓦是否稳固。

17. 台风过后易生瘟疫应如何防范？

台风过后，各处布满污秽杂物，病菌容易繁殖，加以蚊蝇之传播，所以容易有传染病流行，如痢疾、霍乱等。应注意在台风过后，立刻整理环境、清除污物、喷洒消毒药品，发现有传染病立即径往卫生机关隔离医治，以防蔓延。

18. 台风会造成农作物何种损失？应如何预防？

台风能造成灾害主要原因是强风和暴雨。强风可以吹断或吹倒作物、吹落谷粒或果实；暴雨会淹没农田，流失作物，或因排水不良而倒伏及发生病虫害，所以防护的方法亦须针对此数种情形而定。

(1)对农作物防灾的根本办法是改良品种，使能具有抗风性。在迎风方向，多种防风林。沿河及山地广泛造林，以调节水量。改善水利系统，修护圳道，预防洪水灾害。调查本地风害季节，尽可能调整栽培时期。应多施肥料，以增加其抗风力。

(2)在台风来临预防事项：注意台风消息，以便必要时提前收获。稻田灌水，可免稻株摇摆过甚。把稻株编结并压伏，增强抗风力。加强果树支柱、支架。检查排水、灌水系统，以防淹水。深耕壅土，以防作物根部松动。修剪树枝，以减低所受风压。台风将至时，暂勿播种或插秧。

(3)台风过后应立即采取复旧工作：实施清园，及时复耕。排除积水。中耕培土，补施肥料。防治病害。

至于可能发生之焚风和盐风，尚无妥善防护办法，幸而此种灾害范围较小，损失不大。

19. 台风对鱼塘有何影响？如何防护？

台风时，鱼塘虽不像渔船那样危险，但狂风暴雨亦可能使堤岸破裂、排水不良，以致鱼群流失等灾害。所以事前亦应注意下列防护事项：

(1)检查塘岸有无破裂，进水口、出水口是否合用；

(2)准备抢修器材，集中人力以备抢修；

(3)提前将鱼塘水量排放至最低限度。

20. 台风对渔船有何影响？应如何预防？

台风时海上狂风怒涛，渔船无法出海作业，台风警报发出后，未出海渔船自可停留港内，选择安全处所避风。已出海作业渔船，则必须采取下列紧急措施：

大型渔船已有通讯设备，小型渔船至少亦应备有干电池之收音机，以便收听天气报告及台风警报。

出海作业之前，必先查阅天气报告、海上情况及天气预报，以决定作业计划。在海上随时注意台风之各种预兆。

在海上获知台风警报后,立即判明本身距离台风之位置,并急速远离台风范围及台风行进路径。

如未能收到台风警报,而根据各种预兆和经验知己有台风临近,应判定台风中心之位置设法远离。

应选择不在台风所经路上之避风港。

服从船长命令全力进行必要之紧急措施。

沿海舢板、竹筏移至岸上安全处。

21. 何谓台风危险半圆和可航半圆?

船在海上航行时,如无法躲避而陷入台风范围内,这时应设法知道当时船是在台风的那一部位,和这部位的性质、危险程度,以便设法脱离。

台风中心风的分布与气压不同的,由于台风的风场并非完全对称,而是呈现偏于某一边的趋势(北半球台风,由于右边靠着副热带高压,气压梯度大,风也大),因此对北半球来说,台风移动方向的左半圆为可航半圆,风力较小,浪高较低;而右半圆为危险半圆,风力较大,浪高较高,其中右半圆的右上方往往为台风中心路径经过地,加上与外部环流作用明显,因此最为危险。

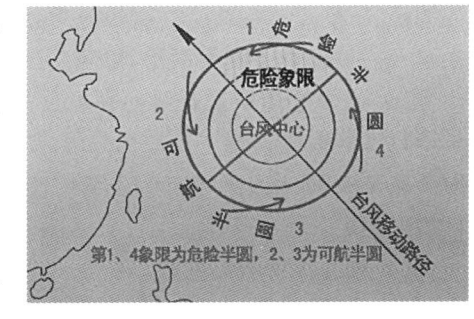

图4.18 台风移动路径与危险象限示意图

若将台风暴风范围分为四个象限:第一象限是危险半圆的前半,是最危险象限,风雨最为险恶;危险半圆之后半(第四象限)和可航半圆之前半(第二象限),为次危险象限;在可航半圆之后半(第三象限),是比较安全的象限(见图4.18)。所以当船只不幸陷入台风暴风范围内时,应尽速设法回避危险象限,进入较安全象限而脱离台风范围。

在北半球,台风呈逆时针旋转,在台风登陆前,常刮东北风,登陆后转为西南或东南风,风向发生转变。而在台风中心则是几十千米的无风雨区,外围的密闭云区是最强的风雨区,在台风登陆前,主要表现在风力的影响方面,风力随着台风的逼近而不断加强。

22. 若船已驶入台风圈,如何安全驶离?

当船只不幸陷入台风暴风范围以内时,此时应极力镇静,按照航海时之一切必要措施,严加戒备,然后再依下列步骤驶出危险区域:

(1)判定船在台风中的位置,及与台风中心距离。

(2)如果判断船舶在台风的可航半圆(风向为偏北风),那么就加大马力顺着风向行驶,一般会很快脱离出台风中心环流;

(3)如果处在危险半圆,那就要逆风行驶,尽量朝着台风运动轨迹的后部行进,直至进入可航半圆,然后脱离。

台风路径可能随时改变,所以应随时注意风向之改变而修正航路。

随时与海岸电台联络,以获得最新台风消息。

23. 台风对陆上交通是否影响较小?

陆上交通可以用火车和汽车来代表,其危险程度虽然可能较海上之船舶为小,但其受灾情形仍可能甚为严重。例如道路桥梁之冲毁淹没,山崩阻塞路面,车辆行驶时因风倾覆,讯号标志发生障碍,都足以发生陆上交通之灾害。故对下列各项仍应特别注意:

(1)行车减低速度,随时注意前方有无障碍;
(2)风速超过 25 m/s 时,各种车辆均应停止行驶;
(3)视线受风雨阻碍,路况瞭望不清时,不可行驶;
(4)停车场所应防车辆因风吹而滑动;
(5)随时检查路面、桥梁、涵洞,并准备抢修;
(6)不可冒险驶进被水淹没之路面及桥梁;
(7)保持信号标志之完整畅通,否则不可冒险行驶;
(8)车辆避免停放在低地、桥梁、路肩及树下,以防淹没、坍方或压损。

24. 台风来时,其他各业应如何防范?

台风灾害,主要系由于狂风暴雨,一般防护方法即是针对这两个问题而定,各种行业,各有特殊设备,自应根据各业之需要,订定防护方法和程序,斟酌情形施行,此处即不多述。我们必须有这种信念,即"尽力而为,人定胜天"。

25. 台风可以改造吗?

据历年研究结果,以利用人造雨(种云)方法最为可行,此法乃利用飞机将碘化银喷洒在台风眼外的云层内,使云层内的水分迅速凝结而释放大量潜热,俾减小台风的能量及强度。美国曾进行三次实验,结果显示在种云后 4~6 小时,台风的强度有明显减小,中心附近最大风速减低约 15%~30%,但此效果维持不久,在 6~18 小时后强度便再度增强。显然,以人造雨方式尝试改变台风所伴随风或雨的成效,仍有待进一步的研究及实地试验。

七、历史台风回顾与相关文章

文章一 从"抗"到"防"人与台风这些年——广东对台风的态度
(采写:南方都市报记者 王海燕 摄影:本报记者 徐文阁 柴春芽)

- 新中国成立以来广东人抵御台风的观念转变

在与台风无止境的博弈中,人类如何掌握更多主动权。咆哮的海潮、漫顶的海堤、浸水的村庄、颤抖的民居、摧折的大树;12 级大台风,四周一片黑暗,急速上涨的海水追赶着慌乱的人群,人们扶老携幼爬到附近山头避难……

这不是耗巨资制作的电影大片,这是发生在 2003 年 9 月 2 日 20 时,广东惠东县沿海村镇在台风"杜鹃"来袭时的真实场景。

杜鹃,当它指代一种花的时候,几乎是娇嫩无比的同义词;然而,当用它来指代发生在不久前登陆广东境内的那场台风时,其强悍的威力不亚于古代传说中"击水三千里,长空九万里"的大鹏。

现实所见往往比人们想象所及更加惊心动魄。"杜鹃"于 9 月 2 日 19 时 50 分登陆惠东县港口镇穿过大亚湾后,于 20 时 50 分在深圳东部沿海地区二次登陆;又于 23 时 15 分在中山市南朗镇第三次登陆。其间,夹带普降暴雨到特大暴雨以及异常高位的风暴潮,至 9 月 3 日 01

时才减弱为强热带风暴。

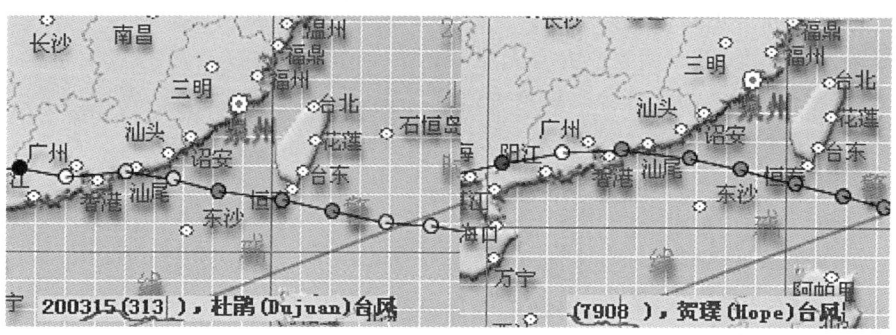
200315(313)，杜鹃(Dujuan)台风　　(7908)，资璟(Hope)台风

"杜鹃"被誉为24年来登陆珠江口最大的台风,在以迅疾之势从东向西横扫广东5小时之后,它留下了"46人死亡,近百人受伤,5400间房屋倒塌,13.9万公顷农作物受灾,直接经济损失22.87亿元"的"礼物"。

然而,对比24年前几乎以同样路径、同样速度、同样强度袭击广东的"7908"号台风,敏感的人们也许早就发现,"杜鹃"造成的人员伤亡极大地降低了。

据资料记载,"7908"号台风于1979年8月2日登陆惠东和深圳,造成121人死亡、1489人受伤,7人失踪,房屋倒塌6.7万间、损坏76万间……

"杜鹃"走了。事隔半月,粤东沿海决口的海堤已经修复,被海水浸泡过的民居正在散去潮气,死伤者及其亲人的伤口正在慢慢结痂,浅滩上牵牛花依旧顽强地绽放。也许,当下正是反观广东人抗台防台历史的恰当时机。

• "以人为本"防台风观念的胜利

回顾新中国成立以来广东人抵御台风的历史,最大的变化就是逐渐树立了以人为本的观念。广东省气象台专家何夏江9月5日接受记者采访时,提醒记者注意政府对待台风的一个细微的提法上的变化。"20世纪五六十年代,都是说'抗'台风,现在一般不说'抗',而是说'防'台风"。何夏江认为,"抗"和"防"虽一字之差,其不同的内涵却非常耐人寻味,正是人与台风斗争中人本意识逐步确立的体现。

• "人在大堤在"。——牛田洋的精神,牛田洋的教训

说起"抗"台风,就不能不说起1969年发生在汕头牛田洋军垦农场的故事。那是人类以血肉之躯抵抗大自然的极端例子,虽然大批官兵、学生在台风海潮中牺牲,虽然牛田洋军垦基地未得保全,但他们的精神在当时仍得到了"北有珍宝岛,南有牛田洋"的赞誉。

据气象资料记载,1969年7月28日11时,"6903"号台风登陆汕头,中心附近最大风力达12级以上,风速极值达53 m/s。这天正是农历六月十五大潮期,风暴潮严重,附近海域数层楼高的海浪涌过海堤,致使市区平均进水1～2 m,一艘外轮甚至从汕头港被抛到山上。位于汕头市西部的牛田洋军垦农场的海堤所剩无几,但部队官兵及到牛田洋军垦农场锻炼的大学生没有撤退,与大风、暴雨、大海潮进行了殊死搏斗,试图用生命保卫海堤及堤内的稻田,但并没有保住,470名官兵、83名大学生牺牲……除部队之外,这次台风还造成约1000名群众死亡,近1万人受伤,600多头牛、1.6万多头猪及近20万只其他牲畜死亡,倒塌房屋13万间,毁坏房屋44万间,沉船2300多只,伤船7000只,受淹耕地145万亩,损坏海堤295 km……

34年过去了,如今的牛田洋早已不是农场,而是海产养殖基地。见证那段"战天斗地"的

历史的,是静静竖在小山包上的一座"七·二八不朽烈士"纪念碑,和永存人们心中的感慨。

据当地气象部门的老同志回忆,当天牛田洋1.7万米海堤全线漫水,被冲开决口62处,围内2万多亩土地和生产设备全部被海水淹没,一片汪洋,水深达3.5 m。是"退"还是"守"?当时的防台指挥部门在多方思虑之后,还是下达了"捍卫牛田洋,誓死守护大堤,人在大堤在"的指令。

原任汕头市升平区人大常委会主任的王宝明,当年正是在牛田洋军垦农场接受劳动锻炼的2000多名大学毕业生中一个。1969年7月28日那天,他参与了抗击台风的斗争,幸运的是,他没有被狂风暴潮卷走。

他在1999年接受媒体采访时,曾这样回忆当时的场景:台风来的时候,我在缺口上,我是党员,副排长,肯定是要带头冲在前面的。我们一个连,三个学生一排,一百来人,大概有12个人能冲到海堤缺口去。当时那个风太大了,人也根本没法站,就是趴在地下,两只手抓住灌木杂草,慢慢往前爬行。去的时候,那里准备有沙包,刚好要崩了,海浪还没有到最高潮的时候,开始淹过来。堤开始有缺口了。人哪,沙包啊,在那个缺口,用肩膀顶着。顶上去,挡不了什么的,一下子连人带沙包冲到大堤下边去。于是"下定决心,不怕牺牲",爬爬爬,又冲上去,结果冲到半截,又给它冲下来。爬上去给它冲下来又爬上去,大概有三次。以后就各听天命了,谁也不知道谁,谁也听不到谁,谁也看不到谁。就在海浪里听天由命了。那时也还不知道怕。台风过后,通报了,才知道牛田洋死了那么多人,有那么严重。

气象专家何夏江当时是广东省气象台一名预报员。"6903"号台风登陆汕头时,他在广州进行气象信息监测。虽然没到现场,但是事后亲眼见证了这一场面的同事向他讲述的细节让他至今难忘:部队一个搞摄影的想要拍下这个壮烈的场面,但是风太大了,站不住,就找来一个梯子插在浅滩上,然后用一条绳子把自己绑在梯子上,结果没想到台风把他连人带梯子卷到海里去了。

"本来气象部门预报是比较准确的,但防御方针失当,以至于造成惨重的损失。那是一个相信'人定胜天'的年代,实际上在大自然面前人的血肉之躯是非常渺小的,12级的大风人连站都站不住,还何谈抵抗台风捍卫海堤?"时至今日,何夏江仍唏嘘不已,他认为这是到目前为止他所知的人类对抗台风最惨痛的教训。

牛田洋的教训是深刻的。

广东省近年的一份《大事记》承认,由于估计不足,"忽视了强台风、暴雨、大海潮长时间袭击的客观现象,另外,也受'左'的思想的影响,缺乏科学性,对(在)特大自然灾害到来人力难以抗击的情况下,不适当提出'人在大堤在'的口号,没有使灾害减少到最低程度,反而使国家财产损失严重"。

- 生命和财产孰重孰轻

从"不要命也要找到网"到台风登陆前10小时渔船全部回港。

"以人为本"的观念,正是随着社会的进步和经济的发展逐步确立的。

"当一个人生活穷困甚至连一日三餐都无法保证的时候,生命和财产哪个更重要"?这是广东省惠东县港口镇62岁的老渔民宋友珠提出的命题。在他看来,那个年代对生命的漠视是人们生活上赤贫状态的必然结果,"没有钱就没有命",财产是保证生命的先决条件。

在港口镇,几乎每一个60岁以上的人都对发生在1979年8月2日的"7908"号台风记忆犹新。据当地的老人回忆:那天上午10时许,台风在此登陆,一来就气势汹汹,风力达到12级以上,屋顶上的瓦片被扫到在空中飞舞,房屋摇摇欲坠随时有倒塌的危险,很多人不敢待在家中,跑到空旷的地方紧紧抱住水泥柱,可是水泥柱也不牢靠,不是被拦腰吹断就是整个转了一个面;一个看船的渔民被风吹到五六米高的桥上,所幸没有摔死;海边 6 km 长的防护林被摧毁殆尽,近 9 亿株栽植了近 20 年的树木尽数倒折,提供的木材让港口镇人足足烧了 10 年。

就在这样一场"百年罕见"的大台风中,宋友珠拿自己和儿子的性命作了一场赌博。9 月 9 日,他向记者回忆了自己 24 年前的"壮举":

我家里 4 口人,两个孩子读书,老婆种田,我打鱼;两间瓦房、一个竹排、一副渔网,这是全部家产。一般每次台风来都会带来鱼汛,当时在头一天(8 月 1 日)知道台风要来,就想博一下,晚上放网,没想到第二天早上风就很大了。不料鱼没打到,网也丢了。浪头一米多高,竹排下不了海,趁两个浪头的间隙,我硬把竹排推下去了。风啊、雨啊、浪啊,我和大儿子两个人,去海里找网,儿子没见过这架势,害怕,我也没见过,也怕。但是这网值好几百块,家里最值钱的就是它。我就跟他说,孩子,加把劲啊,找不到网,我们一家都不要吃饭了。找了一个钟头也找不到,风越来越大了,我(当时)只想着不要命也要找到网,哪里想到什么安全。后来总算给我们找到了。好险啊,12 级的大风,我们在海里搏了一个多小时。

现在的宋友珠虽已年过六旬,且还是以打鱼为生,但在今天的他看来,一条渔网又算得了什么?他已经住上了楼房,家里电视机、空调一应俱全,算是港口镇的中等人家。他笑笑说:"如果现在碰到这样的情况,网肯定不要了,保命重要"。

根据惠东县三防部门的统计,作为此次台风"杜鹃"正面袭击的第一登陆点,该县虽然直接经济损失达 21952.46 万元,但全县 21 个镇仅 2 人死亡,2 人重伤。

实际上,在"杜鹃"登陆之前 10 个小时,惠东全县 1042 艘渔船就已全部回港。

"在这种时候,就是用手铐铐、拿枪逼,也要让渔民放弃财产回岸避风。"惠东三防办主任翟寿林 9 月 8 日对记者说,汕头牛田洋的教训是血的教训,如今再也不是'人在堤在'的时代,任何情况下,确保人员安全是三防工作的指导思想。"有了人,什么都能创造。

翟寿林说,在惠东县,这次对"杜鹃"的防御算得上是一次胜利,而这个胜利,正是"以人为本"的防台风观念的胜利。

- 台风、"妈祖"与卫星云图

今天的人们已经普遍认识到台风是一种自然现象,知道它是生成于西太平洋或南海等洋面的热带气旋,当积蓄一定的能量之后,伴随暴雨、巨浪和风暴潮向大陆移动。但是,人们最初对它的理解却常常是与超自然力量结合在一起的,即使在逐渐掌握台风的规律之后,人们也常常向神灵寻求心理安慰。

- - 拜神驱风

一个小镇近 30 座神庙

位于大亚湾东侧的惠东县港口镇是此次台风"杜鹃"的第一登陆点。当记者于 9 月 10 日沿海边公路驱车而来时,这里刚被台风扫荡过的防护林一派颓相,约三分之一树木被台风削掉树冠。在台风过后连续数日的烈日暴晒下,树叶焦黄,景象恍若深秋的北方小镇。

港口镇总面积 24 平方千米,可谓弹丸之地,但却分布着近 30 座神庙,以妈祖庙、玉皇庙、关帝庙三种居多。无论是菜市场边,车站附近,还是居民屋角或者海边沙滩上,这些神庙随处而安,规模大小不一,几乎每一座都香火缭绕。记者到来时正是中秋节前一天,傍晚时分,镇上家家户户都在准备香纸和鱼肉,待第二天进庙祭拜。

全镇最大的神庙位于港口镇镇政府斜对面,称"妈祖庙玉皇宫",它也是全镇最豪华的建筑。从一级一级陡峭的石阶走上去,可以看到这所神庙共有3个大殿,总占地面积约800平方米。据称,这所神庙有400多年的历史,现在的规模是上世纪90年代由本地居民自愿捐资重新修缮的,共耗资近300万元。

"这个庙最灵的,这次台风过后,镇上每家人都来拜过了。"一位年过花甲的工作人员对记者说,"今年一次台风,去年一次台风,港口没什么大伤亡,大家都说是妈祖显灵了。"

而该镇57岁的渔民老蔡同样相信,他出没大海数十年没有遭遇大损失得益于"天天拜神"。他说,他从12岁开始下海打鱼,每一次出海之前都要在自家的神位前烧一炷香,每个月的初一、十五,家里人都要带上鞭炮到附近的村庙祭拜,每年像七月半"鬼节"、八月半中秋节都要准备酒菜、水果和油钱到镇上最大的妈祖庙烧香还愿。而在台风常常袭击的粤东沿海村镇,至今仍流传着各种版本关于台风的神话故事。

·· 渔民的经验

台风到来前的预兆

台风到底是如何产生的?也许人们越来越感到神话故事里的解释毕竟牵强。于是,在依赖超自然力量的同时,也在琢磨台风的活动规律。

在一本清朝光绪年间的《惠州府志》上,记者看到这样一些关于台风的谚语:"风之暴者,谓之飓风。飓将至,则多虹霓"、"行见云脚疏,谓之飓风路"、"水气腥为飓风之兆"。气象专家称,古志书上所称的"飓风"就是我们所说的台风。从这些谚语中,不难想象百年前人们对于台风规律的探求。

台风到来之前的确是有预兆的,常年生活在海边的人,特别是经常出海的渔民对此可说是有了比较成熟的了解。

惠东县港口镇渔民宋友珠对自己的经验判断很有信心,"百分之八十的时候是猜得准的"。他说,一般每年的7、8、9三个月是台风最多的时候,台风来之前的一天,天气会很闷热,还会下一点雨;太阳看上去像长了毛一样,晚上星星不停地眨;树林里虫子特别多,蜻蜓到处飞,鸡鸭等家禽躁动不安;海浪也不像平时一波一波平稳地推进,而是像江河水一样不停地翻动。

每逢出现这些天气预兆,十有八九会有台风。但是没有这些预兆的时候,台风也常常照样光顾。这正是出没无常的台风让宋友珠们感到难以对付的地方,单纯依靠经验判断的渔民这种时候就要吃大苦头。据了解,在港口镇,每年在海上丧生者至少10人。"渔民最怕的就是台风了。"宋友珠说。

·· 卫星云图——让风魔无法遁形

面对强悍的台风,人们从来都不是束手待毙。虽然目前还没有办法阻止台风的发生、改变台风的路径或者削弱台风的威力,但是通过科技手段,人们已经可以通过提前防御、因势利导的方法将台风带来的损失降到最小。

对比"杜鹃"和与之相隔24年、有着惊人相似之处的"7908"号台风,无论是沿海边陲的老渔民还是端坐电脑旁运筹帷幄的气象专家,都感受到气象预报手段的进步对防御台风的作用。

据气象资料记载,"7908"号台风是新中国成立以来袭击珠江口最强悍的台风,于1979年8月2日中午12时许登陆深圳,中心附近最大风力12级,阵风风速60 m/s,给刚刚由宝安县改制成立的深圳市带来严重损失。

回想起"7908"号台风,时任宝安气象站(深圳市气象台前身)预报员、现在已经退休的邱容生老人最大的感慨是"如今的气象预报手段先进了上千倍"。

9月10日在深圳,邱容生老人向记者回忆道:在"7908"号台风袭深之时,全深圳只有一个气象站——宝安气象站,没有卫星云图、没有雷达,唯一先进的设备是一台风速记录仪,再加上温度表、雨量器等简易设备,还有一部要摇上半个小时才能接通的电话。

"靠这些设备是不可能准确预报台风的",邱容生老人说,在台风登陆之前12小时,他们根据有限的气象资料和群众的经验判断,预测台风可能对深圳有严重影响,将在下午四五点钟袭击深圳;但实际上,台风的威力大大超出他们的想象,而且在中午12点就到了深圳。"观察天象预兆和本地气象变化,可以知道有没有台风来,但是台风有多大、速度有多快,只有雷达、卫星云图才能看到,而那时我们什么都没有。"

现在仍在深圳气象台预报科工作的一名老员工当时负责照看这台唯一的风速仪。她对记者说:"那个台风来的时候,风速仪根本无法准确记录它的速度。"因为,这台风速仪能够记录的极限风速是40 m/s,而实际上,"7908"号台风袭击深圳的风速达到了60 m/s。在她捧出的一堆关于"7908"号台风风速的记录表上,记者看到,40 m/s之内的自动记录线非常平滑,而在40 m/s之外则画上了一些类似小孩涂鸦的线条,这些都是风速仪指针超越极限后弹出的线条。

"当时的设备之简陋可想而知。"现任深圳气象台预报员的张小丽说,现在深圳已经建立了40多个自动气象站,平均每5 km半径范围之内,就有一个气象站,这是全市仅有一个气象站的上世纪70年代所无法想象的。

由于科技的进步,台风在气象专家面前再也不是看不见摸不着的风魔,而是一个一览无余的漩涡状快速移动的气团,在卫星云图上,它的任何一个细微的动作都无法遁形——当"杜鹃"于8月30日在西太平洋生成的时候,气象部门通过卫星云图就已经捕捉到它了。此后,"杜鹃"逐渐向西南方向移动,强度逐渐加强,它移动的轨迹始终在卫星云图和雷达的双重监控下。

先进的科技手段使得准确预报台风成为可能,而预报的准确性为人们防御台风提供了重要的决策依据,并争取了宝贵的时间。

当"杜鹃"还在距离广东1000多千米的洋面徘徊的时候,气象部门就已经预测到它将对广东产生严重影响,随着"杜鹃"一步步逼近,气象部门对它可能正面袭击的区域定位更加精确,在"杜鹃"到来之前的10个小时,气象部门已经作出了台风将在珠江口沿线登陆的判断。与此同时,在广州、深圳、惠东、汕尾等地,台风预警信号从白色、到绿色、到红色,甚至黑色逐步升级。

对"杜鹃"及其危害性的准确预报,对此次防台工作避免人员伤亡、减少财产损失的确功不可没。广东省三防办人士作出这样的评价。

• • 尾声:人与台风——无止境的过招

从台风"杜鹃"和1979年发生的"7908"号台风的对比中,显见相同威力的台风带来的人员伤亡远远小于几十年前。对此,我们当然可以归因于政府重视、预报准确、防御得力,甚至沿海渔民们对于妈祖显灵的归因。然而,当将它们置于一个更大、更长的因果链上来审视时,我们不能不承认,所有这一切都得益于人本意识的日益觉醒,以及经济实力的巨大增长,一言以蔽之:社会的进步。

从"抗"到"防",从"保堤"到"保人",我们看到了一个大写的"人"字;从妈祖庙与卫星云图的相安并存,我们感受到时代对多元文化与价值观的包容;从当年仅有的一台风速仪到今天的卫星云图加雷达,我们深知,在这一"鸟枪换炮"的背后,有着我们社会发展所带来的强大经济实力在支撑。

不过,在台风面前,我们还没有理由盲目乐观。

这不仅因为人类尚未完全掌握台风的秘密,更因为我们在逐步解决老问题的同时,又面临着城市快速发展所带来的新问题。

在台风"杜鹃"造成的人员伤亡中,值得关注的是,绝大部分是在建筑工地而发生的,死伤者的主体悄悄演变为城市快速发展所必须依靠的力量——民工,而不再是通常被认为最易受台风袭击的渔民。以深圳为例,据当地三防部门的统计,台风"杜鹃"在该市共造成21人死亡,1人失踪,20人重伤,79人轻伤。在死亡的21人中,有16人死于在建房屋倒塌,1人死于建筑工地升降机倒塌。"城市发展少不了建高楼造大厦,但是在城市建设中,现代化的元素无可避免地成为了防御台风中的新隐患。"一位三防专家如是说。

人与台风之间的过招是无止境的,人对自然的应对与驾驭是无止境的。就在9月14日,台风"鸣蝉"袭击了韩国南部地区,在当地被称作"百年罕见",初步统计已造成78人死亡,24人失踪以及巨大的经济损失。而据省气象台专家预测,当年年内还将有台风影响广东。直到12月份,广东都有受台风侵袭的可能性。

"什么时候人能够像'人工降雨'、'人工消云'一样,控制台风的发生和活动轨迹就好了。"气象专家何夏江的期望代表着更多人的期望。也许当科技发展到那个时候,人类面对台风将不再慌乱,人类在与台风的博弈中将掌握更多的主动权。

- 追风档案——广东历史上的大台风

(1)1848年台风

灾害:道光廿八年(1848年)8、9两月,狂风两度大作,广州、番禺、南海、新会、顺德民居多倒塌,覆舟数以千计,海丰县城垣连崩7处,共30余丈,高要、高明、饶平等县皆拔树伤禾,秋稼歉收,香山(中山)山田水稻杂粮概坏。

点评:这是广东历史上最早有详细记录的台风。

(2)1922年台风

于1922年8月2日15时登陆。海潮暴溢,暴雨倾盆,许多乡村被淹入海涛之中。有的轮船竟被汹涌的海浪掀到山上。

灾害:据《潮州志》载,在风灾中死亡5万余人,伤者倍之,澄海县的外砂乡,全村人命财产化为乌有。

点评:比"杜鹃"更强,在历史上是比较有代表性的台风。

(3)"5413"号台风

于1954年8月30日02时在湛江市与吴川之间沿海地区登陆。

灾害:粤西沿海各市、县均遭受10级至12级以上强台风的袭击,倒塌房屋20.9万间、损坏70.18万间。死亡884人,11万人无家可归。船只沉没827艘,失踪81艘,受灾农田184.1万亩。

点评:这是新中国成立以来登陆广东最厉害的台风。

(4)"6903"号台风

于1969年7月28日11时许登陆汕头市。数层楼高的海浪涌过海堤,市区平均进水1~2 m,一艘外轮被从汕头港抛到山上。

灾害:位于汕头市西部的牛田洋军垦农场的海堤所剩无几,保卫海堤的470名官兵、83名大学生牺牲。这次台风共造成1000名群众死亡,近1万人受伤,倒塌房屋13万间,损坏海堤295 km。

点评:这是广东抗台历史上最为惨痛的教训。

(5)"7908"号太平洋台风

1979年8月2日在惠东、深圳等地登陆。汕头沿海发生严重风暴潮灾害,汕头市区50%的地方受浸,水深0.3~1.0 m。

危害:由于风力很大,全省损坏房屋达75.8万间,伤亡人数1972人,受灾农作物23万公顷,风力灾害之大居广东之前列,惠东县港口镇6 km长的防护林被刮毁殆尽。

点评:这次台风路径、速度等与"杜鹃"惊人相似,但威力比"杜鹃"稍强,是新中国成立后30年影响广东最强的台风。

(6)"9615"号台风

于1996年9月9日11时前后在湛江市吴川沿海地区登陆,从东向西先后袭击广东省珠海、湛江等6个市。

灾害:全省27个县(市)受灾,其中湛江、茂名、阳江等三个市的灾情特为严重,而湛江市所受破坏程度,属1954年以来至当时最为惨重的一次。湛江港500吨重的龙门吊被大风吹到海里。

点评:在湛江人的记忆中,这是一场令人闻之色变的大台风。

文章二　巨型超强台风登陆浙江50年回顾与启示

(浙江省气象局　祝启桓)

1956年8月初,中心在浙江省象山登陆的巨型超强台风(编号"5612"),不仅给浙江带来严重灾难,同时给上海、江苏、安徽、河南、河北、山东等省(市)造成严重灾害,迄今已50年过去了,回顾那次百年不遇的巨型超强台风,温故知新或许有所裨益,特别是当前全球气候变暖,灾害性天气不仅频数增多,而且强度特大,动辄打破历史纪录,例如2004年影响我省台风多达7个,是往年的二倍,其中有3个中心登陆浙江,这是1982年来所没有;2005年卡特里娜飓风把美国

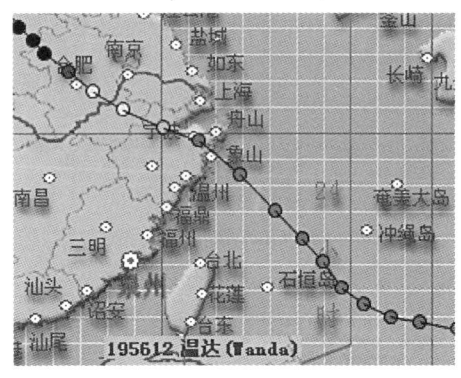

新奥尔良市几乎全城摧毁,至今未全恢复。气象灾害无疑是造成社会的不安定重要因素之一,为了今后更好的防御特大超强台风,特对5612号台风作一回顾。

检索对比近60年登陆我国大陆的台风,中心气压之低、范围之广、风速之大、暴潮之高、降水之烈、破坏力之强,未有超过5612号台风的,强度居我国大陆第二位的是1969年7月28日在汕头登陆的6903号台风,暴潮也曾给汕头牛田洋军民造成严重损失。至于登陆浙江强度居第二位的是2005年0515号台风"卡努"强度为945 hPa,居浙江第三位的是2005年的0509号"麦莎"和2004年的0414号"云娜",强度都是950 hPa。

5612号台风的主要特点是:

1. 范围特大:6级风圈半径超过1000 km,当中心在象山登陆时,北到青岛南至厦门同时

都在6级风圈的范围内,曾有学者把半径超过1000 km的称为"巨型台风",半径小于100 km的称为"微型台风",普通台风的半径多为300~400 km,5612是普通台风的3倍以上实属罕见。

2. 中心气压特低,风力特强。5612号台风登陆时中心气压为923 hPa,这是中心登陆大陆迄今所测到的最低值。风速达65 m/s,往年气象部门由于采取原始的蒲氏风级,最高只有12级,对12级以上的超强台风难以表达,2006年起采用扩充的蒲氏风级延伸到17级,这样对超强台风就可以正确表达了,但是5612号台风风速达65 m/s,超越了17级的最高等级,到了18级,可见5612号台风是一次罕见的超强台风。

据象山巡守的岗哨称:台风袭击时人们根本站不起来,只能伏地爬行,暴风雨如同竹丝鞭一样的抽打在脸上疼痛异常,就连喘气都很困难。

3. 暴潮特高产生海啸,海啸的发生有两种情况:一是海底地震(或火山)引起的,如2004年印度洋海啸;另一种是超强台风引起的,如5612号、6903号台风等,由于气压特低,引起海面上吸,高有7 m以上,直径有数十千米和眼区大小相当,中心在象山林海乡登陆时把守护在海塘上军民3084人卷走,据生还者称海塘高为3 m,暴潮超过海塘约4 m,潮水越过海塘后很快散开,故海啸持续时间不长约15~30 min,潮水急进急退,纵深10 km,海啸短短几十分钟就把平时十分热闹的镇市夷为平地,有的只剩下一片瓦砾场,景象十分凄凉。1922年广东汕头一次登陆的台风也出现海啸,海水急进急退夺去5万人的生命,以后瘟疫流行又死亡20万人,那一次潮高为4.6 m,比5612号台风要低,6903号台风袭击汕头牛田洋的海啸比1922年的一次略低些(潮高约4.4 m)。

4. 暴雨特强,山洪特大。台风中心所经之处浙北到处山洪暴发,景象恐怖,当山洪奔注时水头如一条白练(布)飞速前伸,在平地上水流两边凝聚成如刀削一般,人向前奔逃时,起初未见身后有水,转瞬间就被洪水追及,再瞬间就水深没膝,其势如钱江大潮,所到之处冲毁堤塘、房屋、人畜、树木、水稻等,片刻间一片汪洋。不少山区还引发泥石流、山体滑坡等地质灾害,山洪暴发残酷情景甚至超过暴风雨。

由于风、雨、潮特大,造成的灾情也特重,全省死亡4926人,伤5万余人,洪涝面积735万亩,毁房85万间,毁水利设施2.7万处,桥梁1500多座,39%公路被破坏,沉毁船只3500多条,死亡牲畜万头,……杭州景区3万多株树木倒断。

5612号台风的预报警报正确及时,大大减轻了损失,收到了很好的社会、经济效益,受到了国务院的表彰并在1956年10月23日专为此发函《关于八月初台风预报有功人员授奖的指示》。

既然预报正确及时为何还造成重大损失?除了不可抗拒的因素外,主要对台风引起的海啸认识不足,强调军民在海塘上坚持"抗台"而被巨浪卷走,这是一条血的教训。

近60年为什么巨型超强台风不出现在台风影响次数多的广东、福建而出现在浙江?这是因为登陆广东的台风它的源地多在南海,而南海海域东西向宽度还不到1000 km,难以形成直径达2000 km的巨型台风,另外,广东纬度较低,距南海台风源地很近,还没充分发展加强时台风就登陆减弱了。而正面登陆浙江的台风都来自太平洋,这里有足够大的空间形成巨型台风,浙江纬度偏北些,移来的台风大多充分发展壮大,尤其浙江以东辽阔的洋面毫无屏障,不像福建,东有台湾的阻挡从而削弱台风,因此巨型超强台风不出现在粤、闽而出现在浙江。

通过5612号台风再结合近60年其他中心登陆浙江的台风,我们可以得到哪些有益的经验和启示?

1. 有序地组织人员安全转移是减免伤亡的有效措施,通过5612号台风与2005年几次超台风袭击浙江进行对比,为什么2005年人员伤亡特少?除气象部门准确的预报外,与省委省府、省防指和各级有关部门,领导有力、措施得当,事前组织群众有序转移有关,例如2005年0515号"卡努"超强台风,风力达17级,由于事前转移了105万人,在这样超强台风袭击下只死亡14人,这实在是个奇迹!同样2005年0509号"麦莎"强台风由于转移了124万人,只死亡4人。对比世界上最发达的美国,2005年卡特里娜飓风,登陆时风、雨、潮却把新奥尔良市搞得狼狈不堪,飓风袭来前未能有组织地转移,飓风临近,仓促间又大量堵车,结果死亡1千多人,看来浙江省的防台水平和防台组织能力远远超过最先进的美国,这是我们"以人为本"的方针创造的奇迹。

2. 全球变暖,强台风和超强台风出现频数增多,浙江是巨型超强台风出现的省份,因此防灾应立足于防大灾和特大灾害。在"三农"建设和长远规划中,似应考虑百年一遇的情况,随着我省经济不断地增长,应能有条件进行高标准的防灾建设,资金来源可从多方面多渠道筹集,用以逐步改变不堪一击的设施成为经得住百年一遇的重灾考验的工程。对住房、厂房、校舍、仓库、大型活动场所的选址要避开易受海潮、山洪泥石流等频发的地区,各种建筑物都要能抗大风、防雷暴。

3. 台风海啸和天文大潮是人员伤亡的最大杀手。5612号台风的海啸夺去3084人的生命,给人们留下不可磨灭的印象,能产生海啸最重要的指标是中心气压,凡中心最低气压小于930百帕时,必然要产生毁灭性的海啸,事前一定要组织群众及早转移。海啸的破坏力主要有三大因素,一是海潮滥溢,二是在海潮的挟裹下,对建筑物的堤塘的猛烈冲击,三是对海岸的冲蚀。

台风袭击时如在阴历的初三或十八前后,这时正值天文大潮,即使不是超强台风,中心气压不是太低,不能形成海啸,但因风、雨、潮三者叠合,也能出现暴潮造成重灾,例如9417台风在瑞安登陆时值农历七月十五,狂风暴雨加上大潮,海水倒灌,海塘决口,造成1126人死亡,217人被洪水围困。天文潮的烈度虽然不及海啸,但造成的危害不可低估。

4. 注意连续台风的叠加灾害。鉴于台风活动频数增多,应注意"连环台风"的袭击,也就是短时间内连续有两三个以上台风先后袭击同一地区产生叠加灾害,后到的台风即使强度不大也能出现大灾,例如1990年8月20日—9月8日,18天中连续有"9012"、"9015"、"9017"、"9018"四次台风袭击浙江,造成40年来飞云江最大洪水,全省有1300多万亩农田受淹。

5. 不仅5612号等各次台风能造成山洪暴发引发泥石流等地质灾害,每年一般的暴雨也能引发地质灾害,特别浙江省"七山一水二分田"山地很多,防治山洪减轻地质灾害是农村建设的重要问题。当前需进一步强调植树造林,封山育林,保护森林,制止乱砍滥伐现象;不断宣传森林对抑制山洪,减轻地质灾害,改善局部气候的重要作用。虽然我省森林复蓄率很高,但不少地方为了眼前局部利益乱砍滥伐对减轻山洪和地质灾害非常不利,极应引起重视。

6. 5612号台风期间,各地曾普通发生"四断"。所谓"四断"是指断水、断电、断交通、断通信。当气象部门发布台风警报后如对本地有严重影响时,应做好各方面的预防措施,为避免因"四断"而发生生活困难,各家各户最好准备"应急非常袋",袋内应放好手电筒、蜡烛、凉开水或纯净水及3天用量的干粮以及常用药品等,最好每人都有一袋,当发生意外或洪水包围时可维持生命等待救援。

7. 患难见真情,通过每次防灾救灾工作都能涌现出不少好人好事,英雄模范人物和优秀党员干部,5612抗灾极大地的密切了党群关系、干群关系和军民关系;尤其是驻浙三军在防灾救灾中都曾做出突出贡献,今后我们也应该抓住一些动人事迹通过媒体大力宣传报道,无疑可增强党的凝聚力和向心力,特别是灾后各级领导干部深入灾区进行慰问、救助、安置灾民、处理善后、指导恢复生产,能使群众切实感到党和政府的关怀衷心感激党和政府。

8.5612过后在农村中曾大力开展科普宣传工作,并取得了良好的效果,因为正确的气象预报群众印象很深刻,思想上容易接受科学知识,当前农村不少地方封建迷信思想有所抬头,应结合"以崇尚科学为荣,以愚昧无知为耻"的荣辱观宣传,开展有计划、有组织、有人力财力支持的一系列科普工作。

时任中国气象局局长的秦大河,2004年曾在《中国气象报》上发表一篇《不断开创气象科普新局面》的重要文章,指出"……天气是永恒的话题,天气预报警报直接关系到广大人民群众的生产生活,随着时代的发展和信息化的到来,气象科普要不断更新内容,提高公众应用气象信息的能力……"又说"气象科普要与时俱进,就必须树立大科普观念,不仅大力宣传普及天气知识,也要普及气候和气候变化方面的知识,还要提高人们开展利用气象资源水平与防御气象灾害的能力,帮助人们认识自然趋得避害,促进人与自然的和谐发展"等。

文章三 新中国成立后的福建省七大风灾回顾

此文由台风论坛的一位网友"天涯芳草"所作,文笔精彩,资料丰富,非常值得一看。相关名词解释——

NMC:中国中央气象台;

CWB:台湾地区的中央气象局;

JMA:日本气象厅(掌握现在的台风命名权);

JTWC:美国联合台风警报中心(2000年以前拥有台风命名权,实行自主命名);

HKO:香港天文台。

由于台湾的阻挡,福建所受的台风灾害大有减轻;但台湾同时也增加了台风的不确定性,台湾海峡的狭管效应使海峡里的风速减弱不多,大风范围也相当大。五十六年以来,福建也遭受过多次惨烈的风灾,现在就简要地作一回顾,其实福建的风灾并不轻于直接面对大洋的广东海南和浙江。凡提及台风登陆时的强度,如无特别说明,均指NMC所认定的强度。

以下编号均为NMC编号,括号里为命名(JTWC),后附有JMA、JTWC和CWB(20世纪90年代开始有HKO)的Analysis Archive,标出巅峰时刻的强度。早期NMC数据常缺失,没有强度数据。JTWC在2000年前只有风速数据,日本气象厅在1977年前只有气压数据,起编时间依照JTWC(因为早期JMA无风速,且JTWC是命名机构),但时间是世界协调时。

1. 忽从天降的悲剧:5903号台风(Iris,艾瑞丝),登陆厦门,965 hPa(JMA),90KT(2级飓风,JTWC),45 m/s(中度,CWB)

自从海南新闻网刊出了7314号台风夜袭琼海的长篇通讯后,许多人才知道小风圈热带气旋在科技落后、信息不通的年代会带来多大的灾难。但是可能很少人记得,在7314号台风侵袭十四年以前,福建省也曾经遭遇过一场十分相似的台风的凶猛袭击。5903号台风躲过了气象人的法眼,狂风暴潮半夜齐发,让实际并未发生风暴潮的中国第一台风也黯然失色。从记载来看,它同时也很可能是20世纪50年代仅次于5612号台风的特大风灾,是福建气象史,甚至是中国气象史上都具有历史意义的台风

8月19日,Iris在菲律宾以东洋面形成,初期向偏西方向移动,一天以后加强为台风并且转向西北方向移动,掠过吕宋北部进入巴士海峡并于8月22日在海峡里达到最强,此后维持路径,直到8月23日凌晨在厦门登陆。50年代,我国预报天气主要靠天气图,而天气图的资料来源于各地气象台站的天气报告,要预报从海上来的台风动向,有相当大的难度,原本预计在广东汕头附近登陆,但台风却突然夜袭闽南。

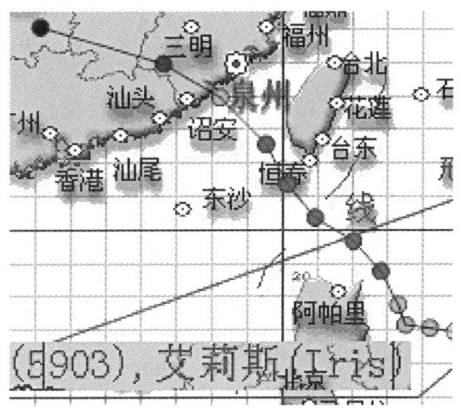

厦门站出现1949年后最高潮位,气象站测得十分钟平均风速42 m/s,一分钟平均风速45 m/s,阵风60 m/s,被认为是新中国成立以来登陆福建的最强台风,而阵风纪录至今没有被打破,仍是全省的最高纪录。在风速计质量和数量都十分低下的20世纪50年代,能够测到这样的风速也可见台风强度之强。

5903号台风环流细小,能量集中,台风进入台湾海峡时,闽南沿海的风力也只有6~7级,当风力突然加强已经是半夜,措手不及。厦门市遭遇新中国成立以来最严重的风灾,三人合抱的大榕树被连根拔起,集美海堤被风、潮卷毁,市区进水平均1米深。受淹农田41万公顷,沉船2610艘,冲毁海堤1713处,倒塌房屋17874间,全省728人死亡,毁渔船3800艘,经济损失3亿多元。国家海洋局评价为较大潮灾(二级潮灾)。由于无法确知在海上究竟有多少人失踪,台风的遇难中的人数已经永远是一个谜。

在福建省的官方记录中,5903号台风至今仍是登陆强度最强,大风破坏最严重的台风。由于台风灾害严重,虽在"三年自然灾害"的极端困难时期,又遭到5903号台风的毁灭性打击,福建省仍终于下定决心,拿出1960年的全部外汇向英国购买两部气象雷达,福建省也成为我国第一个拥有气象雷达的省份。从此福建省拥有了对近海台风的实时监测能力,这也开始了福建省天气预报现代化的进程。5903号台风灾害影响之深远是难以估量的。

2. 杀人不见血的暗箭:6001号台风(Mary,玛丽),登陆香港,980 hPa(JMA),80KT(1级飓风,JTWC),35 m/s(中度,CWB)

6月份是西南季风牢牢控制南海的月份,没有副高带来的良好辐散,热带气旋不容易达到很高的强度,但却可以吸满充足的水汽,带来丰沛的降水。历史上不知多少南海台风为东南沿海带来严重的洪涝灾害。近几年来,类似北冕,玛莉亚之类的风暴都暴雨成灾。然而6001号台风,却让它们无不黯然失色,堪称创始大洪水的倾盆暴雨让闽南人民至今不堪回首。

6月3日,南海的季风低压在西沙群岛附近发展成为热带低压,并被JTWC迅速升格为热带风暴。和在西南季风引导下的许多TC一样,Mary移动和增强的速度一样十分缓慢。直到三、四天后,Mary才增强为台风,并逐渐达到巅峰强度,并且在6月9日凌晨以巅峰强度登陆香港,因此被称为"6.9"台风。当时的HKO发出了超过50个小时的烈风或暴风信号,

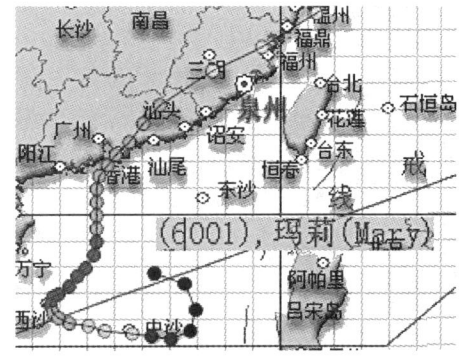

后来玛丽在皇家天文台总部之西北偏西 10 千米附近掠过,总部记录到的气压是 974.3 hPa,瞬时最低气压是 973.8 hPa。香港风迷或许没有人能够记得这能够配得上 9 号甚至 10 号风球的台风,不过这已不重要。台风登陆后,一直维持热带风暴强度,一天后从闽西进入福建,又不到 1 天即出海,沿着副高北缘向偏东方向移动,再次增强为台风,一直接近日界线才消散。在福建境内的时间虽然不长,但由于引进强大的西南季风,暴雨的时间和强度却是罕见的。

风暴中心所经之处有 14 个县风力达 10~12 级,8~10 级者占我省大部,九龙江、晋江出现特大洪涝,漳州一带一片汪洋,洪水持续 50 小时以上,农作物受灾 463 万亩,死亡 638 人,受伤六千多人,当地群众称这是百年未见的大灾。一直到今天(2004 年),漳州和泉州仍然有不少地方记录着"6.9"台风暴雨留下的洪水痕迹,而不少洪水水位直到今天也没有被超过。从此以后,许多地方在发生台风洪水时,都以 6001 号台风留下的水位作为对照。这几年,北冕,碧利斯等热带气旋在福建暴雨成灾,然而再也没有台风洪水能够像"6.9"台风一样带给闽南人如此惨痛的记忆。今年(2004 年)的珊瑚进入福建后,漳浦洪水怒涨,但老人们还是没有忘记四十五年前的"6.9"台风。它铁一般地证明了,台风的威力绝不仅仅是怒号的狂风,更有从天而降的洪魔。

3. 摧城拔寨的八月狂潮,6614 号台风(ALICE,艾丽丝),登陆福州罗源,938 hPa(JMA),130KT(4 级飓风,JTWC),40 m/s(中度,CWB)

虽然有台湾的阻挡,但总会有一些台风绕过台湾本岛,直接威胁福建陆地。这里面既有 5903,0102 等从南面袭击的,也有 6614,0418,0216 等从北面西行登陆闽中北的。在这些台风中,1966 年 9 月 3 日登陆福州罗源的 14 号台风堪称其中的典型。而在这之前的 6611 号台风和紧接到来的 6615 号台风虽然本身灾害轻于前者,却用这令人心寒的三连击将闽东北地区变成了满目疮痍的人间地狱。

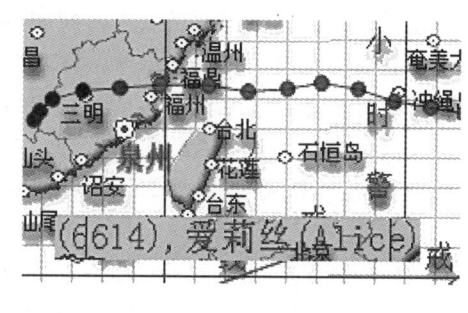

随着 8 月的结束,副高大多会逐渐南退,但有时也有例外,副高呈狭长的带状,位置偏北,这就给了热带气旋以机会从比较高的纬度西行,威胁华东沿海。6614 号台风即如此。8 月 25 日,热带低压在马里亚纳群岛附近加强为热带风暴,并缓慢地向偏北方向移动。三天以后,由于受到副高的阻挡,Alice 打了个小转,开始在 25°—26°N 的高纬稳定西行,并且迅速爆发增强,9 月 1 日,强度达到顶峰。威胁已经十分明显,但由于从东方逼近的台风难以出现预兆性的台母,而 20 世纪 60 年代消息的闭塞又让人们茫然无知,两天以后的中午,当台风中心绕过黄岐半岛进入罗源湾时,一场浩劫随即从天而降。

这是当年登陆我国的最强台风,登陆时中心气压 965 hPa,也是新中国成立十七年以来福建遭遇的最为严重的风暴潮灾,9 月 3 日是农历八月初三,台风中心登陆的时刻又是正午潮水最高的时候,沿海狂潮怒涨,宁德地区霞浦县的三沙站出现历史最高潮位,超过警戒水位 0.86 m,闽东全部验潮站的水位均超过警戒水位。罗源最大风速 52 m/s,飞竹公社 5 小时降水量高达 248 mm,6 尺直径的老水松被拦腰截断。宁德三都海堤崩溃 5400 m,海啸海水倒灌,一片汪洋。全省受淹农田 47 万公顷,船只损失 5646 艘,冲毁海堤 781 处,损坏水利工程 15806 处,倒塌房屋 15051 间,根据不完全统计,伤亡至少 3187 人,而仅霞浦、宁德、罗源、连江四个县就死亡 269 人。连江县至今没有遭遇过更大的潮灾,三十九年后的今天,一些经历过的人们在提及6614号台风时仍心有余悸。

4. 中秋之夜的永别 6911号台风(ELSIE,爱尔斯):

登陆晋江,895 hPa(JMA),150KT(5级飓风,JTWC),65 m/s(强烈,CWB)。

今年福建风季让不少风迷感叹,海棠,珊瑚,泰利,还有最后让福州市陷入瘫痪的龙王。其中秋台龙王让人感到的台风的时辰并不仅在炎热的夏季,很多人惊叫:历史上从未有过的国庆大灾。但是现在的人们,可能很少有人记得,三十六年前的这个时刻,在6614号台风的伤痛尚未消失之际,发生了一场更为强烈的台风风暴潮,它让当年经历过的人们把龙王不过当作微风拂面而已。

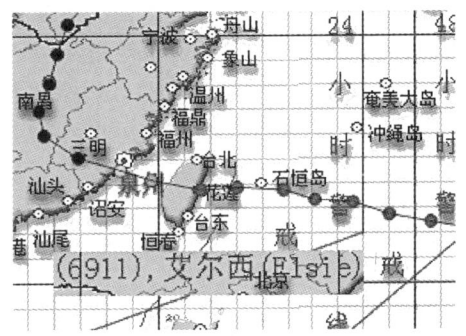

60年代的副高似乎一直如此强盛,三年前如此,三年后也是如此。而这年的台风也是羞答答地不肯见人,9月底了仍然只是11号。6911号台风和6614号台风有着几乎相同的路径,只不过稍微偏南一些。9月19日,6911台风在威克岛以西海域形成,第二天被命名为Elsie,以后以和气候平均值相当的速度逐渐增强,并在进入140°E时达到它生命中的最强时刻,成为日本气象厅历史上极其罕见的中心气压低于900 hPa的超强台风。此后强度虽然有所减弱,但仍然在9月26日的中秋之夜,以931 hPa的中心气压登陆台湾花莲,风速45 m/s。登陆时刻是23时,台湾狂风大作,全省灾情严重,然而更加沉重的打击是在第二天天明后的福建沿海。

这是农历八月十六的天文大潮,在大风圈的6911号台风的推动下,台湾海峡的海水再一次暴涨,从漳州到宁德,沿海六市的潮位迅速上涨,福州马尾白岩潭站出现2.38 m的风暴增水,排名全省历史第二。狂风大作,惊涛拍岸。刚刚吃完团圆饭,沉浸在甜蜜梦乡中的人们也许曾经看到了台风登陆前的预兆,但没有人愿意破坏节日的欢乐。可是当他们早晨醒来时,发现自己的家乡已经处在强烈台风的正面袭击之下。从南到北,疯狂的潮水冲毁海塘,涌入陆地,台风中心登陆点的晋江沿岸海堤大部分被台风风暴潮冲毁。全省均受到严重损毁,省内42个县下暴雨,过程雨量柘荣356.2毫米,登陆晋江时已经减弱,最大风力11级,三都、柘荣阵风达40 m/s,宁德的潮灾不亚于三年前的6614号台风,当地有老农反映是比清咸丰三年更大的海潮。厦门市出现5903号台风以来的最强风力,而如此强大的风力直到30年后才被9914号台风丹尼所重复。罗源县灾情最为惨烈,六个公社的海堤全部崩溃,海岸被侵蚀成锯齿状,罗源湾景观面目全非……这是新中国成立以来遭遇的最严重的风暴潮灾。

1969年和1966年一样是福建省的噩梦,登陆汕头的6903号台风和登陆晋江的6911号台风都进入了新中国成立以来的十大风暴潮之列,而60年代末的这两次毁灭性台风风暴潮发生之后,国家才真正开始了对风暴潮预报的研究。多少年来,福建省从未在中秋之夜遭受如此沉重的打击,无数个家庭最后的团聚,永远被定格在台风前夜的中秋佳节。这次潮灾,全省伤亡近8000人,而与历史上的无数次潮灾一样,真相,永远是一个遥不可及的梦想。

5. 历史惊人地相似 9018号台风(Dot,黛特):

960 hPa,75KT(JMA)75KT(1级飓风,JTWC),38 m/s(中度,CWB),960 hPa,39 m/s(HKO)。

同样的时间,同样的路径,同样的大环流,同样穿过台湾,同样是秋台,同样在晋江登陆,同样的潮灾,同样的灾害。时隔二十年后,9018号台风再次沿着当年6911号台风的足迹到来,虽然今非昔比,换了人间,但台风依旧,灾情依旧。久经考验的福建沿海在一次强度不是特别强大的台风面前依然不堪一击。

9月3日,9018号台风在雅浦岛附近洋面生成,然后缓慢加强为台风,强度一直不强,稳定地西北西移动,并于9月7日22时在花莲登陆,第二天中午在晋江再次登陆。虽然登陆时已经减弱为风力10级的强热带风暴,但在七月十八的天文大潮推动下,沿海潮位迅猛上涨,普遍出现1.0~2.0 m的增水,最大增水2.41 m,出现在温州,福建也出现2.41 m的特大增水,创造了全省风暴增水的最高纪录并保持至今。沿岸有15个站的高潮位超过当地警戒水位,国家海

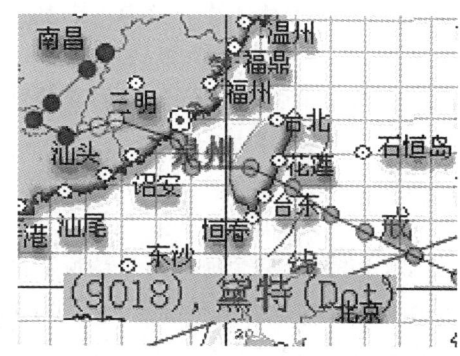

洋局认定为二级风暴浪灾害。大家对龙王水浸福州的灾情记忆犹新,但Dot的狂风狂潮却让福州瘫痪了三天,30%的工厂被淹,市区电力、交通、供水、通信等设施均遭到严重破坏,造成全市停电、停水、停课、交通中断,从1949年以来也只有1961年出现过同样的情况。闽东闽北向来是台风暴潮的严重灾区,这一次也没有例外。全省54个县普遍受灾,遭洪水围困的达104.13万人,受淹农田就达到300多万亩。全省死亡110人,倒塌房屋四万多间。虽然没有二十年前的6911严重,但是同样是一次特大潮灾。

1990年是新中国成立以来福建省登陆台风最多的一年,共有五个热带气旋登陆,风灾雨灾潮灾肆虐,而最后的沉重一击,就是最为严重的9018号台风风暴潮。二十年后,它用毁灭性的灾害,给福建省再次敲响了警钟:沿海海塘的防灾能力仍有极大缺陷。在福建气象台的记载中,6614号台风,6911号台风和最后的9018号台风是截至1990年的三大风暴潮灾。当福建人民已经受够了接二连三的台风侵袭,而在内心默默祈祷时,Dot却用她沉重的铁手再一次压在了这些灾难深重的地区。1990年的最后表演就这样结束了,也许它在这五次中不是特别突出,但最后一击无情地打碎人们的美梦却同样是一段带血的印记。

6. 上帝站在它的身后——9608号台风(Herb,贺伯):

925 hPa,95 kn(JMA),140 kn(5级飓风,ST,JTWC),53 m/s(强烈,CWB),940 hPa,49 m/s(HKO)。

如果这个世界上真的有奇迹,那么9608号台风就是热带气旋中的奇迹,如果这个世界上真有上帝,那么就是上帝造就了这个奇迹。1996年的7月末和8月初,大自然向我们展示了她鬼斧神工的力量,她让我们亲眼目睹,台风是怎样用一系列难以置信的巧合让现代科技黯然失色,怎样铸造了进入90年代后最为严重的一次台风灾害。

热带低压于7月23日在关岛以东洋面形成,两天以后加强成为台风,此后强度逐渐加强。在强大的副高引导下,台风向偏西方向移动,并在接近台湾北部时达到强度的巅峰。此时,刚刚经历过9607号台风侵袭的台湾和福建也许没有料到,一场更加严峻的考验已经迫在眉睫。此时,农历六月十五的天文大潮正在不祥地逼近,局面更为险恶。在7月的最后一天夜间8点半,9608号台风在台湾基隆和苏澳之间登陆,登陆时的强度,是45 m/s。

Herb在台湾疯狂地倾泻它的雨水,在望月强大的引潮力共振减压效应作用下,Herb的暴雨强度空前强大,阿里山水文站记录到1748毫米的24小时雨量,这打破了新寮在6208号台

风中创造的1628毫米的全国纪录。同时，台风中心开始在岛上打转，一共停留了9个小时才出海。在这期间，由于地形的严重破坏，Herb强度骤减为强热带风暴，同时环流中心也分散为三个进入海峡。经历过今年福建三大台风的人们，或许会认为Herb的时辰已经接近结束了，至少它最大的威胁已经消失了。是的，在多数情况下是的，但是这个世界上有一种东西叫奇迹。

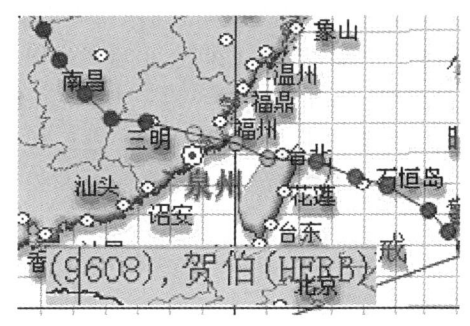

8月1日凌晨，9608号台风进入台湾海峡。这一天的早晨，它的三个中心分别在霞浦、连江和平潭登陆，三个地方都观察到了台风中心的天气特征。随着中午高潮的到来，9608号台风的环流把台湾海峡的海水提升到了历史最高。福建和浙江两省沿海共有12个验潮站出现1.0 m以上的增水，有3个站增水在2.0 m以上，有7个验潮站（坎门、沙埕、三沙、平潭、崇武、厦门、东山）的最高潮位破历史最高纪录，把福建从南到北整条海岸线上的历史最高潮位刷新了一遍。其中，平潭验潮站出现了千年一遇的特高潮位。在Herb环流的覆盖下，全省都没有逃脱台风的淫威。福州市的长乐和平潭两县受到了前所未有的惨烈潮灾，长乐梅花站出现本次台风的最大增水2.25 m，堤防崩溃，海水倒灌，一片汪洋。许多人在凌晨的睡梦中就被狂潮卷走，两县死伤无数，到处流言四起，人心惶惶。根据当地民众的描述，仅仅平潭一县的死伤就可能在数千人之间，长乐县的情况也大致类似。

奇迹还没有结束。Herb随后进入内陆，它的特大暴雨横扫十多个省市，全国4600多万人受灾，700多人遇难，受伤11万人（这只不过是官方数字，有人估计全国实际可能有上万人遇难），经济损失652亿元，太行山遭遇百年不遇的特大洪水。而当初在海上的时候，由于庞大的身躯，风暴潮灾甚至一直波及华北的天津，浙江和江苏都各有几百万人受到严重影响。自从7503号台风以后，还没有任何台风能够像它一样危害范围如此广泛，灾情如此严重，它造成的经济损失占据了全年气象灾害总额超过四分之一。1996年也就成为了1990年至今台风灾害最为严重的年份。

9608号台风是福建省第一次在电视上大规模地跟踪报道一次热带气旋的正面袭击，从此热带气旋的媒体关注度不断上升。

7. 现代气象的耻辱，0102号台风（CHEBI，飞燕）：

965HPA，65 KT（JMA），944HPA，100KT（3级飓风，JTWC），35 m/s（中度，CWB），960HPA，39 m/s（HKO）。

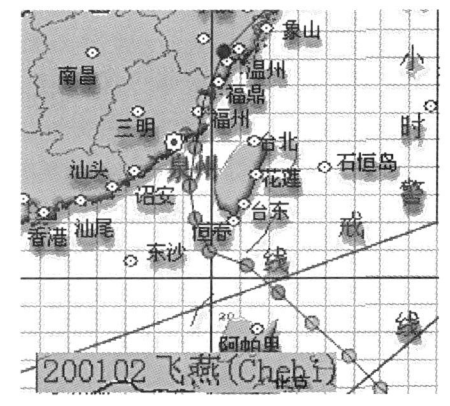

也许人们会认为，自从气象卫星投入运营后，再不会发生5903号台风的情况，台风到了面前还惘然不知，死得不明不白。但是，2001年6月23日夜间，福建省的中北部沿海却真的发生了这样的事件。本来没有人会相信5903号台风的悲剧会再度上演，但无比残酷却又十分荒谬的现实却摆在我们面前。台风飞燕，一个风如其名的幽灵，一个永远难以忘怀的耻辱。如今各级气象台的草木皆兵，红色黑色警报的滥发趋势，和飞燕有着密不可分的关系。这个2001年的初台，在气象部门和政府部门中引起的震动,"宁可做好准备十次空,不可麻痹大意一次松"的著名口号由此诞生。

6月19日,飞燕在菲律宾以东形成,并于6月20日被命名。她的路径和四十二年前的艾瑞丝颇为相似。6月23日午后,飞燕和她的前辈一样,来到了台湾海峡的入口,并达到生命史中的最强时刻。由于移动到副高的西缘,飞燕开始转向,飞速地进入台湾海峡,开始北上。

这是一次错误的预报。当时包括欧洲预报中心在内的各家预报台站地没有考虑到飞燕沿海峡北上的可能性,仍是预报在福建南部到广东东部登陆,再加上台风范围小,以至于台风北上后才发布的警报偏晚,海上人员未能及时撤离。福建是海上养殖大省,许多渔民和养殖人员就居住在海上,遭遇台风的正面袭击,后果可想而知。尤其运气不佳的是,飞燕是一个风圈非常细小,风力却非常猛烈的台风,也许它的风力比不上5903号台风,但由于移动速度十分迅速,起风之急却有过之而无不及。当日21时30分,飞燕的中心以34 m/s的风速在福清高山镇登陆,一场血腥的屠杀就此开始,就风而言,福清的老人说这是六十多年来未有的大灾。

6月23日一整天,台风登陆前的征兆都相当不明显,一直到傍晚,别说没有一点风,连天上的云都不是典型的奔马云,而是移动缓慢的碎云所组成的云层,天气十分闷热。是的,人们知道了台风要来,但却不知道台风已经近在眼前,更不知道今天晚上家园就会面目全非。仅仅高山镇的一个村就有100多人丧生于海上,而平潭县甚至有死亡1000多人的说法。罗源湾的养殖场几乎被台风完全摧毁,海上到处是残骸和尸体。毫无设防的宁德同样灾情惨重,三都澳的海上伤亡无数。事实上,只有亲历者才能够体会那种狂野杀伤,生命在瞬间毁灭的恐怖情景。在这里,引用连江县一位亲历者的一篇文章来结束这个沉痛的回顾,让我们一起为无辜的死难者默哀。文章如下:

晚上,外面突然刮起了大风,伴随着哗啦啦下着的大雨。听着外面的风声,我又想起了三年多前的那个夏天的晚上……

我住在美丽的闽江入海口附近的一个小镇里,我喜欢在海边看潮起潮落,喜欢风平浪静的大海,也喜欢风雨中的大海。

那是2001年的一天,我还在上高中,几天的炎热之后,早上小雨不停地下着,天上的云在飞快地跑着,我心里隐约感觉到台风的来临,但是那天早上出奇的平静,海水一动也不动,中午,雨渐渐停了,太阳从云层中探出头来,把温和的阳光撒向大地,一片和谐的景象。渔民们也惊喜地发现,今天的收获比往日要多。

"今天晚上出去一次,收获一定会多"渔民们高兴地说。

暗淡的夕阳慢慢西沉,家乡的渔民又出海了,带着丰收的希望。看着天上从南向北走的云,心里想:"大概我多虑了,今天晚上不会有台风的,即使有,也已经过去了。"

晚上,凉爽的南风轻轻地吹着,不时飘着零星小雨。连续几天的高温,难得这样的天气,感到十分惬意。时间很快地过去,已经是晚上十点半,这时雨突然大了起来,不久,突然狂风大作,我赶紧躲屋子里。听着外面瓦片横飞,门窗破碎的声音,心里闪过一个可怕的念头,我们现在处于台风的危险半圈,而且台风并未登陆,也就是,更可怕的时刻还在后面,家乡的渔民们……

果然不出所料,几分钟后,风变得更加疯狂了,房子在不停地摇动着,外面如闷雷在呼吸,又如万炮齐发。海水顿时变得无比的狂暴,海浪拍打着大地,我感觉到天地都在摇动,外面的雨在横飞,树木,电线杆成排倒下,汽车也被掀翻甚至被卷起。我这时终于明白,这次不仅仅是来台风,而且台风的中心要袭击我的家乡,大家都被吵醒了,惊慌失措地看着外面那个疯狂的世界。

乡亲们全部紧急行动了起来,尽全力营救海上养殖台上的人员,但是,狂暴的台风让这一切都变成了幻想,人一走到海边,就会被吹得站都站不住,救援船一下水,就会被风和海浪推到岸上,有人好不容易下了海,却被风浪吞噬,乡亲渐渐地绝望了,也清醒了,放弃了努力,这并不是他们的本意。岸上的人只好与海上的人"相顾无言,唯有泪千行",挥着手作最后的告别,乡亲们亲眼看着养殖台被掀翻,亲人被大海吞噬。这时,我的心里充满了悲伤,我应该要提醒他们的,但是我更难过的是台风来之前,居然没有一点的警报。

下半夜1点,台风中心穿过了我的家乡。我在家里,听着外面的风声,器物相碰的声音,还有房屋倒塌的声音。看着外面恐怖的情景,我家的门窗被打碎了,电线短路发出可怕的闪光,这时的海面上,已经看不见任何船只和养殖台,能看见的只有白色的飞沫,海面上像沸腾了一样。悲伤中,台风的夜晚终于过去,风慢慢地停了,天亮了。

我一大早就出门去,看着被台风肆虐过的家乡,听着乡亲们的哭声,我的眼睛湿了,仅仅一个晚上,就有那么多人永远看不到今天的日出了。值得欣慰的是,有人在海边找到了亲人,但是,有更多的人找到的只是已经不可能再醒过来的亲人,还有的,已经永远找不到了……

后来,从各地乡亲的口中,得知,在这场突如其来的台风(在新闻知道是台风"飞燕")中,全省有一千多人永远离开了我们,其中大部分都长眠在了海底。

这场台风成了家乡人民心中永远的痛,永远挥之不去的阴影。以后每次来台风,家乡人民总会说起那个暴风雨的夜晚,并积极地做好一切准备,即使只是台风征兆。但是,为什么这些非要用血的代价去换。

文章四　矗立抗台前哨　让台风信息飞起来
——《泉州气象网》龙王台风服务记

龙王咆哮震天地,滂沱豪雨吞八闽。龙王的威猛,似乎于冥冥之中在悄悄地提示着本网。

2005年9月26日,龙王远在3000多千米的远洋上生成时,本网即予独家报道介入。28日,撰文"龙王台风　来者不善?",友情合作媒体《东南早报》即以"龙王台风是否闹节"予以及时转载报道,醒目的标题迅速扩大了民众对龙王的关注;29日,本网又推出"龙王虽小威力大"的原创分析专文,《东南早报》在其气象专版迅速报道,多家媒体、网站相继转载,进一步加深了民众对台风的认知与警觉;10月2日05时、21时35分,龙王台风依次登陆台湾花莲和福建晋江围头,本网以快讯形式通报,并及时汇总风雨情况供民众了解影响状况。

在台风影响期间,本网共发帖19篇,及时发布台风各类警报,泉州移动公司、泉州电信公司的短信、传真等群发平台为快速传递台风信息立下头功,特别是泉州电信公司对本网的正常运行倾注了心血。在此之前,由于技术力量和设备诸多原因,每当台风来临,巨大的访问量使本网拥堵不堪,合作用户和网友颇有微词,"安全气象、公共气象、资源气象"的服务理念受到挑战,泉州电信公司以无私的姿态,派出高超的技术人员,帮忙完善网页设计,在本次台风龙王影响期间,本网不再出现堵塞现象,仅2日台风登陆当天,有4万余IP访问量,而实际的访问人数应在15万人次以上,于此应该特别感谢泉州电信公司的大力支持。

秉承认真、用心办网的服务理念,本网在台风影响之前,在主页醒目位置上推出每时一次台风最新位置等信息的快讯报道,该快讯由软件自动生成,堪称最快速的台风资讯,而"台风路径图"每时最新位置图像更以直观、快速而赢得网友的青睐。

与此同时,为解决网友上网的不便,本网及时推出移动手机直拨125903777台风短信服务号码,台风期间共有3万余次拨打量,并在"12121"气象语音自动答询系统中自动生成台风最新动态播报服务,免去人工录入之苦,体现科技抗台之精髓理念。

只要用心,就可以推出百姓所喜欢的信息,也会为百姓所认可。网友的关心、关注与期待是办好本网的力量源泉。本网信息迅速吸引了我市以至浙江、广东、上海等省内外大批网友的关注。2日20时许,福州某造船厂来电询问台风情况,因为百年一遇的特大暴雨正在洗劫福州,那里因停电而无法访问本网,在告知台风情况后,顺告可以利用移动手机直拨125903777看台风短信,看来台风的服务专号还有待于宣传;21时,浙江丽水水电局两次来电关心台风是否登陆我市以及影响状况;浙江苍南龙港广播站徐先生来电盛赞福建台风服务及时到位,泉州气象网、泉州水利网、福建气象网和福建水利网共同打造出台风的全方位服务体系,尤其感谢泉州气象网最快速的台风服务,是他们信赖的朋友;在某台风论坛上,网友对本网给予了高度的评价:

"××气象台,学学人家泉州吧!可怜的××抗台人,每年抗台都要争先登陆人家台湾的气象网站,看看人家是怎样在台风来临的关键时刻,每小时更新一次最新的台风信息,让人有一种说不出的安全感。看看我们的××台网吧,不知多少时间慢腾腾地更新一次不说,那个页面也是纯文字的。开始我还以为这也许是气象台级别的差距吧。谁知打开泉州的气象网站一看,人家跟我们××是同一个档次的城市,竟然也是跟台湾的差不多。我为××气象局脸红!!"

"我在值班呢,非常需要台风信息。但我们××气象台的值班同志们不知为什么不能一小时或者半小时来一个台风路径及相关信息,害得我四处寻找,我看该改改了,同志们我现在泉州气象台,他们不错。"

根据报道,市气象局局长××胸有成竹地说:"我们已经拟好了呈送市政府的专报,现在应该对台风的登陆强度和时间重点关注……"。为什么不根据气象资料向公众公布呢?难道气象预报是先向市长们报告后,再谨慎地向社会公布?市气象局局长××是市长下面的官员,而不是一个科学工作者?局长大人:你违反了××市的天气预报规程了!"

"麦莎要经过××了,可是,在××气象台的网站上根本就看不到一丁点信息,而××的平面媒体上却能看到××将受到台风的强大影响。××气象台到底在干什么?拿××老百姓的生命财产在开玩笑?"

来自lkyy@pub2.qz.fj.cn的网友称:贵网的文笔不错,专业与普及相结合,很值一看!……

本网并非有贬低他人、抬高自己之意,只是在告诫自己,网友对他人的批评,其实也是对我们的一种鞭策,它告诫我们,在自然灾害的关键时刻,我们不能无所作为,不能松懈,否则会被边缘化而遭唾弃。

"竹外桃花三两枝,春江水暖鸭先知"(苏轼),台风的先知者当然是我们气象人,有气象通之称的《东南早报》小朱记者敏锐地意识到这一点,2日夜,顶风冒雨只身前来气象台值班,目睹台风龙王的围头登陆定位过程——在这种情况下,基层气象台站最有发言权,因为基层气象台站最新掌握当地气压、风向、风速等气象要素变化情况,并依此作出科学的判断。

连续多日通宵达旦、亲临抗台一线的局领导在做好服务政府决策的同时,始终牵挂服务百姓。气象人虽能先知台风,但这还远远不够,还需要让台风信息插上翅膀,及时地飞向百姓之中。我们一直在努力实现这一目标,最终龙王台风没有给泉州留下更大的灾难,应该也是气象、媒体和通信诸部门通力合作的必然结果,堪称合作之典范。应该说,本次防、抗龙王台风,泉州人民取得了伟大的胜利——虽受到正面袭击,但没有人员伤亡,损失不足全省的十分之一。这场胜利得益于政府的正确领导,得益于全市人民的团结一致,同时也得益于科技的发达。全民抗台,需要信息的公众化;政府的正确领导、全民的积极防抗,才能构筑一个完美的、立体的抗台体系。

2005 年 10 月 6 日

文章五　2006 灾情考验中国　中国应对能力不断走向成熟

稿源:新华网　编辑:朱豪然

今年我国遭遇了新世纪以来最严重的自然灾害。"碧利斯""格美""桑美"接踵而至,浙江、福建等省忙于应对强台风的袭击时,特大旱灾则持续"烤"验重庆、四川等众多省市……

民政部国家减灾中心的数据显示,截至 2006 年 8 月 15 日,我国受灾 3.16 亿人,死亡 2006 人,直接经济损失近 1600 亿元人民币……

在这场被喻为"和平年代的战争"的洗礼中,中国在预测、指挥、协调、安置能力等方面不断走向成熟。正如时任中国气象局局长秦大河所言,严重自然灾害并不可怕,关键是要科学应对、积极防御,坚持走人与自然和谐相处的可持续发展道路。

危机预防:成本小于不计代价的灾后补救。

"台风来了,请村民们听到广播后,马上转移到村老人活动中心。"8 月 10 日中午,急促的广播声不断在浙江省温州市苍南县霞关镇上空响起。

在超强台风"桑美"即将正面袭来前夕,温州市成功地展开了一场 50 余万人的生死大转移,大大减少了 50 年以来最为暴虐的超强台风所带来的损失。

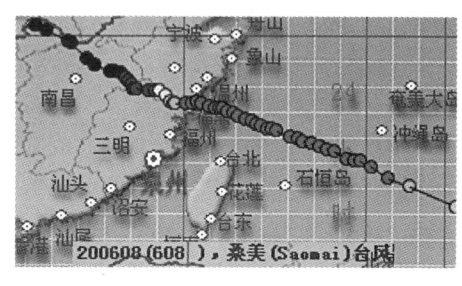

为对付"桑美",当地气象部门调动了应急移动监测车,运用雷达等手段,为"桑美"台风登陆点的定位提供了有效帮助。福建、浙江等地政府部门还利用手机发布百万条的公益短信,让民众知晓即将到来的灾情信息,通知大家抗灾避险。

民政部救灾救济司司长兼国家减灾中心主任王振耀表示,今年灾情呈现三个突出特点:一是与往年相比灾情非常重;二是类型非常多,"南涝北旱"的情况明显且又有所交错;三是灾害频繁发生,持续时间长。有时平均不足 9 天就有 1 个台风光临我国大陆,这是历史罕见的频率。正因为预测到气候会比较复杂,所以我们做好了抗灾、救灾、减灾、备灾多方面的准备。

中国近七成的大城市,分布在气象、地震、地质和海洋等灾害严重的地区,灾害对社会经济发展的制约影响非常严重。而地质灾害则是各类自然灾害造成损失中最大的,加强地灾专业监测预警能力建设尤为重要。

国土资源部的信息表明,航空遥感技术、地理信息系统和全球定位系统等高新技术,正广泛应用于地灾调查与防治中。目前在三峡库区、四川雅安及江西省重点地灾易发区,建立了专业监测预警示范区,实现了地灾实时监测预警、信息远程传输和网上及时发布的目标。

科学预警在防灾中的重要性不言而喻。然而,我们也看到这样的事例:一些地方官员害怕公布灾情带来压力,延误了救灾;一些灾民对政府实施的紧急转移不理解,不肯撤离险境……

中央党校研究员曾业松表示:"比灾害更可怕的,是不敢正视灾难,不敢报告真相。在一定程度上,科盲、法盲们的冒险举动,防灾避险法律意识和自救知识的缺失,也在无形中抵消着政府为防灾抗灾所付出的巨大努力。"

危机当头:"立体防护"胜于"临时抱佛脚"。

频繁登陆的台风,肆虐南北的干旱,始料未及的事故……生活在城市里的人们,好像突然发觉身边隐藏着如此之多的灾害隐患。

按照《国家自然灾害救助应急预案》,7月以来,民政部针对江苏、浙江、福建、江西等地灾情共启动国家自然灾害响应17次,其中福建、湖南、广东、广西四省区重复受灾,启动四级响应密集。国务院工作组赶赴灾区一线,查看灾情,慰问受灾群众,指导地方开展救灾工作。

"突发灾害很正常,但城市防灾刚起步。"中国城市规划设计研究院工程规划设计所有关负责人表示,如今城市灾害呈现出突发面广危害大的趋势。有的与地理条件有关,有的则是因为我国城市建设速度太快,基础设施普遍存在年久失修的问题。一方面是投入不够、维护不力;另一方面是一些地方政府急功近利,醉心于"面子工程"。因此,提高整体设施标准,加强基础设施建设维护,建立自然灾害的"立体防护"体系显得日益迫切。

"从政府公共管理角度看,对可预见的突发事件,各级政府应该作出预案准备,通过多种渠道,及时向公众通报灾害消息,要对可能出现的问题作出具体的应急安排。"清华大学公共管理学院常务副院长薛澜教授认为,"一方面要发挥应急预案的作用,同时政府必须从根本上改善公共管理的基础设施和提高公共服务质量。"

记者在调查中了解到,作为重灾大国,日本、美国早在上世纪90年代初就成立了防灾中心、应急管理办公室,作为防灾行动指挥部,针对随时可能发生的地震等灾害,采取有效应急行动。而我国的城市防灾减灾体制是单一模式,往往根据突发事件的性质来决定谁来负责。

专家指出,一个突发事件有时会引发出多种灾害隐患,要想第一时间拿出合理的应急预案,需要有统一的综合防灾减灾体制和权威的统一防灾机构,负责统筹协调各个部门,呼吁制定综合性的"救灾减灾法",以减少某些环节的不协调,强化防灾减灾的效果。

"中国的自然灾害应急体系已基本建立,但应急体系确实存在一些缺陷。"王振耀举例说,如在最小的范围内应对极端气候仍有不足;群众教育不够;装备、联络和物资的运输还有一些缺陷和不足。王振耀同时表示,中国现在还缺乏综合性的救灾减灾法规。民政部目前已经起草了《灾害救助条例》,正在征求有关部门意见。

危机救济:对"以人为本"理念的全面考验

对于靠天吃饭的农民来说,没有比天灾更让他们痛心和无奈的了。面对急需重建的家园,党和政府拨钱调物,救灾物资和救灾队伍源源不断地进入灾区。

2006年8月11日,民政部、财政部下拨1.66亿元特大自然灾害救济补助费;16日,再次下拨1.2亿元中央救灾资金,帮助受灾群众解决生活困难;18日,国家防总紧急商财政部再安排特大抗旱补助费 1 亿元,支持旱区各地开展抗旱工作……

虽然政府下拨了救灾款,但许多农户却面临着这样的尴尬:在 2008 年重庆遭遇的 50 年来最严重的旱灾中,全市种植最多的农作物水稻损失惨重,而被喻为灾害"减震器"的保险未能发挥作用,因为重庆市的财险公司,基本未开发承保水稻等传统种植物的险种。

目前,农业保险已经成为发达国家支持农业发展的通行做法,但在我国还是个新生事物。中国保监会有关统计显示,按照全国目前 2.3 亿农户计算,平均每户投保不到两元。

"应急机制体现在防灾减灾的经济支撑上,就要大力发展社会防灾减灾的保险产业。"中国保监会负责人说,我国是世界上农业自然灾害较为严重的国家之一,农户自身抗灾能力有限,一旦遭受自然灾害,在没有风险转移的情况下,绝大部分损失将由农户自己承担,对其生活和再生产影响很大。必须尽快建立农业保险机制、成立农业保险公司,更多地用社会力量化解农业风险。

危机处置中,政府面临的尴尬不仅限于此。而对台风侵袭的城市,普遍感到找一处适宜的地方安置被转移群众并非易事,因躲避地点不当有时也会带来更大的损失。对此,浙江宁波市表示将着手建立可供安全庇护的 147 个"避灾中心",储存相应的救灾设备和救灾物资,以备灾时应急。

面对灾情和突发事件,最让人担忧的是灾民惊慌失措,甚至束手无策。与以往救灾不同的是,一些地方的灾区专门组织"心理援助队"对灾民进行心理危机干预,帮助心灵受伤的人群进行"心灵重建"。

灾前、灾中、灾后始终贯彻"以人为本"理念,提高政府应对自然灾害的公共服务水平,加强公众自救与互救能力,提高全社会危机意识等,将不断考验我们这个自然灾害频发的国家。

文章六　回忆"飞燕"台风

这是一个要永远记住的日子:2000 年 6 月 4 日(农历五月初三)星期日

这是一个灾难的日子,是一个百年不遇的毫无前兆的台风的日子。

这是一个几乎由省、市、县、到乡镇所有工作人员都忽略的日子

2000 年 6 月 4 日,星期天晚上 9:30,我接到县水产局一位领导的电话:"喂!是某某吗?你在哪儿?"

"是郑副局长啊,我在家,这么晚了有什么事?"我一听声音就知道是一位和我关系比较好的领导。

"你还在家?你知道今天晚上有台风登陆吗?你赶紧回到单位去啊!不然你会有麻烦的!"

我一听,心里也急了,打开窗户一看,月光朗朗,星光点点,风平浪静,这么美好的夜晚,怎么会有台风呢?再说要是以前,早就接到通知了,明天周一又是传统节日——端午节,又不是我值班,我怕什么呢?但是,我还是不放心,拿起电话接通我挂点的村支部书记:"是林支书吗?听说今天晚上有台风,你那里现在的风大吗?"

林支书一听是我的声音,连忙说"听收音机说今天晚上有台风,现在风很大,渔民都没上岸,是不是叫乡政府的巡逻艇开出去,把海面上的渔民通知上岸?"

"好的!我马上联系一下"我连忙把电话挂断。

"乡政府吗？我是某某，晚上是谁值班？"我问。

"是陈副乡长值班，他昨天也回家了，就我一个值班。"值班的同志回答我。

"马上电话联系一下陈副乡长，可能有台风，叫他通知巡逻艇或者通知边防所的快艇出去一下看看！"我急忙交代值班人。

"兰乡长吗？我是某某，有台风你知道吗？"这兰乡长为人忠厚，和我的关系也比较好，周末我都是坐他的车回家的，所以我先向他汇报顺便也想坐他的车回到单位。

"刚才接到县水产局的电话了，我已经到半路上了，你明天回单位也可以，晚上没车了。"兰乡长回答。

这是晚上十点左右，乡镇离家有45千米，那时候还没有出租车，晚上一般没有办法到单位去的。

等我的电话刚刚打完，外面的雨就开始下了，这雨下的真狠！用倾盆大雨也无法形容那雨，大的叫人心抖，心寒，我穿上衣服，心想万一有通知到，就要马上走人，到时连穿衣服的时间都没有。

十点十分，我再打兰乡长的电话，他告诉我，他和陈副乡长在车上，车在半路上，现在已经看不到路了，吉普车没有办法往前开了。

情况紧急！！！

晚上我没有得到他们的电话，我一夜无眠！

6月5日清晨，雨不大，同事通知我包车到单位。7点左右，到达乡政府，知道的情况是：

一、某村的海上酒家在海面上消失了，酒家上有三个年轻女服务员，只有一个抱着木板，被巨浪刮到岸边，爬上岸，其他两个还没有找到人！

二、某村的几千个鱼排被风刮得变成了一座山，那里的人不知道有没有上岸，平时住着很多外地打工的（大多是四川人）！！

三、道路中断、自来水中断、电力线路中断！！！

……

我是走路到我所挂点的村，要走的路程有十多千米，沿途老百姓在议论着什么，我没听详细，但是也听大概：几个在海上酒家的客人刚刚吃完饭，酒家老板用船把把客人送上岸，酒家离岸上才30多米，但是，就这样，接送客人的船就出不去了，眼睁睁地看见大风把酒家吹翻了，吹没了，几个女服务员掉到海里去了……

海上养殖的渔民都趴在鱼排的木板上，那哭声、叫声都淹没在大风雨中，叫天无路，叫地无门，那一个夜晚，是多么恐怖的啊！

我被安排到海上清障组，几千个网箱挤成一堆山似的，县里调来几条大船，用手腕粗的绳子，一边绑着船头，一边绑着鱼排架，整整拉了三天，才把堆成山的鱼排清理掉，有人说网箱下压着很多人，水鬼（潜水员）都看见好几个，但是，不见尸体不算，到底死了多少人？谁也说不上来，政府统计数字是9个。

善后工作正在进行，工作效率不尽如人意，救济款无法挽救台风造成的损失，群众开始冲击乡政府，扬言要把乡政府砸掉，周五下午，有十六个损失较重的渔民第二次来到乡政府，，我一听吵闹声，连忙开门，没有领导敢接待他们，谁都怕在这个情绪高涨的时刻，我把他们带到会议室，其中有两个带头的我认识，我就对他们说，今天是周末，领导都回家了，我也要回家了，是不是周一再来，他们不同意，一定要讨个说法。我看时间不早了，就带他们到食堂，自己掏钱买了十六份的饭菜让他们吃晚饭,他们不知道我的用意,等吃完饭,我就对他们说:"你们这些人把我的饭吃了,就欠我的一份人情,现在给我一个面子,先回去,等周一再来还不迟。",就这样才把他们劝回家去。

经历了一场史无前例的灾难说明我们的各级政府防御灾难的能力很薄弱,"桑美"台风在福鼎市登陆又说明了这一点,但是,我们应该要做到,天灾无情人有情,多为农民做点我们应该做的事,才真正体现情为民所系。

第五章　福建省灾害性天气预报经验

一、福建四季天气和主要影响系统

(一) 春季(3—6月)

1. 春季的天气

春季是福建省阴湿多雨的季节,就降水的性质与强度区分,包括两个气候阶段:3—4月称春雨期(福建又称降雹高峰期);5—6月称梅雨期。

春雨是入侵华南而变性的冷空气与尾随其后的新鲜冷空气相交于福建上空所形成的降水。降水一般不强,但易造成阴雨连绵。有的年份阴雨和春寒会相伴出现,这对春播春插不利。但也有些年份为"久晴不雨"的春旱年景。

福建梅雨是华南雨季的组成部分,它是由于西南季风爆发,使东亚季风雨带北跳驻留于华南的结果。雨季雨势猛烈,易造成洪涝灾害。

5—6月是福建一年最多雨时期,全省各地总雨量在400～700 mm,占全年雨量34%～37%。6月下旬梅雨结束后,常出现一段高温天气。有的年份,6月份甚至于5月份已有早台风影响。

2. 春季主要影响系统

(1) 低空急流:前汛期期间,西南低空急流经常在福建南北间摆动。这支强风轴向北输送大量水汽,并由于轴上风速分布的不均匀而造成水汽、能量的堆积,为暴雨、冰雹形成提供了必要的条件。

(2) 南支槽:春季,华南地区南支槽的活动最频繁,其波长2000～3000 km,波速每天10～15个经度。在稳定的环流形势下,频繁的南支槽活动常造成福建早春的低温连阴雨天气。另外,南支槽东移,有利于西南气流加强和波动的发展,也是造成福建暴雨和强对流天气的一个重要系统。

(3) 切变静止锋:江南850 hPa切变线和华南地面静止锋是影响福建前汛期暴雨的主要天气尺度系统,它为中小尺度系统提供了形成暴雨的水汽条件、位势不稳定条件和辐合上升运动条件。

切变根据其两侧风场的不同配置可分为三种(见图5.1):

①静止锋切变:由东—东北风与西南风构成。静止锋切变是华南地区降水的一种常见的天气类型。

②冷式切变:由西北风与西南风构成。

③暖式切变:由东南风与西南风构成。暖式切变是粤东和闽南沿海强降水的一种主要天气类型。

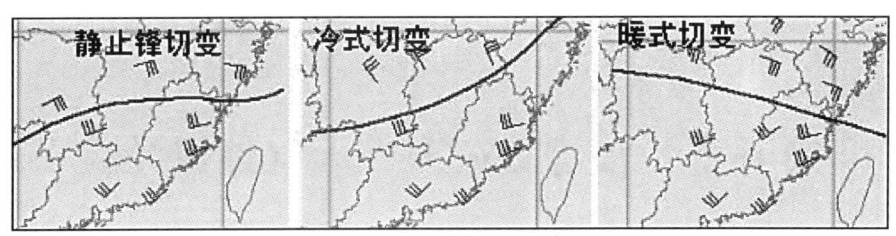

图 5.1　低层切变的三种形式

(4)低涡切变静止锋：西南低涡一年四季都会出现，以春季和初夏最活跃，常沿切变东移，影响福建。低涡切变适中型是福建前汛期暴雨出现概率较高的一种天气形势。

(5)江淮气旋：春季多江淮气旋活动，对福建影响，除了气旋入海之前有强西南大风外；气旋暖区里(低空有急流)以及气旋后部的冷锋过境前后，有时会出现暴雨或冰雹等强对流天气；气旋后部的冷锋过福建后，常伴有强烈的降温，有时会出现春季强的寒潮过程。

(6)低槽冷锋(见图 5.2)：三层高空有明显低槽发展东移，地面冷锋过境形势，这是造成福建全省性暴雨或冰雹等强对流天气的另一种重要天气系统。

(7)武夷山锢囚锋(见图 5.2)：由于武夷山的阻挡，使南下冷锋常在这一地区产生停滞弯曲现象。同时由于冷空气一方面从沿海向内陆入侵及武夷山北侧冷空气越过山脉，从而易在福建山地形成锢囚锋。锢囚现象主要出现在 3—5 月。从弯曲到锢囚最快 6 小时，最慢 30 小时，一般在 9～24 小时。

a. 锢囚锋天气：冷锋从弯曲到锢囚期间，福建大部地区都会降水，闽西北及泉州和福州西北部还会出现雷雨、冰雹、暴雨等剧烈天气。

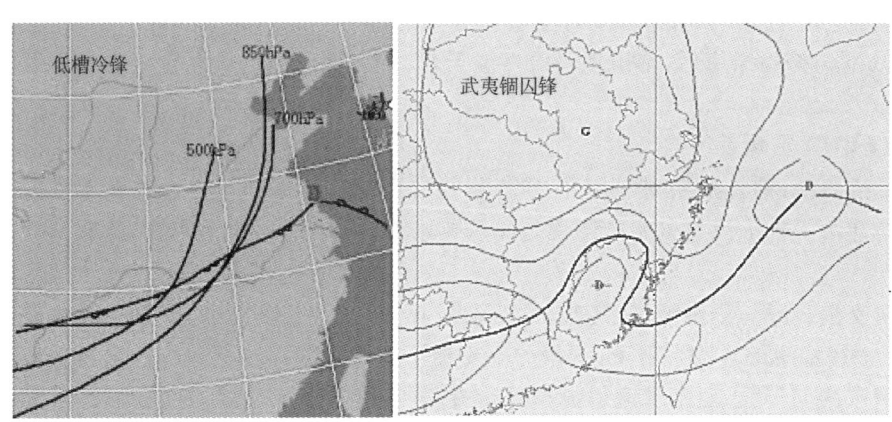

图 5.2　低槽冷锋和武夷锢囚锋示意图

b. 形成武夷锢囚锋的形势：

①从冷锋开始弯曲到产生地形锢囚，福建均处于暖区中，下午到上半夜，常由于高温，在福建中西部形成地面热低压环流。

②分析表明弯曲冷锋中形成地形锢囚的，大部分锋面气旋中心已经在 130°E 以东或是刚刚形成锋面气旋，其中心气压为 1008～1012 hPa。这说明在缺少引导冷锋快速南下的力量下，使冷锋停滞于山脉北侧，有利于未来形成地形锢囚。

3. 春季主要气象灾害

3—4月份主要气象灾害：低温连阴雨、倒春寒、冰雹、飑线、西南大风、江淮气旋影响下的强降温天气、寒潮、春旱。

5—6月份主要气象灾害：暴雨、连续性暴雨、沿海大风、早台风、高温。

4. 主要天气过程

(1)春播期低温阴雨天气过程

南部2月21日—4月10日，连续三天日平均气温≤12℃的天气过程，即为低温阴雨过程。

(2)倒春寒天气过程

南部地区3月中、下旬日平均气温≤12℃，≥4天；4月上旬日平均气温≤12℃，≥3天。

(二)夏季(7—9月)

1. 夏季的天气

福建夏季，常见的天气类型有三种：第一种是副热带高压控制下的晴热干旱天气，几乎年年都会出现，只是时间长短不同而已。有的年景由于副高中心长期驻留福建，晴空万里，滴雨难下，招致大旱。第二种是台风袭击下的狂风暴雨天气，平均每年有登陆和影响台风5～6次，导致风涝灾害。第三种是辐合区制约下的局部或区域性雷雨天气，有时由于东风波、热带云团的影响，也会出现恶劣的天气，但持续时间较短，出现机会也不多。

7月福建进入夏季，是一年中最热的月份。8月是台风登陆和影响福建最多的月份。9月，福建天气特点是多晴天，气温较高，就是群众常说的"秋老虎"天气。9月下旬后，登陆福建台风较盛夏明显减少，有时北方冷空气可影响闽北，当南下冷空气较强时，部分地区会出现寒露风。沿海由冷空气所致东北大风开始频繁。

2. 夏季主要影响系统

(1)副热带高压

西太平洋副热带高压是一个庞大的暖性高压体系。它是东亚最重要的大型天气系统之一，对大范围的旱涝灾害有着巨大影响。它的强度和位置变化是左右福建季节转折的重要因素。据鹿世瑾的统计：

①副高第一次季节北跳，脊线从20°N跳至25°N，多年平均期是6月28日。从此福建雨季结束。标志着福建春季结束，夏季的开始。

②副高第二次季节北跳，脊线从25°N跳至30°N，多年平均期是7月20日。从此福建台风活跃期开始。第一次和第二次北跳之间，副高正好位于福建上空，是我省初夏的炎热少雨期。

③副高第一次季节回跳，脊线从30°N或以北，重回到25°N，多年平均期是9月10日。至此福建登陆台风盛期已过，北方冷空气有时可影响闽北。

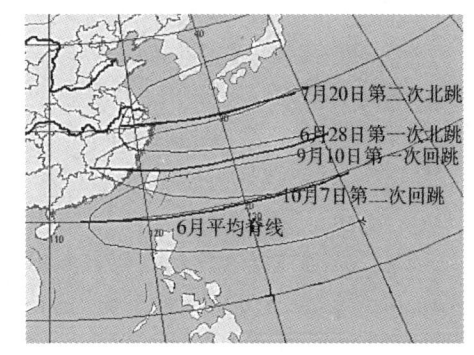

图5.3 副高脊线两次北跳、两次回落平均时间

④副高第二次季节回跳，脊线从25°N再次南退到20°—22°N附近，多年平均期是10月7

日。至此福建台风季基本结束,秋季开始。第一次和第二次回跳之间,副高又正好位于我省上空,这时常遇一段秋暑天气,即"秋老虎"。

表 5.1　西太平洋副热带高压的 5 个特征量的多年平均值(1951—2011 年)

月份	1	2	3	4	5	6	7	8	9	10	11	12	年平均
北界(°N)	16.7	16.2	17.4	18.6	21.0	26.0	30.8	33.1	30.2	25.7	23.0	19.1	23.1
脊线(°N)	13.2	12.9	13.1	14.1	15.9	20.5	25.3	27.8	25.3	21.2	18.5	15.3	18.6
西脊点(°E)	129.8	126.4	120.0	111.3	112.2	117.9	120.7	120.4	113.4	107.5	115.4	118.0	117.8
面积(IA)	8.4	8.1	9.7	12.3	16.6	21.9	22.3	22.4	21.8	19.1	14.8	12.4	15.8
强度(dgam)	13.8	13.0	15.9	19.9	26.7	43.7	42.2	40.6	42.3	34.0	27.0	21.4	28.4

(2)热带气旋

热带气旋是形成在热带洋面上的气旋性大涡旋。按其中心风力可分为:热带风暴(中心风力 8~9 级)、强热带风暴(中心风力 10~11 级)、台风(中心风力达到或超过 12 级)。福建地处东南沿海,受热带气旋影响相当频繁,仅次于广东、台湾两省。

(3)东风波(见图 5.4)

当副热带高压位置偏北,高压脊呈东西走向时,其南侧的深厚东风带里受到扰动后容易产生一种波动,称为东风波。它是倒 V 形槽区,槽线呈南北向或东北—西南向,槽西部为东北风,东部为东南风。东风波受东风气流引导,自东向西传播,移速每天约 5 个经距。西太平洋及影响我国的东风波坏天气一般集中在波前。东风波在有利条件下还会发展成台风。

(4)热带辐合带(见图 5.4)

北半球夏季,东北信风北移,南半球的东南信风越过赤道北纬 5 度时受地转偏向力影响变成西南风,于是东北风与西南风之间构成一条东西向的热带辐合带。气压场上表现为两半球副热带高压之间的低压区。热带辐合带每年 6 月开始,特别在 7、8 月份盛夏季节里,甚至 9 月,它经常活跃在华南沿海地区,由于气流辐合,加上暖湿对流性不稳定,常给这一带地区带来雷阵雨等天气。同时还常有南海低压或南海台风发生发展。

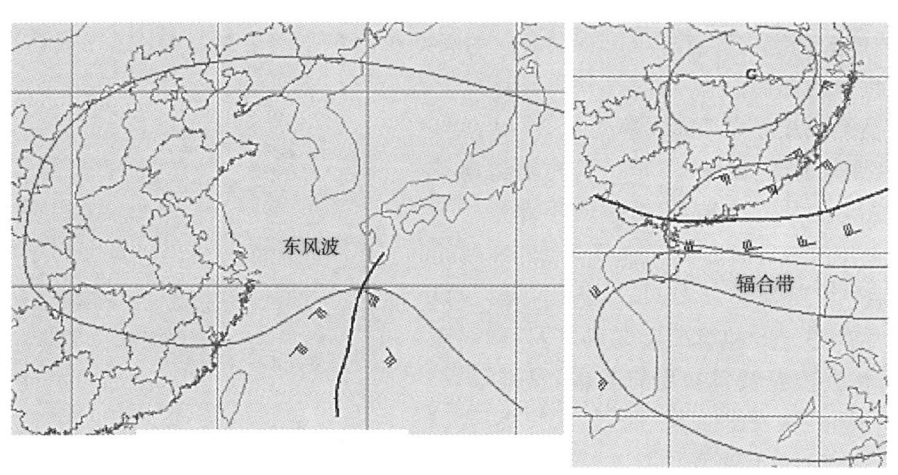

图 5.4　东风波和辐合带示意图

3. 夏季主要气象灾害

7—8月份主要气象灾害:台风、高温、雷雨、夏旱。

9月份主要气象灾害:秋季台风、寒露风、沿海大风。

寒露风:9月1日—10月30日,首次出现连续3天或其以上日平均气温≤20.0℃(≤23.0℃)的天气过程,即称为"20型"寒露风过程("23型"寒露风过程),第一天为标志日。在寒露风天气情况下,晚稻扬花受阻。

(三)秋季(10—11月)

1. 秋季的天气

福建秋季既受热带天气系统侵袭,又受到西风带系统影响,主要灾害是热带气旋或热带气旋和冷空气共同作用下的天气。登陆的热带气旋机会虽然甚少,但在冷空气与热带气旋共同作用下,沿海常出现10~11级大风。

10月上旬后福建台风季已进入尾声,很少再有登陆。冷空气南侵的纬度扩展,我省出现"寒露风"。10月下旬,在强冷空气下,闽西北可能出现初霜。

秋季由于南海常有副热带高压单体存在,我省高空多为偏西北气流所控制,天气易于连晴,所以是一个相对的少雨季节。日较差是全年各月中最大值,秋高气爽是这一时期的气候特色。但少数年份秋雨显著,晚稻收割,冬种开始的时候会遇到连绵阴雨,群众称为"烂冬年"。

2. 秋季主要影响系统

寒潮系统或冷高压:冷空气活动,从地面气压系统来看,往往表现为一次强大高压在大陆上积聚生成,向南侵袭,最后入海变性的过程。当然高压或反气旋不能完全与冷空气等同视之。冷空气主要在冷高压的前半部,沿偏北气流南下。而冷高压的后半部则为相对暖的空气向北输送。冷空气活动常造成大风、降温天气。大规模的冷空气南下,会带来剧烈降温,造成霜冻、雪等灾害天气。当冷空气到江南有暖湿空气与其交汇时,将出现大片雨区;如果冷暖空气势力相当,还常在南岭一带形成准静止锋,造成长时间连阴雨天气。

3. 秋季主要气象灾害

10月主要气象灾害:寒露风、晚台风、寒潮、沿海大风;

11月主要气象灾害:低温霜冻,沿海大风,寒潮。

寒潮天气过程:

(1)48小时内内陆地区降温8℃以上;沿海地区降温7℃以上或过程降温内陆地区达9℃以上;沿海达8℃以上。

(2)极端最低气温:内陆≤5℃;沿海≤6℃。

(3)日平均气温≤5℃。

达到以上三条标准者称为寒潮过程。

(四)冬季(12月—次年2月)

1. 冬季的天气

福建冬季冷空气活动周期,在正常情况下,大约5~7天。每次冷空气入侵时,气温连续下降2~3天,以后又连续回升3~4天,紧接着下一次冷空气又来,"三寒四暖"循环不止。每年均有几次强冷空气侵入,造成较剧烈降温,但达到寒潮标准的,平均每年不过2次。闽北每年有几天降雪,晋江以南沿海无雪少霜。

12月—次年2月总雨量占全年总雨量的7%～16%,是一个相对冷干的季节,除个别年景在特强寒潮侵袭下造成严重冻害外,很少有灾害发生,是一年中灾害最轻的一个季节。

极端最低气温,内陆大部分地方可达零下7～4℃,少数地方会降到零下10～9℃,沿海地区可降到－4～0℃,泉州以南沿海岸和岛屿上都在0℃以上。

12月福建气候从秋转冬,这一时期东亚大气环流的特征是西太平洋副热带高压最为偏南,其脊线多摆布于北纬10～15度之间,西风带南压,冷空气活动加强,寒潮开始入侵,天气干冷多晴,霜日增多。

1月是福建一年中最冷的月份,冷空气活动鼎盛,寒潮入侵次数和霜雪日最多,极端最低气温大部分地区在0℃以下,武夷山区和闽东北山区达零下8～10℃。

2月是福建冬末时节,气温、雨量均比1月有回升和增多。极端最低气温比1月高,但有的年份全年最低值出现在2月。本月雨日多,低温阴雨多为常见。

2. 冬季主要影响系统

东亚大槽、寒潮系统或冷高压、冷锋。

3. 冬季主要气象灾害

12月—次年2月主要气象灾害有寒潮、霜冻、沿海大风、雪。

二、常见灾害性天气预报技术

依一年的时间顺序,将常见的灾害性天气预报技术要点介绍如下:

(一)冬春季长时间低温阴雨天气

冬春季长时间低温阴雨天气,虽然最低气温不是最低,但因低温又多雨,使得日均气温较低,人体感觉很冷。时值春节及春播时节,天气尤为受到关注,因此有必要针对低温阴雨天气的建立、维持时间长短及结束机制进行分析。

1. 低温阴雨天气的形成

冬春季里,强冷空气影响后,若500 hPa的环流形势表现为:乌拉尔高压或高压脊稳定存在,在蒙古国西北部(贝加尔湖与乌鲁木齐之间)为低涡或是"L"型环流的交点;地面对应的是冷高压中心(通常在1050 hPa以上),该中心稳定盘踞,强度不断增强,其第一次以排山倒海之势横扫整个东亚,并带来强降温、大风、低温阴雨等天气,之后每隔几天(约3天左右),还会分裂出一个个小高压,并引导一股股冷空气南下影响,使低温阴雨天气继续维持,但通常不再会引起大风天气。如2010年1月21日20时冷空气活动就是这样,现对该个例分析加以说明:

该股冷空气从21日中午开始影响泉州后一直持续到29日,500 hPa在中高纬度一直维持"L"型环流(见图5.5),"L"型环流交点稳定在蒙古国西北部(贝加尔湖与乌鲁木齐之间),700 hPa维持南支槽,南支槽前的西南气流与南海东南气流于两广交汇,在不断有冷空气补充南下的配合之下,低层切变辐合及地面锋面得以维持,由此形成长时间的低温阴雨。降水的中心在两广(见图5.6)。

2. 低温阴雨天气的结束

500 hPa环流形势中的乌拉尔高压或高压脊移动到贝加尔湖及以东或减弱,脊后的西风槽又引导西北气流从青藏高原南下补充,由此使我市上空 500 hPa 的偏西气流将转为西北气流,天气转晴,阴雨结束,白天气温开始缓慢上升,低温阴雨由此结束,即"冷好";另一种可能情况是,没有西北气流从青藏高原南下补充,低纬的西南气流迅速加强,由"暖好"结束低温阴雨天气。

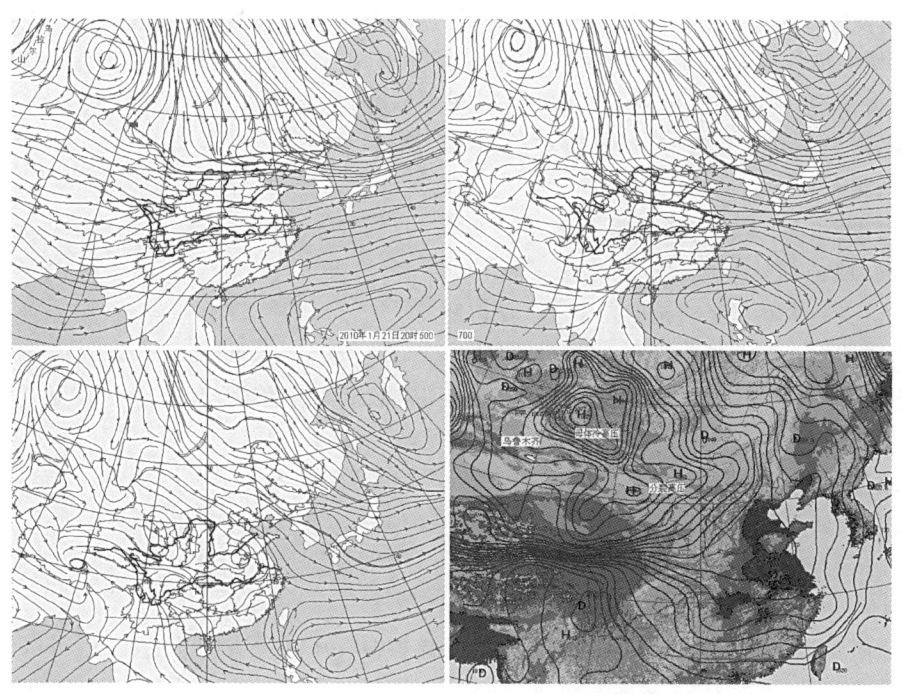

图 5.5　2010 年 1 月 21 日 20 时环流形势图

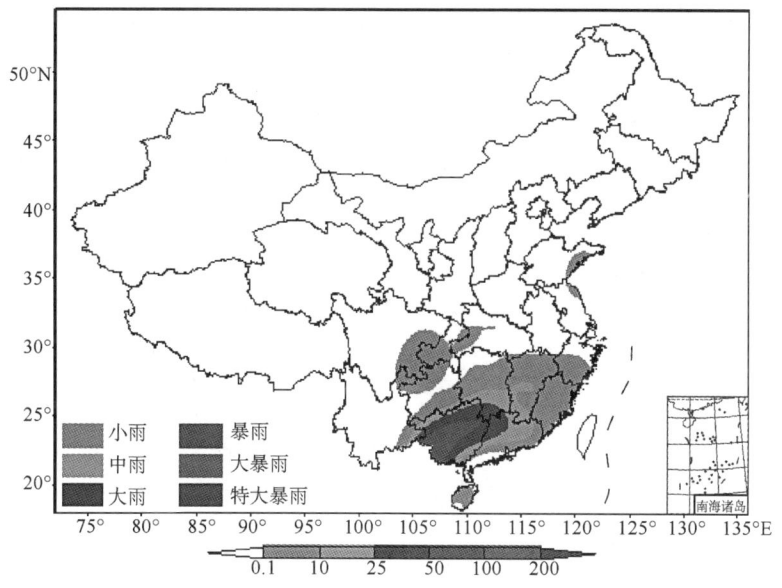

图 5.6　2010 年 1 月 21 日全国降水实况图(00 时至 20 时)

(二)冰雹预报流程

1. 影响系统分析
- 500 hPa：(1)中纬度西风槽在 100°～125°E；

(2)南支槽东移，当其位于 100°E 附近时，福建可能出现强对流、强降水天气。

南支槽的出现可向前追到"地中海—西亚"的 500 hPa 的低槽活动，它在东移过程，由于多受到伊朗高原、西藏高原地形影响，高度槽不断减弱，但冷槽仍存在，如果南疆 500 hPa 有负 ΔT_{24} 出现，可以跟踪其动态，对预报南支槽有一定作用；

(3)副高西脊点过 120°E，纬度在 17°～21°N；

(4)福建、江西、浙江有负变温，$\Delta T_{24} \leqslant -2℃$。

- 850 hPa：(1)切变系统

暖式切变最有利于强对流、暴雨的形成和发展。

冷式切变在一定条件下也有可能出现强对流和暴雨天气，但持续时间较短。

静止锋切变，若与低空 SW 急流相伴随，当其向南稍移动时，有可能出现强对流、暴雨天气。

(2)急流轴与 115°E 相交在 27°E 以南。

(3)福建、江西、广州有正变温，$\Delta T_{24} \geqslant 2℃$。

(4)福州与汉口温差≥8℃。

- 地面：

(1)地面倒槽：一般是以江南的倒槽为准，其标志在气压场上有明显的特征，可以鉴别。还可以用"(ΔP)福州—贵阳"来表示其强度，如果 $\Delta P \geqslant 10$ hPa，则表示倒槽比较强，有利于强对流、暴雨形成和发展。

(2)冷锋(或静止锋转冷锋南移)过境前后：一般在冷锋过境前后，可能出现强对流、暴雨、特大暴雨，可能出现在锋前、锋线过境，也可能出现在锋后(见图 5.7)。

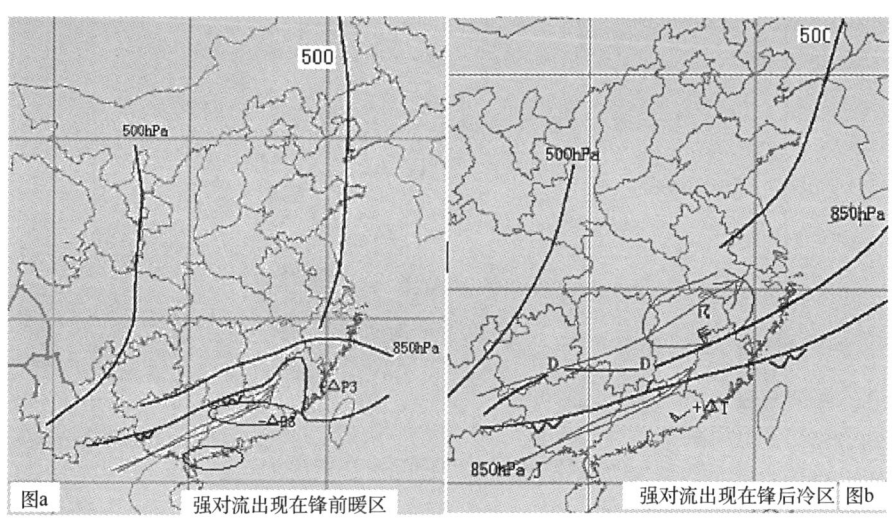

图 5.7 强对流出现在锋前锋后示意图

2. 福建境内冰雹或暴雨物理量场分析

表 5.2　福建境内出现冰雹或暴雨的物理量场

物理量指数	满足	不满足
850 hPa 散度<0	1	0
200 hPa 散度>0	1	0
700 hPa 垂直速度<0	1	0
850 hPa 涡度≥2	1	0
850 hPa 比湿≥12	1	0
K 指数≥32	1	0
θ_{se}(850 hPa—500 hPa)>0	1	0
物理量指数之和	物理量指数之和≥5,可能有冰雹或暴雨。	

表 5.3　福建境内单站降雹指标

单站可能降雹			单站很有可能降雹		
物理量各指标	满足	不满足	物理量各指标	满足	不满足
$IF \geqslant 10$	1	0	$IF \geqslant 15$	1	0
K 指数≥32	1	0	K 指数≥36	1	0
$-3 \leqslant S_i < 0$	1	0	$S_i < -3$	1	0
ΔT(850 hPa—500 hPa)≥20	1	0	ΔT(850 hPa—500 hPa)≥26	1	0
$\Delta \theta_{se}$(850 hPa—500 hPa)>4	1	0	$\Delta \theta_{se}$(850 hPa—500 hPa)>10	1	0
0℃在 580~620 hPa	1	0	0℃在 580~620 hPa	1	0
-20℃在 380~420 hPa	1	0	-20℃在 380~420 hPa	1	0
高空干冷 NW,低空暖湿 SW	1	0	高空干冷 NW,低空暖湿 SW	1	0
低层 850 以下有逆温层	1	0	低层 850 以下有逆温层	1	0
降雹指标之和≥5 可能降雹			降雹指标之和≥8 很有可能降雹		

注:本测站地面观测资料:$IF=(\Delta T_E)_{24}+(e-T)+(1000-P)$;$(\Delta T_E)_{24}=1.6\Delta e_{24}+\Delta T_{24}-0.8\Delta P_{24}$;

(三)大风预报流程

1. 福建大风的特点

(1)沿海与海面的发生概率大,风力强,而山区除山巅与溢口部位外一般大风少见。

(2)大风的盛行风向比较集中,最多风向是东北大风,其次是西南大风,西北大风也有,但频率明显为少。

(3)福建的大风有很强的季节性。就频数而言,冬季明显多于夏季;就风力强度而言,夏季大于冬季,特强大风主要出现于夏秋季节。

2. 大风类型与天气系统

福建的大风多数起因于温带系统,少数归于热带系统。并与特定的地理位置有密切关系,成因大致可分四类:

第 1 类:冷空气南下引起的东北或偏北大风。常见的天气过程形势有低槽冷锋过境后、冷空气扩散南下、高压入海、气旋、冷高与台风结合五种。

第 2 类:暖流北上造成的西南大风。常见的天气过程形势有气旋、低槽冷锋过境前、华西倒槽、北低南高或东高西低的气压场配置四种。

第 3 类：台风大风。其风向取决于路径与登陆点，且有旋转变换的特点，主导风向往往是先东北，后转偏南，有的地区短时为偏东风。

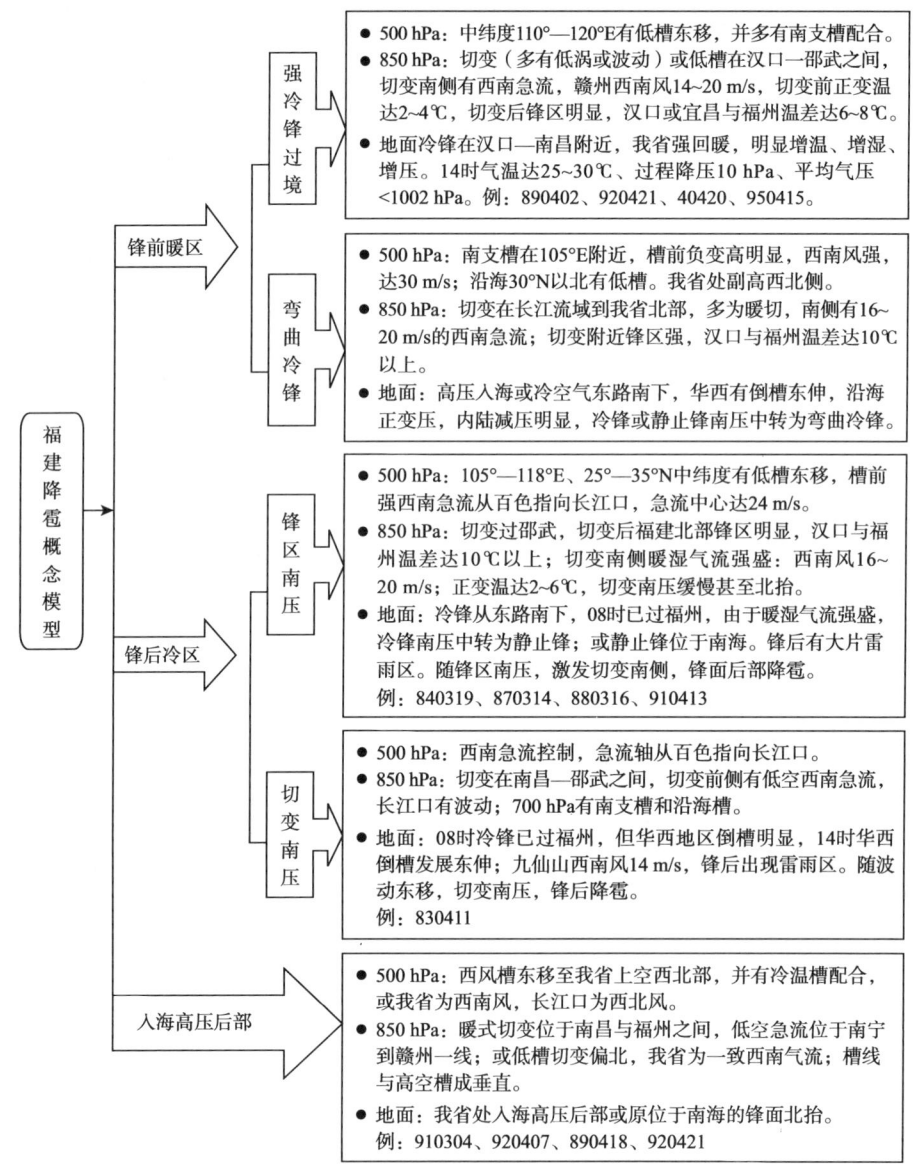

图 5.8　福建省降雹概念模型图

第 4 类：中小尺度强对流系统引起的局地性大风。此类风向多变，也不太规则，相对以偏西大风为多。

以下针对前三类大风进行预报分析：

第 1 类：东北大风预报

福建沿海东北大风频繁，一年中各月都会出现 6 级以上大风，其中又以每年 10 月至翌年 2 月最为频繁，平均每月大风日数达 15 天以上。

(1) 环流形势

500 hPa 东亚经向环流时,有利沿海大风。冷槽后的主脊在 95°E,弱冷空气也会南下,有利于东北大风。主脊在乌拉尔山,冷空气虽很强,到长江以后不易再南下,容易空报大风。

(2) 气压梯度方向

东北指向西南最有利;其次是由北指向南;由西北指向东南时风最小。所以当冷空气路径比较偏西时,起大风慢,甚至没有大风;而当冷空气东移入海时,沿海反而出现大风。中路冷空气全省沿海风都大,东路冷空气,主要是中北部沿海风大。

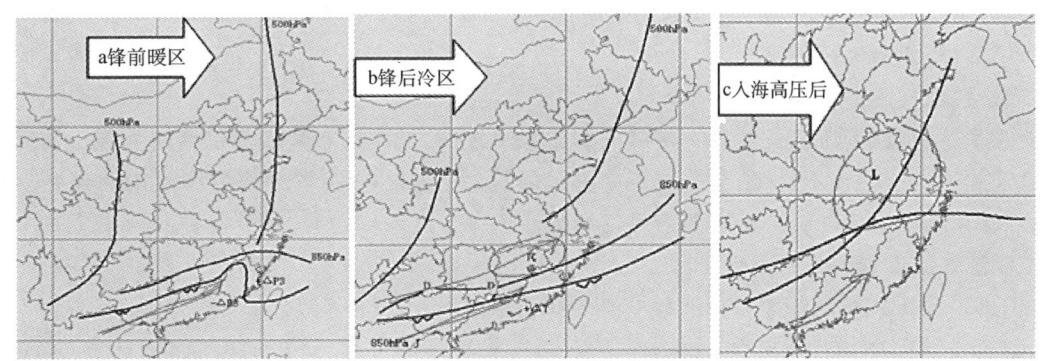

图 5.9 冰雹模型

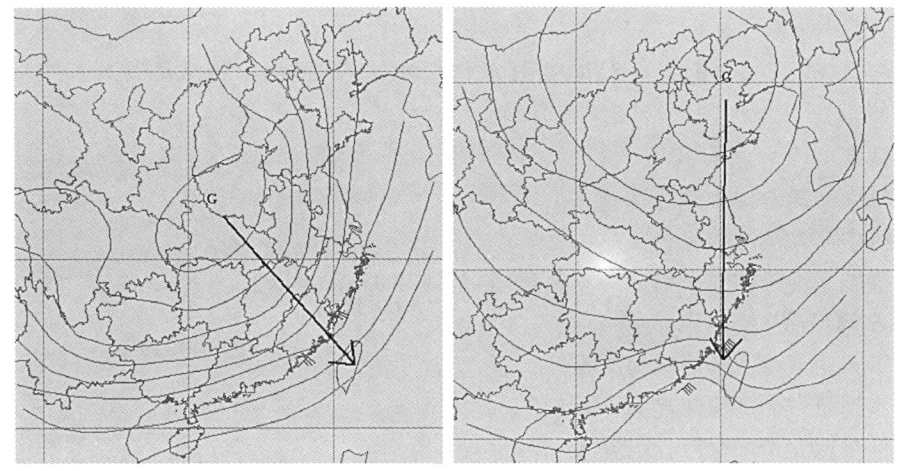

图 5.10 气压梯度方向与东北大风关系图

(3) 变压梯度的作用

根据计算,如果不考虑地形摩擦影响,在 30°N 以南地区,当 3 小时变压达 1 hPa/纬距时,能产生 13 m/s 的大风。所以当 14 时地面图上,长江口附近有正 3 小时变压时,要考虑沿海风力会加大。

(4) 东北大风起风时间指标

P(北京)$-P$(贵阳)[冷锋已过北京]:

　　　　$\geqslant 7$ hPa,36~48 小时影响(表示冷空气位置偏东,范围小,离我省远);

　　　　1~7 hPa,24~36 小时影响;

≤0,18～24 小时影响(表示冷空气已过贵阳,冷空气范围大,且已逼近我省);

(5)东北大风风力大小指标

P(杭州)－P(平潭):≥2.5 hPa,5～6 级(气压梯度小);

　　　　　　　　3～5 hPa,6～7 级;

　　　　　　　　5～7 hPa,7～8 级;

　　　　　　　　7～9 hPa,8～9 级,甚至达 10 级(气压梯度最大)。

应用这一指标时,还要考虑梯度方向。可结合考虑赣州与福州气压差。当赣州与福州气压差≥4 hPa 时常是福州西北大风,而沿海风不大。

第 2 类:西南大风预报

(1)江淮气旋型

春季,当长江下游或长江口一带有气旋生成发展时,常引起福建沿海的西南大风。如果事前对气旋的发展估计不足,则会造成西南大风漏报,一般来说,我省北部沿海西南大风在气旋中心入海之前最强,气旋入海后西南风逐渐减小。

江淮气旋发展的几个条件:

①850 hPa 在长江流域以南有暖式切变线存在;

②500 hPa 高空有南支槽东移;

③地面有雨区发展;

④高原的 24 小时正变压 P_{24} 以及卫星云图上的逗点云可作为参考条件。

(2)西南倒槽型

在 25°—30°N、100°—122°E 范围内,有东北—西南走向的倒槽且满足以下条件时,有西南大风的可能。

①倒槽内 ΔP_{24}≤－5 hPa;

②倒槽内一般有静止锋或冷锋;

③倒槽内有大范围雨区;

④倒槽轴线南侧的高山站为一致西南风,风速在 12 m/s 以上;

⑤P(平潭)－P(杭州)≥3 hPa。

此型下要注意有两种情况易空报:

①华东到我省为高压契控制;

②倒槽呈南北走向,等压线走向不利。

(3)海高压型

东移入海的冷高压位置在 23°—33°N、122°—133°E 范围内,我省处入海高压后部,满足以下条件时,有西南大风的可能。

①高压中心值大于 1020 hPa,我省大部地区气压值小于 1015 hPa;

②入海高压"西—西北侧"的大陆上有大范围 24 小时和 3 小时负变压,ΔP_{24}≤－7 hPa 时,条件更充分;

③P(平潭)－P(杭州)≥3 hPa。

(4)西南大风高空形势

①850 hPa、700 hPa 在 30°N 以南,105°E 以东为一致的西南气流控制,850 hPa 风速≥12 m/s、700 hPa 风速≥16 m/s。

②850 hPa、700 hPa 在 30°N 以南,105°E 以东为大范围的负变高,变高中心值,850 hPa $\Delta H_{24} \leqslant -5$、700 hPa $\Delta H_{24} \leqslant -4$。

③850 hPa、700 hPa 在 30°N 以南,105°E 以东为大范围的正变温,变温中心值,850 hPa 和 700 hPa ΔT_{24} 均 $\geqslant +4$。

第 3 类:台风大风预报

(1)气候特征

①大风极值

据 1961—1990 年的资料,福建沿海地区十分钟平均最大风速的极值有 93.7% 是台风造成的。以东山最大,为 48 m/s,台山、三沙次之,为 38.7 m/s,崇武、平潭、厦门、福鼎在 28～30 m/s。就瞬间极大风速(阵风)而言,普遍可达 12 级以上,厦门曾有 60 m/s 的记录,马祖是 51 m/s,三沙为 50 m/s,福州是 40.7 m/s。福建内陆地区受地形影响,台风登陆影响时风力一般不大,少数可达 8 级左右。

②风力与季节

福建台风大风的季节早者在晚春,迟者终于初秋。但就风力强度而言,以出现于 8 月下半旬—9 月底的风力为大,这与此时期台风往往较强,且北方还时有冷空气南下,从而加大气压梯度有关。

③大风历时

受台湾海峡地形影响,台风影响时,福建一般是"起风在前,下雨在后"。当台风移至台湾省东侧时,我省沿海往往已开始起风,特别是北方又有冷空气活动时,起风更早,这种情况以晚春和初秋相对多见。一次台风过程,我省沿海地区的大风历时,短者 1～2 天,长者可达 5～6 天。这与台风移速、环境流场配置、北方冷空气活动情况有很大关系。

④风向变化

台风登陆、影响福建所引起的强风,风向有旋转变化,具体取决于当地与台风中心相对位置的变化。就西北路径的登陆台风而言,登陆前受其影响沿海地区总是先刮东北大风,一旦登陆迅即转为西南或东南大风。由于台风位置的变化各类路径会有不同的风向转换顺序,各种风向都有出现的可能,但总是以东北大风与西南大风占主导地位。

有一种情况需要提及,当强台风于华东沿海转向时,闽东地区往往会刮干热的西北风,这就是人们常说的"焚风效应"。强者可造成作物枯萎,也易引发森林火险。

(2)气压梯度的作用

台风外围影响时,风力可达 6 级;螺旋云带影响时,风力可达 8～10 级;台风眼壁影响时,风力可达 10～12 级或 12 级以上。

要特别注意 6 级风圈半径不到 10 km,10 级风圈半径不到 50 km 的小台风,可能在台风中心登陆前 12 小时,甚至 6 小时,测站风力还很小,容易造成大风强度预报偏小。5903、7301、9914 等台风都是小而密实强微型台风较典型的例子。

(3)地形的影响

受台湾中央山脉影响,当台风进入台湾以东海面时,在有利的环流形势下,最大风速除出现在中心附近外,在福建中北部沿海,特别是中部沿海还有一向北伸展成长条形的大风区。分析历史资料表明,台风影响福建期间,沿海大风提前出现,主要是由于在一定的环流形势下,台湾海峡形成一个地形槽造成的。其环境场特征表现为:在 500 hPa 高空图上,太平洋副热带高压成带状分布,脊线位于30°N附近,台风位于副高南侧。地面图上,天气系统的分布基本上与500 hPa相似,北高南低,在台湾海峡附近有两条近似平行于纬度的等压线。在这种气压场配置下,虽然台风还远离福建,但当台风具备了一定的范围、强度,到达一定的位置时,外围流场传到台湾,有利于台湾东部海区偏东风加强和台湾海峡地形槽形成,福建中部沿海气压梯度增大,从而沿海大风较台风大风圈影响时间提早出现。中北部沿海大风提前时间一般达18~24小时,最大可达36~42小时。

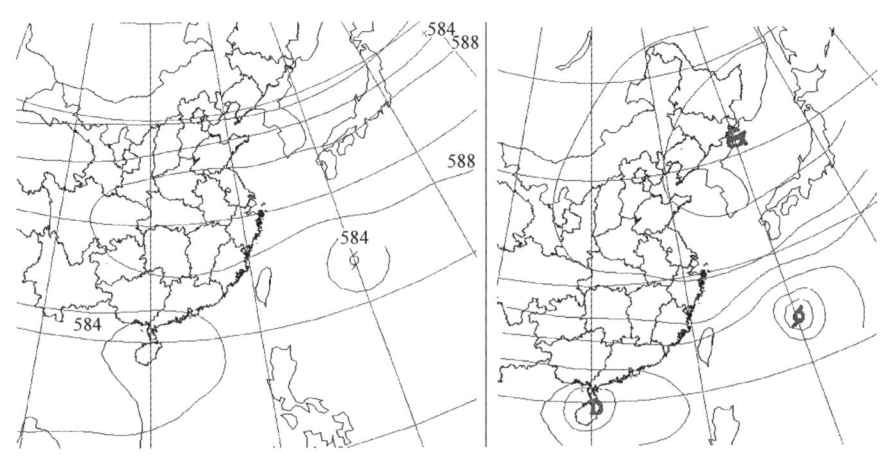

图 5.11 北高南低的"冷高台风型"

(4)冷空气作用

秋季遇北高南低的"冷高台风型"时,沿海强风会持续很长时间,且范围很广。

(5)台风南大风预报

台风登陆后,是否出现南大风,考虑两方面的原因:强度维持且高空有较强的偏南气流紧跟北移。台风后部是否有螺旋云带存在,是判断台风登陆后是否出现南大风的一个重要标准。

当台风在福州以南登陆,尤其是紧靠福州附近的长乐、福清一带登陆,且继续从福州西南侧向西北移,则福州受闽江地形影响,会出现一阵很强的东南风,要特别注意。

(四)暴雨预报技术

最易引起暴雨的系统主要有:低槽冷锋、切变静止锋、低涡切变和低空西南气流。暴雨的各种形势分析如下:

(1)500 hPa形势

①副高:最有利于暴雨的副高位置是副高西脊点在110°—120°E之间,脊线在16°—19°N(110°—120°E)。588线北界在福州或赣州以南。

②槽:105°—130°E之间有西风槽(最有利是在115°E以西),槽底延伸到35°N以南。如有南支槽配合更好。西风槽和南支槽后有明显的负变温。

③流场:105°—122°E、30°N附近500 hPa流场表现为西北风与西南风的辐合。

(2)850 hPa环流形势

①切变或低槽位置:

Ⅰ低涡型:低涡在华南西部到福建西部,148的闭合线或有高度≤150位势什米、东南风或偏东风≥8 m/s的低压环流时(称低涡适中)最有利暴雨。汉口偏南风(低涡偏西),冷空气强时有利。

Ⅱ低槽型:分偏东槽(汉口以东)和偏西槽(汉口西南风)。偏东槽六月多暴雨,偏西槽五月多暴雨。

Ⅲ冷切型:冷切适中有利暴雨。冷切偏南,若华南152线北抬,且北面冷高中心≤156,可能有暴雨。冷切偏北,5月有暴雨可能,6月很少有暴雨。

Ⅳ暖切型:高压入海,华南沿海西南风突然加强达8~10 m/s,冷切北抬转为暖切,此时若25°—27°N还有锋区存在,切变不易抬得很北,有利暴雨。

②热带系统:

Ⅰ辐合区北抬:西沙由东南风转西南风,云图上南海有云团配合。

Ⅱ台风倒槽:南海有台风,我省受倒槽影响。

③冷高位置:当切变后部冷高压强度在149~154位势什米,中心位置偏东(30°—45°N,110°—122°E)且高压底部偏东风≥9 m/s时最有利于暴雨。

④低空急流:850 hPa出现≥3站的西南风风速≥12 m/s时,称有低空西南急流。当切变前侧(南侧)西南风急流最大风速轴与115°E交点位于24°—27°N之间且有风速辐合时最有利于暴雨。暴雨位于急流轴的左前侧。偏北类急流出现暴雨的概率较小,这类急流的暴雨主要出现在北面冷空气加强,低空急流迅速南撤的背景下。

(3)地面形势

冷锋或静止锋在南昌到福州之间;武夷山弯曲冷锋;江南倒槽锋生。

(4)其他条件:

①水汽条件:统计结果表明850 hPa、700 hPa温度露点差≤2℃的区域或850 hPa露点≥15℃、700 hPa露点≥6℃的区域,有利暴雨产生。

②稳定度:K指数>32℃、K指数变量>10℃、S_i指数为负、$T_{850}-T_{500}≥20$℃为有利于暴雨产生的区域。

③上升运动:

Ⅰ锋面抬升作用:锋面抬升速度正比于锋面坡度。日常预报业务中,常以锋面与相应的700 hPa槽线或切变的相对位置来间接表征锋面坡度与抬升速度的大小。当两者距离大时,锋面坡度小,所产生的降水具有"雨带宽,强度小"的特点;当两者相距小时,锋面坡度大,所产生的雨带具有"狭窄强度大"的特点。而暴雨往往出现在两者间距小于两个纬距以内的地区。

Ⅱ低层辐合上升的分析:风向、风速辐合区;等高线呈气旋性弯曲区,如西南涡的东南部、低槽东部、台风倒槽顶端的东部;负变压(高)区。

Ⅲ高空辐散区的分析:通常取300 hPa、200 hPa(也可以用500 hPa代表)的高空槽前等高线散开处或是高空急流的出口处表征高层辐散区。

在泉州出现的暴雨,除了系统性明显的台风暴雨、锋面暴雨、午后热雷雨局地暴雨外,有相当一部分是在500 hPa为西北气流而低层为低涡切变背景下产生的,虽然低层为低涡切变,但因被500 hPa为西北气流而迷惑。如对以下实例进行分析:

2010年6月10日16时起,强降水云团由内陆的安溪、永春开始自西向东移动,其中安溪16时、17时两个时次的降水分别为34、31 mm,南安17时、18时两个时次的降水分别为60 mm、54 mm,市区20—23时的累积降水61 mm,而10日所做的预报则是阴转多云天气。

日本的预报也是趋向于好转,对于暴雨也无判断能力。

有利本场暴雨发生的背景是在华南沿海的海上为不同气流的辐合区,强云团出现在南海北部,在云团北侧的泉州市诱生了新的强云团,该云团随着主云团缓慢东移。问题是,新的强云团是如何被诱生而来,华南的低涡也许是主要原因。

不利本场暴雨发生的背景 500 hPa 为西北气流,泉州市的水汽并不充沛。

今后对于高层在华南沿海的海上为不同气流的辐合区的此类暴雨的预报着眼点在于:500 hPa 副高的西脊点在 110°E、15°N;低层华南低涡。

此类暴雨命名为"高层西北气流、低层低涡下的局地雷暴暴雨天气"。

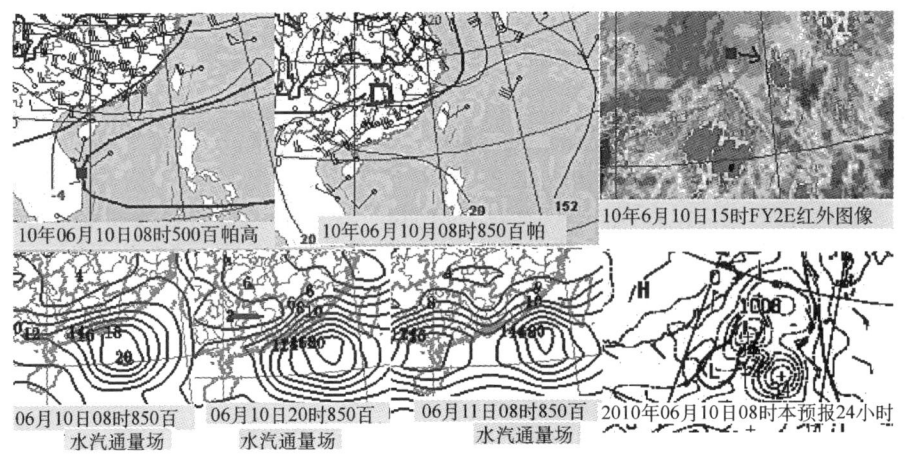

图 5.12　2010 年 6 月 10 日 08 时环流形势图、水汽通量场、卫星云图及日本降水预报

(五)台风暴雨预报技术

1. 东风急流

副热带高压成带状分布,西脊点达 105°—115°E,脊线位于 30°N 附近,脊线西北侧有明显正变高。随着台风的西北移,台风北侧与副高南侧之间形成一支强偏东急流,使流场发生不对称结构,强风速辐合作用及特定的地形条件促使台风螺旋雨带和雨团强烈发展,中尺度暴雨就产生在东风急流的左侧下方。台风螺旋云带雨团造成的闽东北暴雨和台风核心雨团的强降水多数是发生在这种形势下。

2. 暖式切变

台风登陆后,500 hPa 形势场上,大陆上没有高压活动,位势高度低,有利于台风低压回旋。副高在海上呈稳定和加强状态,东北—华北地区常为脊区叠加其上,随着台风西北行,进入内陆其他省份,副高尾随其后,在台风低压的东到东北侧出现一支东南风急流,它与台风南侧粤闽之间的西南风急流在福建省中南部沿海到台湾海峡北部海区形成一条暖式切变线,中尺度对流云团在暖式切变所提供的强辐合上升运动区获得迅速发展。这是台风后部雨团发展的主要形势。例如 9608、9610、9714 三个热带风暴登陆后,其后部又有对流云团发展,造成闽南地区暴雨。

3. 台风倒槽

南海台风和西太平洋台风进入南海后登陆福建前常在台湾海峡到 115°E 附近的闽赣交界

处形成倒槽。倒槽两侧由东南风和东北风两支急流构成,形成强的气旋性曲率。而东南风急流是一支暖湿空气输送带,为暴雨的产生提供了充足的水汽和能量。中尺度暴雨产生在低空暖湿倒槽东侧东南风急流的前方,风速的辐合和气流与山脉正交有利于对流云图的发生发展。台风外围雨团多发展在这种形势下。

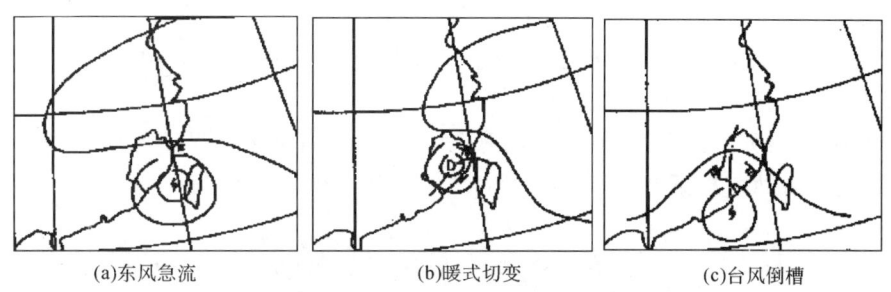

(a)东风急流　　　　　(b)暖式切变　　　　　(c)台风倒槽

图 5.13　台风暴雨环流形势示意图

4. 西风槽前

当台风移近沿海时,恰遇西风槽东移,台风在西风槽前东北行,不登陆福建。但台风的高能气团与西风槽引导的冷空气相作用,在槽前形成不稳定层结,诱发中尺度对流发展,雨团出现在台风西侧的西风槽前。9502 和 9808 台风引发的中尺度暴雨就是发生在这种形势下。

5. 影响台风降水强度的因素

(1)台风强度和移速:台风强(中心风速＞25 m/s)、移速慢(＜10 km/h),则雨时长、降水总量大。

(2)副高:副高控制我省、副高在加强西伸中、120°E 处副高脊线在 28°N 以南,台风降水强度不大;120°E 处副高脊线在 28°N 以北,福建处副高南侧偏东气流里时,易有暴雨产生。或稳定而强大的华北脊叠在长江口—日本海的高压上,福建处东南气流里时,易有暴雨产生。

(3)冷空气:长江以南到华南沿海有冷锋活动;或有冷平流影响福建(850 hPa ΔT_{24} 为零下 1～4℃);或华东沿海有西风槽活动,则台风环流或台风倒槽影响时,暴雨强度增大。

(4)热带系统:热带辐合带北移;或台风后部热带云团北上,台风暴雨将增大。

(5)环境流场:500 hPa 台风与带状副高之间有东风急流(＞16 m/s);或 500 hPa 台风与块状副高之间有东南风急流(＞16 m/s);或 850～500 hPa 台风后部有西南风急流(＞16 m/s),易于暴雨产生。

(6)环境系统:台风倒槽或由台风中心向外伸展的暖式切变是形成台风暴雨的两个重要系统。

(7)台风路径与暴雨:

一般情况下,登陆"珠江口—饶平"再转向后纵穿我省的粤东台风:是我省雨量第二强类台风,过程降水量一般可达 100～200 mm,局部超过 250 mm,此类台风是九龙江、晋江特大洪水最常见的危险路径,特别是晚春与初秋季节(南海北上登陆粤东比从西太平洋"西—西北行"登陆粤东的台风降雨强度大得多,过程降水量一般可达 100～200 mm,局部超过 200 mm;从西太平洋西—西北行登陆粤东,过程降水量一般可达 100～150 mm,局部超过 150 mm);

登陆"诏安—厦门"的台风:也会有较强的降水,为我省雨量第三强类台风,一般可达 100～150 mm,局部超过 200 mm;

正面登陆"厦门—连江"之间的台风:我省雨量最强类台风。在登陆点附近及其右上方的一些地区,过程降水量往往可达150～250 mm,局部可超过300 mm;

登陆"罗源—福鼎"的台风:我省暴雨范围一般不大,强暴雨区多局限于闽东北,过程降水量一般达100～150 mm,局部超过200 mm;

登陆"浙江南部"台风:暴雨区多局限于闽东北,强度也相对较弱,过程降水量为50～100 mm,局部超过100 mm,但历史上也有例外,如1952年7月18日台风登陆温州后,闽北下了大暴雨,闽江21日出现了特大洪水;

南海转向台风:如登陆台湾,对我省也有一定影响,沿海地区过程降水量50～100 mm,个别例子有冷空气或西南急流配合,过程降水量可达100～200 mm。

6. 实例

9005台风:登陆宁德,暴雨区在泉州,晋江几小时降水600 mm,30人死亡。

9009台风:登陆广州陆丰,漳、泉两地市暴雨到大暴雨,永春过程雨量577 mm。

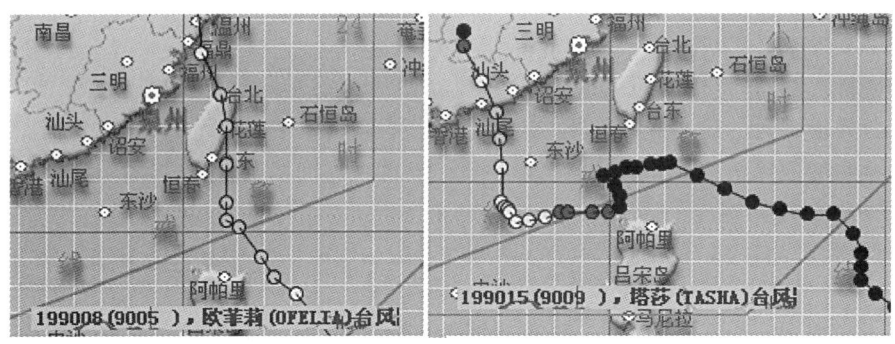

图5.14 "欧菲莉"台风和"塔莎"台风路径图

(六)台湾地形对台风路径影响的技术分析

1. 台风与诱生低压相互运动的规律

台风与其诱生低压之间存在以下几种的相互运动方式(见图5.15):

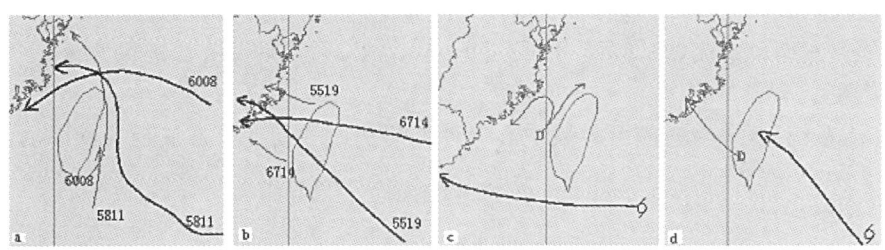

图5.15 诱生低压的台风更替图

(1)台风与诱生低压作互旋运动。西太平洋台风移到台湾东北海面。在台湾兰屿附近诱生低压,低压向偏北移动,台风移向出现左偏,最后登陆于福建中部或南部沿海(见图5.15a)。

(2)台风与诱生低压同向平行运动。台风移到台湾西海岸或台湾海峡中部时,在台湾海峡南部或北部诱生低压,台风和诱生低压伴随着东北—西南向的台风倒槽平行向西北移,两者先后登陆于福建沿海,有的诱生低压在福建南部沿海消失(见图5.15b)。

(3)台风西行,诱生低压北上。当西太平洋台风向西移到台湾东南海面上时,在台湾的台中附近诱生低压,台风继续西行靠近广东东部沿海,而诱生低压多数沿台湾地形槽东侧的偏南气流向北偏东方向移去,并消失于台湾海峡北部,也有的是沿地形倒槽两侧基本气流移动,成为倒抛物线路径(图见图 5.15c)。

(4)诱生低压更替原台风。台风移到台湾西海岸或台湾岛中北部时,受中央山脉地形影响而减弱消失,与此同时,在台湾南部诱生的低压,伴随着东北—西南向的台风倒槽平行向西北移动,并在福建沿海登陆。(图 5.15d)

2. 地形造成右折路径

(1)台湾地形槽的吸引作用(见图 5.16)

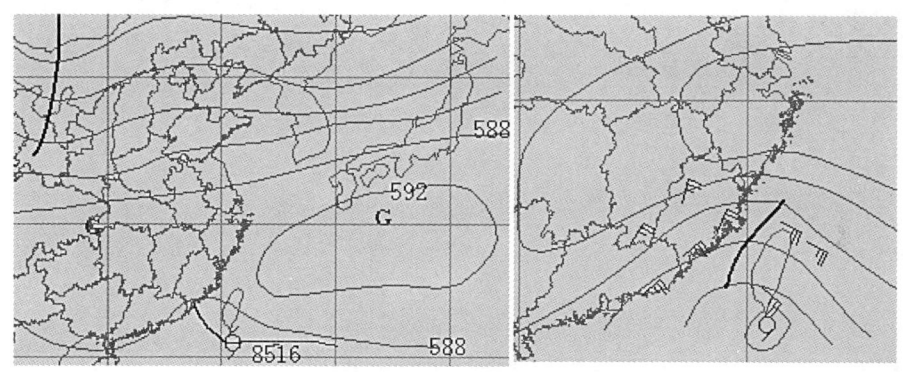

图 5.16 台湾地形槽的吸引作用

(2)新旧 TC 更替移向右移(见图 5.17)

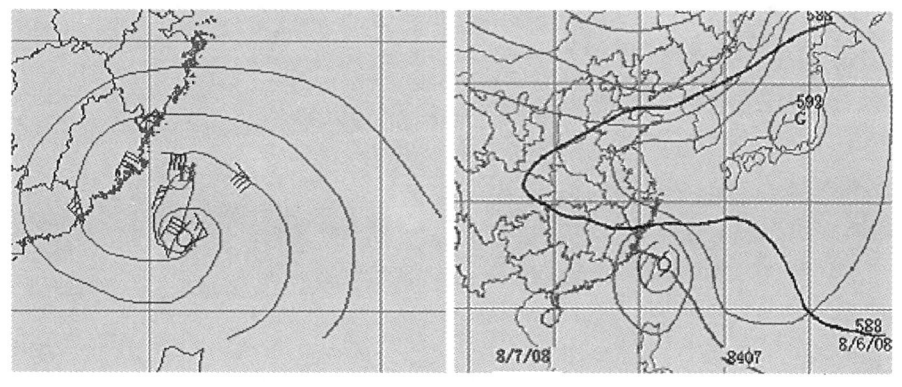

图 5.17 新旧 TC 更替致使旧 TC 移向右移

3. 地形造成左折路径

(1)趋岸左折

台风移近台湾岛时,前进方向的环流受岛屿摩擦加压,气压场发生不对称结构变化,导致台风前进的相反方向产生一个气压梯度增量,从而使台风向南移动产生一个增量,原台风的移向与增量的合成,台风移向则向左折。一般移速慢、移向偏北,左折易发生;

(2)与伴生低压互旋左折;

(3)新旧 TC 更替移向左移。

(七)造成福建省高温天气的两种原因分析

1. 在强大的副热带高压控制下,天气晴好,太阳曝晒,造成气温猛升。
2. 台风引起的焚风效应。如果台风在福建省东面近海北上,全省处在台风西侧,近地层盛行西北风时,由于境内地势是西北高东南低,近地层盛行的西北风气流沿山坡下滑而引起高温。当台风处于东海北上时,也是泉州市雷雨高发期。

第六章　气象灾害成因及防御避险

一、气象灾害及其特点

大气变化产生的各种天气现象对人类的生命财产和国民经济建设及国防建设等造成直接或间接的损失，称为气象灾害。诸如狂风刮倒房屋；暴雨引起洪涝，淹没田地；长期无雨形成干旱，枯死庄稼，渴死人畜；高温酷暑和低温严寒造成病人增加、死亡率增高；雷电击死击伤人畜或引发火灾等。

气象灾害可分为天气灾害和气候灾害，这是两个既有区别又有联系的概念。天气灾害是指一次天气过程，如某一次热带气旋、某一次暴雨、某一次寒潮等造成的灾害。气候灾害是指气候异常而造成的灾害。如该是下雨的季节却久不下雨，该是旱季却阴雨连绵，该冷不冷，该热不热等反常现象的出现，导致人类及动植物的不适应，影响人类社会活动及生产活动，危及动植物的正常生长发育，造成经济损失和其他损失。从形式上看，气候灾害往往是通过天气灾害表现出来的。

气象灾害是一种自然现象，它是自然原因、人为原因或两者兼而有之的原因造成的。灾害的发生有其不可避免性，但只要我们增强灾害意识，加强灾害防御，采取有效措施，就可以使大灾变为小灾，小灾变为无灾。

气象灾害在自然灾害中出现次数最多，发生范围最大，危害面最广，造成的损失最严重。在联合国公布的"1947—1980年全球10种主要自然灾害"中有5种是气象灾害，其余部分仍多数与气象关系密切。因此，我们应该了解气象灾害特点，增强防灾减灾意识，提高防御避险能力。气象灾害除了与其他自然灾害具有同样因地域、因季节、因受灾体而异的特点外，其本身还具有以下特点：

1. 种类多。根据气象灾害的成因、性质及其危害人民生命财产等情况来看，大致可划分成洪涝、干旱、台风、冷冻害、风雹、连阴雨、雾及其他，共7类18种之多，细分可达数十种，甚至上百种。

2. 范围广。一年四季中，无论是在平原、高山、高原、海岛，还是在江、河、湖、海以及空中，凡是有人类活动的地方，都可发生气象灾害，只是各地、各季节出现灾害的种类、频次和危害程度有所不同。根据近40年的资料统计，较大范围的旱、涝灾害在我国东部地区每年都有发生，多时达20次，少则8~9次。我国西部是世界上有名的高原半干旱区和干旱区。在海洋上常因台风、大风造成船翻人亡事故。在空中常因强对流性天气、低空风切变形成结冰等现象造成飞机失事，等等。另外，气象灾害直接或间接危害着工业、农业、交通运输、商业等国民经济的方方面面。

3. 频率高。近40年来，我国每年平均出现旱灾7.5次，涝灾5.9次，冻害2.9次。特别是每年平均登陆我国的热带风暴和台风有 7 个之多,约为日本、美国的 2 倍,菲律宾的 1.5 倍,居世界各国的首位。

4. 持续时间长。有些气象灾害常常连季或连年发生。近 40 年内华北地区出现春夏连旱或伏秋连旱的年份达 16 年,特别是在 20 世纪 80 年代几乎连年少雨干旱,华北明珠白洋淀及许多河流干涸数年,也是历史上少见的。江淮秋雨和江南低温冷害、干旱等灾害都有连年发生的记载。

5. 群发性突出。由于气象灾害是在大范围环境流场的背景影响下发生的,因此许多地区或许多灾害往往在同一时间内发生。1983 年 4 月 25—30 日,由于强寒潮的侵入,全国大部地区相继出现了暴雨、冰雹、大风、冻雨、结冰、严重沙尘暴,近海大风持续了 3~5 天,造成 85 人死亡,数亿元的经济损失。

6. 连锁反应显著。天气气候因素不仅是农业、林业病虫害发生发展的环境条件,也是许多灾害的触发或诱发机制。例如,暴雨不仅可以形成洪涝,而且常引发泥石流和塌方等。台风除了造成大风、洪涝灾害外,还是引起巨浪和风暴潮的因素。干旱、大风是形成森林、草原火灾的重要条件等。

7. 灾情重。由于气象灾害发生的频次多,影响范围大,危害面广,所以从全球或我国情况来看,气象灾害造成的损失,都居各种自然灾害的首位。气象灾害给我国农业生产造成的损失,一般年份,受灾农田约 4300 万公顷,成灾约 2000 万公顷,减收粮食 200 多亿千克,每年直接经济损失达 100 亿元以上,受灾 2 亿多人口,死亡数千人。如果加上牧业、渔业、工业、交通运输等行业的损失,每年可达数百亿元或更多。

二、暴雨洪涝灾害防范

(一)暴雨洪涝

暴雨洪涝是由大暴雨形成的洪涝。气象部门规定 24 小时降水量$\geq$50 mm 称为暴雨,24 小时降水量$\geq$100 mm 称为大暴雨,24 小时降水量$\geq$250 mm 称为特大暴雨。

产生暴雨的基本条件是,大气中要有充沛的水汽和强烈的上升气流;需要较长的持续时间、有利的地形作用。大范围的暴雨常引发洪涝灾害,造成山洪暴发、河水泛滥、城市积水、泥石流、山崩、滑坡等灾害,严重危害人民生命财产的安全。

(二)洪涝灾害的危害

在各种自然灾害中,洪涝是最常见且又危害最大的一种。洪水出现频率高,波及范围广,来势凶猛,破坏性极大。洪水不但淹没房屋,造成大量人员伤亡,而且还卷走人们居留地的一切物品,包括粮食,并淹没农田,毁坏作物,导致粮食大幅度减产,从而造成饥荒。洪水还会破坏工厂厂房、通信与交通设施,从而造成对国民经济建设的破坏。

21 世纪以来,世界各国曾先后发生过近 40 次特大洪涝灾害,每次都导致上万人的死亡和千百万人的流离失所。在近几十年中,洪涝发生频次与灾害损失都在逐年增加。根据统计 1951—1990 年,我国平均每年发生严重洪涝灾害 5.9 次,平均受灾面积 667 万公顷,其中成灾面积 470 万公顷,死亡三四千人,倒塌房屋 200 余万间。四川盆地是洪涝灾害的多发地区。

(三)洪水来临前的防御措施

1. 在洪水面前,要保持冷静,防止恐惧心理。
2. "人往高处走,水往低处流"可作为防洪的基本思路,要选择登高避难的方式。平原地区选择基础牢固的屋顶、大树;山区要选择没有山体滑坡危害的安全可靠区。
3. 扎制木筏等逃生用品,并收集木盆、木制家具、漂浮材料等用绳子捆扎在一起作为救生设备,以备急用。
4. 利用各种通信设备发出求救信号,并设法保持联系。
5. 注意保存火种、药品和御寒用品。
6. 蒸煮粮食,做成熟食,以备急需。
7. 洪水围困后,没有足够的安全措施,不要轻易采取转移行动。

(四)被洪水围困时怎样求救

1. 在山区丘陵环境下,无论是孤身一人还是聚集人群,突遭洪水围困于基础较牢固的高岗台地或砖混结构的住宅楼房时,只要有序固守等待救援,或等待陡涨陡落的山洪消退后即可解围。
2. 被洪水围困于低洼处的溪岸、土坎儿或木结构的住房里,情况危急时,有通信条件的,可利用通信工具向当地政府和防汛部门报告洪水态势和受困情况,寻求救援;无通信条件的,可制造烟火或来回挥动颜色鲜艳的衣物或集体同声呼救,不断向外界发出紧急求助信号,求得尽早解围;同时要寻找体积较大的漂浮物等,主动采取自救措施。

(五)溺水者急救措施

1. 通畅呼吸道。溺水者被救出水面后,立即撬开其口腔,除去口鼻咽喉部的泥沙污物,使其呼吸道迅速畅通。
2. 倒水。急救者可一腿跪地,另一腿屈膝而立,将溺水者匍匐在膝盖上,使其头部下垂,并按压其腹、背部,使其排出水;也可将溺水者的两腿、腹部放在急救者的肩部,快速奔跑,倒出积水。
3. 心肺复苏。经上述急救若溺水者仍然昏迷,心跳、呼吸骤停,应立即采用人工胸外按压和人工呼吸法进行急救,在送往医院的途中应该坚持心肺复苏措施。

(六)暴雨与泥石流

暴雨是诱发泥石流的重要因素。凡是山高坡陡,沟壑纵横,植被较差、土层薄,没有高大森林,也没有灌木丛林的山地,当遇有暴雨或大暴雨时,最容易发生泥石流。据调查,在容易发生泥石流的地形和地质条件下,24 小时雨量达 140 mm 以上时,就有可能诱发泥石流。降水越强,出现泥石流的机会越多,灾害也越严重。当 24 小时雨量达 300 mm 以上时,会诱发形成较重和严重的泥石流。

泥石流并不一定在一次暴雨过程结束以后才发生,而往往在暴雨过程中由于短时间内集中强降水诱发形成。当日雨量达 140 mm 以上时,如若出现 1 小时、3 小时和 6 小时最大降水分别为 40 mm、80 mm 和 100 mm 以上就会诱发泥石流发生。而当日雨量达 300 mm 以上时,若出现1小时、3小时和6小时最大降水量分别为60、100和200 mm以上,则会诱发形成较重或严重的泥石流。通常认为泥石流的发生与前期有较长时间的降水有关。在先有较长时间降水的情况下,由于土层含水饱和,径流系数加大,汇流时间缩短,使地表滑动力和内水压力加大,又遇突发性强暴雨,就更容易发生泥石流。但即使前期少雨的情况下,短时间内强集中暴雨同样也可以诱发泥石流,只是在这种情况下,暴雨的强度比前者要大。因此,汛期是泥石流发生的主要季节。

泥石流是一种危害很大的自然灾害,近年来在我国各地时有发生。因此,积极做好预防泥石流的发生是一项十分重要的工作。为了防止泥石流的发生,必须根据当地地质地貌情况,适宜地植树造林,防止植被破坏以及修建导流堤、拦挡坝和停淤场等。加强对地质条件的调查、分析、研究,加强对天气预报的了解,掌握好雨量情况,及时做出综合分析判断,注意采取早期和应急防范措施,以避免和减少泥石流灾害所造成的损失。

(七)遭遇泥石流怎么办

泥石流是大量泥沙、石块和水的混合体沿沟道或坡面流动的现象。它爆发突然、来势凶猛,具有很大的破坏力。泥石流流动的全过程一般只有几个小时,短的只有几分钟。

泥石流是一种广泛分布于世界各国一些具有特殊地形、地貌状况地区的自然灾害,是山区沟谷或山地坡面上,由暴雨、冰雪融化等水源激发的,含有大量泥沙石块一起流动的突发性洪流。它与一般洪水的区别是洪流中含有足够数量的泥沙石等固体碎屑物,其体积含量最少为15%,最高可达80%左右,因此比洪水更具有破坏力。

泥石流的主要危害是冲毁城镇、矿山、乡村,造成人畜伤亡,破坏房屋及其他工程设施,破坏农作物、林木及耕地。此外,泥石流有时也会淤塞河道,不但阻断航运,还可能引起水灾。

1. 遭遇泥石流时应该如何做

(1)沿山谷徒步时,一旦遭遇大雨,要迅速转移到安全的高地,不要在谷底过久停留。

(2)注意观察周围环境,特别留意是否听到远处山谷传来打雷般声响,如听到要高度警惕,这很可能是泥石流将至的征兆。

(3)要选择平整的高地作为营地,尽可能避开有滚石和大量堆积物的山坡下面,不要在山谷和河沟底部扎营。

(4)发现泥石流后,要马上向与泥石流成垂直方向两边的山坡上转移,越高越好,越快越好,绝对不能往泥石流的下游跑。

2. 如何救护被泥石流伤害的人员

泥石流对人的伤害主要是泥浆使人窒息。为此,将压埋在泥浆或倒塌建筑物中的伤员救出后,应立即清除口、鼻、咽喉内的泥土及痰、血等,排除体内的污水。对昏迷的伤员,应将其平卧,头后仰,将舌头牵出,尽量保持呼吸道的畅通,如有外伤应采取止血、包扎、固定等方法处理,然后转送急救站。

(八)遇到滑坡应该怎么办

滑坡即将发生时,至少应该做到以下几点:

1. 当身处滑坡体上时,首先应保持冷静,不能慌乱。应迅速环顾四周,向较为安全的地段撤离。一般除高速滑坡外,只要行动迅速,都有可能脱离危险区段。脱离时,以向两侧跑为最佳方向。在向下滑动的山坡上,向上或向下跑是非常危险的。

2. 若处于非滑坡区,但发现可疑的滑坡活动时,应立即报告邻近的村、乡、县等政府机构或单位。

3. 政府部门应立即实施应急措施,迅速组织群众撤离危险区及可能波及的地区。通知邻近的河谷、山沟中的人们做好撤离准备,密切注视灾情的蔓延和转化,因滑坡常在暴雨、洪水中转化为泥石流灾害。注意因滑坡可能危害到水库、干线铁路、干线公路、发电厂、通讯设备、干线渠道等,所引发的次生灾害或第三次灾害的发生,如火灾、洪灾等。

(九)山洪发生前的准备工作

作为山洪易发区的居民,在山洪发生前,必须做好以下必要的准备工作:

1. 平时应尽可能多学习了解一些山洪灾害防治的基本知识,提高自救逃生的本领。

2. 无论是在居住场所还是在野外活动场所,都必须首先观察、熟悉周围环境,预先选定好紧急情况下躲灾避灾的安全路线和地点。

3. 多留心注意山洪可能发生的前兆,动员家人做好随时安全转移的思想准备。

4. 根据自己的判断,一旦认定情况危急时,除及时向主管人员和邻里报警外,应先将家中的老人和小孩及贵重物品提前转移到安全地带。

5. 积极参加灾险投保,尽量减少灾害损失,提高灾后恢复能力。

(十)深夜遭遇山洪时如何迅速脱险

根据深夜或凌晨突发山洪、泥石流造成死伤惨重的教训,凡是居住在山洪易发区或冲沟、峡谷、溪岸的居民,每遇连降大暴雨时,必须随时保持高度警惕,尤其在晚上更应十分警觉,加强监测,如有异常,应立即组织人员迅速脱离现场,就近选择安全地带落脚,设法与外部联系,做好下一步救援工作。切不可心存侥幸或救捞财物而贻误避灾时机,造成不应有的人员伤亡。

(十一)在山洪易发区活动应注意什么

在山洪易发区活动,思想上要时刻绷紧防御山洪这根弦,绝不能麻痹大意、放松警惕。在劳动和中途歇息过程中,随时注意场地周围的异常变化和自己可以选择的退路、自救办法,一旦出现异常情况,迅速脱离现场。当突然遭到山洪袭击时,要沉着冷静,千万不要慌张,并以最快的速度安全脱险。脱离现场时,应该选择就便安全的路线沿山坡横向跑开,千万不要顺山坡或山谷出口往下游跑。

(十二)修了水库下游还会有山洪灾害吗

大型水库库容大,一般都修建在集雨面积大、河道来水量大的大江、大河上,对大江、大河的洪水可以起到调蓄作用,可降低或免除大江、大河的洪水灾害。因受各种条件限制,山区溪河只能修建小型水库,而且其防洪标准也有一定限度,当遇水库泄洪时,下游溪河无法通过超量洪水,造成山洪对下游两岸的一些基础设施及厂矿企事业单位等的巨大财产损失,甚至人员伤亡。所以,居住在水库下游的居民应具有洪水风险意识,平时不侵占河道,不与水争地。

(十三)住宅被淹时如何避险

住在洪泛区低洼处来不及转移的居民,其住宅常易遭洪水淹没或围困。假如遇到这种情况,通常有效的办法是:

1. 安排家人向屋顶转移,并尽量安慰稳定好他们的情绪;
2. 想方设法发出呼救信号,尽快与外界取得联系,以便得到及时救援;
3. 利用竹木等漂浮物将家人护送漂移至附近的高大建筑物上或较安全的地方。

(十四)雨季暴雨过后的一些常见灾后重建工作

1. 清洁消毒环境,防止疾病传播,确保灾后无大疫

重点加强对食品安全及饮用水卫生的监测、管理,其中,漂白粉和漂白精片常用于饮用水的消毒;清理排水沟淤泥和垃圾,在臭水沟、卫生死角等处使用消毒药水,对井水进行消毒,对过水后的居住环境、污染水源进行消毒,确保环境整洁和用水安全,防止疾病传播;加强疫情监测,密切注意动物疫病发生情况,对不明死因的畜禽全部进行深埋无害化处理。

2. 农业生产方面——排水、施肥、防病

对于受灾的蔬菜基地、农田,及时进行农田排水,扶、洗灾苗,补耕补种;采取措施预防稻飞虱等虫害发生,如对水稻喷洒农药和追肥;对茶树等洗苗补肥、复耕补种,加快恢复农业生产;相关部门迅速投入灾后重建,发动群众互助自救。

7月底泉州进入夏收夏种阶段,即抢收抢种的"双抢"期。强降水后又迎来高温天气,要强化后期田间管理,防范病虫害,确保夏收夏种顺利进行。

(1)排水:烈日高温天宜逐步排水

稻田:早稻受淹很容易死亡。稻田积水退后,应开沟排水,使田间土壤的水分渗到沟中排出,以促进新根生长。对于淹没时间较长的田块,遇烈日高温天气宜逐步排水,先让稻株上部露出水面,以利水稻恢复生长。同时,可用手逐株把倒伏稻苗扶起,培土定根。只要没有完全倒伏到地面的水稻,都可以通过人工捆扎成小把的办法挽救。

薯田:甘薯不耐涝渍,苗期渍水过多易烂根、死苗,后期田间积水,会造成烂根和薯块硬心。种植甘薯的农田要及时修复田头沟渠,迅速排除地面积水,并可提蔓断根。但在这期间不能翻蔓,因为翻蔓易损伤茎叶,造成减产。

(2)施肥:依稻苗长势,确定施肥量

6月中下旬,我市的双季早稻已进入抽穗阶段,是施用穗粒肥的关键时期。为此,要根据田间稻苗长势,确定施肥用量,一般每亩适当追施尿素、钾肥各3～5千克。对表现出缺钾症状的田块,要抓紧增施钾肥;对抽穗期叶片颜色淡绿的田块,要看苗补施粒肥,每亩追施尿素1～2千克,促进灌浆结实。

尚未成熟的早稻如果断水过早,会使稻株水分平衡失调,造成减产。因此,要湿润灌溉,一般应掌握在收割前3～5天断水为宜。同时,要防台风袭击,7月份我市开始受台风的影响,而此时又是早稻收割期,各地农户要注意收听当地气象台天气预报。

早插的甘薯要在块根膨大期重施夹边肥,清沟培土,促进块根膨大。近期扦插的甘薯要抓紧补苗和追肥、中耕。

(3)防病:对付病虫害应对症下药

高温高湿条件有利于病虫害的发展,为此,要加强田间监测,防范病虫害暴发。

应特别注意防治纹枯病、细条病、稻瘟病、稻飞虱,对症下药。防治水稻细条病可选用"噻菌铜";稻瘟病可选用新克瘟散、20%三环唑、75%三环唑、富士一号、丙硫咪唑等;防治纹枯病可选用井冈霉素或爱苗等药剂;防治稻飞虱可选用25%阿克泰或70%艾美乐粉剂。每亩要喷足50~60千克药液,田间必须保持浅水层;防治稻飞虱时尽量对准基部喷药。

3. 抢修水利设施,巡查水库山塘

严密排查水库、山塘、堤坝、闸门等各类水利工程安全隐患,继续做好水库、山围塘的巡查值守工作,特别是加强坝体的巡查监测,确保水库、围塘安全度汛,为夏季可能到来的台风做好准备。利用暴雨过后的晴好天气,集中力量抓紧抢修各类水毁工程设施,暂时不能完全恢复的,在安全的前提下采取临时保障措施,确保交通、供电、通信的畅通。

4. 加强监控隐患,预防地质灾害

针对前期强降水致土壤水分饱和,在晴热高温作用下容易发生地质灾害的状况,需继续加强对地质灾害隐患点的巡查、监控,预防山体滑坡、塌方发生,不可松懈;加大对地质灾害点、不稳定斜坡、高陡边坡、危旧房屋的巡查力度,一旦出现险情,确保能迅速转移安置受威胁的群众。

(十五)当城市风暴袭来的时候

万里晴空,突然飘来一团乌云,一时狂风大作,暴雨如注,长空闪电接连不断,有时还会出现冰雹和龙卷风。

这时,你如果是在家中,要赶紧关闭门窗,切断电脑、电视机等家用电器的电源。远离金属管道、停止通信。

如果你是在室外,正走在路上,要赶快进入安全的建筑物内。如果你是在船上,要立即上岸躲避。如果是骑车,要根据风向采取相应的措施:顺风行驶时,要缓缓刹车,切不可急刹车,也不可突然转向,以防摔倒;逆风或与风向成垂直状态时行驶,要立即下车,顺风势将车推到人行道上,就近躲避风雨;将车放好后,最好进入附近的房子里躲避。切不可骑车狂奔。要知道,这样的强对流天气,持续的时间不会很长,一定要耐心等待,等风雨过了以后再走。因为当风暴来临时,狂风有可能会吹断电线、掀翻广告牌、将电杆、大树连根拔起,使一些危房、危墙垮塌,许多危及生命安全的隐患,此刻,都可能变成现时的灾难。因此,无论是走路还是骑车,此刻都不要急于赶路,应立即进入室内躲避。

三、雷电防范

(一)雷电是怎样形成的

雷电一般发生在云层之间,有时也发生在云层与大地之间。在春夏雨季,由于空气发生摩擦,积雨云一般会带有大量的电荷,当带有相反极性的云层距离较近时,二者之间会出现强烈的放电现象,这就是雷电。当带有大量电荷的云层离地面(特别是地面上较尖的导体)较近时,由于强电场下的尖端放电作用,会使地面靠近云层处产生大量的、与云中电荷相反的电荷,当距离足够近时,云层与地面之间也会出现强烈的雷电放电(见图6.1)。

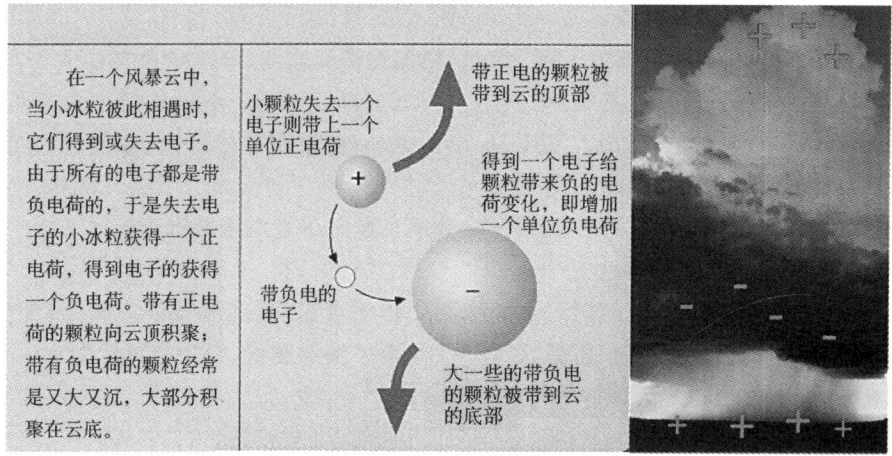

图 6.1　雷电形成机理

1. 为什么总是先见到闪电后再听到雷声

雷声和闪电在高空是同时出现的,由于光速比声速快得多,所以通常都是先见到闪电后再听到雷声。一般来说,在看见闪电后3秒钟就听到雷声,则表示雷暴距离观察者1 km左右。资料统计:全国雷暴出现最多的地方是西双版纳和海南岛,年平均可多达120天左右。

2. 为什么雷雨前先刮风后下雨

原因是炎热的夏季,近地面空气增温剧烈,在有利的天气系统影响下,暖湿空气势力特别强盛。尤其是在水平气流遇到山脉、高地阻挡时,一方面由于地形强烈的抬升作用,促使暖湿空气沿着山坡上升;另一方面,山地对近地层的空气又有加热作用,使空气膨胀上升,容易形成雷雨云。因此,雷雨云中,既有强烈的上升气流,又有下沉气流。

从雷雨云中下沉的冷空气到达近地面以后,会迅速向四周扩散,形成一个冷空气堆。由于下沉冷空气的密度较大,冷空气堆的气压迅速上升,形成一个冷高压,称为雷雨高压。这样,在小的区域内出现了较大的气压差,于是便刮起了风。风从雷雨高压中心向四周地面倾泻时,速度会骤然加快,一般可达每秒十几米,有时可达到30 m/s以上。

阵风过后,雷暴迅速到来,随之紧跟的是能产生降水的低气压,这时雷雨也随即出现。所以,大风往往出现于雷雨以前。

不过,并不是所有的雷雨发生之前都先刮大风。有时凶猛的狂风与雷雨同时袭来;有时布满天空的雷雨云只下雷雨而不刮大风。这是因为对于某一次雷雨天气来说,由于形成雷雨的具体时间、地点和条件不一样,再加上其本身的一些特点,所以也有例外的情况。

(二)如何防雷

雷击灾害多发于夏季,入夏后由于对流性天气较多,出现雷电的频率极大。雷击能造成人员死亡、建筑损坏、森林起火等,而即使安坐家中,电器也可能受雷电影响而遭到破坏。为此,防雷专家总结出以下"十大招数",传授"躲雷"的方法,以免出现意外:

1. 雷打出头物

不能停留在建筑物的楼(屋)面上,或者站立于山顶和其他凸出物体上,因为雷有打出头物的规律,所以站在楼顶、山顶等凸出物体上是极易招雷击的。

2. 要注意关闭门窗

关闭门窗可以预防侧击雷和球雷的侵入。球形雷入室，引起的后果是很可怕的。球雷直径一般为几厘米至几十厘米，发红色、黄色或蓝色的光，像一团火球，故被称作球雷。

一般球雷以每秒几米的速度离地面数米高度作水平运动，也有呈跳跃运动，有巨大的能量。大多数球雷沿建筑物的烟囱、窗户、门进入室内，在室内运动数秒钟后便逸出，也有从普通民房的瓦面逸出或逸出时引起爆炸的现象。

3. 不宜使用淋浴冲凉

这主要是因为当建筑物发生被雷电直击现象时，巨大的雷电流有可能沿着水流导致淋浴者遭雷击伤亡。同时也不要去触摸水管、煤气管等金属管道。因为当这些金属体接地不良时，雷电流有时会以这些导体通过空气向人体放电。

4. 不宜靠近建筑物的外墙以及电气设备

打雷时，应停留在离电力线以及跟它们相连接的电气设备 1 m 远的地方。因为建筑物的直击雷防护设施，保护的主要是建筑物本身不受雷击损坏和减轻雷电电磁脉冲对建筑物内部的影响，却不能防止沿室外引入建筑物内的金属导体入侵等其他形式的雷害。

5. 不宜进入棚屋、岗亭等没有防雷装置的低矮建筑物

因避雨躲进就近低矮的草棚、小屋、岗亭而遭雷击身亡大约占每年雷击伤亡总数的30%左右。由于这些低矮的建筑物没有防雷装置，且大都处在旷野中，是开阔地面上较高的凸出物，容易成为尖端放电的对象而吸引闪电先导，遭受雷击的概率也就特别高。

6. 不宜躲在大树底下

每年大树底下遭雷击伤亡人数约占雷击伤亡总数的15%左右。站立在大树底下，当强大的雷电流通过大树流入地下向四周扩散时，会在不同的地方产生不同的电压，因人体站立的两脚之间存在着电压差而造成伤害，通常称为跨步电压伤害。所以，当暴风雨来临之际，躲进大树底下是很危险的。如果确实万不得已，需要在大树底下停留，则必须与树身和枝丫保持2 m以上的距离，并且尽可能下蹲和靠拢双脚。这样既可降低人体的有效高度又可预防跨步电压的危害。

7. 不宜在旷野高举物体

当天空电光闪闪，雷声轰鸣时，不仅高打雨伞容易遭雷击，就是高举羽毛球拍、高尔夫球棍、铁锹、锄头等物体都会带来雷击的危险。在旷野高打雨伞等物体容易诱发雷击的原因主要是：人体本身就已经是一定范围内的突出物体，容易成为雷击的目标，再高举雨伞等物体，则使人体的有效高度增加，使雷击具有更明确的选择性。然而，下雨天又是在旷野中，打伞挡雨是人之常情。但是必须记住，如果当看见闪电后立即听到雷声，说明正处在近雷暴的环境中，应该停止行走，低打雨伞并两脚并拢立即下蹲。即使没有雨伞，也不宜飞跑狂奔，待到一次雷声逐渐远去，才可迅速寻找安全的场所避雨。

8. 不宜在水面或水陆交界处工作、玩耍

在水面作业及在水陆交界处容易遭受雷击，主要是雷击具有一定的选择性。一方面是水的导电率比较高，较地面其他物体更容易吸引雷电，另一方面是水陆交界处是土壤电阻与水的电阻交汇处，形成一个电阻率变化较大的界面，闪电先导容易趋向这些地方。因此，在河边遭雷击的情况比较常见。

9. 不宜骑摩托车和自行车

骑摩托车而导致雷击伤害的人可能抱着一种侥幸心理，以为摩托车速度快，冲一冲便可避

过雨淋了。其实,摩托车再快也快不过雷电,争分夺秒也无济于事。因此,在暴风雨来临之际或是在近雷暴的天气条件下,骑摩托车或自行车时为避免遭受雷电的伤害,应该尽快就近寻找安全的场所避雨。

10. 不宜进行户外球类运动

在雷暴天气下,不仅足球活动不宜进行,其他户外运动也切不可掉以轻心。特别是当天气条件不好时,从事户外球类活动的组织者应事先与当地气象部门联系,在没有近雷暴天气的条件下才能进行。即使球赛正在激烈的进行之中,当暴风雨来临时,也应迅速中止比赛,以确保运动员和观众的生命安全。

(三)人体被雷击中后如何救护

当人体被雷击中后,往往会认为遭雷击的人身上还有电,不敢抢救而延误了救援时间,其实这种观念是错误的。如果出现了因雷击昏倒而"假死"的状态时,可以采取如下的救护方法:

1. 进行口对口人工呼吸。雷击后进行人工呼吸的时间越早,对伤者的身体恢复越好,因为人脑缺氧时间超过十几分钟就会有致命危险,如果能在4分钟内以心肺复苏法进行抢救,让心脏恢复跳动,可能还来得及救活。

2. 对伤者进行心脏按压,并迅速通知医院进行抢救处理。如果遇到一群人被闪电击中,那些会发出呻吟的人不要紧,应先抢救那些已无法发出声息的人。

3. 如果伤者遭受雷击后引起衣服着火,此时应马上让伤者躺下,以使火焰不致烧伤面部,并往伤者身上泼水,或者用厚外衣、毯子等把伤者裹住隔绝空气,以扑灭火焰。

(四)打雷时如何判断自身的安全

判断自身是处在远雷暴还是近雷暴的最简单方法是:听到雷声,通过与看见闪电的间隔时间长短来判断所处位置与落雷的距离。因为闪电和雷声是同时发生的,只不过光的传播速度快,为30万km/s,而雷声的传播速度只有340 m/s,比光速慢得多。

如果看见闪电后在1秒钟,也就是一眨眼的时间就听见雷声,说明雷击位置就在附近300 m处;如果看见闪电后听见雷声的时间间隔5秒钟,就表示雷击发生在约1.6 km外的位置。

若当时是近雷暴,并处在空旷地方应立即双脚并拢、身体下蹲或就近到建筑物内躲避,但不能进入低矮亭子、草棚等没有防雷装置的设施。

(五)为什么农村的雷电灾害损失越来越严重

近年来,农村地区的雷击灾害损失呈逐年上升的趋势,究其原因在于,随着农民收入的提高,许多农村家庭都用上了电视机、电话机等家用电器,殊不知这些家用电器都是"引雷入室"的罪魁祸首。这主要是因为:

1. 农村的房屋多为农民自己修建的,在建设时由于没有相应的防雷避雷知识,其房屋根本没有任何雷电防护装置。

2. 为增加电视节目的接收效果,农村的电视接收天线普遍架设在屋顶上方高于屋顶10余米的位置,且多用竹竿作为支撑,一旦有雷暴产生,雷电极易与金属接收天线接闪,再由天线馈线引入室内,从而造成电视机及室内其他设施的损毁或人员的伤亡。

3. 农村的电力线路、电话线路多是由较为空旷的电杆架空支撑引入的,雷暴在空旷的农田上闪击后会由这些架空电力线、电话线引入室内,造成室内设备损毁和人员伤亡。

(六)农村应该如何防雷

因为在农村居住比较分散,采取防雷措施代价会高一些。首先,你家的房屋水塔和室外电视接收天线及离房屋和行人通道近且很高的树木等均是直接雷击的接受者。这就需要根据现场情况加装防直接雷击的避雷针或避雷带,不然会在雷击时直接造成人身伤亡和家庭财产损失。目前,农村住户一般有电源线(没有保护地线)、电话线、共用电视信号接收线(不是光缆)、农村有线广播线和自架电视接收天线等,这些都会将雷电波直接导入室内。防雷可采取以下措施:

1. 种植高大树木时应注意与房屋和行人通道保持一定距离。
2. 外出时拉下入户电源总闸(一般开关因为间隙太小遇雷击时可视为通路),拔掉电视接收天线,取掉电话进线插头。
3. 有人在家时,当确定雷雨将临之前完成上面第 2 条的过程,且人应尽量与它们保持远距离(若雷雨已经来临,千万不能去关闸、拔线)。
4. 雷雨时孩子千万不能在屋外跑动。
5. 在野外遭遇雷雨时,不能靠近高(低)压线、电杆、旗杆、铁塔,更不能在大树下避雨,而应及早到地势低洼处去,若处于空旷地带应就地蹲下。雷雨来得快去得也快,坚持就是安全。

(七)雷雨季节家用电器如何防雷

影响家用电器安全的主要是雷击电磁脉冲。其侵入主要有四条途径:供电线、电话线、有线电视或无线电视的馈线、住房的外墙或柱子。其中前三条途径都是与家用电器有直接的外部线路连接,当这些线路架空入室时则危害更为严重。

那么,如何才能确保家用电器和使用人员的安全呢?首先要关好门窗,离开电线、灯头、插座、电视 1 m 以上。晾晒衣物的铁丝不要拉到窗户或门口,保持室内干燥。不要打电话、看电视和听音响,应将家用电器的插头全部拔掉。最好在家的电源线、电话线上安装避雷器。

四、其他灾害防范

1. 冰雹的防范

冰雹和雨、雪一样都是从云里降落下来的。不过,降冰雹的云是一种发展十分强盛的积雨云,这种云有非常强烈的上升气流,同时云中还有许多大大小小的水滴和冰晶,由于云中的温度很低,水滴冻结在冰晶上,随着反复地上升和下降,结冰体的体积也就不断地增大。最后,当上升气流支撑不住它们时,它们就从云中坠落下来,成为我们所看到的冰雹了。

冰雹来临时常伴有雷雨大风天气,人们最好不要外出。个头过大的冰雹,即使雨伞也无法阻挡。这种雷雨大风或冰雹的过程往往很短暂,尽量找到一个坚固的地方躲避。在选择躲避的地方时,要注意防护雷电、大风带来的危害。

2. 遭遇森林火灾如何自救

在森林火灾中,对人身造成的伤害主要来自高温、浓烟和一氧化碳,容易造成"热烤中暑"、烧伤、窒息或中毒,尤其是一氧化碳具有潜伏性,会降低人的精神敏锐性,中毒后不容易被察觉。因此,在森林中一旦遭遇火灾,应当尽力保持镇静,就地取材,尽快作好自我防护。可以采取以下避浓烟防护措施和依风向的逃生技能,以求安全迅速逃生。

(1)应对浓烟:一旦发现自己身处森林着火区域,当烟尘袭来时,用湿毛巾或衣服捂住口鼻迅速躲避,附近有水的话最好把身上的衣服浸湿,这样就多了一层保护。躲避不及时,应选在附近没有可燃物的平地卧倒避烟,切切不可选择低洼地或坑、洞,因为低洼地和坑、洞容易沉积烟尘。

(2)逃生技术:在森林中遭遇火灾时,一定要密切观察风向的变化,因为大火的蔓延方向决定了你逃生的方向是否正确。

①注意风向变化。实践表明,现场刮起5级以上的大风,火灾就会失控。无风的时候更不能麻痹大意,这时往往意味着风向将会发生变化或者逆转,一旦逃避不及,容易造成伤亡。

②如果被大火包围在半山腰时,要快速向山下跑,切忌往山上跑,通常火势向上蔓延的速度要比人跑步快得多。

③大火扑来时,如果处在下风向,要果断地迎风对火突破其包围圈。切忌顺风撤离。

④如果时间允许可以主动点火烧掉周围的可燃物,当烧出一片空地后,迅速进入空地卧倒避烟。

(3)其他主要事项:顺利地脱离火灾现场之后,还要注意在灾害现场附近休息的时候要防止蚊虫或者蛇、野兽、毒蜂的侵袭。集体或者结伴出游的朋友应当相互查看一下大家是否都在,如果有掉队的应当及时向当地灭火救灾人员求援。

第七章　气象与生活

1. 多晒太阳好吗

阳光有益于健康,尤其是日光中的紫外线能杀死多种细菌,防止多种疾病的发生,阳光可以促进人体对钙的吸收,尤其可使孩子的骨骼健康发育。到太阳明媚的地方去疗养,也是治疗忧郁症的办法。因此,在冬季和其他季节的早晚,阳光不太强烈的时候,多晒晒太阳对人体健康很有益。但是过量的紫外线照射会对人体的皮肤造成伤害,轻者可使皮肤变得粗糙,出现或加深褐斑,重者导致皮肤癌。如果必须在紫外线较强的时段外出,或者从事户外工作,最好涂抹防晒霜、穿浅色衣服、打遮阳伞、戴遮阳帽和太阳镜,避免皮肤长时间直接暴露在阳光下。

2. 气候环境与饮食习惯有关吗

风云雨雪、阴晴冷暖与人们的生活息息相关,气候环境在很大程度上左右着人们的饮食习惯。长江以南,空气湿润,雨量充沛,气温偏高,是水稻栽培和生长的良好环境;而北方,天气寒冷,空气干燥,日照充足,适宜小麦的生长发育。因而就形成了南方人爱吃米,北方人喜食面的饮食习惯。如西南四川一带,终年阴霾潮湿、少见阳光,吃辣椒可以祛风除湿、发汗驱寒,因此四川人偏爱辣食,这都是人们长期以来适应当地气候环境的结果。

3. 什么样的室内温度最舒适

最宜人的室内温度是冬天温度 18～25℃,湿度 30%～80%;夏天温度 23～28℃,湿度 30%～60%;在此范围内感到舒服的人占 95% 以上。在装有空调的房间,室温为 19～24℃,湿度为 40%～50% 时是最舒适的。如果考虑温湿度对人的思维活动的影响,最适宜的室温为 18℃,湿度为 40%～60%,此时,人的精神状态好,工作效率高,思考问题最为敏捷。气温过高会使人心烦意乱,坐立不安;而气温过低,尽管人的头脑清醒,但神经紧张,当气温接近 0℃ 时,会引起寒战,甚至发抖,同样不利于工作。

4. 生活中的理想温度

人类生活在地球上,每时每刻都离不开温度,一年四季,温度有高有低,经过科学长期研究和观察对比,认为生活中的理想温度应该是居室温度保持在 20～25℃;穿衣保持最佳舒适感时,则皮肤的平均温度为 33℃;饭菜的温度为 46～58℃;泡茶的温度为 70～80℃;洗脚水的温度为 50～60℃;冷水浴的温度为 19～21℃;阳光浴的温度为 15～30℃。

5. 什么叫高山反应

科学家把海拔 3000 m 以上高海拔地区的气象条件称为"极端气象条件"。居住在平原地区的人初到高原(高山),会因为缺氧而感到不适。有的人一到高原就有反应,而另一些人要第二或第三天才有反应。反应轻的人头痛,但不明显,食欲不好,有 2 小时以内的失眠;反应比较严重的人,不但头痛剧烈,吃不下饭,还会出现恶心偶尔呕吐,失眠达 4 小时左右。感冒会使高山反应加剧,如不及时治疗,容易转为肺水肿,危及生命。

6. 气象与交通事故

据有关方面对交通事故的调查,属于气象原因的有以下几种:

(1)雾:特别是浓雾,严重影响视线,以致车辆相撞。

(2)暴雨:造成视线不佳,加上路滑,车辆刹车不灵,酿成车祸。

(3)绵雨:连续不断,影响视线,造成撞车事故;道路泥泞,车辆横溜,也易撞车。

(4)冰凌:覆于路面,使车辆打滑,引起交通事故。

(5)春天气候转暖,午后驾驶员容易疲劳;夏天天气炎热,驾驶员睡眠不足,体力消耗大,如果休息不好,不能保证开车时精力充沛,也易出事。

7. 气象与疾病有关吗

一些疾病与天气变化(即气压、气温、湿度和风的急剧变化)有关,如气管炎、高血压、关节炎和感冒等,一次寒潮往往能引起感冒、哮喘、心脑血管等疾病的暴发;气候病则是因季节性气候变化或季节性病菌感染引起的,如肺心病、脑溢血、哮喘以及痢疾、肠炎、流脑、麻疹等传染病。

春、秋、冬三季受频繁发生的北方冷空气南下的侵袭,常引起天气要素的急剧变化,冷锋过境后,气温明显降低,在寒冷的刺激下,常引起如下疾病:

(1)高血压:人体血压上升,高血压患者则更为明显。

(2)心脏病:动脉硬化性心脏病发病率和加重率也尤为突出;

(3)关节痛:当气温变化超过3℃,气压变化超过3 hPa,相对湿度变化超过10%时,关节痛的病人就会显著增多。

(4)流感:有分析认为,季节转换时期的气候突变是触发流感的关键因子,其中气温突变起主导作用。人们经过炎热的夏季进入秋冬转换时期,天气骤然降温,人体的温热调节能力一时难以适应,加之微生物乘虚而入,引起呼吸道感染,造成流感流行;冬季降雪日数少,空气干燥,大风天数多,将刺激上呼吸道,更会加重流感流行。

8. 什么时间空气最新鲜

在一年中,夏秋季空气最新鲜,冬季前一两个月空气污染最重;在一天中,中午和下午空气较新鲜清洁,早晨、傍晚和晚上空气污染较重,其中晚上7点和早晨7点左右为污染高峰时间。

空气污染的来源除了工厂、汽车等排放的烟气、废气和绿色植物夜间排出的二氧化碳气体外,更为重要的是气象因素。由于昼夜间垂直温差明显变化,当地面温度高于空气温度时,空气上升,污染物易被带到高空扩散;当地面温度低于一定高度的温度时,天空形成"逆温层",它像一个大盖子一样压在地面上空,使地面空气中各种污染物不易扩散。一般在晚间和冬、春季逆温层较厚,因而,影响地面污浊空气的扩散。当太阳出来后,地面迅速升温,逆温层就会逐渐消散,于是被污染的空气也就很快扩散了。所以,一般到上午10点以后,地面空气就比较新鲜了。

9. 早晨锻炼应注意那些气象条件

许多人有晨练的习惯,但是如果不掌握一些气象科学知识就会适得其反。例如,有人认为早晨锻炼越早越好,或认为雾天也不应影响锻炼,或选择在绿树丛中锻炼,等等。殊不知这样做对身体是有害的。

因为早晨气温低,低层空气不易上升,近地面污染严重;而有雾的早晨也是污染严重的时候;至于绿树丛中不宜晨练,是因为植物在夜间不进行光合作用,早晨的树丛非但没有新鲜氧气,反而积存了大量的二氧化碳。

空气中的负氧离子对人体健康有利,在同一环境中,中午前后空气中的负氧离子含量要比早晚高出20%左右。

因此,在大城市里,人们清晨锻炼傍晚散步,并不是最好的习惯。晨练的时间以日出后为好,应选择空旷的场地,有雾时不宜进行。

10. 总给人新意的四季

地球的自转轴总是指向北极星方向,自转轴与公转轨道面总保持66.5度的倾斜角。地球斜着身体绕太阳公转,使南北两半球从太阳那儿得到的日照时数和日照角度都在变化,以至于地球上各地的温度有很大差异。地球在绕太阳公转时就产生了春、夏、秋、冬四季。夏季,北半球得到的太阳辐射最多,气候最热,白天最长;冬季,北半球得到的太阳辐射最少,气候最冷,白天也最短。而南半球与北半球相反,这就是北半球的中国夏天,南半球的澳大利亚正处在冬天的道理。只有春季和秋季,南、北两半球得到的太阳关照差不多一样,气候最为宜人。

四季有许多种划分法,以月份划分:3、4、5月为春季;6、7、8月为夏季;9、10、11月为秋季;12、1、2月为冬季;按气候划分:候平均气温(5天为一候)在10℃以下为冬季;候平均气温在22℃以上为夏季,介于10～22℃为春秋两季。

11. 寒潮过后防感冒

由于寒潮袭击前后的2～3天内,平均气温和最低气温骤然下降,人的体温调节功能对这种突如其来的寒冷刺激难以适应,如果未能及时添加衣服,就特别容易受凉,引起机体抵抗力下降,给不同类型的感冒病毒入侵造成可乘之机。

预防寒潮过境诱发的感冒需要做到以下几点:

(1)要通过天气预报及时了解寒潮动向,在寒潮到来之前做好各种防寒保暖准备。

(2)年老体弱及少年儿童要少去公共场所,以防传染疾病。居室要通风,以保持室内空气新鲜。

(3)为了保持鼻咽部黏膜的湿度和温度,冬日外出最好戴口罩,特别是有慢性呼吸道疾病(如慢性气管炎、支气管扩张或哮喘)的病人更应如此。

(4)平时应加强体育锻炼,增强体质,提高机体对气候变化的应变能力。

12. 浓雾——冬季的气象杀手

雾是由悬浮在近地层的大量微小水滴和冰晶组成。它和云并无本质的不同,二者区别仅为雾的下界是地面,云的底部与地面有一定距离。

通常形成大范围浓雾的气象条件是:近地面大气层风力小、湿度大,地面上空有一逆温层,即近地层空气温度比高层气温还低。逆温层犹如一顶戴在城市上空的"帽子",使大气中的水汽和各种污染物不易扩散。

要形成雾,必须使空气中的水汽达到饱和状态,并有凝结核。在近地面大气中,一般都有足够的凝结核,像灰尘、烟粒、盐粒、杂质颗粒等。只要增加其中的水汽含量,或者降低空气温度,即可产生雾。在自然界中"降温增湿"的情况很多,如夜间地面辐射冷却使近地层空气降温形成辐射雾;暖湿空气流经冷的下垫面后冷却形成平流雾,暖水面蒸发的水汽进入上面的冷空气形成蒸发雾;空气沿山坡上升绝热冷却形成上坡雾;冷暖气团交锋形成锋面雾,等等。

冬季是大范围浓雾天气发生的主要季节,雾的危害有以下两点:

(1)浓雾会造成能见度极差,给航空、轮船、公路等交通运输带来很大的影响。在雾天,司机一定要加倍注意行车安全。当出现能见度低于 50 m 的强浓雾时机场、高速公路和轮渡要暂时封闭或者停航。

(2)浓雾还能引起严重的环境污染。这是因为浓雾和空气污染是一对"亲兄弟",大气中的污染物给空气中的水汽凝结提供了条件——为形成雾滴提供了充分的凝结核;浓雾天气反过来又不利于污染物的扩散、稀释,加重了空气污染程度。

13. 城市雾及其危害

雾是城市气候中对人体健康最有害的天气现象。城市雾的最大特点是所含对人体有害的物质,远远超过乡村雾。

1952 年 12 月 5 日起,英伦三岛接连几天为浓雾所笼罩,持续不散。由于空气被严重污染,在短短几天中就有近四千人丧生,这就是震惊世界的"伦敦烟雾事件"。雾中的有害物质二氧化硫、二氧化碳、一氧化碳、粉尘等对人的呼吸系统危害极大,能诱发气管炎、哮喘、鼻炎、咽炎等疾病,儿童较成年人更容易受影响。因此,在烟雾弥漫的日子里,应戴上口罩或减少外出,以减轻其危害。

铅,特别容易在儿童的脑组织中蓄积,能使儿童智力发育迟缓,记忆力降低,患多动症等。目前城市中铅污染 80% 是由汽车尾气造成的。为了防止汽车尾气对儿童的危害,学生放学后不要在交通拥挤的道路上长时间逗留,平时也尽量不要在汽车流量大的地方玩耍。特别是在有雾的天气条件下,更应注意。

浓雾使能见度变得极为恶劣,常常导致交通堵塞,交通事故接连发生。为了安全,雾天应穿红色或黄色衣服,因为红色和黄色的波长较长,透射作用强,通过同样的空气层,红色光传的最远,黄色次之。红色在人类和动物心理上有警戒作用。穿这两种颜色的衣服,走在路上都能增强人身的安全性。

14. 城市的"热岛效应"

早在 1818 年,气象学家就发现,城市的气温比周围乡村高。在气温分布图上,城市是个封闭的高温区,犹如海洋中孤立的岛屿,因而被称为"热岛效应"。随着现代工业的发展,城市人口的激增,许多大城市所释放的热量,已经接近或超过地表面所接受的太阳能,成为支配城市气候的第二热源。同时,成百上千万吨的尘埃和有害气体不断飞向蓝天,使大气成分发生巨大的变化。其中,有许多是能起核心作用的凝结核,从而导致城市的雾、云量、降水量明显增多。

城市"热岛效应"形成了独特的城市气候,使城市地区的气候反复无常,难以预测。特别是在夏季,大气层很不稳定,这种影响也就更为突出。常常会有这种情况:万里晴空,突然飘来一团乌云,接着就是狂风暴雨,电闪雷鸣,有时还会出现冰雹或龙卷风。这些灾害性天气来去无常,恣意横行,往往造成人民生命财产的损失。据统计,近二十年来,由于城市规模的不断扩大,城区灾害性天气出现的频数相应增加了 1～2 倍。

近年来,高层、超高层建筑物急剧增多,城市夜晚空气流动变得更加缓慢,而随着空调的普及,空调压缩机所带来的"热污染",又把城市的夏夜变得如蒸笼般地闷热,从而加剧了城市的"热岛效应",使城区与郊区夜间的温差进一步加大。

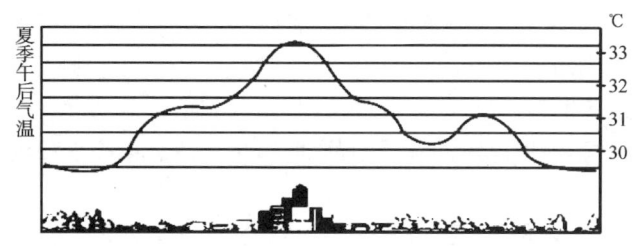

图 7.1 城市热岛效应示意图

15. 高温对人体生理的影响

2002年7月上中旬,我国出现了近50年罕见的大范围高温天气。持续的高温酷暑天气,使许多人因身体散热困难,热量积蓄在体内,而出现中暑现象。其表现为:全身发热,体温可达40～41℃,并出现头晕、胸闷、口渴、恶心等症状。严重时人的面色苍白、血压下降、脉搏细弱,甚至昏倒。

造成中暑的主要因素是高温,也与湿度、风、太阳辐射等气象因素有关。有风时,可以加快人体向外散热,及时把多余的热量排出。在高温环境下,如湿度小,空气中还能容纳水分,人体就可以向外蒸发散热;若湿度过大,热量积蓄在体内无法散出,人就容易中暑。高温疾病的症状类型有:

(1)热痉挛:高温造成体内盐分过多地随汗液流失,出现水盐代谢平衡失调,使血液循环发生障碍,出现肌肉痉挛,肌肉酸痛,呼吸和脉搏加快,尿量减少,尿液成分改变。

(2)日射病:在强烈的阳光直射下,一些在室外活动的人,大脑和脑膜的生理功能会受到影响,出现头晕、头痛、耳鸣、眼花,严重的还会出现昏迷、抽风等症状,这是由于阳光照射没有防护的头部后,热能便通过皮肤和颅骨,使颅内组织过热,脑膜温度升高,造成脑膜和大脑充血、出血、水肿等症状,如不及时抢救,会有生命危险。

(3)中暑:人类的体温是恒定的。一般情况下人体是通过传导、对流、辐射和水分蒸发来调节体温的。人体皮肤温度在33℃左右,如果气温超过33℃时,皮肤散热困难,人体就会产生闷热的感觉。当气温高于35℃以上,如果通风不良,人体散热受到更大的影响,只有通过大量出汗来散热,而出汗便引起了体内盐分的丧失,这时人就会头晕、发热、汗闭、甚至昏迷而发生中暑现象。

(4)胃肠疾病:炎热盛暑,人体肠胃活动受到一定的影响,凉食冷饮固然可以消暑解渴,但不宜过多进食,否则肠胃血管急骤收缩过快,常引发肠胃痉挛,吐泻或肠胃绞痛,平素脾胃虚寒的人尤应谨慎。

(5)热伤风(感冒):满身大汗时,不宜用电风扇直吹,或过凉空调降温,以防皮肤和血管收缩过快,妨碍身体蒸发散热,患上"热伤风"。

(6)痱子:盛夏,当汗腺持续出汗,就会在皮肤上生痱子。而且出汗多会破坏皮肤保护层,使皮肤上的微生物得以生长,并侵入皮肤,所以在湿热的南方,夏季化脓性皮肤病和霉菌病就会明显增加。经常冲凉或洗温水澡是防御得皮肤病的良好习惯和有效办法。婴幼儿汗腺发育不全,抵抗力弱,遇上高温天气,要多给孩子洗澡,保持皮肤清洁,汗液畅通,这样就不易生痱子,长疖子,也能避免中暑。

(7)夏季烫伤:夏季由于环境温度高,人们穿的衣服少而薄,身体外露部分多,导致烫伤患者也明显增多。皮肤遭烫伤后,如能迅速用冷水冲洗、浸泡烫伤部位,可控制损伤范围,使创面更容易痊愈复原。因为水的比热大、传热快、吸收热量多,能够很快降低被烫部位皮肤及皮下组织的温度,限制毛细管扩张,减少组织液的渗出,抑制细菌的活动。烫伤后迅速用冷水冲,疼痛会很快减轻或消失。不便用冷水冲洗浸泡的部位,可用冰袋或冷水浸湿毛巾进行冷敷,也能收到同样效果。

(8)中暑救治:发现中暑病人,要尽快让他脱离高热环境,先安排在通风良好、荫凉的地方休息,然后为病人擦去身上的汗水,解开衣服,适当扇风,喝一些带盐的茶水,服清凉药品。病情严重的,先采用人工降温和药物降温,恢复其体温的调节功能,然后迅速送医院抢救。

16. 气候变暖影响人类健康

近年来,全球气候变暖的趋势引起了世界各国的关注。如果不采取强有力的限制措施,本世纪每过十年,温室效应将使地球升温约 0.3℃,这一升温速度比过去 10 万年都快。到 2100 年它可能使地球的平均温度上升 3℃。这种剧烈变化,在地球温度周期性变化史上是十分罕见的。

全球气候变暖会直接或间接影响人类健康。因为变暖的气候会改变目前气候带的界线,热带界线可能延伸到目前的亚热带,而温带地区可能变成亚热带,给许多病菌提供了更为广阔的活动范围,这种变化会使热带的疾病扩展到较高纬度。炎热而潮湿的气候环境有利于疟疾、肝炎、脑膜炎、脊髓灰质炎、黄热病、破伤风、霍乱、痢疾等许多疾病的流行蔓延。对自然界物质循环起着巨大作用的许多细菌,如黄曲霉素等,更适合在更热更湿润的环境中生存繁殖,这类细菌遍布于空气、水、土壤及有机物质中或生物体内及体表,极易引起食物霉变。世界卫生组织在一份报告中指出,变暖的气候环境"有可能导致污染及变质食物量的增加,使食物链遭受破坏"。

17. 天变之际需防病

现代医学气象学研究表明,人体对气候的变化有较强的适应能力,但对剧烈的天气变化往往难以忍受。据调查,20 世纪 80 年代以来,全年人口死亡集中的季节已由夏季转变为冬季,特别是随着老年人口比重的增加,这种疾病死亡季节性的变迁,显得更加突出。

当寒潮袭来时,许多人会感到心情忧郁、沉闷、烦躁、全身不适,重者还会引发疾病。主要有:

(1)人体在受到寒冷袭击后,会引起全身皮肤血管的收缩,从而使血压出现暂时性升高。对于高血压患者,如果血压原来就过高,很可能发生脑血管破裂。

(2)寒冷又是冠心病的天敌,当受到强冷空气侵袭时,冠状动脉会发生痉挛,血流量减少,从而使心肌缺血、缺氧,引起心绞痛。如果较大的冠状动脉分支发生急性堵塞,就会出现心肌梗死。

(3)气管炎病人受冷空气刺激,会引起支气管黏膜下血管收缩,使防御机能降低,于是病菌、病毒乘虚而入,造成支气管炎。如果原来就患有慢性支气管炎、支气管哮喘和肺心病,那么就会引起急性发作,或病情加重。

(4)气温骤然下降也常常是过敏性鼻炎、血栓闭塞性脉管炎、荨麻疹等疾病发作的诱因。

(5)冷空气进入胃肠,直接刺激胃黏膜,使胃酸分泌过多,胃及十二指肠溃疡发病或加重。

(6)进入冬季后,活动量减小,随皮肤出汗排出的代谢物也减少,因而加重了肾脏的负担,泌尿系统疾病的发病率也会随之增高。

据统计,冬季的死亡率高峰有85%以上是出现在冷空气入侵后的5天内。医学气象学家认为,急性心肌梗死、脑溢血等严重威胁生命的疾病,其频发期多出现在温度较常年明显偏低的"冷冬"。主要诱因是高气压控制下的干冷天气。由此可见,年老体弱者和患有上述疾病的患者,在冬季一定要随时掌握气象信息,注意防寒保暖,根据天气变化及时增添衣服,避免感冒、防止旧病复发。在气象台发出寒潮警报消息后,应尽量减少外出,更不宜长途旅行。室温应保持在16~20℃,相对湿度在30%~40%。

18. 气压对人体生理的影响

天气变化会引起气压变化,同时影响到人的生理反应。当冷、暖锋面或气团入侵的时候,气压骤升聚降,会引起人体血压大的变化:(1)一般冷锋或冷气团入侵,温度下降,会引起血压升高;(2)暖锋或暖气团入侵,温度上升,血压降低。不过,身体虚弱和高血压患者血压变化大,身体健壮、血压正常的人血压变化小。

由于天气变化而引起的气压变化,对失眠、精神分裂和心脏衰竭等疾病有一定影响,例如当冷锋过境或冷气团入侵,气压骤升时,失眠、精神分裂和心脏衰竭等现象将加剧。

19. 工作效率与环境温度

人体温度的变化与周围空气温度的变化相比是很小的,所以从人的生理要求来看,最好能够处在一个适宜的常温环境中。然而,在大自然里要找到这样理想的环境是很难的。我国冬季是世界同纬度上最冷的国家,夏季是世界同纬度上最暖热的国家。据研究,有利于人们工作的环境温度是17~25℃。从生物学角度来看,我国的温度条件并不理想。然而,就某个地区或某个季节来说,温度还是适宜于人们生活和工作的。我国大部地区春秋过渡季节的月平均温度一般都在13~20℃;高原山地区夏季温度较低,盛夏季节月平均气温还不到20℃,特别利于消夏;东北地区地理纬度较高,盛夏季节月平均温度刚超过20℃,也无炎热的感觉。而华南一带纬度较低,在隆冬时节月平均温度也在10℃以上,气候温暖舒适。

我国夏季普遍高温炎热,许多地区不少日子气温超过35℃,甚至达到40℃。在炎热情况下,人的血液循环系统会将血液很快送到皮肤表层,加快向外散热。这样一来,到达大脑皮层的氧气就会不足,肌肉得到的血液比正常偏少,代谢性产物堆积,易引起心理上机敏度和判断力的降低,于是人们生理上的工作状态受到影响。气温过低同样会明显地降低工作效率。当气温接近0℃时,尽管头脑清醒,但神经紧张,而且局促不安,会颤抖。颤抖在短时间内可以使人体产生相当多的热量,一小时内约产生相当于基础代谢5倍的热量。可见,颤抖是人体抵抗寒冷的本能反应。然而靠颤抖不仅不能提高工作效率,反而会降低工作效率。

据研究,气温在-1℃或35℃时劳动效率只有最高效率的75%;如果气温是-7℃或41℃,就只有最高效率的一半;在-23℃或43℃时,劳动效率已降至最高效率的25%;如若气温降到-29℃以下或升高到49℃以上时,劳动效率就接近于零。

20. 利用气象条件养水仙

水仙花属石蒜科,多年生草本,具鳞茎。若想新春佳节水仙花香溢满厅堂,其条件有:

(1)要了解水仙花生长的适宜温度。科学试验证明:室温8~12℃对水仙的生长最适宜。

(2)水仙从泡浸到开花,需要一定的积温。在室温8~20℃的情况下,室温越高开花越快。花卉学家研究证实:室温8~12℃时,40天才开花;室温保持15℃则28~30天开花;若室温18~20℃时,23~25天即可开花。按福建大部地区1月中旬至2月中旬的室温,正常情况下20~25天可开花。

(3)花期长短随室温变化而变化。那么,怎样才能使花期长、芳香久留呢?科学控制室温是最好的办法:当室温≥23℃时,花期只有7天左右;8~12℃的话,花期可长达15~20天;15~20℃时花期有10天;若室温保持4℃左右,花期可长达1个月之久。按福建大部地区的气温条件,一般花期可保持10~15天。

(4)春节期间家庭养水仙宜放在阳光充足、通风良好的地方。花蕾欲放时,需移至室内阴凉处,避免阳光直射,保持室温均衡少变。

21. 影响飞行六大气象因素

(1)气压、气温、大气密度:这些因素影响飞机起飞和着陆时的滑跑距离,影响飞机的升限和载重以及燃料的消耗。

(2)风:风影响着飞机起飞和着陆的滑跑距离和时间。易造成飞行事故的是风切变,它占航空事故的20%左右。

(3)云:机场上空高度较低的云会使飞行员看不清跑道,直接影响飞机的起降。其中,危害最大的云是对流性云,飞机一旦进入,易遭到电击。

(4)能见度:专业能见度的概念是正常视力的人在当时天气条件下的天空水平目标物的能见距离,它与飞机的起降有最直接的关系。

(5)颠簸:飞机飞行中遇到空气湍流突然出现的忽上忽下、左右摇晃及机身震颤等现象称为颠簸。颠簸强烈时,一分钟上下抛掷几十次,高度变化几十米,空速变化可达每小时20 km以上。

(6)积冰:飞机积冰是指飞机机体表面某些部位聚集冰层的现象。它会使飞机的升力减小,阻力增大,甚至失控,影响飞机的安全性和操纵性。

第八章 闽南语天气谚语

一、引言

　　闽南语(泉州)天气谚语是劳动人民对自然现象及其规律长期观察、传播、应用和归纳验证的结晶,它从多角度反映了泉州的一些天气气候特征,富含科学性,这在科技不发达时代,为人类认识自然、争取与自然和谐相处提供了一种有效方法,对于了解泉州天气气候特征具有一定的参考意义。

　　闽南语(泉州)天气谚语也是泉州优秀历史文化的一部分。经过长期的文化积淀,其语句精炼又朗朗上口。

　　闽南语天气谚语总体上可分为归纳型和预测型两种。归纳型天气谚语大多正确或基本正确,其多采用拟人化、拟动物化、夸张化等手法;预测型较多的为描述云的移动,描述时低中高云,其预报能力则有一定的局限性,因此不可机械套用。以下就闽南语(泉州)天气谚语的一些特征进行归类分析和解释。

　　闽南语天气谚语是广大人民群众智慧的结晶,能以流传至今也充分体现其价值所在。本文对闽南语天气谚语的整编解释,更得到了吴万恭、江长流、陈建南等热心的指导。对闽南语天气谚语的整编,则对拯救消亡中的农谚是件有意义的事,也欢迎气象爱好者提供或补充相关谚语。文中对于某些字或句子尚需斟酌,以便更好地表达。另外,运用闽南语天气谚语时还应注意以下几点:

　　(1)不同气候阶段不可混用。闽南语天气谚语也有自身的缺陷,如对阴阳历对应的复杂性无法解决,如同时出现"四月芒种雨、五月芒种雨";"五月走山貓、六月走山貓"等不同说法。五月走山貓,六月云片雨。

　　(2)谚语中的数字往往表示概要之意,其结论往往只是表示概率大而已,切不可绝对化和机械地理解。

　　(3)闽南语天气谚语中的月份通常指的是农历。

　　(4)预测型闽南语天气谚语有一定的局限性,不可生搬硬套。

二、闽南语(泉州)天气谚语特征

(一)以人的视觉感受表示天气现象

　　天气时刻都在影响着人类的生产与生活,因而人类对于大自然的感知最直接的莫过于视觉的感受了,由此形成了对天气较为形象化的描述,如:形容雨势的有"檐头流,坦斜雨";形容

闷热的有"郁则,烧,日咬人,啊";形容风的有"烧风,风透";以落霜描述霜,等等。详解如下:

1. 对雨的描述
- 坦斜雨:倾斜度大的雨,通常从快速移动的云体中落下,由水平运动和垂直运动合成所致,不是因风吹致斜,又有人解释为"风甲雨"(即风雨交加);
- 茫茫仔雨(雨微仔):零星小雨或毛毛雨(茫:微);
- 一粒半粒:稀疏的小雨;
- 檐头流:檐头有流水(檐:yan,屋檐),表示雨势大;
- 端着抌、端着倒:倾盆大雨,形容雨大得就像端起脸盆将水泼洒出去一样;
- 云片雨:单体云形成的短暂降水,阵雨;
- 一拨雨、一俊雨:一阵雨;
- 一透雨:约 20~25 mm 的雨,用于表征雨量;
- 五六月走山貓(ya):即云片雨,发生于农历五、六月,往往预示着雨季将趋于结束;
- 走山貓,昧(不会)过午:午前特别是夜晨,气温低、湿度大,有利海上飘来的云团凝结成雨,而到了中午及下午,气温通常较高,湿度降低。就不利于降水了;
- 激西北:酝酿热雷雨(又如:激雨);
- 秋西北,半暝沃:秋季的雷阵雨大多出现在半夜;
- 西北雨,连落三下哺:西北雨即指雷阵雨,其与方位无关,但据统计,泉州市区的雷阵雨多从西北方向移来,雷雨前又多有一阵西北风,所谓"风到雨就到",由此看来,"西北雨"一词源于泉州应有一定道理。在泉州特别是内陆山区,夏季的午后热雷雨通常可连续出现三天,且多在下午到傍晚;
- 烧酒天:阴雨不便出门的日子;
- 天落红雨:红色的雨,形容不可能发生的事情。

2. 对冷暖、太阳的描述
- 郁则、啊、烧:闷或闷热而难受;
- 翕(hip):闷、闷热,翕饭,天气真翕;
- 秋沁:凉爽宜人;
- 乌寒:冬春季的低温阴雨;
- 寒得乾(凝)冻:形容很冷,人快要冻僵了;
- 三月半,寒得昧爬田岸:形容天气很冷,手脚冻僵。(与"清明谷雨,寒死虎母"等谚语一样,都是表示一种小概率事件,由于气候变暖,这类情况越来越少了)
- 水南天:温湿度很大,墙壁凝水珠的日子,也称出水南;
- 激风颱:酝酿台风,台风影响前的闷热现象,人体比较难受。
- 益狗日:透过卷云层的阳光,通常天气很闷热;
- 日咬人:阳光灼人。

3. 对雷的描述
- 霆雷:雷响,打雷("霆"又做"瞋":tân,打);
- 挈(tshih tshuah):闪电,爍爁,爁光(nah,火光闪耀,伸一下又缩回);
- 雷耳真足切挈(爁光):打雷又闪电。

4. 对风的描述
- 猇西南：春夏季西南大风（猇：xiao，杂乱无常，疯）
- 烧风：带有热气的风，通常出现在夏季；
- 风透：风大；
- 踅螺风：旋转风，即尘卷风或龙卷风（踅：xue，转入，中途折回）。

5. 其他方面的描述
- 雨压风：因雨势大而使风变小的现象；
- 跑马云：台风外围快速移动的低云；
- 共、出共：彩虹（共，king）；
- 罩雾：起浓雾，雾笼罩。

（二）丰富多彩的冷暖表达方式

1. 以人的感受表示冷暖

冬季叫"寒侬"（侬，人之意）；夏季叫"热侬"；干旱叫"苦旱"（长时间的干旱）。

2. 以"风向"表示冷暖

如今天"很南风"；又如南风天，表示温度高、暖和。

3. 以老鼠、狗、虎等动物对温度的感受来形容冷暖，具有拟人、夸张的意义

- 清明谷雨，寒死虎母：表示寒的程度，但只是表示一种概率较小的事件，由于气候变暖，这类事件现在已越来越少见了。
- 西风过午变作虎（热死虎）：焚风效应，通常出现在夏季（六、七月）。
- 寒狗眛晓得热：某些人在春季明显回暖后，却仍穿着冬衣，进一步延伸为讥讽某些人不懂得根据环境变化而改变自己的言行，这是泉州有关气候谚语中带讥讽的特例。其实，由于人体对自然界的感受有滞后性，"春捂"还是有道理的，即"春捂秋冻"之说。此句不适于秋季使用。
- 立秋处暑，热死老鼠：立秋处暑即8月7日（农历六或七月）—8月23日（农历七月底），是泉州市最热时段之一。

4. 以穿着表示冷暖

- 正月套昭君：意指正月要穿昭君式的衣服。昭君塞外和亲，温度低要多穿衣、戴皮帽。套昭君形容正月温度低，其实正月泉州温度并不很低，平均温度也在12℃以上，但是风大、湿度也大，风湿冷造成体感温度很低。
- 二月（或二八）乱穿衣；三月褴糁穿；三月三，一日剥皮，三日盖被；三月穿三样，四月穿蚊帐。这些谚语均指：春季天气多变，气温变化快、幅度大。具体详解如下：
- 二月（或二八）乱穿衣：二三月和八九月间（指农历），泉州气候宜人，温度适中，不冷不热，普通人穿着随便，多一件或少一件无所谓。当然，本段时间内正值春季和秋季，属于季节交换时段，温度的升降幅度大，这时就要注意增减衣物，老人、小孩及体弱者更是要及时掌握气象信息，根据天气变化、气温升降而增减衣物，以减少感冒或诱发其他疾病的机会。
- 春天囝（nan）仔面，一日变三变：春天像小孩的脸，说变就变，反映春季天气多变的特点，既有晴雨多变，也有冷暖多变。春季天气系统多短波，移动快，造成天气多变。春季太阳光已增强，对地面加热能力增强，开始容易形成局地对流，加剧了天气的多变。

- 三月穮穇穿：三月穿三样：三月气温变化快、幅度大，可相当于冬、春、夏三季的温度，相应衣着也是要冬、春、夏三季。
- 四月穿蚊帐：有两种解释，一是四月蚊虫已多，要开始挂蚊帐了；二是要穿蚊帐布做的衬衣，旧时一尺蚊帐布只要一角多钱，便宜又很凉爽，百姓人家常穿。从这句谚语的结构看第二种解释较为合理。
- 未吃五月节粽，破裘不要放：意指冷空气常在五月节前出现，所以还需防寒。裘，皮衣、棉衣。

（三）以物候表示季节

二月唱啰哩嗹；春分豆仔伸；六月十九三盘新，相关解释如下：
- 二月唱啰嗹哩："哩"与"鲤"谐音，鲤鱼，"嗹"与"莲"谐音，莲花。在古代文化和当代民俗中，把鱼和莲隐喻为男女性器官，所以"啰嗹哩"隐喻夫妻生活，隐喻萌动的春天。
- 春分豆仔伸：春分出现在3月20日（农历2月中旬），是春雨多发时节，豆类植物发芽生长。
- 六月十九三盘新：三盘指开始出现花生、大米、地瓜，意指夏收时节。

（四）反映气候特征的泉州气候歌

正月套昭君，二月雨纷纷，三月青草铺，四月芒种雨，五月无乾土，六月火烧铺，七月水流芋，八月秋风返，九月九降风，十月小逢春，十一月霜雪降，十二月寒甲冻（甲：又）。相关解释如下：
- 春占冬十日，冬侵春十日：这句谚语形象地表现了季节交替时互相渗透的特征。泉州市季节交换多为渐进性的，但因地处低纬度，有时暖湿气流活动早（所谓南国春来早）。民间以立春、立夏等来划分四季，如果立春前，温度高，或春雨早，人们就会记起"春占冬十日"这句谚语；由于冷空气和暖湿气流的阶段性进退特征，有时过了立春，也会出现晴冷霜风这种明显的冬季特征，即"冬侵春十日"。所以应该说，春占冬十日，冬侵春十日，你中有我，我中有你，才是春季特有的实际面貌。
- 二月雨纷纷：农历二月泉州处于春雨期，多数年份天气阴雨，但也有个别年份二月会出现干旱。泉州的春雨从公历2月下旬（即正月）开始萌发，到农历二月已接近盛期了，所以"雨纷纷"。但也有少数年份出现"春头旱"，那就是"水贵如油"了。"二月雨纷纷"与"清明时节雨纷纷"相对应，农历二月底正逢清明节。
- 三月青草铺：三月一般对应公历4月，公历3月20日春分，泉州已是"春分豆仔伸"，到了阳历4月青草已成片生长。
- 四月芒种雨：泉州雨季5月上旬开始，6月下旬结束。芒种在6月5—20日之间，此时正是泉州雨季的高峰期，常因暴雨集中而造成洪涝。由于阴阳历对应不同，芒种节气对应农历四月的叫"四月芒种雨"，对应五月则称"五月芒种雨"。
- 正月花，二月柳，三月冻脚手：泉州号称四季有花，正月气温虽低，但不少花仍能开放，尤以火红的刺桐花最为惹眼；冬季泉州的柳树基本不落叶，春来再发新絮，于是正月花红、二月柳绿是常见的事，而三月冻脚手可能让人不解，但自有其道理，原因是有的年份三月遇上强冷空气，就会冻脚手，若与持续阴雨结合，就会出现所谓的"倒春寒"。三月冻脚手并不是所有的年份都会出现。

每当冬天,人们在感叹刺桐花傲临风雨的同时,也在问,为什么刺桐花未见嫩绿,已绽艳红?原来,开花的植物,其叶芽和花芽的分化是多期进行的,在外界条件(主要是积温)影响下,植物体内磷、氮比例达到一定界限时,芽开始分化。有一类植物叶芽先分化,就先发叶子,如柳树;另一类植物花首先分化(如枣树、刺桐),就先开花。

- 春寒雨那溅(溅,像泉水涌之意),冬寒叫苦旱:本谚语基本正确,表示一种大概率气候事件。冬春同属冬半年,冷空气并不缺少,但春季暖空气明显比冬季多,因此,每次冷空气活动时,一般伴有降水,春季温度又与冷空气活动关系密切。按行话说,就是冬季冷性转好的概率大,春季冷性转好的概率少。用普通话表示就是"冬寒兆旱,春寒兆雨"。
- 惊蛰无借火,寒到五月尾:"借"系"照"即日照、日头、阳光之意,"照"在泉州话中有两种发音,其中之一与"借"音同,如"相照问"(借问,向人家问事情)。惊蛰在阳历3月上旬,惊蛰期间若是低温阴雨天,则将延续到5月底,与"四十九日乌"类似。"五月寒"(即芒种前出现连续3天日均气温≤20℃的低温天气)会影响到早稻正常抽穗,空壳率偏多而减产,如1973年。
- 五月龙舟水:龙舟水,民间把农历五月初五端午节前后的较大降水过程称为"龙舟水",端午时节南方暖湿空气活跃,北方还时有冷空气南下,在江南和广东,冷暖空气交汇,往往会出现大而集中的降水。
- 六月无善北:意指农历六月通常盛行偏南风,如果持续几天吹偏北风,就预示有台风将登陆或影响本地,因为台风带来狂风暴雨,故称六月无善北,即来者不善。六月还有两种不善之北风。一是"西北风过午"造成温度特别高,令人难以忍受;二是雷雨北风,有可能带来雷公烁爁 sinnh-nà(雷霆叱光)。
- 内山落雨,外面秋沁:天气气候是把双刃剑,前面所说的台风和雷雨,就有降低温度、缓解酷暑的一面。6月还有两种较友善的北风,一是海陆风,每天下半夜至凌晨,由内陆吹向海洋,带来清凉的感觉;二是内陆出现雷暴,形成小高压,前部的气流吹向沿海,就是"内山落雨,外面秋沁"。
- 六月无风飑,有雨无路来:表示六月降水主要来自于台风,其他方面原因的降水较少。
- 七月厚台风:厚,多之意;七月份多有台风出现。
- 八月初关雨门:农历八月即阳历接近国庆,此时将进入秋季,雨水逐渐稀少。
- 三日风,三日霜,三日炎日光:其反映春季冷暖变化快、幅度大的特点,但更能贴切反映冷空气过程的三个阶段,即起先出现三天大风,之后强降温而出现三天霜,之后再三天晴暖天气,气温逐渐回升(风雨—晴冷—回暖,第一阶段的风雨特征与"冬报头"相验证)。依照这条谚语,一个冷空气天气过程约有9天,比实际是长了些,在东亚平均一个自然天气周期是4~5天,如把三日改为二日,就更接近大多数天气了。
- 九月九降风:指农历九月或中秋过后开始刮秋风。"九降风"指秋风阵阵的意思。
- 十月小阳(或逢)春:指农历十月的一段回暖日子,有人认为应是十月温高、湿大的日子。春季有低温阴雨,也有春光明媚,阳春之阳,当指无雨晴天之时。
- 冬讲"十二月北风善找缝",夏讲"北风昧入厝":从天气角度,冬夏风都会入厝。冬季室内外温差大,北风吹到时,让人冷的印象深刻,似乎寒风无孔不入;而在夏季,台风外围的北风温度高、湿度大,吹到人身上,汗出不来,对风的感觉还是比较烧热,感觉不到北风的凉爽。
- 十一月霜雪降,十二月寒甲冻:十一月霜雪降,表示冷空气的侵袭早又强,此后的十二月,强冷空气将持续加强,天气寒甲冻。

(五)具有一定的预测能力

- 春看山头,冬看海口:在春天,北面的山头若出现云雨,则可能随冷空气南下而影响;在冬天,南面的海边若出现云雨,则可能随暖空气北上而影响,使本地出现下雨天气;
- 早出日,不成天:在春夏之交梅雨时节常出现的天气现象,一大早出了太阳,不到晌午就会刮风下雨(主要是因为上午加热快,导致易发午后热雷雨)。与"朝霞不出门"意思相近,即朝霞说明早晨天空有云彩、水汽存在,天气状态不十分稳定,随着太阳升高,热力作用增强,对流进一步发展,云也会进一步发展,容易造成阴雨天气。
- 夏公落空空,夏母落墙铺(夏母落卡久):立夏日(阳历5月5日或阴历四月初一)在农历单日,称为夏公,落空空,预示梅雨季雨量偏少;在双日称为夏母,则预示初夏多雨。但此缺乏科学依据。
- 干冬节(至),澹年兜;澹冬节(至),干年兜:这句谚语流传很广,特别是涉及两个大节日。"澹年兜"指除夕、春节期间多雨(澹:dan,水波、多雨水之意);"干年兜"指春节期间无雨;"澹冬节"指冬季日下雨;"干冬节"指冬至日无雨。在冬至前后,人们边"做失"(干活)边议论春节天气,盼望春节天气好,经过常年的留心观察总结,由此逐渐形成本谚语。可惜这句谚语的科学性不是很充分,因为在冬季,泉州正是干季,下雨的机会很少,干冬至的机会很大,而春节所处的阳历月份日期不固定,如遇早春雨,就会澹年兜,否则干年兜的机会仍然较大。
- 风头报尾:南风转为北风(风头)和北风转为南风(报尾)这两个阶段。有的人在气团转换时,骨头、关节会疼痛,据此而有"天气预报"功能。
- 春报头,冬报尾:在春天里,冷空气刚影响时往往容易下雨;而在冬天,下雨则出现在冷空气影响即将结束时,此时南边气流有所加强。
- 顶看初三,下看十八:因民间对年兜天气的关注而流传极为广泛。其指农历十二月初三、十八的天气对全月天气有较好的预兆,即年兜的天气与上半月的初三或下半月的十八一样,反映了天气变化的持续性特点,但科学依据不是很充足。
- 冬无三日雨:基本正确。秋冬是泉州市的少雨季节,10月—翌年2月计5个月的雨量,平均仅占全年的25%。
- 十二月南风现报:即在冬天里,一旦出现南风,即可预报有雨,此谚语有一定的科学道理。要下雨,得靠冷暖空气交绥,农历十二月是冬季风最盛的时候,一旦有南风,表示有暖湿气流,但其维持时间不会很久,通常在24小时内,因其富含水汽而易与冷空气形成交汇,未来就容易下雨,所以一旦出现南风,则可预报未来有雨。至于"现"字,是当天或第二天,要看具体情况定,这条在预报实践中也被大量采用,有兴趣的不妨验证一下。
- 东南淹泉州,西南淹福州:适用于台风活动时的不同环流影响情况。当台风在泉州市的南侧时,往往盛行东南风,东南风沿着戴云山脉南侧劲吹,形成强烈的上升运动而产生强降水;而当泉州盛行西南风时,表示台风已处在市北侧境外,台风主要影响闽北(如福州)。
- 未惊蛰先霆雷,四十九日乌:惊蛰节气一般在3月5日或6日,惊蛰的意思是天气回暖,春雷始鸣,惊醒蛰伏于地下冬眠的昆虫。泉州市初雷(第一声春雷)平均在3月上、中旬。未惊蛰先霆雷,就是指初雷偏早,说明暖湿气流来得早、来得强,对形成降水十分有利。因此,这条谚语的科学性较强。但应注意的是,四十九日乌应理解为阴雨天时间数多,也许中间会有晴好天气的间歇。

- 风到雨就到：指夏季午后热雷雨来临前，往往有先起风、后下雨的特点，其符合积雨云前端有下击气流的实际情况，应用时准确率很高。
- 大暑展秋风：大暑节气通常在阳历7月底或8月初，此时是泉州市最热的季节，极少有冷空气活动。但为何又有"大暑展秋风"的说法？原来在"大暑"期间，常有台风活动，或者为"北高南低"的气压场（泉州北部为高压，南部海上有热带低压活动），这两种情况造成泉州沿海都吹东北风，与冷空气活动时的风向相同，所以人们误以为是秋风了。
- 大寒不寒，则春天寒：说明强冷空气的影响较晚，将推迟到翌年的春季。类似的有"大寒小寒，无风自寒"。

（六）具有多义性

一词多义，即一个词具有多种含义。可作两种以上的解释，这也是谚语的魅力。在闽南语（泉州）天气谚语中，常常以形象化的语言描述天气现象，如烂夏、烂冬、烂春、酸风、霜风、借日等，相关解释如下：

- 酸风（落霜）有日借，乌寒无处宿：酸风、霜风、霜风天表示晴冷，霜一般是在晴朗、低温、微风的情况下出现，因此有霜时，必定出日，可以借日光的热量来暖和身子，有人讲是"照日"，但"照"与"借"在谚语中有差异；而在春季，若出现低温阴雨天气，则连阳光也不见，整天是冰凉、潮湿的感觉，无处可落脚。

由于暖冬，现在泉州市区的人已经很少看到霜了。霜风天的一个重要特征就是最低温度低，但最高温度不一定低，一般白天有日照。

轻微的霜只在草叶上有，叫"草霜"；阴天有时也会有霜，叫"乌霜"（黑霜），但很少见。也有人认为应写成酸风，让鼻子发酸的风，此有一定道理。

- 烂种烂秧：春季降水集中，低温阴雨，各种作物和早稻秧苗冻烂而死；
- 烂夏：立夏时节，降水集中，立夏时间约在5月6日前后，正是泉州雨季开始日；
- 烂夏种田做皇帝：夏季因多雨，不必再田间灌溉，本是忙碌阶段却可以像皇帝般清闲自在；
- 烂冬：立冬（通常在阳历11月7日前后、农历十月初十前后）节气多雨，时值晚稻、小麦收割季节，如遇雨量多，田烂如泥，翻晒困难，农夫就艰苦。也有人认为是指冬季多雨。谚语还称"立冬日下雨，会烂冬"，但道理不是很充足；
- 立冬落雨会烂冬，吃得柴尽米粮空：由于烂冬，田烂如泥，收成不好，即使收成的稻谷也翻晒困难，所以粮柴皆空；
- 十二月井水疼媳妇：十二月霜寒雪冻，北风凄烈，农妇厝内外忙，事情繁忙，衣服可能穿得也少，只有接触井水时，才有温暖的感觉（因井水离地面较深，传热、散热都很慢，全年基本恒温，约为15℃，当气温低于15℃时，就会感到井水暖）。

（七）常与民间节日相关联

- 龙船水：农历五月初五（端午节）前后的洪水；
- 关刀水：农历五月十三（关公生日，约在6月中旬）前后的洪水。6月中旬，仍属梅雨季节，五月十三乃是关圣大帝圣诞之庆，但这一天经常会下大雨，因是关圣诞辰之期，所以民俗把这一天下的雨,称作:"关刀水",把季节性雨水同关圣大帝联系起来,说明闽南侨乡百姓对关帝信仰的普遍和广泛。

- 七月半水:农历七月十五前后的洪水;
- 不惊七月半鬼,只惊七月半水:十分迷信的闽南人,为什么不怕七月鬼仔节的七月半鬼,反而怕七月半水呢?其中原因与当时当地的气候和地理环境有关。

在农历七月半,正是台风多发期,台风常常引起暴雨、大雨倾盆、山洪暴发,又是海水大潮之期,海水高涨,山洪涌至,山海之水相激,水位升高,沿海即将收成的地瓜、落花生等尽被山洪海水淹没,地势较低的沿海乡村,多数房屋亦被水淹,有时暴雨加上狂风,屋盖被风掀起,墙壁倒塌,造成极大损失。这种自然灾害的破坏,远比所谓鬼魅的作祟更具体和严重,这种自然灾害,非人力可以抵御,其灾害远比鬼魅厉害。

- 八月十五,关门闩户:农历的八月十五已是秋季,常有冷空气侵袭,气温回落,人体舒适,无需在外纳凉。类似的有"八月半秋风返一半";
- 雨水雨水,有雨没水:"雨水"节气一般在阳历的2月19日、农历的正月元宵节前后,是春雨由萌发向旺盛过渡的节气,雨日明显增多,但强度仍较弱,即"雨仔微微,雨仔习习",能形成径流的不多,潭窟水仍少,井水仍较深,这就是雨水节气有雨无水的现象。
- 小满小满,潭窟尽满:小满节气一般在阳历的5月21日、农历的四月十七,此时泉州正值雨季的高峰期。

由"雨水雨水,有雨没水"到"小满小满,潭窟尽满",可以看出从干季到湿季,雨日逐渐增多、雨量逐渐加大的趋势。

(八)形象化、夸张化

闽南语(泉州)天气谚语不愧是泉州优秀历史文化的一个重要组成部分,其以拟人化、夸张化等手法形象描述天气气候特征,既朗朗上口,又容易记忆而广为流传。如此前所述的:

西北雨昧过田岸(西北雨,不过路);猎西南;烧酒天;西北雨,罩雾;四十九日乌;烂冬;烂夏;云片雨;激雨;微微仔雨;站了拚;益狗日;跑马雨;牛头落,牛尾无落;南门落,北门无落等,其他一些谚语的解释还有:

- 六月天,七月火,石磨会焙粿:在滚烫的石头上可以烤饼;
- 笨用(臭肉、碗烂、懒惰)查某三顿煮昧直:表示农历九月以后,白昼短、日照少,做饭慢、笨手笨脚的,很快就又要煮下顿饭了;
- 九月狗那日,十月日生翅:形容日头短。"那"在闽南表示"一刹那"、"一晃"之意,如"那头"、"火那起来";"十月日生翅",农历十月,通常对应阳历11月,在立冬(11月7日前后)特别是在冬至前后,白昼最短,在这段时间里,白天太阳就像长着翅膀一样很快就消失,也就是形容白天很短。

(九)表达人在大自然面前的无奈

- 八月台,无人知(秋台无人知;白露台,无人知;九月台,无人知):这句话表达了闽台渔民对于秋季台风的一种无奈心情。该句有以下两种解析:

1. 在夏季,人们常用东北风劲吹来预测台风入侵。但农历八月秋风已起,吹东北风也是常有的事,这样,人们就难以判断到底是台风外围的东北风还是秋风了。但是随着技术的进步,特别是借助于气象卫星云图,现在人们可以预先看到海上台风了。

2. 秋季因伴有冷空气活动,使台风的路径和强度及其带来的风雨充满变数,让人捉摸难定,扑朔迷离,若再叠加上8月天文大潮影响,则将造成更惨烈的灾害。如2005年国庆期间,19号"龙王"台风因有弱冷空气的渗透而在福州造成局部性强降水;2000年11月1日,20号台风"象神"袭击台湾,台湾受损严重,台风降雨量破了之前150年的纪录,全台到处发生水灾和泥石流;1961年9月12日14时登陆晋江的6122号台风,福建出现洪涝灾害,九龙江、晋江出现特大洪水,死伤无数;1969年9月27日13时登陆晋江的6911号"艾尔西"台风,恰遇8月天文大潮,福建沿海出现历史上罕见的特大海潮。

• 无惊七月半鬼,只惊七月半水(前已解释):农历的七月半即阳历的8月,此时为台风影响泉州的高峰期,洪水凶猛,难以抵挡;

• 春稻十八难,晚稻稳有收(晚稻本地又称稳稻):意指早稻在生长的过程中要遇到很多不利的气候条件,如:"春头旱"、"四十九日乌(长期低温阴雨)"、冰雹、暴雨、五月寒、早台风等,比较严重的有2011年7月11日起持续一周里,受辐合带影响,泉州市持续强降水,不利收割与翻晒,许多正处收割的早稻浸泡在水里而发芽,损失较大;晚稻则气候条件相对较好。以往是晚稻产量高于早稻,但随着品种、气候和耕作技术、病虫害防治的改变,现在是早稻产量高于晚稻了。

• 时季有早晚,逐年免相看:每年各季出现的时间不尽相同,有变化。这是一种小概率事件。

• 清明谷雨,寒死虎母:表示寒冷的程度,但只是表示一种概率较小的事件,由于气候变暖,这类事件现在越来越少见了。

三、依时间顺序的闽南语天气谚语汇编(时间与节气)

• 正月花,二月柳,三月冻脚手:农历正月,正是春暖花开的时节,到了二月,柳树吐芽,而三月是最寒冷的时节,尤其是倒春寒,直冻得人们的手脚发麻。

• 芒种雨,日晒路;芒种火烧街,西北(雨)十八个:芒种这天要是下雨,往下这个节气将是晴天;芒种这天要是晴天,太阳晒得路面发烫,那么接下来将不断有西北向的雷阵雨。

• 夏至沧没透,大暑来沧凑:夏至这天要是没有热透,即不是大热天,那么大暑这天必是高温炎热的气候。

• 六月东风,沟水"空浪浪":六月里要是刮东风,那将出现旱情,河床里的水会越来越少。空浪浪意思为少。

• 只惊七月半水,无惊七月半鬼:农历七月十五是闽南一带百姓祭祀祖宗的日子,而这个日子的前后往往会连日暴雨,造成洪灾,故言只怕大水,不怕有鬼。

• 七月立秋慢溜溜,六月立秋快加油:立秋要是在农历七月,日子会感觉过得很慢;立秋要是在农历六月,日子会感觉过得很快。

• 六月立秋紧溜溜,七月立秋秋后油:立秋通常是在8月7日,对应的农历有时是六月,有时是七月。当立秋在六月,则七月气温就回落了,因六月立秋,则西太平洋副热带高压偏弱,冷空气出现较早,并将不断南下影响;立秋在七月,气温要到八月才回落。在七月立秋,预示西太平洋副热带高压偏强,且持续影响,高温天气使人挥汗如油。从农历的角度看,就形成本谚语所表达的感受了。
- 立秋无雨是空秋,万物历来一半收:立秋这天如果没有雨,将出现严重旱情,直接影响秋作物的收成。但在兴修水利的今天,已不是"万物历来一半收"了。
- 春霜三日透,低田可种豆:春天的霜只需三天便可透进地里,所以地势较低的山田可以种下春大豆。
- 九月红,大豆种落垄;九月乌,大豆种落铺:农历九月种秋豆,要是晴天有太阳则能生根发芽,促进长势;要是整月阴天降雨,种子便会烂掉。
- 重阳无雨看十三,十三无雨一冬空:农历九月九是重阳节,这天要是没有下雨,那就要看九月十三是否下雨,如果这天还是无雨,那么整个冬季将是无雨的季节。
- 立冬无雨满冬空:立冬这天若没有下雨,那么整个冬天也不会有雨,将出现冬旱,给农作物生长带来一定的威胁。
- 朝雾晴,晚雾雨:早晨出现雾气将是晴天,傍晚出现雾将会下雨。
- 久晴大雾雨,久雨大雾晴:如果天晴很久了而出现大雾,那么说明天气将转向阴有雨;如果阴雨的天气很久了而出现大雾,那说明天气很快将转为晴天。
- 一日春霜三日雨,三日春霜九日晴:在春季,要是一天有霜就会连降三天雨,而连续三天霜后,则会有九天的晴朗天气。
- 夏至无云三伏热:夏至这天要是天上无云,那么三伏天将特别炎热。三伏即初伏、中伏、末伏,分别在夏至后的第三个庚日、第四个庚日和立秋后第一个庚日。三伏天是一年中天气最热的时期。
- 春霜雨、冬霜晴:春天出现霜,紧接着将有雨;冬天的早晨看到霜,这天必是晴天。
- 春霜不打草:春天的霜不会冻死草,只会融化为水,滋润野草的成长。
- 冬寒有雾露,无水做酱醋:寒冷的冬天要是出现雾和露,那么就不会出现下雨的天气。
- 露水报晴天:冬天的早晨要是看见大地上的露珠,说明这一天是晴天。
- 雷打立春节,惊蛰雨不歇:要是立春时节响雷,那么惊蛰这个时节将雨下个不停。
- 未雨水雷响,有雨盛无水:未到雨水听到春雷,即使下雨也是雨量不多(雨水一般在2月18日,此时的西南气流不强)。
- 雷响惊蛰前,有水耙早田:在惊蛰前听到春雷,雨水将增多,且将有连续的暴雨,早田里不用抽水就会有水耙田(惊蛰一般在3月5日)。
- 雷打惊蛰节,早秧放生节:在惊蛰这天响雷,也将有连续不断的暴雨,早秧易被大水冲走,就像放生一样,因此,须提防秧苗被雨水冲走。
- 雷打惊蛰后,挑水去种豆:要是在惊蛰过后才听到雷声,那么将出现春旱天气,就必须挑水去种春大豆。
- 五月三、九雷,番薯卡大秤锤:农历五月初三、初九下起雷阵雨,有助于番薯(即地瓜)的生长,因为雷鸣时大量电解空气中的氮,可为番薯生长提供所需的氮肥,故言番薯会比秤锤大。
- 夏至响雷三伏冷,夏至无雨晒死人:夏至这天要是下雷阵雨,那么三伏天就不会感到炎热,要是夏至这天没有雨,那么整个夏天将出现高温天气,使人感到暑热难耐。
- 东闪"三下罩"(连续三个下午),西闪无雨到:如果看到东边闪电,那么暴雨很快就到,如果闪电在西闪,那么不会有雨来。类似的有"云往东,一场空;云往西,水凄凄;云往南,雨成潭;云往北,好晒谷。"

在夏季,海上辐合带云团和台风活动,其在副热带高压南侧偏东气流引导下入侵泉州,通常看到东面有闪电,则预示着海上有低压云团活动。

- 北闪昧晓紧,南闪跑不及:如果闪电在北向,那无关紧要,不会有雷雨;如果闪电在南向,那雷雨即刻就到,路人想跑也来不及。
- 太阳晕过午,无水洗脚肚:如果是午后出现日晕(见图8.1),那么将有连续一段晴天的日子,甚至将出现旱情。
- 日晕过午,晒死老虎;月晕半夜,水流石壁:夏天午后出现日晕,预示将出现高温炎热的晴朗天气;要是在半夜看到月晕,说明将有一场暴雨来临。

图8.1 日晕(大气光学现象)　　　揭阳日晕(2010年04月28日12时)

- 日晕三更雨,月晕午时风:如果白天出现日晕,夜半三更将有雨;如果夜晚出现月晕,则明天中午将刮风。
- 月晕日曝,日晕雨来:

"日晕"和"月晕"是日、月光线通过云层时,受到卷云、卷层云中冰晶的折射或反射而在日月周围形成的彩色光环,都是"内红外紫"。这种冰晶结构的云常常是冷暖空气相遇而生成的云层,所以晕的出现往往预示着天气将发生变化。如果出现日晕预兆有雨降临;出现月晕预兆要刮风而天晴,月晕有时候会有缺口,该缺口是因高层风把卷云吹走且被低的云覆盖所致,所以缺口的方向便是刮风的方向。一般日晕预示下雨的可能性大于月晕。

晕出现在卷云和卷层云中,往往与锋面云系相联系,在冷暖锋前部,由于暖湿空气沿锋面抬升,在高空形成卷层云,随着锋面推移,在锋面过境前后就会出现降雨和大风。若是日晕,则有雨;若是月晕,则以刮风为主。

但出现"晕"并不一定会刮风下雨。卷层云本身不会产生降雨,若紧随其后的锋面有过境影响,且携带着大量水分的中低云增厚而发展成雨层云,则就有可能下雨;如果锋面有过境,但无中低云的配合,则无雨有风;若无锋面过境,则无风无雨。所以是不是刮风下雨要看锋面是否过境、卷层云后部的中低云是否发展移入。

- 月戴笠,雨拍拍:月戴笠是因高空混浊,蓝色光波被完全散射,而黄色光波显露出来,它的成因与月晕月华相同。出现这种光现象,预告气旋快要到来,将有一场雨。
- 月晕放洪(圆圈有缺),水流汛滥:月晕缺口的方位,是被低的云覆盖所致,表示其他比较低且厚的云来了,这是气旋中心渐渐接近,预示着从此方向将有风雨来临。
- 月生毛,水流河:月生毛即月晕,如果出现月晕,预示将有暴雨,甚至造成河水暴涨。
- 早上赤霞,等水泡茶;晚上赤霞,无水洗脚:此语同"早霞不出门,晚霞行千里",即看到朝霞,将有雨来,看到晚霞,则第二天是晴天。

夏季早上,低空空气稳定,很少尘埃,如果当时有鲜艳的红霞,称为早霞。这表示东方低空含有许多水滴,有云层存在,随着太阳升高,热力对流逐渐向平地发展,云层也会渐密,坏天气将逐渐逼近,本地天气将愈来愈变坏,这就是"早霞不出门"的原因;而傍晚,由于一天的阳光加热,温度较高,低空大气中水分一般不会很多,但尘埃因对流变弱而可能大量集中到低层。因此,如果出现鲜艳的晚霞,因为晚霞主要是由尘埃等干粒子对阳光散射所致,则说明西方的天气比较干燥。按照气流由西向东移动的规律,未来本地的天气不会转坏,所以有"晚霞行千里"的说法。

- 春东风,雨祖宗,夏东风,一场空:春天要是刮东风,那将是春雨绵绵;夏天要是刮东风,将雨水短缺,给农作物生长带来不利。
- 春时东风双流水,夏时东风旱死鬼:春天如果刮东风,将是阴雨天气,地上将雨水横流;夏天如果刮东风,将出现严重的旱情。
- 五月南风发大水,六月南风井底干:农历五月刮南风,往往带来热带风暴,造成大量降雨,引发水灾;而农历六月刮南风,则无雨情有旱情。
- 七月秋(北)风雨,八月秋风凉:农历七月刮北风,通常是有台风活动,天气将转阴有雨;农历八月刮北风,则是冷空气活动所致,气温将下降。
- 一日东风三日雨,三日东风一场空:刮一天的东风,往往会有三天的降水,要是刮三天的东风,那将严重影响农作物的收成。
- 早东暗西,大小流溪:如果早上刮东风,到了傍晚风向转西,那么就会有暴雨。
- 久旱西风更不雨,久雨东风更不晴:如果很久没有下雨,刮的是西风,那么旱情将继续下去;如果老是雨天,刮的是东风,那么天气仍然不会转晴。
- 雨水雨水,有雨无水:雨水是二十四节气之一,如果这一天下雨,往下将长时间无雨。
- 上元无雨多春旱,清明无雨少黄梅:如果农历正月初一至十五没有下雨,那么将出现春旱;如果清明时节没有下雨,那么黄梅雨就少。
- 立夏无雨三伏热,重阳无雨一冬晴:立夏这天要是没有下雨,那么三伏天将特别炎热;重阳(农历九月初九)这天要是没有下雨,那么整个冬季将多是晴天少雨的天气。
- 芒种雨,水流坑;芒种晴,日晒路:芒种这天要是下雨,将连续雨天,水流满坑;反之,芒种这天要是晴天,将连续晴天,太阳照在路面上也亮堂堂。
- 春寒多雨水,春暖多晴天:春季里要是天气寒冷就会有降水,春季里要是天气暖和则大多是晴朗的天气。
- 芒种下雨"火烧鸡",夏至下雨烂草鞋:"火烧鸡"指高温炎热,即芒种这天雨,往下一段时间将是高温炎热的天气;如果夏至这天下雨,将出现长时间的降雨,致使草鞋浸烂。
- 夏至水,饿死鬼:夏至这天下雨,将有较长一段时间的雨天天气,造成雨水过多,直接影响到农作物的收成,故言饿死鬼。
- 雨打元宵灯,日晒清明田:如果元宵节这天是雨天,那么清明那天必是晴天。
- 四月初九、十,爬树戴雨笠:每年农历四月的初九、初十,往往是暴雨成灾的日子,故言"爬树戴雨笠"。
- 六月初三雨,无草做"草步"(捆草的草绳):农历六月初三(7月初)要是下雨,那么阴雨的天气将持续一段时间,影响早稻收成,而且稻草晒不干会腐烂掉,到时用来捆稻草的草绳也会欠缺。

- 霜降水,饿死鬼:霜降这天要是下雨,之后也将出现长时间的雨天天气,影响秋作物的成长和产量。
- 天寒,春不寒;春雨,春不雨:如果立春那一天天气寒冷,那么整个春季的气候就不会再冷下去;如果立春那一天下雨,那么春季的雨量就会少。
- 春天孩子面:春季是介于寒冬与盛夏之交,这时南方气候开始暖和,而北方还在寒冷中,南北温差很大,所以春天的天气变化无常。此时,北方的冷空气和南方的暖流常常交汇冲突,发生了气旋,天气便转为阴雨。气旋过后,天又转晴,就好像小孩子破涕为笑,故言"春天孩子面"。
- 芒种夏至,屎拉厝里:芒种夏至系多雨季节,此言形容此时雨多出门不得。"厝里"即屋里。
- 五月初五,有雨雨涝:农历五月初五即端午节,虽然天气已转暖,将进入盛夏,但仍有寒流从北方下来,造成寒冷,引起降水,如果雨水多就会发生涝灾。
- 七月半,水流饿丁:农历七月十五俗称中元节,此时气候已由盛夏转秋,沿海往往有台风来临,而热带风暴带来的暴雨会使河床上涨,引发水灾。
- 八关正:八月关系正月。根据群众经验,如果八月中秋下雨,那么要一直等到第二年元宵(正月十五)才会有雨。这与"云蔽中秋月,雨打上元灯"同样是巧合的事,其理由未详。
- 八月初八下雨,冬季空缺雨:根据老农经验,秋冬两季本来少雨,要是八月下雨,则冬季必少雨。民间传说农历八月初八是八仙过海,不喜欢下雨,如果下雨淋湿了仙袍,则要旱八十天。当然,此种说法不科学。
- 端阳上午无雨,保无水灾:端阳(即五月初五端午节)这天要是天气晴朗,就不会有连绵下雨的现象,可免受水灾之苦。
- 重阳无雨看立冬:重阳无雨,到立冬下雨还赶得及冬种,要是立冬还不下雨,那就表示这期间气候稳定,没有风暴的活动,可能长晴不雨。
- 冬天三日起雨头:在莆田冬天很少下雨,必须等候刮南风三天,才会有雨下。
- 冬至暝(晚),夏至画:在北半球,冬至时白天时间最短,夜晚时间最长,夏至时白天时间最长,夜晚时间最短。这是因为地球绕太阳公转的轨道是椭圆形的,冬至那段时期,太阳与地球相距最近,地球的公转最快,夏至那段时期,太阳与地球距离最远,地球公转最慢。
- 初一寒露,衣裳不晓顾:如果寒露落在农历九月初一那天,那么冬天的衣服就不必顾虑了,即这个冬天不会冷的意思。
- 东风畏鬼,南风畏雷,西风畏日,北风畏水:农历七月中元俗称鬼节,这时很少吹东风,故言"东风畏鬼"。下雨时先刮南风,待雷声响后南风便止,故言"南风畏雷"。西风牵雨见日而止,故言"西风畏日"。在北风背景下,一旦下雨,表示有南来气流与北风交汇,也导致北风的风势减弱,故言"北风畏水"。
- 春南夏北,没水淌磨墨:泉州等闽南地区靠近海洋,四、五月间的春季里,通常南北气流频繁交汇,这时风向南北不定,所以雨量多。但如果长时间刮南风,则表示暖气流强盛,雨带北推,所以没有云雨,容易出现春旱。
- 一日南风,十日关门:冬日南风之后必有大雨。关门即因雨不出门的意思。
- 西南吹落更,大水落不止:秋冬春时节(或者是冬半年),我市沿海按正常状态是多北风,如果南风前进,北风退缩,系海洋风上岸,便会造成大范围降雨。

- 五月五日刮北风：农历五月初一至初五（5月底小满）刮北风，那么从此开始一直到白露（9月7日）为止常常有刮北风的现象。
- 夏至一日北风，三日雨：夏至指南风来临的时候，但夏行冬令，经常有北风侵袭，则雨水就会跟随而来。
- 南"足切"（空中闪电）北风动，北"足切"南风动，西"足切"日头红，东"足切"地下湿：如果闪电在南面，则将刮北风；如果闪电在北面则会吹南风；如果闪电在西面，则不会下雨；如果闪电在东方，那么三日内将会下雨。
- 日月齐失，不要等到三日内（或：日月失明，三日内定下雨）：太阳与月亮都不见，即阴天浓云密布，说明三天之内一定会下雨。
- 日头（太阳）重脚，雨落"捌"（不会）"多"（干）："日头重脚"是因为日光遇到卷云、卷层云经比过折射而产生光的现象，预示天气将发生变化，将有一场大雨。
- 清明前蛤蟆叫，秧等田；清明后蛤蟆叫，田等秧：蛤蟆的皮肤对水汽的感应比较灵敏，蛤蟆叫起来表示快要下雨了，在清明谷雨时秧田需要水，只要秧田水上涨就可插秧，清明前后秧苗极易长大，如果秧田缺水，秧就不易插下去。清明前的降水往往很小，所以秧苗不易插下去，而清明后的降水较大。
- 蛇过路，癞蛤蟆昼鸣：蛇爬上路也是因为蛇穴潮湿，原因与虫迁居相同；癞蛤蟆的皮肤感湿灵敏，如果空气中有湿度，它在白天也会鸣叫起来。所以此言是雨天的前兆。
- 夏夜蚊蝇蚜蚋绕扑灯火：蚊蝇、蚜蚋有趋光性，一般在晚上八、九点左右飞出活动。它们繁殖最快时期要具备适当的温度与相当的湿度，当外界条件良好时它们就能迅速发育。所以在闷热的夏夜，它们飞出绕扑灯火，表明空气中有一定的湿度，天气将发生变化。
- 早晨鸟低头，鸣声不扬：下雨之前，空中有很多气涡，飞鸟不能稳定地飞行。由于气候的转变使它们感到不舒服，因此低着头，其鸣声不响亮。
- 黄昏羊多吃草，不肯归牢：羊性喜干燥，下雨前空气中的水汽浓重，羊舍里有些闷湿，所以羊都不愿归舍。
- 但见九华山岚，无看三山日红：九华山与三山都在西天尾镇。由于九华山在莆田县西北向，夏季多是西北雨，所以先看九华山岚一起雨，西北雨随后就到。三山系三座小丘，因为西北雨来之前，三山方向仍有太阳，所以九华山岚起雨，即便往三山方向看有太阳，雨还是要下的。
- 春壶山戴顶，夏笔架傅腰：壶山在莆田县南面，山势较高，笔架山在县城西北面。春季，壶山顶上有一片白云，这是发生气旋区域的雨层密蔽的形状，雨层云是下雨的云。夏季，笔架山峰腰有云傅（附）着，说明雨云低下，亦是下雨的征兆。
- 正月初一早，壶山罩雾，花生烧土：壶山为莆田县南面的最高峰，春季在山顶缭绕的云雾是积雨云，顶告将有降雨，这便是"壶山致雨"的来历。在春季种花生、大豆最怕淫雨，所以农民都关心天气，但预测晴雨不一定以春节那天罩雾为征兆。
- 春时落土无过"暝"（晚），冬时落土一定晴：土即是霾，是由北方来的大风从内陆刮来的沙尘，所以有霾就表示有北方来的气流。在莆田，春天的气候已相当暖，南方的热气流从阳历四月间就开始到来，这时如果有北风吹来和热空气相汇，就会产生锋面雨。冬天北风较盛，南风较弱，所以北风一来，天气十分干冷，且晴朗有霜，故是晴天。
- 春看山头，冬看海底：春天多雨，云罩山头，往往下雨。冬季海面温度常比空气温度暖些,所以海面气温是不稳定的,只会有云不可能有雾,如海面有雾必是低云,是下雨的征兆。
- 朝雾不及里:早晨的雾不会超过一里远,表示雾浓。
- 春霜不过三日:表示冷空气的影响时间不长,暖空气的活动频繁。
- 春霜三日透,低田可种豆:春天的霜不会冻死草,只会融化为水,滋润野草的成长,所以春天的霜水只要三天就可透进地里,这样地势较低的山田可以种下春大豆。
- 春霜雨、冬霜晴:春天出现霜,紧接着将有雨;冬天的早晨看到霜,这天必是大晴天。
- 三日霜没透,"乌趋寡"(阴寒):霜后天阴称为"霜没透","乌趋寡"是天阴寒冷的意思。
- 冬至霜,"月娘"(月亮)光,枫柏叶红,"丸子"(汤圆)捧(端):霜是天空无云的夜间,地面散热很快,气温降到0℃以下时,接近地面空气中所含的水汽在地面物体上凝结成的白色冰晶。所以霜夜的月亮特别光亮。枫柏的叶子在冬至前一个季节先变红色,之后秃落,所以看到枫柏叶红,就知道冬至快来临,而闽南过冬至时,早上要吃汤圆,谚语称为吃"丸子"。
- 东海吊乌水,三日"厄"(会)下雨:海水会反光,如果天空云低浓墨,海水自然也显得乌黑,表明天将下雨。
- 九秋落子时,海水涨一水:根据沿海群众经验,立秋时刻如果落在子时(夜里十一点到次日一点),七、八、九月中必定有一次海潮加大,必须做好防汛准备。(九秋系指秋季,清代画家常常绘制桂花、菊花、秋葵、鸡冠、芙蓉、秋海棠等九种各式秋季花草,含意秋天是同庆丰年的季节)
- 水涨牛坪头,三日大水头:黄石沙堤村的牛坪山麓有块石头,当海潮涨到该石头上面,不出三日就会下雨。海潮涨落与日月的引力有关,同时靠海地区风向骤转,风力较大也能助长潮水。
- 七月秋风(北风)雨,八月秋风凉:农历七月要是刮北风,是台风所致,天气就会转阴,将有雨;农历八月要是刮北风,天气就会凉爽,吹到脸上的风也感到凉快。
- 八月秋分夜,一夜冷一夜:到了农历八月秋分这个节气,南北半球昼夜都一样长,气温也开始下降,故言一夜比一夜冷。
- 馒头云,雨淋淋;瓦片云,曝死人:看到乌云如馒头状,此为积雨云,将有一场降雨;如果云的形状如屋上瓦片,则说明不会下雨,将是晴空丽日,晒得路人很难受。
- 云往东一场空,云往西雨凄凄:此言亦是看云识天气,如果云的方向往东,则说明无雨,如果云往西则说明有雨。
- 日落云里走,雨在下半夜:太阳下山时,如果是在云层里,说明下半夜将会下雨。
- 晨雾即收,旭日可求:如果早晨的薄雾很快就散去,那么这天一定是个艳阳天。
- 日出早,晴无靠:很早就看见太阳出来了,但这一天能否晴天是靠不住的,往往这样的天气会瞬息万变。这是因为白天地面将积累更多的热量,午后容易出现雷雨。
- 日头红,寒死人:冬天的太阳看上去往往是红彤彤的,尽管天气晴朗,但因晴空辐射强而使气温更低,所以人们会感到特别寒冷。
- 蟑螂乱飞,有阵雨:蟑螂对气候变化的敏感性很强,如果夜间看到蟑螂飞来飞去,说明天气发生变化,将有降雨。
- 蜘蛛结网,久雨必晴:由于下了很久的雨,蜘蛛无法结网捕食,如果看到蜘蛛爬出来结网,说明天气很快就转晴。
- 久晴将久雨,久雨必久晴:晴天很久了,一定会下很久的雨;反过来下了很久的雨,也一定会晴天很久,这是自然界的规律。
- 冬暖要防春寒:在南方,冬天并不寒冷,气候往往是暖和的,但转入初春,要特别注意防寒防冻,因为这时候往往会有北方的冷空气南下,造成气温的大幅度下降,给牲畜、农作物造成冻害,所以要特别注意防春寒。
- 日出刮无风,日落落无雨:在早晨看见太阳升起来,则不会刮大风;在傍晚看见太阳下了山,表示此时空气中无云,水汽少,则不会再下雨了。
- 北风热"厝"(房)无热路:夏天要是刮北风,人在屋子里会感到十分闷热,但在路上却因有风而不会感到炎热。
- 春雾夏露,不是风就是雨:在春天要是有雾,在夏天要是有露,天气不会好,不是刮风就是下雨。
- 春看山头,冬看树尾:在春天,只要看到山顶上有浓雾,就知道天将下雨;同样在冬天,只要看到树梢上有雾气,亦表明将有一场降雨。
- 八月初一下雨,下一冬:根据民间群众观测气象的经验:如果农历八月初一下雨,那么整个冬季将是雨季。
- 六月北风,雨咚咚:如果农历六月里要是刮北风,那么大雨就会下得咚咚响。
- 小暑北风水流柴,大暑北风天红霞:如果小暑这天刮北风,将有连续的暴雨,造成洪灾(冲走木柴);如果大暑这天刮北风则不会下雨,将出现旱情。
- 初一、十五,"日光"(白天)水,"日罩"(中午)"阵"(满):农历每月初一和十五,海水在天亮时开始涨潮,到中午时潮平达到最高水位。类似于"初一、十五子午水"。
- 立夏小满,农事"着"(要)赶:到了立夏和小满这两个节气,所有的农事活动都必须抓紧进行。
- 黄梅雨:农历四月间,气旋一般自西南向东北,或自西向东,或自西北向东南移行,从而发生风、云、雨的一连串变化。这时节正当黄梅上市,故把这种气候称为黄梅雨,其特征为雨水发生多,忽晴忽阴,忽而阵雨,忽而天晴,往往一天会连续好几趟。
- 桂花寒:桂花一年可以开两次,其中一次盛开在春季寒冷的季节,故称桂花寒。
- 五月十三雨,无草缚稻步:农历五月十三以后,泉州市将陆续进入夏收季节,此时如果淫雨连绵,不但影响夏收,而且稻草晒不干会腐烂。
- 七月半,水流饿丁:农历七月十五俗称中元节,此时气候已由盛夏转秋,沿海往往有台风来临,而热带风暴带来的暴雨会使河床上涨,引发水灾。
- 九秋落子时,海水涨一水:根据沿海群众经验,立秋时刻如果落在子时(夜里十一点到次日一点),七、八、九月中必定有一次海潮加大,必须做好防汛准备。

四、关于"云"的民间谚语

- 天上钩钩云(钩卷云),地上雨淋淋:天上如果出现钩状的卷云,那么将有一场暴雨,地面上将是一片雨淋淋。
- 鱼鳞天(卷积云),不雨也风颠:如果天空上出现鱼鳞状的卷积云,那么接下来的天气不是下暴雨也会刮大风。
- 天上鲤鱼斑(透光高积云),明日晒谷不用翻:在夏秋季节,如果天空上出现像鲤鱼斑的云彩,那是透光高积云,说明第二天将是晴天丽日高温,也是晒谷的好天气。
- 有雨山戴帽,无雨云拦腰:如果看见高山顶上有云雾,说明将有一场降雨;如果看见云雾在半山腰,说明不会下雨。
- 云往东,车马通;云往西,水渍渍;云往南,水涨潭;云往北,好晒麦:看云可识天气,如果云的方向是向东,说明不会下雨,可放心出门;如果云的方向往西,说明将会下雨,大地会雨水横流;如果云的方向往南,说明将有暴雨,潭里的水会迅速上涨;反而云的方向往北,天气将转晴,打下的麦子可铺地晒太阳。
- 黄昏日落黑云洞,明朝日晒背皮痛:在夏天黄昏时,如果看见太阳下落在乌云里,说明第二天将是晴朗高温天气,日光晒在人的背后皮肤上,将会感到灼痛。
- 馒头云,雨淋淋;瓦片云,曝死人:看到乌云如馒头状,此为积雨云,将有一场降雨;如果云的形状如屋上瓦片,则说明不会下雨,将是晴空丽日,晒得路人很难受。

五、关于"雾与晴雨"的民间谚语

- 朝雾不及里:早晨的雾不会超过1里[①]远。
- 朝雾晴,晚雾雨:早晨出现雾气将是晴天,傍晚出现大雾将会下雨。
- 冬寒有雾露,无水做酱醋:寒冷的冬天要是出现雾和露,那么就不会出现下雨的天气。
- 露水报晴天:冬天的早晨要是看见大地上的露珠,说明这一天是个大晴天。
- 久晴大雾雨,久雨大雾晴:如果天晴很久了而出现大雾,那么说明天气将转向阴有雨;如果阴雨的天气很久了而出现大雾,那说明天气很快将转为晴天。
- 晨雾即收,旭日可求:如果早晨的薄雾很快就散去,那么这天一定是个艳阳天。
- 春雾夏露,不是风就是雨:春天要是有雾,夏天要是有露,天气不会好,不是刮风就是下雨。

六、关于"霜与晴雨"的民间谚语

- 一日春霜三日雨,三日春霜九日晴:在春季,要是一天有霜就会连降三天雨,而连续三天霜后,则会有九天的晴朗天气。
- 春霜雨、冬霜晴:春天出现霜,紧接着将有雨;冬天的早晨看到霜,这天必是大晴天。
- 春霜不打草:春天的霜不会冻死草,只会融化为水,滋润野草的成长。
- 春霜不过三日:表示暖空气活跃。
- 冬至霜,"月娘"(月亮)光,柏叶红,"丸子"(汤圆)捧(端):霜是天空无云的夜间,地面散热很快,气温降到0℃以下时,接近地面空气中所含的水汽在地面物体上凝结成的白色冰晶。所以霜夜的月亮特别光亮。枫柏的叶子在冬至前一个季节先变红色,之后秃落,所以看到柏叶红,就知道冬至快来临,而莆仙人过冬至节是早上吃汤圆,谚语称为吃"丸子"。

---

① 1里=500 m

七、关于"雷"的民间谚语

- 雷打立春节,惊蛰雨不歇:要是立春响雷,那么惊蛰将雨下个不停。
- 雷响未春水,有雨盛无水:未到雨水节气就出现春雷,即使下雨也是雨量不大。
- 雷响惊蛰前,有水耙早田:在惊蛰前听到春雷,那将有连续的暴雨,早田里不用抽水就会有水耙田。
- 雷打惊蛰节,早秧放生节:见前解。
- 雷打惊蛰后,挑水去种豆:要是在惊蛰过后才听到雷声,那么将出现春旱天气,就必须挑水去种春大豆。雷打惊蛰后,表示暖湿气流偏晚、不强。
- 五月三、九雷,番薯厄大秤锤:农历五月初三、初九下起雷阵雨,有助于番薯(即地瓜)的生长,因为雷鸣时大量电解空气中的氮,可为番薯生长提供所需的氮肥,故言番薯会比秤锤大。
- 夏至响雷三伏冷,夏至无雨晒死人:夏至这天要是下雷阵雨,那么三伏天就不会感到炎热,要是夏至这天没有雨,那么整个夏天将出现高温天气,使人感到暑热难耐。
- 东闪"三下罩",西闪无雨到:如果看到东边闪电,那么暴雨很快就到,如果看到西边闪电,那么不会有雨。
- 北闪无"灵紧",南闪跑不及:如果闪电在北向,那无关紧要,不会有雷雨;如果闪电在南向,那雷雨即刻就到,路人想跑也来不及。

八、关于彩虹(霓)、华、晕等天气现象

1. 彩虹(霓)

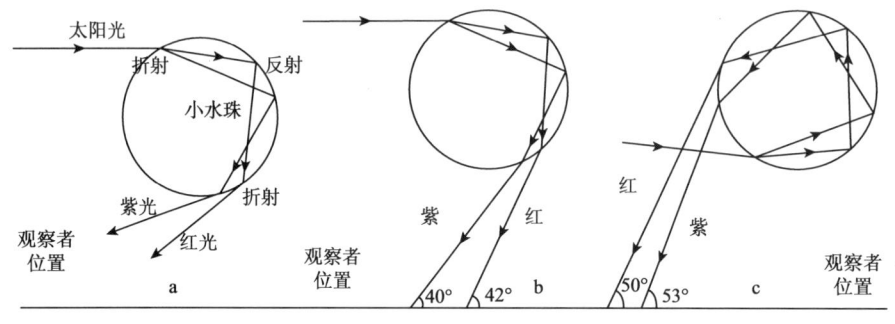

图 8.2 彩虹、华、晕形成原理

彩虹是大家最熟悉的大气光学美景之一。只要有太阳光照射到对面正在或刚下过雨的雨滴幕上,就会出现一条内紫外红的七色彩虹。

彩虹的形成:雨后,天空中布满了小水滴,这是一种天然的三棱镜。太阳光以一定的角度照射在水滴上发生折射和反射,被分解成七色光,又回到了观察者眼睛,只要太阳角度适当,就能看到美丽的弧形彩带。如果空气干燥,或者天空中只有微小的水滴,那就不会形成彩虹。由于不同颜色的光线波长不同,它们在雨滴中"拐弯"的程度也稍有差别。因此对观察者来说,不同高度的雨滴便会出现不同的颜色。在雨滴幕上彩虹区的最上部,雨滴是红色,依次是橙、黄、

绿、青和蓝色,最下部的雨滴便是紫色。折射程度最大的是紫光。因此,我们所见到的七彩光带,总是按照一定的顺序排列的。

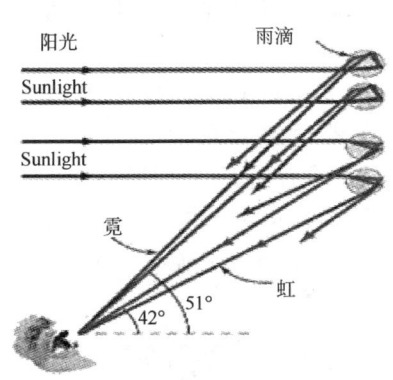 

图8.3 彩虹形成的光学原理

一般来说,水滴越大,虹带越窄,色彩越鲜明;反之,水滴越小,虹带越宽,色彩就暗淡。有时,我们可以看到天空有两条彩虹:一条叫主虹,色彩鲜艳,里面是紫色,外面是红色;另一条叫副虹(又叫霓),里面是红色,外面是紫色,虹色较淡。这种现象是由于阳光透过水滴时,发生两次折射和反射的缘故。

虹霓的出现,对未来天气变化具有一定的指示意义。有天气谚语"东虹日头西虹雨"。因为在中高纬地带,大气一般自西向东移动。虹在西方,表明西方大气里有雨,随着天气的自西向东移动,雨区将移到东区。虹在东方,表明雨区将继续东移,本地天气将晴好。

2. 华

有时我们会看到日月旁边有彩色光圈,其颜色排列和晕相反,即外红内紫,而且直径比晕要小得多,这叫华。华是由于日月光线通过中云(中云比高云要低,一般由水滴和小冰晶组成)的微小水滴而发生的衍射现象。云厚的时候,衍射光线不易通过而难形成华。日华因为距明亮的太阳过近,太阳光强烈,因而一般不如月华易于发现。华俗称"枷",好比太阳和月亮带上了枷的意思。它也能预兆天气变化。日月晕后紧跟着出现日月华,降雨刮风的可能性就更大了。

3. 晕

日月周围有一圈美丽的光环,内红外紫(与彩虹相反),蒙蒙胧胧,似薄纱,这美丽的光环在气象学中称为日晕、月晕(图8.1)。晕内较暗而晕外较亮。晕是日月之光透过大气层时,在高度6000 m以上、由冰晶组成的卷层云因所含水汽不同,使得光线发生反射和折射而形成的物理光学现象。晕通常呈环状、弧状。

有时候,天上有能透过阳光或月光的薄薄高云。这时在太阳或月亮的周围会出现彩色光圈,即晕。晕是日月光通过"高云中的无数冰晶"发生折射所成的外紫内红的光圈。如果冰晶是横着下降的,阳光从冰晶的侧面进另一侧面出,我们看到的晕圈光环半径的对应视角是22°,即称22°圆晕。如果冰晶竖着下降,阳光从侧面进底面出,就会出现46°圆晕。46°圆晕比22°圆晕大。由于降雨天气云系往往以这种高云为前导,因此,日月晕的出现常可预兆坏天气将要来临。晕与天气的关系如下:

天空里有晕出现,表示观测站处在气旋移动方向的前端,距地面暖锋约几百千米。随着地面暖锋向观测站移动,伴随而来的天空将是云层愈来愈低,风力愈来愈大,并逐渐开始降水。但当气旋边缘经过时,则不一定有雨,而可能只是风力增强,风向改变。

此外,在热带气旋外缘,如果有卷层云存在,也会形成晕。所以在台风季节,低纬度地区看到天空有卷层云和晕存在时,台风将可能来临。

古人很早以前就用晕来预测天气,如"日晕三更雨,月晕午时风"、"日枷雨,月枷风"等,都是关于晕的天气谚语。这些谚语似乎说明,凡是出现了晕,就将有风雨出现。但日月有晕(见图8.1)并不一定会有风雨出现。这要从晕的形成谈起。晕看上去似丝丝羽毛,在气象上称为"卷层云",属于高云,卷层云本身并不产主降水,产生降水的云层是中低云。当出现"晕"即卷层云时,应注意其随后天空中会否出现中低云这类前兆云,若有才可能有降水,否则不易出现降水。

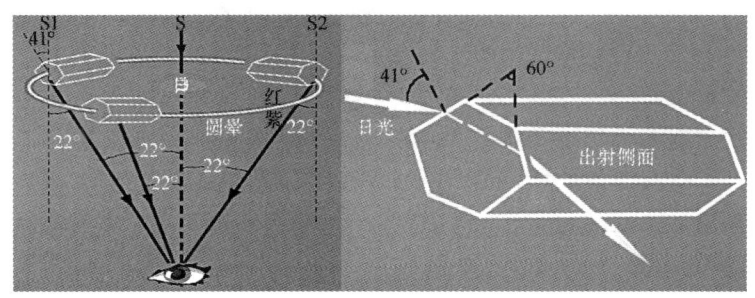

图8.4　22°圆晕的形成原理示意图

有些晕的形成,不但不会形成风雨,反而预兆着天气要转晴。晕后难有降水的几种情况:

①夏季常能见一些似馒头、又似马鬃的对流云。但当对流减弱后,云体会崩溃,变成缕状、羽毛状的卷层云。这种云一般在白天午后出现。有太阳时,也可在这些云彩上映出残缺不全但色彩艳丽的晕。这时对流本身已经很弱,晕过午后也不会有降水发生,有谚语"太阳晕过午,无水洗脚肚"等;

②当别处有降水时,降水区上空的空气向四周辐散,会带动高空的高云向雨区外围扩散开来。这时远离雨区的观察者会看到成片的高云,其中也有一些卷层云,可以看到太阳周围有晕发生;到了晚上,若有月亮,还可看到月晕存在,却始终没有降水发生。

4. 朝霞和晚霞

黎明红日东升,朝霞落日灿烂;黄昏,夕阳西下,晚霞千里:美丽的红霞,给大自然增添了姿色。它们是怎样形成的呢?原来当太阳光穿过大气时,要被空气分子、水汽、尘埃杂质等物质向四面八方"散射"。日出和日没,太阳光通过厚厚的大气层时,波长较短的蓝光、青光、紫光大部分已被上层大气散射,到达近地面大气时就只有波长较长的红光、橙光、黄光,这些光照射在云层上,天空就形成了鲜艳夺目的红霞。

夏日的早晨,如果朝霞"满天",说明大气中水汽含量丰富。随着气温的升高,对流运动加强,将可能形成浓积云,容易产生雷雨天气;如果晚霞出现,虽然空气中水汽含量多,但地面温度逐渐下降,对流运动减弱,不利于云滴的形成。所以有"朝霞不出门,晚霞行千里"的谚语。

5. 雨后的天空总是蔚蓝色

雨后的天空总是蔚蓝色又是什么原因呢?下雨前,大气中的液体微粒和固体杂质多,当太阳光线进入大气层后,这些物质和空气分子对各种波长的太阳光线起着同样的散射作用。各种长光短波混合,使天空呈现灰白色。这种散射是没有选择性的散射称为"漫反射"。雨后天晴,空气中尘埃物和液体微粒少,这时对太阳光起散射作用的主要是空气分子,它的直径很小,根据散射定律,散射能力与波长的四次方成反比。因此,波长短的青光、蓝光被散射,所以我们看到的天空是蔚蓝色。这种散射是有选择的散射,称为"分子散射"。

当然,并不一定是雨后的天空才是蔚蓝的,如果晴天大气杂质少,即空气质量好无污染,也可以是蔚蓝的,所以天空的蔚蓝程度在某种意义上也是空气质量好坏的标志。

- 6. 蜃景

①海市蜃楼:大气的折射形成。它是光在传播过程中通过介质分界面发生方向偏折的现象。夏季,海水温度较低,特别是冷水流过的海面,水温更低。下层空气受水温影响,温度低于上层空气,出现下冷上暖的现象。下层空气本来就气压较高,密度较大,再加上气温低,空气收缩下沉,密度更大,导致空气层上稀下密的差异甚为显著。当前方地平线以下有轮船或岛屿时,来自船舶或岛屿的光线先穿越密度大的低层大气,通过介质分界面而发生方向偏折然后折射入上层密度小的大气之中,并在上层发生全反射,又折回下层密度大的气层中,最后投入人的眼中,使我们看到前方物体的影像。由于人的眼睛不会发觉光线弯曲,而总是觉得光线是直线前进的,因此,我们实际所看到的影像要比实物抬高了许多,成为空气中的幻影,就叫蜃景。

②沙漠蜃景:沙漠中出现的蜃景是下现蜃景。其成因与上现蜃景(如海市蜃楼)相似,只不过这时空气层的温度和密度分布正好与上现蜃景相反。

图8.5　2004年7月8日,福建石狮市北方天空出现一座穿过云层的山峰

九、关于风与晴雨

- 春东风,雨祖宗,夏东风,一场空:春天要是刮东风,那将是春雨绵绵;夏天要是刮东风,将雨水短缺,给农作物生长带来不利。
- 春时东风双流水,夏时东风旱死鬼:春天如果刮东风,将是阴雨天气,地上将雨水横流;夏天如果刮东风,将出现严重的旱情。
- 五月南风发大水,六月南风井底干:农历五月刮南风,往往带来热带风暴,造成大量降雨,引发水灾;而农历六月刮南风,则无雨情有旱情。

- 七月秋(北)风雨,八月秋风凉:农历七月刮北风,天气将转阴雨;农历八月刮北风,气温将下降,天气转凉爽。
- 一日东风三日雨,三日东风一场空:刮一天的东风,往往会有三天的降水,要是刮三天的东风,那将严重影响农作物的收成。
- 早东暗西,大小流溪:如果早上刮东风,到了傍晚风向转西,那么就会有暴雨。
- 久旱西风更不雨,久雨东风更不晴:如果很久没有下雨,刮的又是西风,那么旱情将持续;如果老是雨天,刮的又是东风,那么天气仍然不会转晴。
- 东风畏鬼,南风畏雷,西风畏日,北风畏水:农历七月中元俗称鬼节,这时很少吹东风,故言"东风畏鬼"。雷阵雨时先刮南风,待雷声响后风便止,故言"南风畏雷"。西风牵雨见日而止,故言"西风畏日"。雨下风势即减弱,故言"北风畏水"。
- 春南夏北,没水倘磨墨;春北夏南,没落路也湿:春天时,如果冷气团还未退完吹来南风,那么带来有湿度的暖气团比冷气团轻,冷气团即将水汽带上去行云致雨。夏天时地面较热,如果此时从北方吹来气流就会发生上冷下热不稳定的情况,下面的湿空气也会上升凝成云雨。泉州靠近海洋,四、五月间,南北气流不连续面常经过,这时风向南北不定,所以雨量多,但如果刮南风,气流的不连续面提早向北推移,南风虽带有很多水汽,但层次稳定,湿度少,所以没有云雨。春北夏南则情况相反。
- 一日南风,十日关门:冬日南风之后必有大雨。关门即因雨不出门的意思。
- 西南吹落更,大水落不止:在泉州沿海按正常状态是多北风,如果南风前进,北风退缩,系海洋风上岸,便会造成大范围降雨。
- 五月五日刮北风:农历五月初一至初五刮北风,那么从此开始一直到白露为止将常伴有刮北风的现象。
- 五月有风,月月风:据海上船家的经验,农历五月初一至初五起风,此后将好几个月有风并有雨。
- 夏至一日北风,三日雨:夏至指南风来临的时候,夏行冬令,北风较冷,雨水就会跟随而来。
- 南"示"(空中闪电)北风动,北"示"南风动,西"示"日头红,东"示"地下湿:如果空中的闪电在南面,则将刮北风;如果闪电在北面,则会吹南风;如果闪电在西面,则不会下雨;如果闪电在东面,那么三日内将会下雨。
- 北风热"厝"(房)无热路:夏天要是刮北风,人在屋子里会感到十分闷热,但在路上却不会感到炎热。

十、"动物"预报"雨"

- 清明前蛤蟆叫,秧等田;清明后蛤蟆叫,田等秧(见前解);
- 三月春草青,"羊迷仔"(小青蛙)叫五更(见前解);
- 蛇过路,癞蛤蟆昼鸣(见前解);
- 夏夜蚊蝇蚜蚋绕扑灯火(见前解);
- 早晨鸟低头,鸣声不扬(见前解);
- 黄昏羊多吃草,不肯归牢(见前解);

- 蟑螂乱飞,有阵雨(见前解);
- 蜘蛛结网,久雨必晴(见前解)。

十一、"地理位置"预报"雨"

- 但见九华山岚,无看三山日红(见前解);
- 春壶山戴顶,夏笔架傅腰(见前解);
- 正月初一早,壶山罩雾,花生烧土(见前解);
- 春时落土无过"暝"(晚),冬时落土一定晴(见前解);
- 春看山头,冬看海口:春天多雨,云罩山头,往往下雨。但山顶有云会下雨并不是以春天为限。冬季海面温度常比空气温度暖些,所以海面气温是不稳定的,只会有云不可能有雾,如海面有雾必是低云,是下雨的征兆。
- 春看山头,冬看树尾(见前解);
- 东海吊乌水,三日"厄"(会)下雨(见前解)。

第九章 泉州农业与气象

一、农业虫害与气象条件的关系

惊蛰过后,春回大地。作为农业生产的天敌之一——虫害,也开始复苏、成长、繁殖,进而危害作物的生长,给农业生产带来一定的危害。

人们的农业生产实践表明,农业害虫的出现、繁殖与气象条件关系密切。掌握它们的关系,对防治虫害有着重要作用。

首先,农业虫害与气温、湿度变化关系密切。在自然情况下,大气的温度和湿度这两个因素是相互关联的,而且总是共同综合地对虫害起作用。对某一种害虫来说,有利或不利的温度范围,是随着湿度条件而转移的;同样,有利或不利的湿度范围,也是随着温度条件而转移的。如玉米螟卵的孵化需要相当大的湿度,当气温在25℃时,相对湿度必须达90%,卵才能全部孵化;如果相对湿度降到80%,卵死亡率达6%;如果相对湿度降到70%,卵死亡率上升到7%。玉米螟的一龄幼虫当气温在20~30℃,空气湿度达到饱和时,幼虫很少死亡;当相对湿度降到95%时,则发育延迟。因此在夏季长期干旱时,对玉米螟的发生非常不利。根据温度和湿度综合地对害虫起作用这一道理,可以知道,当环境的温湿度配合较好时,就会促进害虫的生长发育和繁殖,对农作物生长造成严重危害;反之,就会加速害虫的死亡和不利害虫的生长发育和繁殖。

昆虫对温湿条件的综合要求,通常用温湿系数来表示,即:温湿系数=相对湿度/温度,利用温湿系数可以预测害虫的发生趋势。

其次,农业虫害与日光、风的关系密切。阳光对农业虫害的影响,除了影响大气温度变化而间接影响虫害的发生、发展外,还直接影响害虫的迁移、取食、产卵等活动。生活在土壤里的昆虫,钻蛀作物茎秆的害虫和仓库害虫一般都畏惧强光。风对昆虫的传播起着很大作用,它可以帮助一些昆虫飞翔和迁移,但风太大则会阻碍一些昆虫的活动。如飞蝗的迁移就和风速关系密切,小风就迎风飞翔,风力稍大就顺风飞翔,风力过大就停止飞翔。因此可以根据飞蝗活动时的风向风速,来预测飞蝗的分布范围和扩散幅度。

二、各月气候背景

【1月】本月节气:小寒、大寒

1月是泉州一年中最冷的月份,冷空气活动旺盛,寒潮入侵次数和霜雪日最多。月平均气温:德化8.4℃,其他县市在11℃左右,极端最低气温大部分地区都在2℃以下;月雨量35~55 mm;月日照时数130~150 h,月内主要灾害是霜冻和冰雪。极端最低气温山区在0℃

以下。

主要气象灾害:寒潮、低温霜冻、沿海大风

主要天气系统:东亚大槽、寒潮系统或冷高压

特大灾害——寒潮:1961年1月17—19日、2002年12月下旬,出现强寒潮降温,霜、结冰至漳州市南部。

1月农事:

"小寒大寒、霜雪茫茫"。本月为农历腊月,在这个月我省农村会制定全年农业生产计划,落实生产指标;做好农作物防寒、防冻工作;冬种作物做好田管,大、小麦、油菜要看苗施肥;继续兴修水利。对林区仍应注意防火,做好牲畜防寒保暖。

【2月】本月节气:立春、雨水

2月是泉州冬末时节,气温、雨量均比一月有回升和增多。极端最低气温比1月高,但有的年份全年最低值出现在2月。本月雨日多,低温阴雨多为常见。

主要气象灾害:寒潮、低温霜冻、沿海大风

主要天气系统:东亚大槽、寒潮系统或冷高压

特大灾害——寒害:1970年2月26日—3月27日我省出现长达月余的春寒、倒春寒,其严重程度仅次于1936年,南部破历史纪录。

——寒潮:1986年2月26日—3月3日寒潮。

2月农事:

立春、雨水节气天气渐暖。具体需做的事有:(1)抓紧冬作物田管、施肥,注意小麦病虫害防治。(2)做好早稻播种的品种安排。闽南回暖早,早稻准备播种育秧。(3)做好果木、花卉、家禽、牲畜的防治保暖。(4)茶园剪修与追施肥。准备植树造林。

【3月】本月节气:惊蛰、春分

泉州的春播期:2月21日—4月10日;

泉州的"倒春寒"标准:指在3月11日—4月10日期间的低温天气,(1)3月中下旬日平均气温≤12.0℃,≥4天;(2)4月上旬日平均气温≤12.0℃,≥3天。

3月份,随着冬季风开始减弱,暖湿的海洋气流开始入侵泉州,泉州进入春季,天气气候变化较大。由于暖湿气流活跃,冷空气活动又频繁,常出现强对流天气。

主要气象灾害:低温连阴雨、倒春寒、冰雹、飑线、西南大风、江淮气旋影响下的天气、寒潮

主要天气系统:寒潮系统或冷高压、低空急流、南支槽①、武夷山锢囚锋、切变静止锋、江淮气旋、低槽冷锋

特大灾害——寒害:1991年3月26日—4月初我省严重倒春寒,为近几十年最强。1972年3月底到4月初清明寒。

——冰雹:1988年3月15—17日我省42县降雹。

3月农事:

惊蛰、春分是春耕大忙时节。具体需做的事有:(1)及时做好春播前的准备。(2)早稻平整秧田,分批浸种播种、培育壮秧,注意天气预报,利用"冷尾暖头"天气适时早播。(3)小麦追施

---

① 南支槽通常起始位置在70°E的巴基斯坦,日程10个经度,三天到达100°E即中南半岛的缅甸和我国的云南等地,此时即可影响我市。

拔节孕穗肥,防毒霉病。(4)花生开始播种。(5)柑橘防病、整枝修剪追肥。(6)清治虾塘,准备放虾苗。

2月下旬起,泉州进入春耕备耕时期,不少农民已陆续播种。但这段时间的天气常常变幻无常,时冷时热,冷空气来袭频繁,低温阴雨对农业生产的危害较大。对此,各级各部门已出台相关举措,帮助农民做好防寒抗冻和灾后恢复生产工作。农业专家也在防范冷空气方面为农民支了几招:

(1)对树体受冻较轻的果园:要及时喷多菌灵等药剂进行全园杀菌;霜冻过后应立即喷施进口复合肥等药剂;对尚未开花的果树,要做好保花保果措施;

(2)对树体受冻较重的果园:应在气温回升后进行回缩修剪;对因受霜冻而变形的果实,要及时摘除。

(3)对已播的早稻秧田:可采取护膜保温、撒施草木灰等防寒措施,保持适当水位,预防烂种烂秧;发生烂种烂秧的,要及时启动应急种子储备,抓紧补播,同时要抓住气温回升的有利时机,适时抢播增种。

(4)对受冻蔬菜:应及时喷洒生理调节剂或灾后保长剂;

(5)对茶园:要及时对新种植茶苗进行培土,或覆盖地膜提高土温;茶园受冻后,应立即喷施磷酸二氢钾等药剂;对受冻芽梢或枝梢,应在气温回升后,把受冻部分剪除。

寒潮过后易出现病害,要及时对症下药,防止病害暴发。

【4月】本月节气:清明、谷雨

4月份气温回升较稳定,雨量也明显增多。月内冷暖气流仍然不断交汇,强对流天气多。

主要气象灾害:冰雹、飑线、西南大风

主要天气系统:低空急流、南支槽、武夷山锢囚锋、切变静止锋、江淮气旋、低槽冷锋

特大灾害——冰雹:1976年4月17—18日罕见雹灾,福建33县降雹,尤以福州为重。

4月农事:

清明、谷雨是我省早稻插秧大忙时节,要防春寒烂秧,冷空气来前灌水护秧。具体需做的事有:(1)收大、小麦、油菜、蚕豆;(2)种春大豆、春花生、西瓜和早番薯开始扦播;(3)茶园忙采春茶;(4)对虾放苗,应做好鱼苗孵化。

【5月】本月节气:立夏、小满

5月起,冬季风再度减弱,夏季风进一步增强,副热带高压脊线活动范围在15°~20°N,泉州市进入雨季。月雨量之多居各月中的第二位,大部分地区月平均气温回升至22℃以上。

主要气象灾害有:暴雨、早台风、沿海大风、五月寒

主要天气系统:低空急流、南支槽、武夷山锢囚锋、切变静止锋、江淮气旋、低槽冷锋、低涡切变静止锋

特大灾害——暴雨:1994年5月2日三明地区特大暴雨和洪水,死亡115人,损失50亿元。1988年5月20—22日南平地区特大暴雨,死亡91人。

5月农事:

立夏、小满是收、种、管的繁忙季节。具体需做的事有:(1)狠抓早稻田管,早施分蘖肥,促进快,要防"5月寒";(2)管好单季稻插秧;(3)甘蔗追肥培土;(4)大豆、花生施肥;(5)防病虫害;(6)茶园管理,采制夏茶。进入雨季,防暴雨洪涝。

【6月】本月节气:芒种、夏至。

6月仍是梅雨季节,月平均气温24~26℃,下旬初梅雨结束后,常出现一段高温天气。月雨量为全年各月之最,大部分地区280~320 mm,最多达400 mm以上。

主要气象灾害:暴雨、早台风、连续性暴雨、沿海大风、高温

主要天气系统:低空急流、南支槽、切变静止锋、江淮气旋、低槽冷锋、低涡切变静止锋

特大灾害——暴雨:1998年6月12—25日闽北百年一遇特大暴雨,导致闽江出现"6.23"特大洪水,死亡126人,损失81.9亿元。

——台风:1960年6月9日6001台风登陆香港穿越泉州市,九龙江特大洪水,死亡638人。

——5月寒:2005年6月上旬强"五月寒",福建早稻减产10万公顷。

6月农事:

(1)芒种、夏至节气要切实做好防洪排涝工作。(2)加强早稻田管,防治病虫害。(3)双季晚稻播种施肥,培育壮秧。(4)早番薯中耕培土。(5)及时采收夏茶。(6)鱼、虾、蟹、鳖正是速长期,加添饲料和水质管理。(7)水库、堤坝勤巡视维护。(7)做好"双抢"准备。

【7月】本月节气:小暑、大暑

7月泉州进入夏季,是一年中最热的月份。环流上的表现是副热带高压带脊第一次季节北跳,由20°N附近北跳到附近。西风带相应北移。其平均时间是在6月下旬后期(多年平均日期6月28日)。从此泉州雨季结束,夏令开始(多年平均日期6月27日)。

主要气象灾害:台风、高温、雷雨、夏旱

主要天气系统:热带气旋、副热带高压、热带辐合带、东风波、热带云团

特大灾害——台风:1989年7月20日9号台风登陆象山,政和暴雨,山体滑坡死亡47人,我省死亡93人。9301台风7月3日登陆厦门并伴有龙卷风,木兰溪水位16.55 m,破1905年最高纪录。

——高温:7月高温接近或超过历史纪录,安溪7月高温40.3℃,泉州39℃。

7月农事:

小暑、大暑气候炎热,"双抢"大忙。主要措施有:(1)收割早稻。(2)晚稻及时插种田管,遇干旱要注意节水抗旱。(3)防治鱼虾类浮头、泛塘和病害。(4)做好夏秋蔬菜培育。夏暑气温高,农作物病害多。"双抢"期间注意防暑降温。

【8月】本月节气:立秋、处暑。

8月是台风登陆和影响泉州最多的月份。7月下旬,副高脊线第二次季节性北跳,由25°N度跳到30°N附近,其平均日期是7月20日。此后至9月上旬,副热带高压脊多摆动于30°N附近,热带辐合区相应北抬,泉州进入台风活动高峰期,登陆泉州台风明显增加。

主要气象灾害:台风、高温、雷雨、夏旱

主要天气系统:热带气旋、副热带高压、热带辐合带、东风波、热带云团

特大灾害——台风:9610热带风暴8月7日影响龙岩地区,长汀特大暴雨和洪水破纪录,我省死亡231人,损失28.9亿元;5903台风8月23日登陆厦门,厦门瞬时大风60 m/s,死亡728人。

8月农事:

立秋、处暑节气气温高,时常伴有台风,要做好防台排涝工作。主要措施有:
(1)晚稻要在立秋前抢插完毕。及时做好晚稻田管、中耕、施肥。做好稻瘟病、白叶病、稻

飞虱、螟虫的预测和防治。(2)收挖春花生、抢种秋花生。(3)加强家禽、家畜防暑降温。(4)鱼池勤换水,少施肥多投饲。(5)水库防台风暴雨袭击。

【9月】本月节气:白露、秋分

9月上旬末到9月中旬,副高脊线第一次季节性回跳,副高脊线由30°N附近或以北重回25°N附近,多年平均日期为9月10日。此后至10月上旬,副热带高压又处我省上空。泉州天气特点是多晴天,气温较高,就是常说的"秋老虎"天气。9月下旬后,登陆泉州台风较盛夏明显减少,有时北方冷空气可影响闽北,当南下冷空气较强时,部分地区会出现寒露风。沿海由冷空气所致东北大风开始频繁。

主要气象灾害:秋季台风、寒露风、沿海大风

主要天气系统:热带气旋、副热带高压、热带辐合带、东风波、热带云团

特大灾害——台风:8712热带风暴9月10日登陆晋江,在台风与冷空气共同作用下,宁德地区特大暴雨。6614台风9月3日登陆罗源,瞬时大风52 m/s,死亡269人。6122台风9月12日登陆晋江,福州极大风速45 m/s。

9月农事:

(1)白露、秋分节气是双晚稻孕穗、抽穗期,要防低温过早影响晚稻,要防病虫害。加强水管,勤灌浅水。(2)晚甘薯中耕培土。(3)收割单季中稻。(4)收获黄麻。(5)秋大豆中耕增肥。(6)对虾养殖注意掌握收获期。(7)沿海防台风危害。

【10月】本月节气:寒露、霜降

10月泉州进入秋季,副高第二次季节性回跳,脊线由25°N再次南退到北纬20—22度附近,多年平均日期为10月7日。日较差是全年各月中最大值。10月上旬后泉州台风季已进入尾声,很少再有登陆。

寒露风开始出现。天气多晴,日较差是全年各月中最大值,秋高气爽是这一时期的气候特色。但也有少数年份,秋雨较为显著,晚稻收割,冬种开始的时候会遇到连绵阴雨天气,群众称之为"烂冬年"。

"烂冬"出现时段:

北部:10月21日—12月10日;南部:11月1日—12月20日;

典型年份:1982、1974、1965、1997

主要气象灾害:寒露风、晚台风、寒潮、沿海大风

主要天气系统:东亚大槽、寒潮系统或冷高压

特大灾害——台风:9914台风10月9日登陆龙海,为近40年最大台风,损失85亿元。

干旱:1986年夏秋连旱,福州、南平地区为50年罕见。

10月农事:

寒露、霜降开始秋收冬种。主要工作有:(1)做好晚稻后期水管,防止过早断水,继续做好稻飞虱、粘虫等病虫害防治。(2)收割单季稻。(3)甘薯猛涨要培土施肥。(4)闽南做好大麦、小麦、油菜播种。(5)香蕉、柚子、柑橘采收。(6)蟹、鳖、鳝上市。(7)冬汛开始。(8)林区要注意防火。

【11月】本月节气:立冬、小雪

11月西太平洋副热带高压退居南海,泉州上空多为偏西北气流所控制,北方冷空气不断扩散南下,天气多晴,气候凉爽。

主要气象灾害：低温霜冻、沿海大风、寒潮

主要天气系统：东亚大槽、寒潮系统或冷高压

特大灾害——干旱：1962年秋冬大旱。

11月农事：

立冬、小雪农事繁多，是秋收冬种黄金时节。主要措施有：(1)晚稻普遍收获。(2)种大、小麦。(3)抓紧移栽油菜苗。(4)紫云英适时播种。(5)冷空气开始活跃，易冻怕冷农作物要采取保暖措施。(6)柑橘采收。(7)林区加强防火。(8)开展农田水利建设。

【12月】节气：大雪、冬至

12月泉州气候从秋转冬，这一时期东亚大气环流的特征是西太平洋副热带高压最为偏南，其脊线多摆布于北纬10~15度之间，西风带南压，冷空气活动加强，寒潮开始入侵，天气干冷多晴，霜日增多。

主要气象灾害：寒潮、霜冻、沿海大风、雪

主要天气系统：东亚大槽、寒潮系统或冷高压

特大灾害——寒潮：1975年12月12—14日强寒潮横扫全省，雪线至华安，闽北冰雪封山。1991年12月26—31日强寒潮、大雪，低温冻害损失7亿元。1999年12月17—23日强寒潮，中南部低温创历史纪录，仅漳州冻害就损失15亿元。

12月农事：

(1)继续抢种大麦、油菜，并在大雪前结束。(2)做好小麦、油菜、紫云英等作物田间管理。(3)注意防寒防冻、防虫害。(4)甘蔗收获。(5)茶园、果园培土、修剪防冻。(6)广积农家肥。(7)继续做好山林防火和农田水利基本建设。(8)保护耕牛过冬。

三、主要农作物生长常识

1. 早稻感温性强、感光性弱；晚稻温性弱、感光性强。

2. 活动温度：日平均气温应≥12℃，水(籼)稻才能生长，此温度为水稻生长起点温度，又称活动温度。

3. 活动积温：各天活动温度的总和。如某3天的日均温度分别为10℃、12℃、13℃，则大于10℃的活动积温为25℃。

4. 有效温度：日均温度—活动温度。如上述大于活动温度10℃的有效温度分别是0℃(10−10=0)、2℃(12−10=2)、3℃(13−10=3)。

5. 有效积温：有效温度之和。如上述大于10℃的有效积温为5℃。

表9.1a 主要农作物的生长期

农作物	播种时间	插秧时间	抽穗时间
早稻	3月上中旬	4月中下旬	6月上中旬
中稻	4月下旬	5月下旬至6月上旬	8月
晚杂交稻	7月上中旬	立秋前	9月下旬
晚常规稻	6月下旬至7月上旬	立秋前	10月上旬

表 9.1b 主要农作物的种植时间

农作物	种植时间	农作物	种植时间
小麦	霜降至小雪	春花生	3月上旬4月上旬
大麦	立冬后	秋花生	8月上旬
春马铃薯	1月下旬至2月	早薯	5月中旬
秋马铃薯	9月中下旬	晚薯	8月上旬
冬马铃薯	11月上旬至12月		

表 9.2a 营养生长期(早稻前期)和≥12℃的积温(泉州市区)

营养生长期	播种	3月15日←62天→5月17日				
	播种	移栽期	返青期(停长、生根)	分蘖始期	有效分蘖期	合计
	3月15日	4月15日	4月16—29日	4月30日	5月16日	63
	播种←32天→插秧		插秧←31天→有效分蘖期			63
活动积温(℃)	597		681			1278
有效积温(℃)	213		309			468

表 9.2b 营养生长期和生殖生长并进期(中期)和≥12℃的积温(泉州市区)

营养生长中期	幼穗分化期(约30天,分八期,7、8期为减数分裂期,易受五月寒害)								
	始期	二期	三期	四期	五期	六期	七期	八期	
	5.17	5.19	5.22	5.28	6.1	6.7	6.11	6.14	
	幼穗分化期←31天→始穗								
积温期	5.17—18	5.19—21	5.22—27	5.28—31	6.1—6	6.7—10	6.11—13	6.14—16	合计
活动积温(℃)	47	70.6	145.1	98.9	150.6	102.3	77.3	78.9	770.7
有效积温(℃)	23	34.6	73.1	50.9	78.6	54.3	41.3	42.9	398.7

表 9.2c 生殖生长期(后期)和≥12℃的积温(泉州市区)

营养生长中期	抽穗←→成熟				
	始穗	←6天→	齐穗	←29天→	成熟
	6月17日		6月22日		7月20日	合计
	始穗←6天→齐穗		齐穗←29天→成熟			35天
活动积温(℃)	135.3		830.9			966.2
有效积温(℃)	75.3		482.9			558.2

6. 农作物的耐淹水深和耐淹历时:应根据当地或邻近地区有关试验或调查资料分析确定。无试验或调查资料时,可按下表选取。

表 9.3 农作物的耐淹水深和耐淹历时

农作物	生育阶段	耐淹水深(cm)	耐淹历时(d)
小麦	拔节—成熟	5~10	1~2
棉花	开花、结铃	5~10	1~2

(续表)

农作物	生育阶段	耐淹水深(cm)	耐淹历时(d)
玉米	抽穗	8~12	1~1.5
	灌浆	8~12	1.5~2
	成熟	10~15	2~3
甘薯	—	7~10	2~3
春谷	孕穗	5~10	1~2
	成熟	10~15	2~3
大豆	开花	7~10	2~3
高粱	孕穗	10~15	5~7
	灌浆	15~20	6~10
	成熟	15~20	10~20
水稻	返青	3~5	1~2
	分蘖	6~10	2~3
	拔节	15~25	4~6
	孕穗	20~25	4~6
	成熟	30~35	4~6

7. 农作物适宜生长气温：

水稻：在低温阴雨条件下，露地秧在≤12℃持续3~4天为轻度烂秧，5~6天为中等烂秧，持续7天以上为严重烂秧。青枯死苗的指标：降温过程中的最低气温≤10℃，急转晴后升温，当天的日温差≥10℃。

马铃薯：洛江区河市镇马铃薯共3500亩(洛江全区约5000亩)，马铃薯为冬种作物，一般11月播种，1月为幼苗期，3月收成，生长期为4个月。正常亩产50担，10~25℃为适宜生长温度，既怕冷又怕热：≤5℃危害大，产量可减少40%~50%，叶黑似开水烫，茎、芽仍在；≤0℃全死。

四、水稻与气象

水稻是世界三大粮食作物之一，我国南方以水稻种植为主，泉州水稻的播种面积150万亩约占粮食总播种面积的80%以上，产量约占粮食总产量的90%。所以要提高人均粮食水平，稻谷的增产是决定性因素。我市的水稻生产虽自1949年以来单产不断提高，亩产由100千克增加到2011年400千克。因此，随着人口的增长和种植面积的减少，人民生活水平的提高，必须稳定水稻播种面积，大力发展水稻生产，这是长时期内农业工作的重中之重。

1. 水稻生长发育与气候条件的关系

水稻的产量是由穗数、每穗粒数、结实率和千粒重四项要素构成的，因此只有根据水稻生长发育的规律，通过栽培措施满足其生育需要，才能获得高产。

(1)营养生长期

播种至分蘖是水稻营养生长阶段，它是决定穗数的关键时期。俗话说："秧好一半禾。"早稻育秧要求能适应春季移栽气温较低、养分释放速度较慢的环境，因此需发根力强，碳氮比大的嫩壮秧；晚稻则需要能够适应移栽时气温高、辐射强、蒸发大的环境，碳氮要求比较低，适应性较强的壮秧;杂交水稻必须培育带多个分蘖的、能充分利用分蘖优势的带蘖壮秧。

水稻起源于热带沼泽地区,是一种喜温作物。

籼稻生长的起始温度为12℃;浸种催芽的温度,28~30℃为最适,40℃为最高限温;出苗扎根的温度,12℃为最低,25~30℃为最适,38℃为上限。

早稻三叶期以前,日平均气温低于12℃三天以上易感染绵腐病,出现烂秧死苗。

分蘖的温度,日平均低于17℃时,分蘖基本停止,日平均气温24~25℃为适宜,高于37℃分蘖受到抑制。

水稻全生长季需水量一般在700~1200 mm。幼苗期应采用湿润育秧技术,水稻三叶期以后,根系呼吸所需的氧气已在很大程度上依靠地上部的通气组织供应,淹水抑制根系的副作用基本消失,浅水灌溉有利于蒸腾作用和养分吸收,能促进叶片中淀粉的积累和物质运输,有利于培育壮秧。分蘖期以水调温,水层保持2~3 cm左右,有利于分蘖。分蘖后期为了除去土壤有毒还原物质,提高土壤的通透性和根系活力,抑制无效分蘖等,应排水露田和晒田。

水稻在完全遮光条件下,幼苗可长至第三完全叶,之后若仍无光照,则迅速枯死。所以三叶期后,充足的日照对培育壮秧是十分必需的。水稻群体的光饱和点随叶面积指数增大而变高,一般最高分蘖期为6万勒克斯左右。据对汕优六号遮光试验,返青后遮光5天内,分蘖速度差异不大,5天后25%自然光强的分蘖几乎停止,50%自然光强分蘖明显受阻,故移栽后10天的分蘖数与该时期的日照时数呈极其明显的正相关。

若以分蘖开始至全田有效分蘖出现达90%作为划分有效分蘖的指标,则早稻的有效分蘖期大约在移栽后15天以内,晚稻在移栽后20天以内,分蘖穗的性状,也同样与分蘖的发生时间密切相关。实践证明,使移栽后的水稻能"早返青、早分蘖、尽早达到需要的群体穗数"是丰产栽培的重要环节。

(2)生殖生长期

幼穗分化至抽穗扬花期是水稻的生殖生长期,是确定颖花的数量、结实率的关键期。这个阶段大约30天左右,水稻的光合产物和根系吸收的养分大量向生殖器官输送,该时期受光照和温度影响很大。

稻穗的正常发育,籼稻(下同)要求日平均温度21~22℃以上。

幼穗分化适温为25~35℃;在花粉母细胞减数分裂期(出穗前10~15天),遇到17℃以下的低温,抽穗延迟,秕粒增加。

抽穗开花期,粳稻在日平均气温20℃以上,籼稻在22℃以上,杂交水稻在23℃以上才能正常抽穗开花。开花期气温降至15℃或17℃以下影响小花授粉形成空壳,不实粒增加。低温、阴雨、大风、干旱天气都不利于开花授粉。

幼穗分化期是水稻需水临界期,宜深灌水(6~10 cm),抽穗开花期根据天气与土壤条件,可轻脱水或保持一定水层。如这时受旱害,亦会造成颖花退化和每穗粒数减少,结实率下降。充足的光照将促进幼穗分化、发育,生殖生长期群体光饱和点在孕穗期可达8万勒克斯以上,这个时期光照不足将大大影响营养物质的制造和累积,从而影响幼穗分化和发育,促使颖花退化、穗粒数减少、空壳率增加。

(3)灌浆成熟期

水稻灌浆成熟期是决定千粒重的关键期。灌浆期增重全程约30天左右。一般自开花受精至开花后 15～25 天内粒重迅速增加,籽粒的长度、宽度与厚度均达最大值。高峰过后,增重缓慢。

a. 灌浆期与气温关系:在低温条件下灌浆高峰明显降低,全程拉长。籼稻在日平均气温≤18℃连续 3 天以上即对灌浆结实有影响,如持续低温与干风的共同影响,可导致茎叶干枯,粒重明显下降;早稻以日平均气温 24～28℃为宜,气温低于 15℃时灌浆困难,高于 30℃也不利于灌浆,高于 35℃时,高温干燥逼熟,空壳、秕粒增加,千粒重下降;晚稻灌浆温度在日平均 20℃以上为宜,低于 20℃时灌浆缓慢,低于 15℃时灌浆困难,甚至停止。

b. 灌浆成熟期与日照和晴雨天气:成熟前 30～45 天,丰富的日照有利于提高产量。持续阴雨天,则影响谷粒的饱满程度。

水稻群体吸收太阳辐射在孕穗期最高,齐穗后逐渐下降。水稻净光合强度最多不超过吸收总量的 5%～6%,其中孕穗期净能量转化率为 5%,抽穗期最高为 7%,然后迅速下降。水稻是短日照作物,不同类型品种对光照长度的反应不同。早稻和中稻属短日照不敏感类型;典型晚稻品种大部是属短日照敏感型。

温度日较差对成熟过程也有影响,米粒的干物质大部分是开花后的光合作用所提供的。白天气温高,对光合作用有利,夜晚温度低,呼吸作用弱,养分消耗少,有足够养分充实籽粒。

灌浆期田里要求有浅水,乳熟后期干干湿湿,有利提高根系活力及物质调配和运转。灌浆期受旱,粒重下降。

2. 我市水稻生产的主要农业气象灾害及其防御对策

(1)早稻

a. 春季低温阴雨

低温阴雨主要影响早稻播种育秧和全年水稻生产布局。持续的低温阴雨常造成早稻烂秧死苗。其主要原因有:

首先,低温大大降低了幼芽或幼苗的生命力,使根芽生长十分缓慢,抗逆能力削弱。

其次,持续阴雨下所造成的淹水缺氧环境,秧苗不能正常扎根,同时嫌气条件(无氧条件)使秧苗呼吸作用消耗胚乳中的大量养分,并产生还原性物质毒害秧苗,使秧苗的生活能力降低。

第三,日照不足,叶绿素形成受阻,光合作用能力下降,削弱秧苗的生活能力。与此同时,这样的气象条件却为土壤中耐低温的腐生性微生物创造了适宜的生长环境,因而产生烂种、烂芽或秧苗死亡等现象。

青枯死苗是烂秧死苗的另一形式,青枯死苗的指标为降温过程中的最低气温≤10℃,急转晴后升温,当天的日温差≥10℃。造成青枯死苗的直接原因是幼苗的水分平衡失调,因为三叶期前后的幼苗根系正处转换期,在低温下生活力会受到严重削弱,吸水力差,遇到突转晴的高温天气时,叶面蒸腾迅速增加,根系生活能力尚未迅速恢复,秧苗只能通过卷曲来减少水分的消耗。卷叶秧苗的死亡最后仍然与腐生性病菌危害有关,从青枯死苗中发现病菌以绵腐菌细菌性褐条病菌较普遍,在回温后病情迅速发展。

根据试验和调查得出:在低温阴雨条件下,露地秧在≤12℃持续 3～4 天为轻度烂秧,5～6 天为中等烂秧天气,持续 7 天以上为严重烂秧天气。

从农业气象的角度来看,烂秧死苗的防御对策有:

①分析气候规律,适时播种,力争避过早春严重烂秧天气;以保温育秧抗御轻—中度烂秧

天气;培育大苗壮秧渡过连阴雨天气。

②紧密结合天气预报,采取相应措施,如抓"冷尾暖头、抢晴播种","冷头浸种,冷定催芽,冷尾播种"。

③调节秧田小气候,凡有利于提高秧田温度的措施,一般都有利于防止烂秧,如薄膜覆盖增温护秧,科学用水,扎根期要保持秧苗湿润,低温期"夜灌日排"提高地温,回温期间,灌水防止温差过大造成青枯死苗等。

b. 龙舟水

民间把农历五月初五端午节前后的较大降水过程称为"龙舟水"。

龙舟水主要影响早稻的抽穗开花,对早稻造成灾害主要表现在以下几方面:

一是龙舟水恰是福建早稻孕穗、开花和灌浆前期,大量降水常造成早稻生育关键期遭受洪涝灾害;二是多雨寡照不利稻穗发育和开花结实,造成"雨打禾花,花而不实";三是使露田晒田难于进行,易引起茎叶徒长,后期植株和根系易早衰。四是短期内倾注大量雨水,地面强烈径流,造成水土流失严重和渍涝成灾;五是易引起纹枯病和白叶枯病等病害。

防御龙舟水的对策:

①根据龙舟水出现规律,合理安排早稻的品种和播插季节,力争开花授粉期避过龙舟水。

②搞好水利设施,做好防汛防洪工作。兴建水库拦洪截流,尤其是暴雨区的上游建水库将有较大作用。还要加固、提高江河和沿海堤围的抗洪能力。

③加强前中期露田晒田,保持强壮的有效分蘖,增强根系活力,提高抗灾能力。

④出现内涝积水时,应尽早使稻叶露出水面,使之能及早进行光合作用,如水退后天气立即转晴,应慢慢更换新鲜水。

⑤受灾后的作物要及时清洗污泥,扶正,喷药防病虫害,适时追肥,以促进生机。受淹严重失收的田块要及时改种。

c. 热带气旋

热带气旋对早稻的影响主要在灌浆成熟期,初台出现较早的个别年份对早稻抽穗开花造成很大影响。无论是抽穗开花,或是灌浆成熟,都是早稻产量形成的关键期。因此,热带气旋对早稻的影响常常是毁灭性的。

(2)晚稻

a. 热带气旋

晚稻整个生育期都可能受热带气旋威胁。秧苗期和生长前期主要是热带气旋带来的暴雨,造成洪涝灾害,对产量的影响相对较轻;中后期的影响是多方面的,也是主要的,其危害主要表现在:

一是植物机械性损伤。当风力超过6级时,茎叶、花穗和籽实就会受到明显物理损伤和发生生理障碍。出穗前遭到大风雨时,由于叶片受到损伤而引起生理机能下降并诱发白叶枯病、纹枯病等病害,从而造成单穗颖花数减少;出穗时遇到大风雨,会使受精的子房停止发育或不受精而成空秕粒,还使叶片受损导致同化机能降低,稻壳受损造成贮藏机能降低产量和品质。

二是大风促使水稻叶片和稻田蒸腾、蒸发量加大,使稻株含水量下降,稻株更易受损。

三是热带气旋带来暴雨。常造成水库崩塌,水稻受浸,呼吸困难,稻体的碳水化合物被迅速消耗,严重的出现呼吸停止至枯死。此外,秋季热带气旋往往诱发北方冷空气南下,低温、大风伴随暴雨,危害就更加严重。

减轻热带气旋危害的对策归纳起来有三方面:

一是灾前做好预防工作;二是发灾过程做好抗灾工作;三是灾后做好救灾工作。具体应做好如下几点:

①搞好水利设施和农田基本建设,兴建水库,加固海堤、河堤和山塘水库的围堤,拦蓄洪水,疏通河道,建立排灌系统,平整土地,使内涝积水迅速排出,减少洪涝,低洼易涝地多种植耐涝作物等。

②大力营造沿海防护林和农田林网,减轻风害。

③合理布局作物,使关键生育期避过热带气旋活动最盛期;选育抗逆性强的品种和培育健壮的植株提高抗风能力。

④热带气旋出现时,要及时收听热带气旋天气预报,了解热带气旋强度、登陆地点和路径等,在热带气旋登陆前采取必要的防御措施。

⑤热带气旋过后,应及时抢修被毁堤围,疏通渠道,排涝去渍;扶苗洗苗,植株恢复生长后,适施速效肥,以促生机;及时喷药除虫,做好防治病虫害工作。

b. 寒露风和霜降风

寒露风是指晚稻抽穗开花期遭受的低温冷害。我省晚稻抽穗开花期正值秋季冷空气逐渐增强,南侵的时候,如果此时遇到连续3天或3天以上日平均气温连续≤22～23℃的低温天气,对正在抽穗开花的水稻就会造成危害,如果冷空气与热带气旋遭遇伴随风雨,则危害更大,甚至造成减产,因时值"寒露"节气,故称寒露风。其不良后果大致有以下四方面:

①抽穗速度减慢,形成包颈现象,一部分颖花被包在叶稍不能正常授粉受精,形成空秕;

②延迟开花受精时间,甚至造成闭花授粉,造成空秕;

③抑制花粉粒正常成熟,花药开裂不正常,不能正常散粉、受精或花粉发芽率降低;

④促使胚乳早期停止发育而成空秕粒。据试验观测"二白矮"定穗当日及前后2天共5天的平均气温大于22℃时,空秕率在8%以下;20～22℃时,空秕率在8%～13%。"桂朝2号"定穗前后5天的平均气温高于23℃,空秕率在12%以下;20～22℃时,空秕率在14%～16%。

据试验测定,在同样条件下,当日平均气温在23℃以上时,穗日伸长7 cm以上;23～19℃时,穗日伸长不足6 cm;15℃以下稻穗即难于抽出,成为"望冬青"。露穗后2天内日平均气温22℃以上包粒率小于4%;19～22℃间包粒率4%～10%,19℃以下包粒率增至10%以上。随着温度下降,抽穗速度减慢,往往形成包颈现象。低温会使花药开裂不正常,不授粉颖花增多。

我省晚稻灌浆结实期时值深秋季节,由于较强的冷空气从偏西路经南下,我省处于冷锋过境和冷高压脊控制下就会出现霜降风。其特点是日夜温差大,湿度小,风力大,日照多。其不良影响大致有以下几方面:

①由于低温风大,一方面根系吸水力减弱,另一方面叶面蒸腾作用加强,使植株体内水分平衡失调,茎叶早衰;

②叶绿素含量减少,而且功能减弱,光合作用降低;

③植株体内生理生化反应减慢,养分转运受阻;

④穗部淀粉积累能力下降,使部分劣势籽粒充实中断而成为秕粒;

⑤易发生菌核病而使植株提早干枯死亡。从晚稻分期播种试验证明,结实率与灌浆结实期的平均气温呈显著正相关。

如 1978 年 10 月 28—31 日,广东南海 4 天日平均气温低于 16℃,吹 4~5 级偏北风,原处于灌浆的晚稻 10 月 29 日顶三叶绿叶面积 90%,11 月 1 日缩减为 20%,11 月 3 日仅剩 10%,剑叶的叶绿素含量从每克鲜含 1.6 mg 降为 0.2 mg。结实率比常年少 10%~30%,千粒重轻 2~4 g。

晚稻开花结实期间叶片过早枯黄,直接影响结实状况和产量。从我们对"二白矮"在抽穗期剪叶试验看到,以全叶作 100% 计,无叶的结实率可降低 52.2%,仅留剑叶的降低 23.5%。

寒露风和霜降风防御对策：

①选择适当的品种并适时播种,争取在寒露风和冷害出现前开花、灌浆成熟,避过后期低温冷害,是预防的战略措施；

②选育抗寒、早熟、高产优质品种,通过栽培技术培育健壮的植株和根系,增强植株本身的抗寒能力,是预防的战术性措施；

③采取理化措施,改善稻田的生态环境,如灾害前灌水保温,或根外追肥和喷药剂,促进水稻自身的生理活动和抗逆能力,以减轻危害,是预防的应急措施。

五、泉州市农业生产与气象灾害的关系及防范

依时间关系和泉州农作物生长特性,介绍我市农业生产与气象灾害的关系及其相应的防范措施。

(一)冬季阶段(12—2 月份)：

此阶段是强冷空气频繁影响时期,其中 1 月份为我市气温最低月。我市的农事活动相对较少,强冷空气主要对经济作物的影响较为严重。霜冻是冬季灾害的主要表现形式,以下介绍防霜技术：

1. 霜

(1)定义：指当空气遇到冷物体表面而温度降低到冰(霜)点以下,空气中水汽便凝华而聚集于物体表面上的固态凝结物。贴近地面的空气受地面辐射冷却的影响而降温到霜点以下,所含水汽的过饱和部分在地面一些传热性能不好的物体上凝华而成的冰晶,其结构疏松,大多在冷季夜间到清晨的一段时间内形成,形成时一般是静风。霜也可出现在洞穴里,冰川的裂缝口和雪面上。

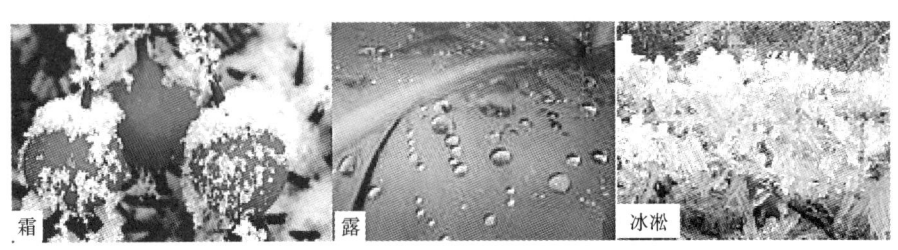

图 9.1 霜、露、冰凇

(2)霜的形成：与地面物体温度、空气湿度、风云情况等有关,而这些因素又是互相配合的。晴朗无风或只有微风都有利于霜的产生,因为这时地面辐射冷却最快,"霜重见晴天"就说明这

一点。风速超过 2 m/s 时就不易成霜。

(3)霜与冻露的区别:露是空气中水汽以液滴形式液化覆盖于物体上的液化现象。冻露是露的冻结物,是液体水珠结成的固体冰;霜是水汽的凝华物,并未经过液体阶段。

(4)霜与霜冻的区别:霜是水汽凝华现象,是一种天气现象。霜冻是植物受冻致害现象。没有植物仍可以出现霜,但不能说可出现霜冻。植物表面出现霜时,不一定会发生霜冻之害;另外,植物发生霜冻时不一定有霜。在凝霜时,由于有凝华潜热的释放,结霜物体表面的气温常有少许升高。

霜晶的一端附着于地面或地物上,仅另一端能自由增长,使地面或地物表面形成毛茸茸的样子;雪晶呈窜形成,常呈六角形发展。

(5)霜与冰凇的区别:霜是夜间或清晨静风时形成的,风大时不易形成;冰凇却常在有过冷却平流雾时过冷雾滴在物体迎风面上碰冻而成,形成时常有一定强度的风,而且也不一定在夜间或清晨才能形成。

(6)霜与粒凇的区别:粒凇即粒状雾凇,粒凇是比较大的风速将过冷却的雾滴或毛毛雨滴吹到冷的地物表面而迅速冻结形成;霜却不然,其形成与地面或地物的局部温度是否因辐射而冷却到霜点以下有关。如地物的热容小,且地面以下的热量难以传导到该地物上以补偿其夜间辐射冷却的失热量,则该地物就易因辐射冷却到较低温度,于是空气中的水汽易在物体表面冻结而成霜。因此,在水体附近易于出现霜。

(7)霜的类型

平流霜:因强冷空气侵袭而成,称为平流霜。

辐射霜:地面夜间强烈辐射冷却而成,称为辐射霜。

所以在冷空气侵袭不久后的晴朗天气里,最易成霜。洼地与山谷,容易积蓄冷空气,霜的频率最大,水边平地与森林地带,霜的频率较小。

2. 霜冻

(1)霜冻

主要农业气象灾害之一。春秋转换季节,白天气温高于 0℃,夜晚气温短时降到 0℃ 以下的低温危害现象。农业气象学中,指土壤表面或者植物株冠附近的气温短时降至 0℃ 以下并使作物受害的降温现象。这时百叶箱内的气温可能不低于 0℃。

出现霜冻时,往往伴有白霜,也可不伴有白霜,不伴有白霜的霜冻俗称为"黑霜"或"杀霜"。晴朗无风的夜晚,因辐射冷却形成的霜冻称为"辐射霜冻"。冷空气入侵形成的霜冻称为"平流霜冻"。两种过程综合作用下形成的霜冻称为"平流辐射霜冻"。

按霜冻出现的季节,可分为春霜冻(晚霜冻)和秋霜冻(早霜冻)。霜冻发生的强度和持续时间与地形、土壤、植被、农业技术措施及作物本身等条件密切相关。如就地形影响而言,洼地、谷地、小盆地和林中空地,霜冻易生于邻近开阔地。

(2)作物遭受霜冻危害的原因

主要是冻结使细胞脱水引起危害,代谢过程被破坏,原生质结构受损伤以及细胞内冰块的机械损伤。近年来,有人认为是细胞膜的正常结构和功能的破坏,ATP 供应的失调,细胞器结构裂变和细胞能量平衡的不可逆转变,最后引起细胞死亡。

作物霜冻指标因作物种类和生育阶段而异。中国大部分地区都有霜冻发生,不过各地遭受霜冻危害的作物有所不同,危害程度也有差异。

(3)霜冻的危害

霜冻强度愈大,作物受害也愈大;霜冻持续时间愈久,作物受害也愈重;霜冻之后,如果温度迅速上升并且与阳光同时作用于受冻的作物时,植物受害更重。因为高温和阳光会加强植物细胞间隙中的水分蒸发,使植物因枯萎而死亡。

(4)防霜冻

根据霜冻预报,及时灌水、熏烟、覆盖或喷洒化学药剂,冻后加强田间管理等是抗御霜冻危害的主要措施。

防止霜冻对植物危害的方法很多,大致分为生物学方法和物理学方法:

①生物学的方法基本上是提高植物的抗寒性和把植物播种在霜冻危害较轻微的地方(如利用小气候特点)。

②物理学的方法是依靠减弱夜间辐射冷却或提高贴近地面气层温度的一些措施。被广泛应用的方法有熏烟法、加温法、灌溉法、掩蔽法(覆盖法及风障法)等。

a. 熏烟法是利用各种可以熏烟的物质堆在田地上(或制成烟堆),在农场或果园四周,借助烟幕来防止土壤和植物表面很快地散失热量,又可以使空气中水汽增加并能增加近地面空气的温度。

b. 加温法是利用燃烧各种燃料时所产生的热量直接使地面空气增热。由于这种方法费用较高,所以多用于保护经济价值较高的植物。

c. 灌溉法是灌水在田地上,可使空气中水汽加多,湿度加大,土壤导热系数也增大,土壤下层的热量容易传到上层来,同时土温受水温调剂也得以升高(灌溉的水温较高),近地面空气的冷却也就较缓。

d. 掩蔽法是利用各种覆盖物,如芦草、稻草、蔗叶、树皮、厚纸、麻布以及棚帐等,覆盖在植物上或把植物包扎,这样可以阻止夜间地面和植物表面的散热。同时利用高粱秆、细竹或其他物质制成风障设置在冷空气侵入的方向,既挡风又增加降前的辐射能,对于防霜也有很大作用。

(二)春季(2月下旬—4月底)天气对农业生产的影响——春寒

2月下旬—4月底,泉州陆续进入春播春种,至4月底,全市的大田插秧结束。大范围的气象灾害主要是春寒的影响,这是早稻秧苗主要害怕的灾害,常见的是雷暴这类短时间的强对流天气,大范围的强降水较难出现。所以重点在于防范低温春寒,春寒与冻害的区别在于冻害的最低气温更低,而春寒通常与阴雨相伴。

正常情况下,2月21日起,我市陆续进入春耕春播时段,也是春收作物和落叶果树的关键生产时期,低温霜冻将给春季农业生产带来极为不利的影响。以下介绍几招防寒防冻措施:

1. 早稻的保温防寒

确保早稻育足秧、育壮秧。要把早稻播种期合理安排和防寒育秧技术的落实作为重点,指导农民在日平均气温稳定通过12℃以上时,抓住"冷尾暖头"气候时段抢晴播种。严格把好浸种、消毒、催芽关。在精细整地、均匀稀播的基础上,防寒流育壮秧,注意把好"三关"(科学施肥关、合理管水关、覆膜保温关)。要培育一定比例的"机动秧",确保早稻大田用秧和早稻面积的落实。

对已播的早稻秧田,可采取护膜保温、撒施草木灰等防寒措施,保持适当水位,预防烂种烂秧;发生烂种烂秧的,要抓住气温回升的有利时机,及时启动应急种子储备,抓紧补播。

2. 冬种作物的保温防寒

全市冬种作物 36 万亩,主要有蔬菜、马铃薯、越冬甘薯和大小麦等,落实各种冬种作物的防寒措施:合理施肥,增施有机肥;覆盖防寒膜,喷施防寒剂;冬灌防冻或用草木灰撒施地面;及时采收和补种等。

对受冻蔬菜应及时喷洒生理调节剂或灾后保长剂;对冬种春收马铃薯已近收获期的,要及时进行调查摸底,分类采取措施,通过稻草覆盖、喷施防寒剂等措施,减轻寒、冻危害;可以收获的作物要适时收获。内陆山区正处于齐苗团稞期的,要及时抓好田间,减轻灾害损失。

3. 落实果树防寒防冻措施

要加强果树特别是香蕉、枇杷等易受冻水果果园的管理,通过采取果园覆盖、套袋护果、树冠覆盖等措施,减轻霜冻对果实的危害,促进树体生长。

桃、李等落叶果树正处于现蕾开花阶段的,要注意采取熏烟增温等有效措施,护花保果;对受冻较轻的果园,要及时喷多菌灵等药剂进行全园杀菌;霜冻过后应立即喷施进口复合肥等药剂;对尚未开花的果树,要做好保花保果措施;树体受冻较重的果园应在气温回升后对因受霜冻而变形的果实和冻伤枝叶进行回缩修剪,加速树势的恢复;

出现霜冻的地方,要在清晨喷水洗霜,减轻冻害。具体方法有:可以利用谷壳、杂草等燃料,做成土堆,于午夜以后燃烧熏烟,让烟雾覆盖整座果园,提高果园地表温度,起到抗寒作用。

对树体尚小的果树,可用稻草、秸秆、薄膜或用泥草包扎树干,保护主干;对苗木及幼树宜搭棚或用稻草遮盖;喷雾防冻;薰烟防冻;用涂白剂刷涂树干,保护主干免受冻害,也可以增施叶面肥及植物生长激素,增强树体的抗寒能力。

要及时对新种植茶苗进行培土,或覆盖地膜提高土温;茶园受冻后,应立即喷施磷酸二氢钾等药剂;对受冻芽梢或枝梢,应在气温回升后,把受冻部分剪除。

寒潮过后要及时清理田间伤残植株,增施速效性肥料,实行根外追肥,促进作物恢复生长。

4. 加强病虫害防治

寒潮过后易出现病害,要及时对症下药,防止病害暴发。各级农业部门要组织农技干部尤其是植保技术人员深入基层,特别是深入受灾较重地区,加强田间病虫害检查;并做好信息、技术服务,指导农民科学防治,控制病虫流行,减少灾害损失,力保生产安全。

5. 畜禽的保温防寒

要加强畜禽舍的保温防寒,加强畜禽的饲养管理,提高口粮的能量水平,防止冻伤及呼吸道疾病的发生。

(三)5—7月天气对农业生产的影响——暴雨、高温干旱、台风

1. "双抢"的防灾措施

5月初夏—6月底,是泉州的雨季。通常会出现大范围、时间长的暴雨天气。雨季结束后,即进入7月"伏旱"晴热高温期。期间,经统计,泉州早稻的抽穗扬花期几乎不受"五月寒"影响,因为泉州早稻的抽穗扬花期通常在6月上中旬,而"五月寒"最迟出现在五月底,所以本处不做介绍。

此阶段重点防范:5—6月的雨季暴雨、7月份"伏旱"晴热"高温逼熟"造成的低产和暴雨、台风对于成熟待收早稻的打劫。如2011年7月11—17日的连续强降水(海上辐合带影响),

田中已熟待收割早稻因长时间浸泡在水中而发芽,减产严重(见图9.3)。

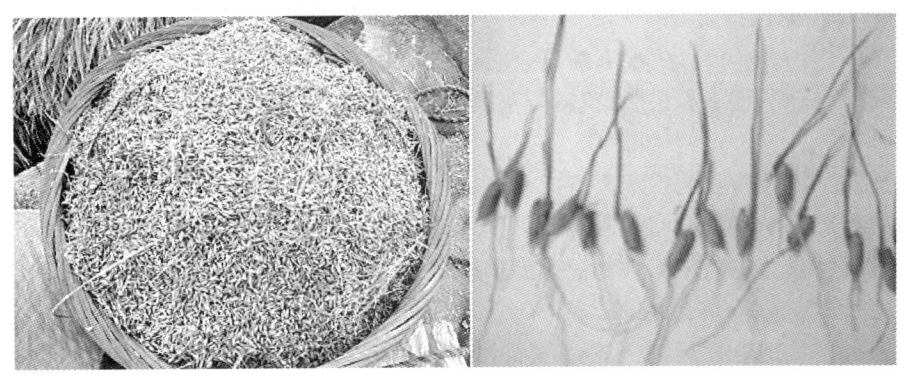

图9.3　2011年7月21日南安市码头镇、金淘镇的早稻收割拍照实景

在经历大范围、时间长的暴雨天气之后,农业生产方面应采取一些措施工作——排水施肥防病:

对于受灾的蔬菜基地、农田,及时进行农田排水,扶、洗灾苗,补耕补种;采取措施预防稻飞虱等虫害发生,如对水稻喷洒农药和追肥;对茶树等洗苗补肥、复耕补种,加快恢复农业生产。

七月底,我市进入夏收夏种阶段,即抢收抢种的"双抢"期。强降水后又迎来高温天气,农户要强化后期田间管理,防范病虫害,确保夏收夏种顺利进行。"双抢"的防灾措施:

(1)排水:烈日高温天,宜逐步排水

稻田:早稻受淹很容易死亡。稻田积水退后,应开沟排水,使田间土壤的水渗到沟中排出,以促进新根生长。对于淹没时间较长的田块,再遇烈日高温天气,宜逐步排水,先让稻株上部露出水面,以利水稻恢复生长;同时,可用手逐株把倒伏稻苗扶起,培土定根。只要没有完全倒伏地面的水稻,都可以通过人工捆扎成小把的办法挽救。

薯田:甘薯不耐涝渍,苗期渍水过多易烂根、死苗,后期田间积水,会造成烂根和薯块硬心。种植甘薯的农田要及时修复田头沟渠,迅速排除地面积水,并可提蔓断根。但在这期间不能翻蔓,因为翻蔓易损伤茎叶,造成减产。

(2)施肥:依稻苗长势,确定施肥量

6月中下旬,泉州的双季早稻已进入抽穗阶段,是施用"穗粒肥"的关键时期。为此,要根据田间稻苗长势,确定施肥用量,一般每亩适当追施尿素、钾肥各3~5千克。对表现出缺钾症状的田块,要抓紧增施钾肥;对抽穗期叶片颜色淡绿的田块,要看苗补施粒肥,每亩追施尿素1~2千克,促进灌浆结实。

早插的甘薯要在块根膨大期重施夹边肥,清沟培土,促进块根膨大。晚扦插的甘薯在暴雨过后要抓紧补苗和追肥、中耕。

尚未成熟的早稻不宜过早断水,如果断水过早,会使稻株水分平衡失调,造成减产。因此,要湿润灌溉,一般应掌握在收割前3~5天断水为宜。而该阶段又常常遭遇高温干旱,即"伏旱"天气,这也是气象灾害之一,应注意防范,见下一小节"高温热害"详解。

7月份我市开始受台风的影响,而此时又是早稻收割期,因此要注意防范台风袭击,各地农户要注意收听当地气象台天气预报。

(3)防病:对付病虫害,应对症下药

暴雨过后,高温高湿条件有利于病虫害的发展,为此,要加强田间监测,防范病虫害暴发。

应特别注意防治纹枯病、细条病、稻瘟病、稻飞虱,对症下药。防治水稻细条病可选用"噻菌铜";稻瘟病可选用新克瘟散、20％三环唑、75％三环唑、富士一号、丙硫咪唑等;防治纹枯病可选用井冈霉素或爱苗等药剂;防治稻飞虱可选用25％阿克泰或70％艾美乐粉剂。每亩要喷足50～60千克药液,田间必须保持浅水层;防治稻飞虱时尽量对准基部喷药。

2. 高温热害及其对农业的影响和危害

高温热害简称高温害,是高温对植物(生物)生长发育和产量形成所造成的损害,一般是由于高温超过植物(生物)生长发育上限温度造成的,主要包括高温害和果树林木日灼及畜、禽、水产鱼类热害等。

高温对作物的影响和危害,一般以水稻危害较为明显,危害敏感期是水稻的盛花—乳熟期。

水稻高温受害表现为最后三片功能叶早衰发黄,灌浆期缩短,千粒重下降,秕粒率增加。

危害指标为日最高气温连续3天或其以上≥35℃,使开花灌浆期水稻形成"高温逼熟"。7月,长江以南的早稻、早中稻、杂交稻的灌浆期正值盛夏,往往受其危害,早稻后期遇到持续高温干燥的年份则会发生高温逼熟现象。高温还会引起蔬菜落花,使座果率降低,对黄瓜、茄子、菜豆等生长发育均带来不利影响,马铃薯受害后退化,薯块变小。果树及林木的热害有果树日灼、林木灼伤两种。

形成热害的原因是高温,因为高温会使植株叶绿素失去活性、阻碍光合作用正常进行,降低光合速率,消耗量大大增强,使细胞内蛋白质凝集变性,细胞膜半透性丧失,植物的器官组织受到损伤;高温还能使光合同化物输送到穗部和籽粒的能力下降,酶的活性降低,致使灌浆期缩短,籽粒不饱满,产量下降。水稻开花期遇到35℃高温时,花粉粒破裂失去授粉能力,造成空粒。

(1)高温热害的标准

不同作物和同一作物的不同发育期的高温热害指标不同,因此,这里笼统地把高温热害标准定为日平均气温≥29℃和≥30℃;日最高气温≥32℃和≥35℃。

(2)高温热害的特点

泉州地处低纬,太阳高度角终年相对较大,夏季漫长,冬季温暖,春季升温早,秋季降温迟。民间传统习俗,往往把中秋节(国庆前后)或秋分(9月底)作为高温热害结束期,此后气温日渐下降,但有些年份中秋节后仍会出现日最高气温≥32℃的炎热天气,群众称此现象为"秋老虎"。"秋老虎"天气几乎年年都有,只不过因不同年景其持续时间与强度有所不同而已。一般来说,日最高气温≥32℃的出现时间在10月上旬便可结束。个别年份到11月上旬"立冬"前后仍会出现"秋老虎"天气,例如1966年11月10日曾达到32.4℃;而极端最高气温≥35℃的酷热天气一般在9月下旬终止。

高温热害与副热带高压控制息息相关,同时又与秋季热带气旋活动有关。特别是9月份,仍是热带气旋盛发期,而高温往往又在热带气旋登陆之前出现。当西北太平洋和南海有热带气旋活动,并向东南沿海靠近时,副热带高压西部正盘踞在东南沿海上空,一般有3～5天的酝酿期,此时东南沿海正受热浪煎熬。这是因为:一是高空气流辐散下沉增温;二是云层消散,天空晴朗,太阳辐射强烈;三是高压天气风平浪静利于热量积聚;四是副热带高压西部的偏南暖湿气流导致相对湿度加大；五是因风力小，水汽多但蒸发相对减少，故消耗热量亦随之减少，一方面利于陆地升温，另一方面使人体热量难以散发而感到热得难受。

(3) 高温热害对作物生育的危害

A. 高温对水稻的危害特点

双季早稻开花结实期，常会遇到高温天气，对水稻生产造成较大影响，主要在开花受精过程和灌浆过程。

a. 水稻花期受高温热害，导致空粒率增加

① 高温对盛花时间开花率、花药开裂等均有不良影响，温度愈高，伤害愈重。中国科学院上海植物生理研究所人工气候室在籼稻（二九青）开花期，进行不同高温试验，在相对湿度70％的条件下，30℃高温处理5天对开花结实已有明显伤害，38℃高温处理5天则全部不能结实。开花期35℃高温处理6小时的空粒率比28℃处理增加13.2％～22.9％。

② 在水稻花期，不同高温强度及其持续时间对结实率影响不同，随着高温强度及其持续时间的加大和延长，水稻秕粒率和空粒率增加。

籼稻开花期间长期高温伤害的临界温度为日平均气温30℃，短时高温伤害的临界温度为35℃。

③ 高温危害的敏感期为水稻盛花期，盛花期前或盛花期后较轻，开花当时的高温对颖花不育有决定性影响。从花粉粒镜检情况看，花粉率充实正常率明显下降，畸形率明显增加。它主要影响颖花的开放、散粉和受精，因而空粒增多。

④ 水稻开花期受害的机理，一般认为是花粉管尖端大量破裂，使其失去受精能力，而形成大量空秕粒。高温主要伤害花粉粒，使之降低活力，并发现临近开花前的颖花对高温最为敏感，开花前一天的颖花受热害最重。

不过，早稻花期大部分地区主要出现在6月上、中旬，这时的高温天气出现机会不多，因此，对我市来说，主要是灌浆结实期热害的问题。

b. 水稻灌浆结实期受高温热害，导致秕粒率增加

泉州自6月下旬到7月下旬正处高温季节，常出现日平均气温≥29℃日最高气温≥35℃和伴随相对湿度在70％以下的高温干燥天气，这时正是早稻灌浆结实期，高温热害天气对水稻灌浆结实很不利。例如1978年7月1～20日气温明显偏高，在20天的时间里，日平均气温≥30℃的有16天（占80％），日最高气温≥34℃的高温天气达12天，日平均相对湿度≤75％的有9天，当年早稻灌浆结实期缩短，产量明显下降，结实率比常年偏低10％～20％，千粒重比常年下降1～2g。在这种高温干燥天气下，凡是田间保持浅水层的影响程度就会大为减轻，过早断水的农田危害则明显加重。

中国科学院上海植物生理研究所报道，不同高温对水稻灌浆期的影响不同。日温32℃、夜温27℃处理5天，千粒重有所下降。日温35℃、夜温30℃处理5天，千粒重和结实率都明显降低。四川省农业科学院水稻研究所在杂交稻汕优2号灌浆期的高温试验中，指出开花后1～10天内，日平均气温大于28℃就会降低千粒重。

高温对籽粒灌浆的影响主要表现在秕粒率增加，实粒率和千粒重的降低上。据有关研究表明，乳熟前的高温伤害主要是降低实粒增加秕粒。乳熟后期的高温伤害主要是降低千粒重。杂交稻汕优2号乳熟期在25～27℃条件下的千粒重最大，当平均温度大于28℃时，千粒重有所下降，平均温度达30℃时，千粒重下降明显。研究还表明高温对水稻灌浆的影响主要在于

籽粒过早减弱或停止灌浆,即高温缩短了籽粒对贮藏物质的接纳期。其原因是灌浆期遇到高温会使籽粒内磷酸化酶和淀粉的活性减弱,灌浆速度降低,影响干物质的积累。另外,高温还增加了植株的呼吸强度,使叶温升高,整个植株体代谢失谐,所以灌浆期的高温最终表现为"逼熟"现象。

c. 水稻开花、灌浆期受高温危害的温度指标

根据试验和调研,一般认为受害温度指标为日最高气温持续 3 天以上 $\geqslant 35℃$、盛花期 $36\sim37℃$ 严重受害。

B. 高温热害对玉米生育的危害

高温热害是广东春种夏收玉米生育后期和夏种秋收玉米生育前中期经常遇到的不利气候因素。因为这时正处夏季 6 月、7 月、8 月,太阳高度角大、辐射强烈,地面吸收和累积的热量多,因此,常出现高温天气。泉州 7 月、8 月平均气温都超过 28℃,日最高气温超过 35℃的高温天气,6 月下旬至 9 月上旬常见,内陆盆地可高达 38℃~42℃的高温,对玉米生长发育和产量形成均有不利影响。

a. 高温对玉米生理、生化及生长发育的影响

在高温条件下,可降低光合酶的活性,破坏叶绿体结构和引起气孔关闭,从而影响光合作用。更主要的是在高温条件下呼吸强度增强,消耗明显增多,而使净光合积累减少。有试验表明,当田间 CO_2 浓度为 200~300 ppm 时,气温 30℃ 玉米光合强度为 50 mg CO_2/dm^2 · h,当气温升高至 40℃ 时,光合强度减弱至 35~40 mg CO_2/dm^2 · h。即高温比适温的光合强度降低 20%~30%。

据报道,玉米受 38~39℃ 热害 3 小时之后,光合效率下降 70%;受热害 1 小时之后,光合效率也下降 40%;在 20℃ 的环境中经过 6 小时,光合效率仅能恢复至 65%。说明 38~39℃ 的高温热害时间越长受害越重,恢复愈难。

当气温高于 32~35℃ 时不利于开花授粉,由于花粉粒在通常情况下,其活力只能保持 5~6 小时,8 小时以后活力显著下降,24 小时以后完全丧失活力。同时玉米花粉含水量只有 60%,且保水力弱,在高温干燥环境下容易失水干瘪,散粉后 1~2 小时,花粉粒迅速失水,丧失活力而不能授粉。

在玉米籽粒灌浆成熟期,当日平均气温高于 25℃ 时,因淀粉酶的活性受影响而不利于干物质的运输与积累。

b. 玉米高温热害类型

①延迟型危害

在玉米生长发育过程中,较长时间受到不同程度的高温危害,使光合作用受阻,酶活性减弱,致使生长发育减慢。

②障碍型危害

在玉米生殖器官分化期到抽穗开花期,遭受异常高温危害,使生殖器官受到损害,造成不育或部分不育而减产。这种危害时间较短,但受害后难以恢复正常,表现为秃顶、缺粒、缺行甚至无果穗而减产较大。

③生长不良型

玉米在营养生长期受害后,致使高度降低、叶片数减少、粒数减少、穗变短。但成熟期没有明显延迟,千粒重也影响不大。主要因粒数少、生长弱而减产。

④混合型

在同一年内发生前期高温而使生长发育不良,后期又受低温危害造成灌浆缓慢,使玉米严重减产。

c. 玉米热害指标

有关研究认为,在 35℃的环境下,玉米苗期的生长高度、干物重都受到明显影响。玉米抽雄期当温度高于 32℃,授粉将受影响;后期温度高于 25℃,如又遇干旱将出现高温逼熟而减产。

①玉米各生育阶段的热害指标

以中度热害为标准,苗期为 36℃,生殖期为 32℃,成熟期为 28℃。

②出叶速度与温度关系(营养生长期)

33℃时受高温轻度危害,出叶速率开始下降;36℃时受中等危害,出叶速度明显下降;39℃时受害严重,出叶速率严重下降。

③轻、中、重度热害对产量的影响

以全生育期平均气温为标准,29℃轻度热害,将减产 10%左右;33℃中度热害,将减产 50%以上;36℃严重受害,将造成绝产。

玉米生育期不同,热害指标有明显差别,总趋势是苗期最耐热,生殖期次之,成熟期最不耐热。

C. 高温热害对蔬菜生育的危害

a. 高温热害是形成秋淡的基本原因

高温热害对蔬菜生长发育和产量形成带来不利影响,是形成蔬菜供应秋淡的基本原因。因为蔬菜除冬瓜、南瓜、苦瓜、豆角和通心菜等极少数稍耐热品种外,大都不耐高温。广东地处低纬,太阳辐射强,不仅极端最高气温高,一般达 35~38℃,个别地区、个别年份甚至达 42℃;而且高温季节长,5—9 月平均气温都超过 25℃,7—8 月平均气温更高达 28℃以上,对大多数喜温蔬菜,尤其是耐寒蔬菜是非宜采期。日最高气温超过 35℃的情况,在 6 月下旬至 9 月上旬比较常见。因此在盛夏季节,广东平原地区不仅冬性喜凉的蔬菜,如荷兰豆、西洋菜、菠菜、椰菜、萝卜等不能生长,就是喜温的蔬菜,如番茄、甜椒等也不宜种植,即使喜热的蔬菜,如小芥菜、苋菜和通心菜等,长时间的高温,尤其是高夜温,也会加速老化,纤维多、质量差、产量低;茄子、豆角也会出现早衰而低产。另外,高温多雨和高温干旱都会导致病虫害多发,造成蔬菜明显减产,甚至失收,加剧了夏秋淡季的发生。

b. 高温对蔬菜作物生长发育的主要危害

高温对蔬菜生长发育的主要危害有:

①夏季晴天中午,菜田土表温度常达 40~50℃,高温抑制根系与植株生长和诱发病虫害,导致产低质劣。

②夏季晴天中午高温强光灼伤植株,导致叶片萎蔫,光合作用能力降低。

③夏季雨后转晴曝晒,土表温度急剧上升,造成果蔬菜落花落果等。

c. 蔬菜的高温热害指标

高温对蔬菜生产会产生严重危害,例如:

番茄在开花初期遇到 40℃以上的高温会引起落花,持续时间越长座果率越低。番茄在烈日暴晒下易产生日伤,如烈日与暴雨交替易发生裂果。

菜豆在30℃以上授粉率大大降低。

黄瓜在32℃以上净同化率下降,35℃以上呼吸消耗大于光合积累,如连续3小时45℃高温叶色变淡,雄花不开,花粉发芽不良,出现畸形果。根系在25℃以上易于老化。

茄子在25~30℃时,短花柱花较多,结实率低。

马铃薯生长适温为15~19℃,高于21℃生长下降,温度在26~30℃时,马铃薯块停止膨大。

总之,高温热害不仅是夏季蔬菜生产的不利因素,而且也是华北、长江流域等地夏季蔬菜生产的主要灾害。茄果类蔬菜在盛夏高温天气下大多数生长不良,难以越夏,特别是番茄。

泉州夏季高温期长,连冬瓜、豇豆等较为耐热的蔬菜有时都生长不良,只有耐热的通心菜、南瓜生长较正常。

D. 高温热害对果树及林木的影响和危害

a. 果树日灼

果树日灼是由强烈的太阳辐射增温引起的果树枝、干伤害,亦称灼伤。果树日灼在广东主要是夏季日灼。夏季日灼常常在干旱的天气条件下产生,主要危害果实和枝条皮层,由于水分供应不足,使植物蒸腾作用减弱。在夏季灼热的阳光下,果实和枝条的向阳面剧烈增温,因而遭受伤害。受害果实的表面出现淡紫色或淡褐色的干陷斑,严重时表现裂果,枝条表面出现裂斑。夏季日灼实质是高温和干旱失水的综合危害。

在高温情况下,荔枝幼苗易发生顶芽枯萎和折腰,苗木纤瘦,难以达到嫁接要求。在高温时,特别是气温急升急降,会引起果实细胞成分变化,导致果实在生理上难以恢复的创伤。在果实发育早期遇高温干旱,则果皮发硬,甚至发生日灼,灌溉后因果肉急剧发育产生压力而裂果。

b. 林木灼伤

林木灼伤:分林木皮伤和根茎伤两种类型。

林木的皮灼伤与果树的夏季日灼一样,是指树木向阳面受夏季辐射增温致伤的一种林业气象灾害。薄而光滑的树皮受强烈阳光照射,温度迅速增高使树皮形成层受到灼伤。受害的树皮呈斑点状伤痕或片状脱落,轻者病菌入侵伤口,影响林木生长;重者树皮干枯凋落,甚至造成整株死亡。皮灼危害树木的程度,一般与种植树木的树种、树龄、种植位置和日照时间长短有关。光滑薄皮树易发生皮灼;阴性树,特别是幼树,受阳光强烈照射,也易发生皮灼。空旷地比林地气温高,所以在林缘或疏林地上的树木比林内的树木灼伤重,靠近采伐区的林墙,由于暴露在阳光下,易受灼伤。

林木的根茎灼伤,是指林木幼苗或幼树根茎受土壤表层高温灼伤的一种林业气象灾害,灼伤后幼树树苗与土壤结触处出现2 mm宽的环状伤痕,轻者树皮微黄,1~2天后出现倒伏现象;重者树皮呈暗褐色,当即死亡。根茎灼伤对苗圃育苗及山地(直射)造林危害很大,一般可降低成活率百分之几到百分之几十。林木幼苗,尤其是含沙较多的苗圃地和造林地的实生苗,在干热夏季最易发生。根茎灼伤程度与近地层的小气候、土壤条件及林木种类、地形等因素有关。砂质土壤易发生灼伤,山地比平原气温低,灼伤出现时间晚,危害也较轻。

3. 高温热害的防御对策

减轻农业生物(作物、林、果、畜禽、花卉、渔业等)的高温热害主要有以下几方面的对策:

(1)采取引种、育种等生物措施

运用气候相似、风土驯化、抗性育种等理论,选育和引进适合当地气候条件下生长、发育、高产、优质、抗热害的作物品种、畜禽品种和其他生物良种,使良种地方化。例如,选用抗高温热害的作物高产、优质良种,以减少高温对开花结实的伤害;对于林木皮灼应在造林时注意树种选择;选育和引进适合当地气候条件的优良畜禽品种,培育核心畜禽群体。

(2)合理安排生产布局,减轻高温伤害

合理安排生产布局,使关键期避过高温时期,减轻高温伤害。例如,合理安排作物品种和播植期,使开花灌浆期尽量避开高温季节。注意造林方式,怕灼伤的阴性树种与耐灼伤的阳性树种混交搭配,营造复层林,以避免阴性树的灼伤;造林时要选低湿地,在高温干旱地区造林应选择耐灼的阳性树种;采伐时应采用带状采伐,使保留下来的树木对更新幼树起遮阴的作用。对畜禽要采用新技术饲养,建立后备牲畜(奶牛)、禽类繁殖场和人工配种站,利用冷冻精液人工授精繁育优良畜(奶牛)禽种。

(3)改善小气候环境条件

改善小气候环境条件的措施主要有:

A. 掌握好水稻开花灌浆期的水分管理,采用"以水调温"的措施,设法降低田土温度,增大植株间的空气湿度,以适应作物生长发育的要求,缓解高温热害。水稻抽穗开花期要浅水勤灌,最好采用日灌夜排或日间喷灌,防止断水过旱;旱地作物要勤浇水、多淋水,最好采用喷灌等;蔬菜作物要发挥设施园艺多功能条件进行降温防热栽培,建立各种类型的蔬菜保护地生产基地。

B. 改善花卉环境条件:

a. 遮阴。使花卉置于荫棚下养护。

b. 洒水。以湿降温,减少叶面蒸腾。但切忌在炎热中午向已经开始萎蔫的花卉浇冷水,以免根毛丧失活力。

c. 避雨。高温烈日骤雨易伤根毛,雨后积水易引起烂根,故露地花卉在暴雨前应适当遮盖和雨后及时排除积水。

d. 通风。高温下通风不良会影响花卉生育和诱发病虫害。通风可适当降低花场温度,调节空气湿度。

C. 对林木幼苗的根茎灼伤,可用喷水、苗圃地盖草、插遮阴枝、搭遮阴棚等办法防御。

D. 改善畜禽环境条件:

a. 利用地形小气候特点,畜舍址应选择在通风干燥处。

b. 适当提高畜舍高度,但应注意太阳高度的影响,防止阳光直射舍内。

c. 畜舍舍顶进行降温处理,注意通风换气、增加舍顶反射率、降低吸收率;舍顶培土种植、蓄水养殖;舍顶放覆盖物等。

d. 加厚墙体,增加对流通风。还可用凉棚饲养。

e. 舍内人工通风、喷水降温。

E. 禽类在高温季节应尽量创造条件,提供理想的禽舍条件和产蛋环境温度,以获取最高的产肉率和产蛋率。

(4)因地制宜采取科学管理措施

A. 搞好作物水肥管理

在高温季节出现前要增施有机肥,采取早管、精管,促使枝叶繁茂以减轻日晒,壮苗可以提高对高温的抵抗能力。在高温出现时喷洒3%的过磷酸钙等有减轻高温伤害的效果。

B. 搞好水产鱼类高温期饲养管理

在高温期间主要增设增氧机,并在鱼虾浮头条件出现时,采用调节饲料,套灌塘水增氧等措施,尽量保持水质新鲜,合理密养,适时捕捞,及时换水,减少投料次数与数量。当出现鱼虾浮头现象时,采取抽新水入塘或开放增氧机进行补救,防止塘水浑浊。

C. 采取科学饲养管理措施

a. 根据天气气候变化调节畜禽作息时间。

b. 根据天气气候变化调节畜禽饲料结构,夏季喂清凉饲料、精料,提高蛋白质含量。

c. 根据天气气候变化调节饲料喂养密度,注意调节饲养密度,即畜舍内要减少饲养头(只)数。

此外,在高温季节采取防暑措施,加强遮阴和通风,使辐射热和对流热降低。向畜体洒冷水或地面泼冷水,可增加地面传导失热和蒸发散热,使温度下降;加强饲养管理,改善畜禽的居住环境,创造良好的生活条件,妥善安排日常生活来适应畜禽要求,保证夏季不掉膘不生病。

主要参考文献

郭殿福,矫春甫,吴恒强等译.1980.气象手册.贵州:贵州人民出版社,163.
刘爱鸣,福建省灾害性天气预报经验。
陆忠汉,陆长荣,王婉馨.1984.实用气象手册.上海:上海辞书出版社,299.
鹿世谨,1999.福建气候.北京:气象出版社.
乔云亭,陈烈庭,张庆云.2002.东亚季风指数的定义及其与中国气候的关系.大气科学 **26**.
谢炯光,纪忠萍,谷德军,梁建茵.2008.南海西南季风异常与广东省汛期重要天气的关系.热带气象学报 **24**(3).
张加春,许理真,黄光明.中国云物理人工影响天气40年进展和展望学术研讨会,中国气象学会学术会议论文集,台湾海峡西岸中部的风能特征分析.
张理,江永和.1981.农业气象.北京:农业出版社,248-249.